目的別で選べる

細胞培養プロトコール

培養操作に磨きをかける！
基本の細胞株・ES・iPS細胞の
知っておくべき性質から品質検査まで

編集／中村幸夫
協力／理化学研究所バイオリソースセンター

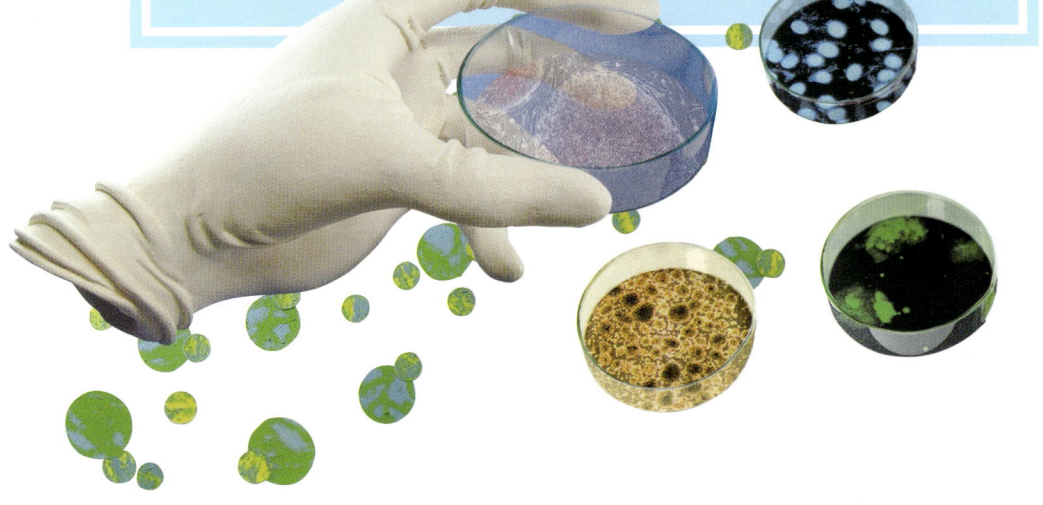

羊土社
YODOSHA

◆表紙写真解説

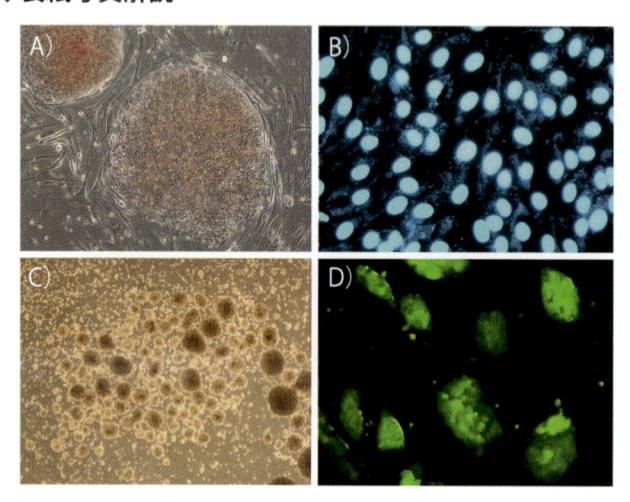

A) ヒトiPS細胞（ALP染色），B) マイコプラズマ感染細胞，C) Epstein-Barrウイルス形質転換B細胞，D) マウスES細胞（GFP発現）［写真提供：理化学研究所バイオリソースセンター細胞材料開発室］

【注意事項】本書の情報について

本書に記載されている内容は，発行時点における最新の情報に基づき，正確を期するよう，執筆者，監修・編者ならびに出版社はそれぞれ最善の努力を払っております．しかし科学・医学・医療の進歩により，定義や概念，技術の操作方法や診療の方針が変更となり，本書をご使用になる時点においては記載された内容が正確かつ完全ではなくなる場合がございます．また，本書に記載されている企業名や商品名，URL等の情報が予告なく変更される場合もございますのでご了承ください．

序

　科学研究分野では研究の対象となる材料が必要である．例外として，物理学の分野では必ずしも研究対象が身近には存在せず，したがって理論物理学という分野が存在するが，その他の研究材料を入手可能な科学分野においては，研究材料を用いて実験をすることが必須である．科学研究とは基本的には真理を探究するものであり，場合によっては応用分野へと発展するものであるが，真理とは時を越え場所を変えて普遍的なものでなければならない．すなわち，実証に用いた実験結果は，時を越え場所を変えても再現性のあるものでなければならない．

　科学論文では「材料と方法（Materials and Methods）」の記載が重要である．何故ならば，材料と方法の正確な記載がなければ誰も追試をすることはできず，独りよがりの主張に過ぎず，科学とは言えないからである．生命科学研究分野において，材料と方法がどこまで正確に記載されているかというと，甚だ心もとない部分があった．材料に係る正確な記載とは，用いた材料の品質管理等に関しても記載するということであるが，残念ながら，細胞材料に関しては記載がされていたとしても，その素性（入手先等）や品質までを正確に記載する習慣がなかったため，結果として，本書でも取り上げる細胞誤認が世界中に蔓延した．このことは，生命科学研究分野においてきわめて重大な問題であると認識され，Nature, Scienceといったトップジャーナル等に，今でも啓発記事が頻繁に掲載されている．こうした動向によって，生命科学研究分野の論文における正確な材料の記載が浸透すれば，再現性のある研究材料を用いた研究成果のみが公表されることに繋がると期待される．

　一方，研究方法に関してはどうであろうか．「論文に記載されているとおりの材料と方法を用いたが，自分にはどうしても再現ができない」というような経験をした研究者は多いと思う．なかには，事実，再現性のない実験結果の報告であったというケースも存在するのではあるが，おそらく多くの場合は，追試実験を行った研究者のスキル不足によるものである．すなわち，実験結果の再現性の確保には，材料の品質のみならず，方法の品質（実施者のスキル）もきわめて重要なものである．ヒト胚性幹細胞（ES細胞）や人工多能性幹細胞（iPS細胞）の出現により，細胞の標準化の重要性が大きく取り上げられるようになっているが，同様に，細胞の培養方法に係る標準化もなければ，細胞培養法を用いた研究の総体としての標準化は達成できない．

以上をふまえたうえで，本書1章では細胞材料の種類および細胞を用いた研究の種類ならびにその原理等を解説する．2章では動物由来細胞の培養に用いる培地・試薬や培養に係る基本手技を解説する．3章では細胞の種類別に具体的な培養プロトコールを解説する．4章では細胞の品質管理・標準化の重要性を説明し，マイコプラズマ汚染および細胞誤認に関する具体的なプロトコールを解説する．5章では細胞培養研究に関連する法律・指針等の規制について説明し，あわせて法律・指針等を遵守した具体的な手続きも紹介する．付録では理研細胞バンクからの細胞の入手方法を紹介する．

　本書が，細胞培養法を用いた研究を開始する研究者のスキルアップの一助になれば幸甚である．

2012年2月

中村幸夫

本書の構成と使い方

本書の構成

1章 研究背景を知る
培養操作を行うにあたり，まずは細胞について理解を深めよう．各種細胞の知っておきたい性質や活用される研究分野，研究戦略について紹介．

2章 基本操作を知る
続いて細胞培養に共通の基本操作をマスター．培地・試薬の調製法から無菌操作，細胞数の計測，細胞の凍結・融解法まで解説．

3章 実験をする
代表的な細胞について，樹立・維持培養のプロトコールを紹介．確実な培養操作と上達のコツがよくわかる．操作イラストやトラブルシューティングも充実．

4章 検査をする
再現性ある結果を得るために大切な細胞の標準化について解説．さらにマイコプラズマ汚染・細胞誤認を調べるための具体的な品質検査法を紹介．

5章 ルールを知る
ゲノム解析，生殖細胞作製，遺伝子組換え生物の使用等，細胞培養研究に関連する法令・指針について申請の具体例とともに解説．

プロトコールの使い方

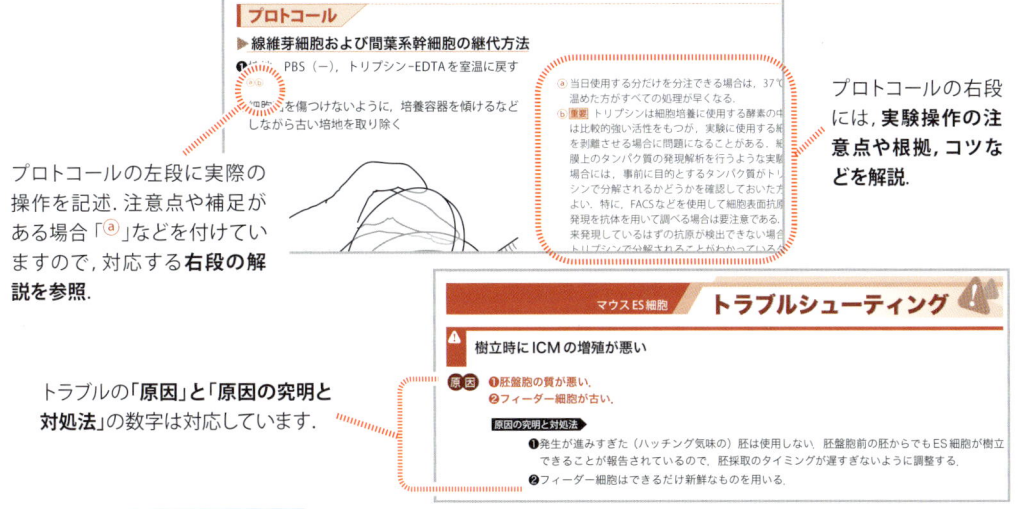

プロトコールの左段に実際の操作を記述．注意点や補足がある場合「ⓐ」などを付けていますので，対応する**右段の解説**を参照．

プロトコールの右段には，**実験操作の注意点や根拠，コツ**などを解説．

トラブルの「**原因**」と「**原因の究明と対処法**」の数字は対応しています．

▶ 遠心操作について

本書では，回転数(rpm)と重力加速度(G)を併記しています．使用するローターに応じて，適宜重力加速度の数値から回転数を求め，遠心操作を行ってください．

▶ "水"について

本書では，特に断わらない限り下のいずれかの水を使用しています．
脱イオン水：逆浸透膜やイオン交換膜により塩，イオンを除去した一次純水
超純水：一次純水を超純水用イオン交換樹脂に通し，殺菌，濾過後，比抵抗が18 MΩ·cmを超える水

目的別で選べる 細胞培養プロトコール

実験医学 別冊

培養操作に磨きをかける！
基本の細胞株・ES・iPS細胞の知っておくべき性質から品質検査まで

序 ———————————————— 中村幸夫

序章　18

研究材料としての細胞 ———————————— 中村幸夫　18
① 細胞培養の歴史　② 細胞の不死化　③ 幹細胞という概念　④ 胚性幹細胞
⑤ 細胞分化の可逆性　⑥ 人工多能性幹細胞　⑦ 幹細胞の応用分野
⑧ 細胞材料の品質

1章　細胞を用いた研究の種類と原理　25

1　細胞材料の種類と特徴 ———————————— 中村幸夫　25
① 由来動物種による分類　② 細胞特性による細胞の分類
③ 由来および培養期間によるヒト細胞の分類　④ 研究内容による分類
⑤ 増殖方法による分類　⑥ 細胞材料の安定性　⑦ 最近のトピックス

2　細胞材料を使用する研究に係る生命倫理 ———————— 中村幸夫　35
① 生物多様性の維持　② 動物を使用する実験に係る法令および指針等
③ ヒトを対象とする実験に係る法令および指針等
④ ヒト細胞を使用する場合の提供者からの同意の取得
⑤ 細胞バンクへの寄託について　⑥ 個人情報の保護
⑦ 社会的なコンセンサスの重要性

3　がん細胞株・不死化細胞を用いた研究 ———————— 檀上稲穂　40
① がん細胞株，不死化細胞の定義とは　② がん細胞株を用いた研究のトピックス
③ 不死化細胞を用いた研究のトピックス　④ 今後の課題と展望

contents

4 ヒトゲノムインキュベーターとしての細胞を用いた研究 ── 檀上稲穂　46
1. ゲノムインキュベーターとは何か？
2. ゲノムインキュベーターとしての細胞の種類と特徴
3. B-LCLが整備されてきた経緯
4. ヒトゲノムインキュベーターとしてのB-LCLを用いた研究　5. 今後の課題

5 体性幹細胞等のプライマリー細胞を用いた研究 ── 須藤和寛　52
1. プライマリー細胞と細胞株　2. プライマリー細胞を用いた研究

6 マウスES細胞を用いた研究──ノックアウトマウス作製研究── 吉木 淳, 目加田和之　57
1. 人類に役立つノックアウトマウス　2. ノックアウトマウス作製の工程
3. ノックアウトリソースの活用法　4. ノックアウトマウスは近交系が理想
5. ノックアウトマウスの種類　6. ノックアウトマウス作製に使われているES細胞
7. 129由来のES細胞の問題点　8. ノックアウトマウスの命名法　9. 法令遵守

7 ES細胞・iPS細胞を用いた研究 ── 寛山 隆　66
1. マウスES細胞　2. ヒトES細胞　3. iPS細胞
4. ES, iPS細胞研究者の悩み　5. 今後の展開

8 植物細胞を用いた研究 ── 安部 洋, 小林俊弘　71
1. 植物培養細胞の種類　2. 環境ストレス応答　3. 植物防御応答
4. メタボローム研究　5. 細胞分裂・小胞輸送　6. まとめ

2章　動物細胞の培養に必要な基本事項　76

1 培地・試薬等の調製法 ── 西條 薫　76
1. 培地, 血清, 抗生物質, 細胞増殖促進物質　2. リン酸緩衝食塩水
3. Hanks液　4. 細胞剥離液　5. 培地, 試薬の滅菌方法

2 無菌培養操作の基本 ── 西條 薫　94
1. 無菌操作　2. 培養操作

3 細胞数の計測法・生存率の計算法 ── 飯村恵美　111
1. 浮遊細胞の準備　2. 付着細胞の準備　3. 細胞数の計測

4 緩慢冷却法による細胞の凍結・融解法 ── 永吉満利子　121
1. 細胞の凍結保存法　2. 細胞の融解法

5 急速冷却法によるヒトES・iPS細胞の凍結・融解法 ── 藤岡 剛　129
1. 凍結保存の原理　2. 急速冷却法によるヒトES・iPS細胞の凍結方法
3. 急速冷却法によるヒトES・iPS細胞の融解方法

3章 細胞培養プロトコール　　　139

1 プライマリー細胞——継代培養方法　　　須藤和寛　139
- ① ヒト線維芽細胞とヒト間葉系幹/前駆細胞の特徴
- ② ヒト線維芽細胞およびヒト間葉系幹細胞の継代方法
- ③ 細胞分裂の限界と細胞の老化

2 付着性がん細胞株——樹立培養方法および維持培養方法　　　西條 薫　149
- ① 樹立に用いる材料　② 組織の前処理　③ 初代培養　④ 組織片の凍結
- ⑤ 胸水・腹水培養法　⑥ がん細胞の選択

3 非付着性細胞株——樹立培養方法および維持培養方法　　　寛山 隆　166
- ① ヒト臍帯血からの脱核赤血球誘導培養
- ② ES細胞からの血液細胞誘導と細胞株の樹立

4 Bリンパ芽球様細胞株（B-LCL）——樹立培養方法および維持培養方法　　　檀上稲穂　176
- ① 血液検体からのPBMNCの分離　② EBV溶液の調製とウイルスの力価測定
- ③ B-LCLの樹立

5 マウスES細胞——樹立培養方法および維持培養方法　　　廣瀬美智子, 小倉淳郎　187
- ① 培地の調製　② フィーダー細胞の調製　③ ES細胞の樹立
- ④ 分化阻害剤処理について　⑤ 特殊なES細胞について

6 ヒトES細胞——維持培養方法　　　宮崎隆道, 末盛博文　198
- ① 実験の概要　② フィーダー細胞ディッシュの調製　③ ヒトES細胞の継代培養
- ④ ヒトES細胞の無フィーダー培養法

7 iPS細胞——樹立培養方法　　　青井貴之, 大貫茉里, 沖田圭介　210
- ① iPS細胞の樹立から単離までの流れ　② プロトコールⅠ：フィーダー細胞の調製
- ③ プロトコールⅡ：レトロウイルスを用いたヒト/マウスiPS細胞樹立
- ④ プロトコールⅢ：エピソーマル・プラスミドを用いたヒトiPS細胞樹立
- ⑤ プロトコールⅣ：iPS細胞コロニーの単離

8 マウス胎仔線維芽細胞——作製方法　　　藤岡 剛　229
- ① 実験の概要　② 妊娠マウスからの初代培養細胞の調製　③ 継代　④ 凍結保存

9 植物培養細胞株——樹立培養方法および維持培養方法　　　小林俊弘　242
- ① 懸濁培養細胞株の樹立方法および維持方法　② 超低温保存

contents

4章　細胞の標準化　　　253

1 細胞の標準化の重要性 ――――――――――――――――― 中村幸夫　253
① 微生物汚染　② 細胞誤認　③ 遺伝子発現解析　④ 細胞の標準化
⑤ 技術研修～技術の標準化のために～

2 マイコプラズマ汚染検査方法 ―――――――――――――― 西條　薫　258
① DNA検出法　② PCRによる検出法　③ マイコプラズマの除去
④ マイコプラズマ汚染の予防

3 細胞誤認検査方法――ヒト細胞，マウス細胞 ――――― 吉野佳織，中村幸夫　273
① ヒト細胞の個別識別検査　② マウス細胞の系統識別検査

5章　細胞培養研究に関連する規則　　　281

1 細胞培養研究に関連する法令・指針等 ―――――――――― 片山　敦　281
① 臨床研究に関する倫理指針（臨床指針）
② ヒトゲノム・遺伝子解析研究に関する倫理指針（ゲノム指針）
③ ヒトES細胞の使用に関する指針（ES使用指針）
④ ヒトiPS細胞またはヒト組織幹細胞からの生殖細胞の作製を行う研究に関する指針（生殖細胞作製指針）
⑤ 遺伝子組換え生物等の使用等の規制による生物の多様性の確保に関する法律（遺伝子組換え生物等規制法）
⑥ 研究機関等における動物実験等の実施に関する基本指針（基本指針）

2 申請の具体例 ――――――――――――――――――――― 片山　敦　289
① 臨床研究（ヒト由来試料使用研究）/ヒトゲノム・遺伝子解析研究
② ヒトES細胞使用研究　③ 遺伝子組換え実験　④ 動物実験　⑤ まとめ

付録　理研BRCからのリソースの入手方法 ――――――――――――― 299
索引 ――――――――――――――――――――――――――――― 304

巻頭カラー

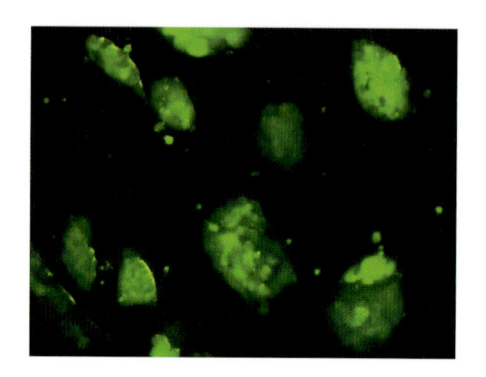

図1

マウスES細胞株（B6G-2）（×40）
GFPを発現している　[→28ページ図4参照]

図3

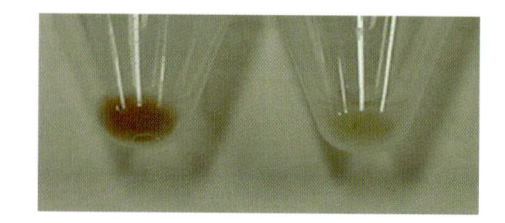

K562細胞
左写真は，分化誘導によりヘモグロビンを産生し細胞ペレットが赤く変化したもの．右写真は，分化能を失ったK562細胞のペレット　[→33ページ図9参照]

図2

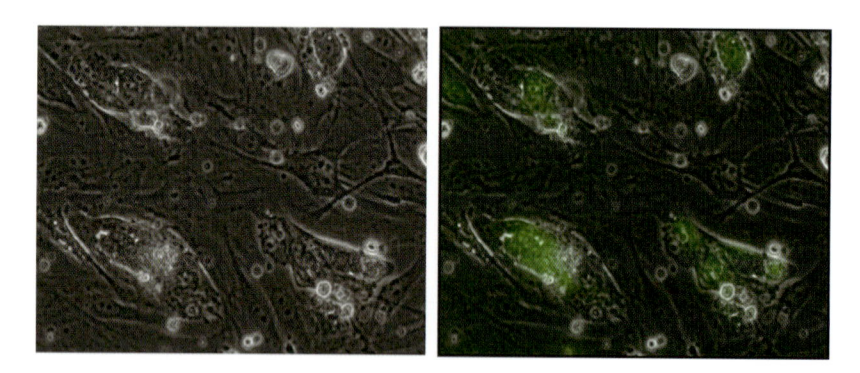

マウスiPS細胞（iPS-MEF-Ng-20D-17）（×200）
Nanogプロモーター下でGFPを発現している（右：蛍光顕微鏡写真）　[→29ページ図6参照]

図4

ALP　　Oct-3/4　　Nanog

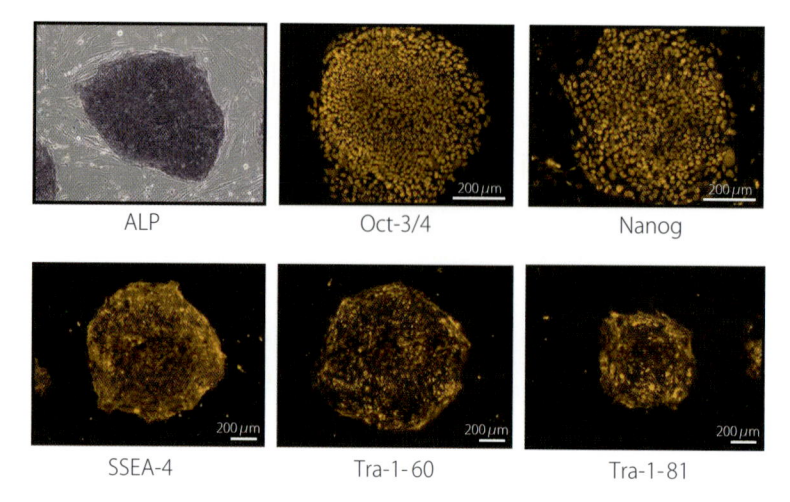

SSEA-4　　Tra-1-60　　Tra-1-81

ヒトiPS細胞に発現している未分化マーカー（×100）
ALP：Alkaline Phosphatase　[→33ページ図10参照]

Color Graphics

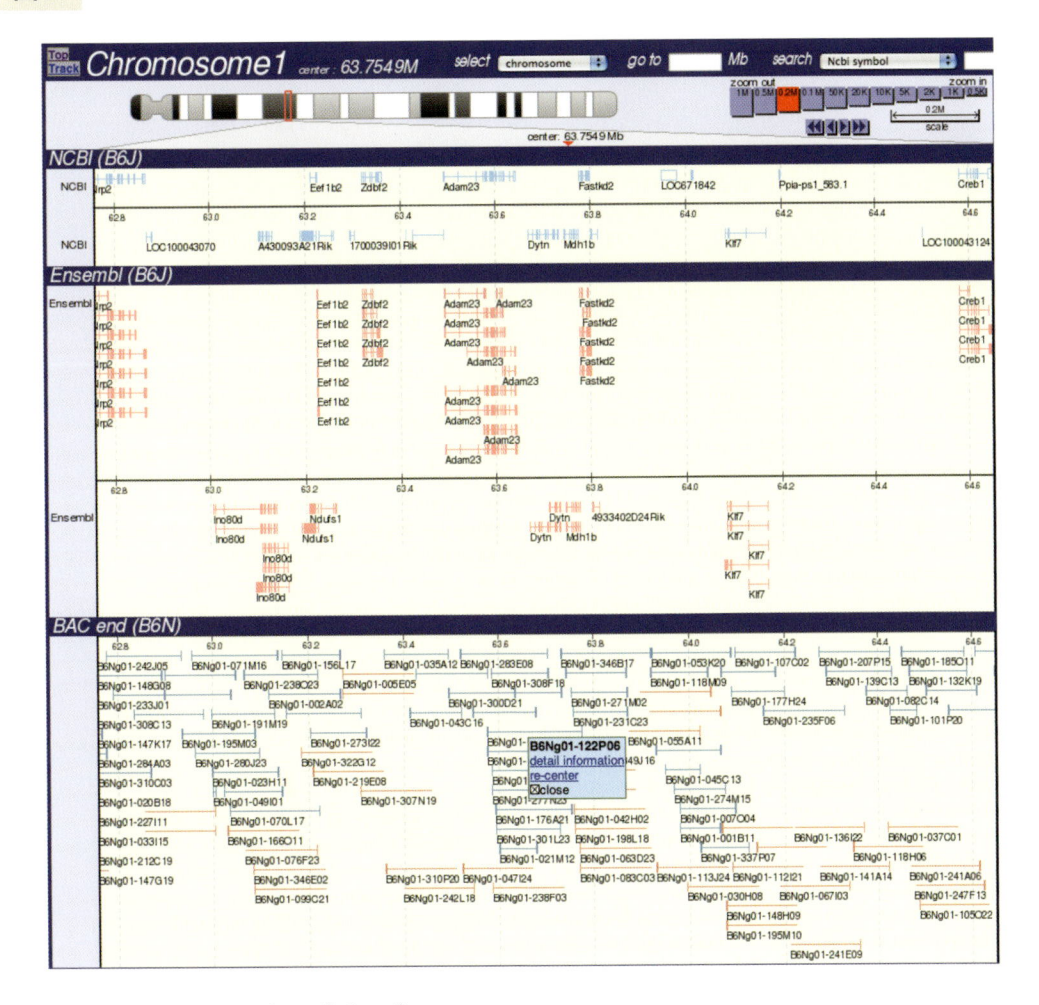

図5

Mouse BAC Browser のウェブページ

http://analysis2.lab.nig.ac.jp/mouseBrowser/．近交系 C57BL/6NCrlCrlj マウスから作製した BAC クローンをエンドシークエンスし，121,500 クローンを C57BL/6J のレファレンスシークエンス上に配列した．自分の注目する遺伝子領域をウェブサイト上で検索し，遺伝子改変に最適なクローンを注文できる．ナショナルバイオリソースプロジェクト・ゲノム情報等整備プログラムの成果である．これらのクローンによりゲノムの 90％がカバーされている．青色バー：両端マップされたクローン，赤色バー：片端マップされたクローン ［→61ページ図3参照］

図6

滅菌したビン，ピペット
左：丸形ピペット缶　滅菌前ラベル（ピンク），右：滅菌後ラベル（茶色），中央：オートクレーブ滅菌済み培地ビン，ビーカー．点線の丸はラベル部分を示す［→97ページ図1参照］

図7

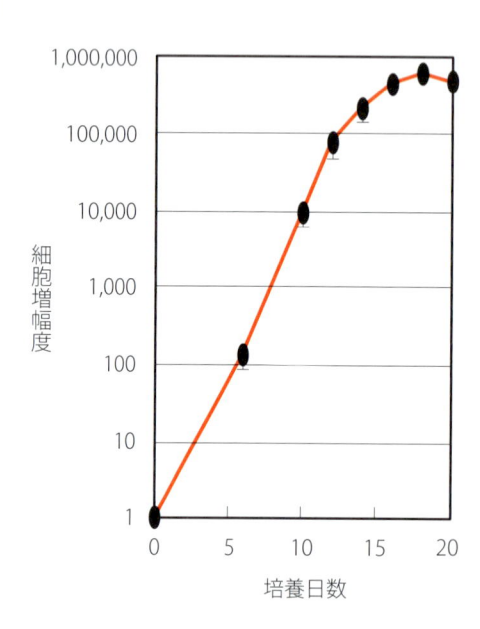

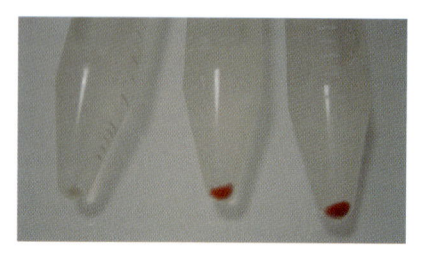

培養前　　　培養により誘導された
CD34陽性細胞　　赤血球

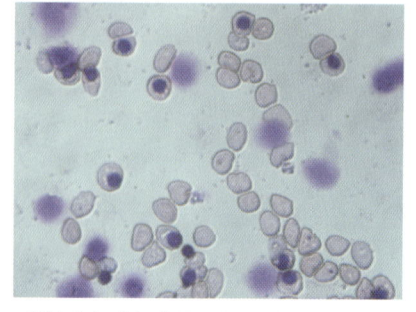

脱核赤血球を確認できる（培養20日目）

臍帯血から誘導した赤血球
写真は175ページ文献1より転載　［→168ページ図2参照］

Color Graphics

図8

分化前　　　　　分化後

TER119 / CD71

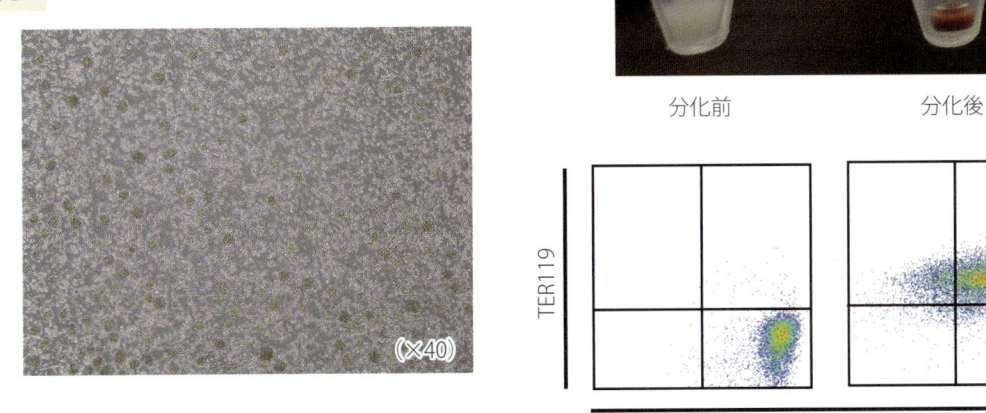

マウスES細胞から誘導した赤血球前駆細胞株（MEDEP）
CD71：トランスフェリン受容体，TER119：赤血球マーカー．分化誘導することによりマウス赤血球マーカーTER119の発現が認められ，ヘモグロビンを産生し，赤くなっていることがわかる［→172ページ図5参照］

図9

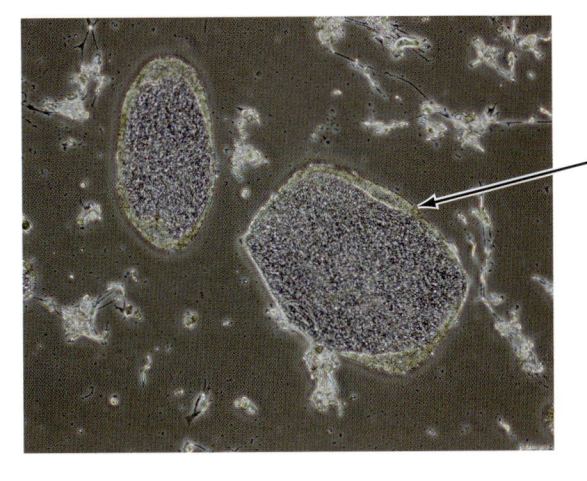

剥がれて
カールしている

解離液で処理されたコロニー
（倍率：×40）
［→203ページ図3参照］

図10

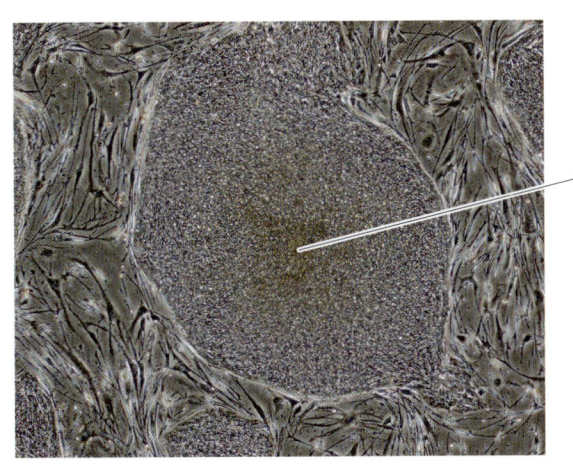

死細胞が黄色く
なって現れてくる

培養しすぎたコロニーの例
（倍率：×40）
［→205ページ図7参照］

図11

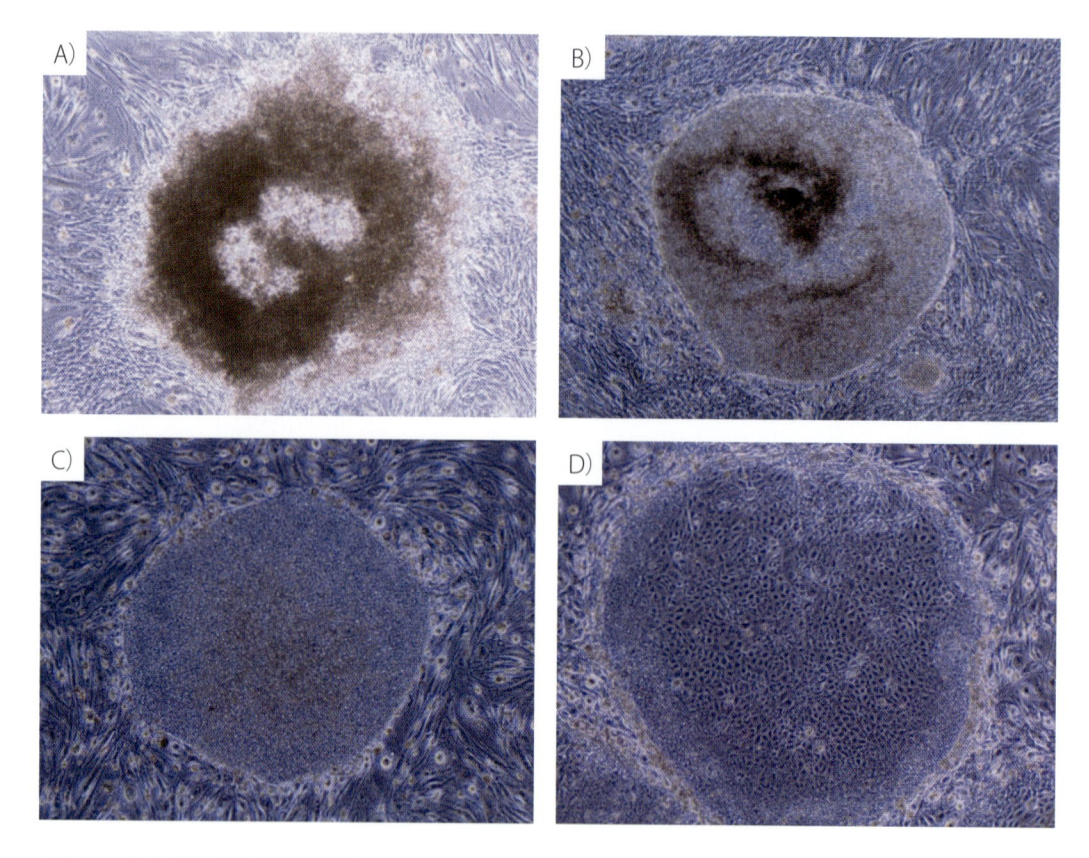

ヒトiPS細胞樹立過程のさまざまなコロニー
A）樹立過程でみられるES細胞様でないコロニー．B）単離に適したiPS細胞のコロニー．C）樹立されたiPS細胞．D）コロニー中心部に分化が生じてしまったコロニー（写真提供：京都大学iPS細胞研究所　髙橋和利氏，田中孝之氏）［→225ページ図2参照］

Color Graphics

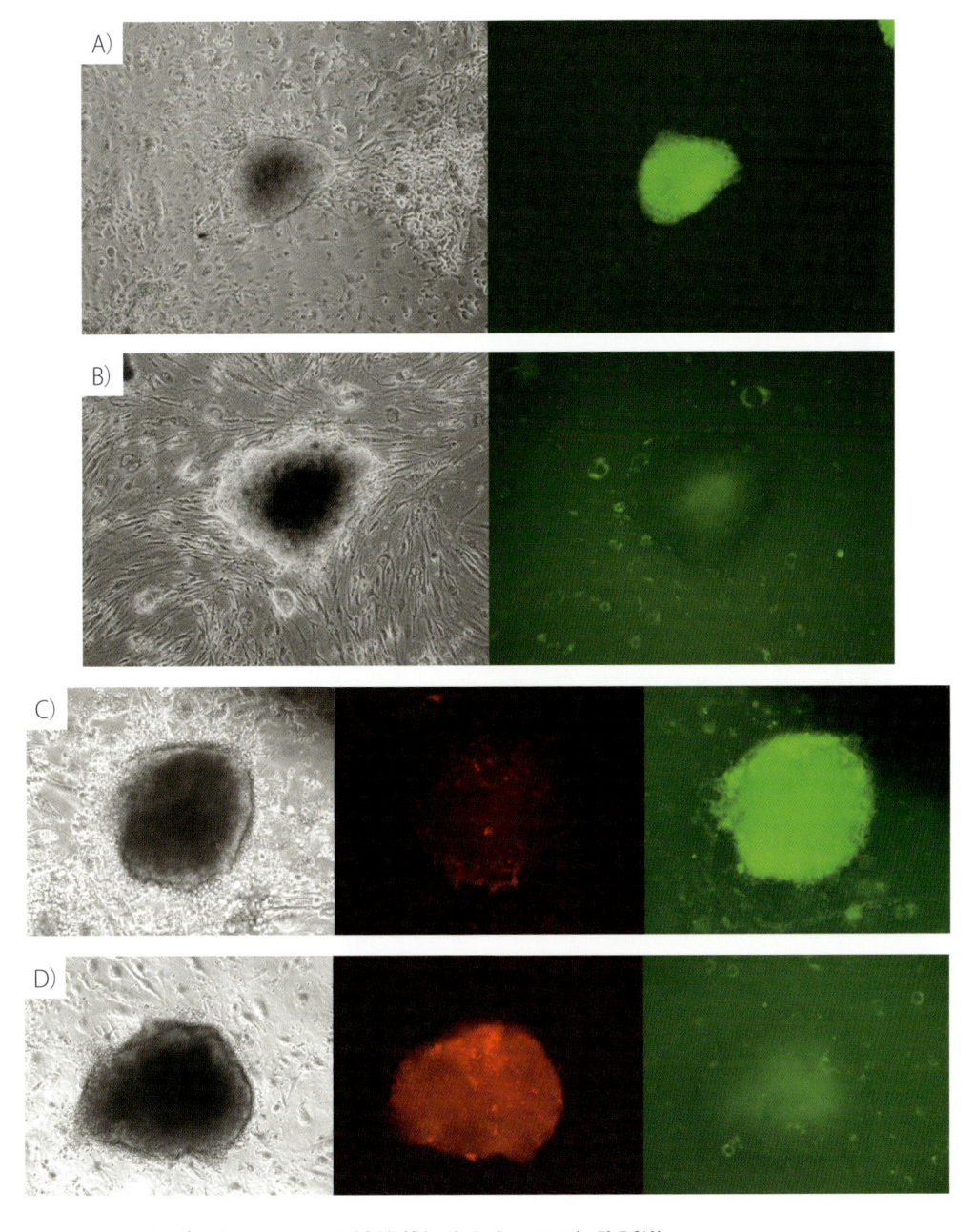

図12

Nanog-GFPレポーターマウスの線維芽細胞からのiPS細胞誘導
A), B) 2つのコロニーは位相差顕微鏡で観察される形態的特徴は同様であるが，AはNanog-GFP陽性であるのに対し，BではNanog-GFP陰性である．C), D) 4つの初期化因子とともに，DsRedをレトロウイルスを用いて導入した．CのコロニーはDsRedがサイレンシングされており，このようなコロニーでは，Nanog-GFP陽性となる．一方，DではDsRedは発現を続けており，Nanog-GFPは陰性である［→227ページ図3参照］

執筆者一覧

【編集】

中村幸夫　　理化学研究所バイオリソースセンター細胞材料開発室

【執筆】(五十音順)

青井貴之	京都大学iPS細胞研究所規制科学部門
安部　洋	理化学研究所バイオリソースセンター実験植物開発室
飯村恵美	理化学研究所バイオリソースセンター細胞材料開発室
大貫茉里	京都大学iPS細胞研究所初期化機構研究部門
沖田圭介	京都大学iPS細胞研究所初期化機構研究部門
小倉淳郎	理化学研究所バイオリソースセンター遺伝工学基盤技術室 / 筑波大学大学院生命環境科学研究科 / 東京大学医学系研究科疾患生命工学センター
片山　敦	理化学研究所筑波研究所安全管理室
小林俊弘	理化学研究所バイオリソースセンター実験植物開発室
西條　薫	理化学研究所バイオリソースセンター細胞材料開発室
末盛博文	京都大学再生医科学研究所附属幹細胞医学研究センター
須藤和寛	理化学研究所バイオリソースセンター細胞材料開発室
檀上稲穂	理化学研究所バイオリソースセンター細胞材料開発室
中村幸夫	理化学研究所バイオリソースセンター細胞材料開発室
永吉満利子	理化学研究所バイオリソースセンター細胞材料開発室
廣瀬美智子	理化学研究所バイオリソースセンター遺伝工学基盤技術室
寛山　隆	理化学研究所バイオリソースセンター細胞材料開発室
藤岡　剛	理化学研究所バイオリソースセンター細胞材料開発室
宮崎隆道	京都大学再生医科学研究所附属幹細胞医学研究センター
目加田和之	理化学研究所バイオリソースセンター実験動物開発室
吉木　淳	理化学研究所バイオリソースセンター実験動物開発室
吉野佳織	理化学研究所バイオリソースセンター細胞材料開発室

目的別で選べる
細胞培養プロトコール

培養操作に磨きをかける！
基本の細胞株・ES・iPS細胞の
知っておくべき性質から品質検査まで

序章

研究材料としての細胞

中村幸夫

● はじめに

　動物個体や植物個体を形成する最小単位は細胞である．単細胞生物ではない進化した生命体はさまざまな機能を有する細胞の集合体であり，細胞間相互作用や個体内における組織間相互作用などを介して高次生命活動を営んでいる．今筆者がこうして文章を作成していることには，大脳内の神経細胞からの指令で筋肉細胞が活動し，網膜細胞でそれを捉え，大脳の視覚領域の細胞がそれを認識することなど，非常にたくさんの種類の細胞の活動が関与している．したがって，動物個体や植物個体を形成する最小単位が細胞であることがわかった後に，生命現象を理解するための研究において，まずは細胞が研究材料となったことは当然とも言える．

　後述する人工多能性幹細胞（iPS細胞）樹立技術の出現によって，細胞研究は新しいパラダイムにシフトしたと言える．そして，生命科学研究全般が，遺伝子を自由自在に操作する時代から細胞を自由自在に操作する時代へ変化しつつあるように思われる．細胞培養の歴史などを紹介することで序章としたい．

① 細胞培養の歴史

　細胞を研究材料とするにあたっては，細胞を動物個体や植物個体から取り出して使用することになるが，顕微鏡で形態を観察するというような研究においては，取り出した細胞をそのままあるいは固定などを施して観察すれば目的が達成できる．しかし，細胞の中で行われている高次生命活動を研究しようとすると，細胞を生きたままの状態で観察することが必須となる．そのような必要性から，細胞を体外で，すなわち試験管内で生きた状態に保つための工夫がまずは考案された．それが細胞培養の始まりとも言える．歴史的には，1907年にアメリカのハリソンがカエルの神経細胞の培養に成功したのが最初とされる．

　われわれの身体は，卵子と精子の合体した受精卵が細胞分裂によって増え，そして分化することで，最終的に300種類を超える総数60～100兆個の細胞によって形成されている．細胞が分裂して増えることは，まさに生命が子孫を残すための根源であり，この細胞分裂などを解析するためには，やはり体外で，すなわち試験管内で細胞分裂を観察できることが必要であった．歴史的には，1912年にフランスのカレルがニワトリの細胞で継代培養に成功したのが最初とされる．

細胞培養の始まり	→	細胞の不死化，細胞株の樹立技術の確立	→	細胞を自由自在に操作する時代へ
●細胞の発見 （フック，1665年） ●細胞の観察技術の発展 ●試験管内での培養法の開発 ・カエル神経細胞の培養 （ハリソン，1907年） ・ニワトリ細胞の継代培養 （カレル，1912年）		●化学物質による発がんの実験的証明（山極，1915年） ●細胞株の樹立 ・L細胞（アール，1940年） ・HeLa細胞（ガイ，1952年） ●不死化，クローン化技術の発展 ●ヘイフリック限界の提唱		●マウスES細胞株の樹立（エヴァンス，1981年） ●ヒトES細胞株の樹立（トムソン，1998年） ●カエル体細胞の初期化（ガードン，1962年） ●哺乳類体細胞の初期化（ウィルマット，1997年） ●マウスiPS細胞の樹立（山中，2006年） ●幹細胞を用いた再生医療研究の進展

図1 細胞培養技術の発展

❷ 細胞の不死化

1 化学物質による発がん

　がん*¹の発生原因については，現在ではさまざまな原因が解明されているが，そのなかの1つである化学物質による発がんを世界に先駆けて実験的に証明したのは日本の山極勝三郎であり，1915年のことであった．臨床的には化学物質による発がんを示唆する例は多数あったが，実験的には証明されていなかった．山極らは，ウサギの耳にコールタールを塗るという実験を3年以上の長きにわたって続け，ついに化学物質による発がんを実験的に証明したのである．山極は，ノーベル医学生理学賞候補になること四度，受賞はしなかったものの，その功績はがん研究分野の金字塔として歴史に刻まれ，日本のがん研究者で山極の名を知らぬ者はいない存在となっている．

　山極の発見にも触発されたものと思われるが，化学物質によって培養細胞を不死化する試みがなされた．歴史的には，1940年にアメリカのアールが樹立したマウス細胞株が最初とされる．その細胞はL cell（L細胞）と名付けられ，実に今日でも尚，汎用細胞として使用され続けている．

2 不死化，細胞株，クローン化

　ここで，「不死化」と「細胞株」という2つの言葉について説明しておく必要があると考える．結論を先に言うと，どちらの言葉にも明確な定義がなく，それぞれの言葉に対する考え方は研究者によって多少異なっているというのが現実である．辞典などにおける定義（解説）は1章-3にあるので，参照していただきたい．一般的には，「不死化」は試験管内で半永久

---

*1 「癌」は上皮系の悪性腫瘍に対してのみ使用される漢字であり，非上皮系の悪性腫瘍も含めて「がん」と表記する慣例になっている．

的に増殖を続ける能力を獲得することに対して使用されていると思われる．人間の体内の特定の細胞に対して不死化細胞ということはまずない．がん細胞ですら，後述するように試験管内で必ずしも不死化するものではない．生殖細胞は子々孫々に伝わっていく細胞ではあるが，生殖細胞を不死化細胞とよぶこともない．「不死化」は試験管内で培養された細胞を対象に使用されていることは確かかと思われる．「細胞株」は，広義には，一定期間の継代培養を経た後に細胞集団が特定の安定した特性を獲得した段階でその細胞集団に対して使用されている言葉であり，狭義には，さらにその細胞集団が不死化して長期培養可能となった細胞集団に対して使用されているように思われる．さらに狭義には，クローン化した不死化細胞に対して使用されている．

細胞株のクローン化とは，単一の細胞（シングルセル）から細胞を増やすことを意味する．すなわち，単一の細胞から増やした集団であるから，クローン化細胞株は遺伝子レベルから細胞特性に至るまで均一な細胞集団であるとみなされる．これは，不死化細胞にも非不死化細胞にも使用される概念である．しかしながら，クローン化した細胞株集団は本当に細胞特性が均一な細胞集団であるかと問われると，クローン化後のしばらくの期間は確かに均一性を維持できているが，長期にわたって継代培養を続けると不均一な細胞集団になることがほとんどである．したがって，細胞特性が均一な細胞集団を維持しようとするならば，定期的にクローン化作業を行い，目的とする細胞特性を維持しているクローンを選別する必要性がある（periodical re-cloning という）．

3 不死化細胞株の樹立

がん細胞は身体の中で無制限に増え続ける細胞であり，宿主である個体の生命が続く限り容赦なく増え続ける．では，がん細胞は試験管の中でも増え続けるのか？ この疑問に決着を与えたのは，ヒトがん細胞株（不死化細胞株）の樹立である．1952年，アメリカのガイが子宮頸癌の細胞から世界で最初となる細胞株の樹立に成功した．HeLa細胞である．L細胞と同様に，半世紀以上を経た今日でも，HeLa細胞は汎用細胞として，きわめて多くの研究に使用され続けている．HeLa細胞の樹立に触発され，また，その利便性がゆえに，その後さまざまながん組織から細胞株を樹立する試みがなされ，多種多様ながん細胞株が樹立された．そして，がん研究のみならず非常に広範な生命科学研究分野に多大な貢献をしている．

上述のように，がん細胞は試験管の中で継代培養を続けるだけで不死化細胞株を樹立することが可能であるが，正常なヒト細胞はどうなのであろうか？ 実は，一時期は正常なヒト細胞も試験管の中で継代培養を続けるだけで不死化すると考えられていた．しかし，これを否定したのがアメリカのヘイフリックである．ヒトの正常な細胞には増殖能力に限界があり，数カ月の継代培養の後にはもうそれ以上増殖しない状態に達するという「ヘイフリック限界」を提唱したのである．そして，その現象は今でも否定されておらず，「ヒトの正常細胞は通常の継代培養を繰り返すのみでは不死化細胞株となることはない」という定説となっている．

「正常細胞とがん細胞とは明確に区別がつくのであろうか？ 中間的な細胞は存在しないのであろうか？」という疑問は当然の疑問であり，臨床的にもさまざまな中間的な細胞（良性腫瘍など）が存在する．では，「通常の継代培養を繰り返すのみで不死化細胞株となるのは

どのような細胞なのか？」実は，がん細胞を用いて通常の継代培養を繰り返すのみで，必ず不死化細胞株を樹立できるわけではない．多くの研究者は数十回くらい試みてやっと1株樹立できるという程度の頻度である．その理由としては，がん細胞は正常細胞に比べれば試験管の中で増殖しやすい状態にはなっているが，試験管の中で半永久的に増殖をし続けるためには，追加で遺伝子変異や遺伝子修飾状態の変化等（細胞の生存や増殖に有利となる変異や変化）が加わる必要があり，培養中にそうした遺伝子変異等を獲得できた場合にのみ細胞株として樹立できるからだと考えられている．すなわち，ある程度の偶然性（幸運）に恵まれないと細胞株の樹立はできないのである．そして，おそらく良性腫瘍などは正常細胞と同様に，通常の継代培養を繰り返すのみでは不死化細胞株となることはないと考えられる．「がん細胞株もそんなに簡単に樹立できるわけではない」という事実をよく覚えておいていただきたい．すなわち，樹立されたがん細胞株は例外なくきわめて貴重な研究資源であり，公的細胞バンク事業などによって維持管理し，HeLa細胞やL細胞と同様に，後世の研究者へと引き継いでいくべき人類遺産なのである．

正常な細胞は動物細胞でも不死化が不能かというと，そうではない．マウスの正常細胞は試験管の中で継代培養を続けるだけで比較的容易に不死化することが知られている．3T3細胞技術（直径60 mmのシャーレに3×10^5個の細胞を播種し，播種後3日目に増えた細胞を剥がし，再度直径60 mmのシャーレに3×10^5個の細胞を播種する，という継代培養を繰り返す技術）によるマウス線維芽細胞の不死化が代表例である．なぜマウスの正常細胞は簡単に不死化し，ヒトの正常細胞は不死化しないのか，さまざまな見解はあるが，その理由はいまだ完全には解明されていない．1つの理由としては，細胞株の樹立には上述のように多かれ少なかれ遺伝子変異や遺伝子修飾状態の変化などが必要であるが，マウス細胞に比較してヒト細胞ではそうした変異や変化を修繕する（元の状態に戻す）能力が高いということが考えられている．

遺伝子操作によって細胞を不死化する試みも多数成功している．SV40ウイルスのLarge T抗原を強制発現させる方法，ヒトパピローマウイルス由来のE6/E7タンパク質を強制発現させる方法，テロメラーゼ複合体の逆転写酵素Tertを強制発現させる方法などである．そして，今話題のiPS細胞樹立技術は，細胞の初期化後に不死化するという特殊なものではあるが，これも不死化技術の一種なのである．

❸ 幹細胞という概念

われわれの身体の中では上皮系細胞を中心に細胞は盛んに入れ替わっている．そして，そのような細胞には遺伝子変異などが蓄積する機会が多いことになり，細胞の生存や増殖に有益な変異が入った細胞が腫瘍化する機会が多くなる．したがって，上皮系細胞の悪性腫瘍，すなわち「癌」が発症しやすいことにつながる．上皮系細胞に限らず，血液細胞など，われわれの身体の中では常に細胞の入れ替えがあり，それによって健常な身体を維持している．こうした細胞の入れ替えに貢献しているのが幹細胞である．

例えば，血液細胞は大きく白血球，赤血球，血小板に分けられるが，いずれも常に新しい細胞が生産され続けている．では，白血球，赤血球，血小板それぞれは別々の幹細胞に由来するのか，共通の幹細胞に由来するのか？結論として，これらすべての血液は骨髄中に存在

する造血幹細胞から生産されていることが実験的に証明されている．造血幹細胞などの生体内の幹細胞は，次項の胚性幹細胞と区別して体性幹細胞とよばれるが，造血幹細胞に代表されるように，多くの体性幹細胞は多分化能（多種類の機能細胞を生産する能力）を有している．

体性幹細胞の培養が可能となれば，さまざまな基礎研究に有用であるのみでなく，臨床応用にも非常に有用である．しかし，体性幹細胞の大量培養技術は一部の体性幹細胞のみでしか成功していない．成功の代表例は，間葉系幹細胞と神経幹細胞かと思われる．

❹ 胚性幹細胞

卵子と精子が合体した受精卵は細胞分裂を繰り返して胚細胞塊を形成するが，この胚細胞を試験管の中で長期間培養することにマウス胚細胞で成功したのは，1981年のこと，イギリスのエヴァンスによってであった．当該細胞は増殖停止に至ることなく試験管の中で半永久的に増え，不死化細胞株の一種であり，胚性幹細胞株〔Embryonic Stem（ES）細胞株〕とよばれている．マウスES細胞が遺伝子相同組換え技術と相まって，その後の20世紀後半の生命科学研究分野に多大なる貢献を果たしたことは，1章-6を参照していただきたい．

マウスの胚細胞は試験管の中で継代培養を繰り返すことで不死化細胞となって，ずっと増え続ける細胞株を樹立することに成功したが，ヒトではどうか？ヒトの通常の正常細胞は既述のとおり，試験管の中で継代培養を繰り返すだけでは不死化することはないことから，ヒト胚細胞も不死化することはないのではないか，と考えていた研究者も多かったと思われる．しかし，1998年，アメリカのトムソンはヒトES細胞株の樹立を発表した．ES細胞からは試験管の中で全身のありとあらゆる種類の細胞を誘導・生産できることから，ヒトES細胞をさまざまな分野で応用しようという研究が急速に広まった．そして2010年，ヒトES細胞に由来する細胞を脊髄損傷患者に移植するという臨床試験がアメリカのジェロン社によって開始された．残念なことに，つい最近，ジェロン社はヒトES細胞分野からの撤退を表明した．しかし，ヒトES細胞を用いた研究は世界中で今後も継続されることは間違いない．日本でも，文科省の「再生医療の実現化ハイウェイ」プロジェクトにてヒトES細胞の臨床応用をめざした研究がスタートした．不死化細胞の臨床応用で最大の課題は移植した細胞の腫瘍化であり，当該治療が将来的に標準的な治療法として確立されるか否かは長い期間にわたる検証を必要とする．しかし，不死化細胞に由来する細胞を人体に移植するという歴史的なステージが幕を開けたことは確かである．

❺ 細胞分化の可逆性

一度分化した細胞，特に最終的な機能細胞にまで分化した細胞の中の遺伝子は不可逆的な修飾を受けており（epigenetic modification），未分化な細胞に戻ることはないと考えられていた．しかし，1962年，イギリスのガードンはカエルの体細胞の核を未受精卵に移植することで体細胞の核が初期化し，そこからカエル個体が発生・成長することを発見した．その後，当該現象はカエル（両生類）に限ったことであり，哺乳類の分化細胞に関してはそのようなことは観察できないであろうと考えられていた．ところが，1997年，イギリスのウィ

ルマットらによって，ヒツジ（哺乳類）においても体細胞の核を未受精卵に移植することで体細胞の核が初期化し，そこからヒツジ個体が発生・成長することが発表された．「一度分化した細胞の中の遺伝子は不可逆的な修飾を受けており未分化な細胞に戻ることはない」という定説は崩壊した．生物学分野におけるコペルニクス的な大発見であった．

６ 人工多能性幹細胞

　「体細胞の核を未受精卵に移植することで体細胞の核が初期化する」という現象は，未受精卵の中の何らかの因子によって引き起こされていることは確かであり，その因子の探索が始まった．未受精卵の中で発現している分子を探索する研究，未受精卵で高発現している遺伝子を探索する研究など，さまざまな試みがあったと思われる．京都大学の山中伸弥らは，ES細胞で高発現している遺伝子に着目し，候補遺伝子を体細胞に強制発現させることを試みた．最終的に４種類の遺伝子にまで絞り込み，４種類の遺伝子をマウス体細胞に強制発現させることで，体細胞に初期化が起こり，ES細胞と同様な細胞を樹立することに成功した．2006年のことである．翌2007年にはヒト細胞でも同様な成功を報告した．当該技術により作出されたES細胞様細胞は，人工多能性幹細胞〔induced Pluripotent Stem（iPS）細胞〕とよばれている．詳細は，1章-7，3章-7を参照していただきたい．

７ 幹細胞の応用分野

　幹細胞を利用した再生医療研究が盛んになっているが，その根幹をなすのが幹細胞の培養技術である．体性幹細胞の大量培養に関しては，間葉系幹細胞や神経幹細胞などの一部でのみ成功していることは既述のとおりであるが，ES細胞やiPS細胞は不死化細胞であり，体性幹細胞とは桁外れの大量培養が可能な点が特徴と言える．ES細胞の臨床応用を考えた場合，組織適合性も１つの障壁であるが，iPS細胞は患者本人から作製することも可能である点が大きな利点である．また，体細胞の入手は胚細胞とは異なり容易であり，多種類の組織適合性抗原をカバーするiPS細胞を豊富に作製することも現実的であり，より魅力的な細胞である．しかし，既述のとおり，ES細胞もiPS細胞も不死化細胞であり，臨床応用を考えた場合には，移植後の腫瘍化の問題が最大の課題と言える．

　iPS細胞樹立技術が魅力的な理由がもう１つある．それは疾患特異的iPS細胞とよばれるものである．特定の疾患者からiPS細胞を樹立し，そこから目的の機能細胞を分化誘導することで，当該細胞を疾患研究に利用できるのである．例えば，脳神経変性疾患などの患者からiPS細胞を樹立し，そこから脳神経細胞を分化誘導して，疾患原因や発症機序の解明，治療薬の開発への応用などが可能となる．

８ 細胞材料の品質

　細胞の臨床応用を考えた場合には，その品質を蔑ろに考える研究者はいない．一方で，基礎的な研究に使用する細胞の品質に関してはどうであろうか．非常に残念なことに，その品

質はかなり蔑ろにされてきたと言わざるを得ない．品質検証がしっかりと実施されていない細胞を実験に使用した場合には，実験再現性を欠く研究となり，実験そのものを実施する意味を失う．したがって，培養細胞を実験に使用する場合には，品質の検証が必要不可欠である．

まず一点は，日本の研究者が使用している細胞にはマイコプラズマ汚染が非常に多いという点である．諸外国の研究機関では細胞培養時には必ず手袋を着用するなどの注意を払っているが，日本の研究機関ではいまだに素手で培養をしている研究者が多数いる．手袋を着用することで，微生物汚染を完全に防げるものではないが，微生物は手のちょっとした皺の中にも存在しているので，防止効果があることは間違いない．また，ヒト細胞を培養する際には，既知か未知かを問わず，危険性が高いウイルス（肝炎ウイルスなど）の存在を完全に否定することはできないため，そうしたバイオハザードを回避する意味でも，培養作業時の手袋の着用は励行すべきである．マイコプラズマは細菌と同様に常在微生物であり，培養系に混入する危険性が常にある．理化学研究所（理研）細胞バンクで寄託を受けた細胞株の約30％にマイコプラズマ汚染が検出されているという事実からもその危険性は明白である．このことを肝に銘じ，細胞使用研究者は常に注意深い培養を行うこと，加えて，定期的な検査を実施することを心がけていただきたい．

もう一点は細胞誤認である．これは日本の研究者に限らず世界中で蔓延しているものであり，理研細胞バンクで寄託を受けた細胞株の約10％に細胞誤認が確認されている．細胞誤認とは，胃癌由来の細胞株と思って使っていた細胞株が，実は子宮頸癌由来のHeLa細胞であったというようなケースである．「自分の細胞に限ってそんなはずはない」という親心（根拠のない信頼）をもつ研究者が多いのであるが，現在は遺伝子レベルでの詳細な解析が標準検査となっており，当該検査を実施していない細胞株の使用は厳に慎むべきである．

「マイコプラズマ汚染がない」とか「細胞誤認がない」というのは必要最小限の品質であり，今後は遺伝子発現解析，ホールゲノムシークエンスなどのOMICS解析が細胞の品質検証にも普及していくことは確実である．

品質検査の具体例は4章を参照していただきたい．

おわりに

科学分野で高い評価を得て歴史的な業績になるものには2種類ある．「それまでの常識を覆す発見」および「新しい真実の発見，新しい技術の開発などを世界に先駆けて成し遂げること（世界1位になること）」である．かつてのマラソン選手瀬古利彦氏のライバルであった中山竹通氏の名言がある．「1位でなければ2位もビリも一緒である．1位以外は皆敗者である」．細胞培養の歴史も他の科学分野と同様に，さまざまなブレイクスルーの積み重ねによって発展してきたのである．しかしながら，ブレイクスルーとなるような大発見をするにあたっては，まずは基礎が大事である．本書が細胞培養のための基礎を習得するための一助となることを切望する．そして，本書を参考にしてくれた研究者の中から，やがてブレイクスルーとなるような大発見をする研究者が生まれることを願う．

1章 細胞を用いた研究の種類と原理

1 細胞材料の種類と特徴

中村幸夫

● はじめに

　細胞材料の種類にはさまざまなものがあり，さまざまな方法で分類が可能である．代表的な分類につき紹介し，それぞれの特徴について概説する．細胞材料の中には，細胞株とよばれる細胞集団（序章を参照していただきたい）も含まれれば，生体から取り出したばかりの細胞（末梢血など）も含まれる．また，場合によっては生体から取り出したばかりの組織を指すこともある．通常，そうした組織は，破砕して単細胞浮遊液（シングルセルサスペンション）の状態として実験に用いることが多い．本節では同じ細胞が繰り返し登場し，別のカテゴリーに分類されるが，万人が納得するような万能な分類方法がないので，ご容赦いただきたい．そのことはまた，近年の急速な研究の進展に伴って生物学研究分野も多種多様に細分化されてきている象徴でもあるとご理解いただければと思う．

① 由来動物種による分類

1 哺乳類動物に由来する細胞

　汎用される細胞は，ヒト細胞，げっ歯類（マウス，ラット）細胞である．独立行政法人理化学研究所バイオリソースセンター細胞材料開発室（以下本書では「理研細胞バンク」と略す）が提供している細胞を表1に示す．例えば，アフリカミドリザル由来のVero細胞は，タンパク質生産などの目的で非常にたくさん利用されている細胞である．

2 その他の動物に由来する細胞

　実験動物として定着している動物に由来する細胞や，畜産学分野で活用されている動物に由来する細胞が多い（表1）．

表1　理研細胞バンクが提供している動物由来細胞材料の種類

1)	哺乳類	ヒト，チンパンジー，コモンマーモセット，アフリカミドリザル，マウス，ラット，ハムスター，ウサギ，ミンク，ウシ，ブタ，イヌ，ネコ，ゾウ，スンクス，ツパイ
2)	鳥類	ニワトリ
3)	両生類	カエル，イモリ，サンショウウオ
4)	魚類	ゼブラフィッシュ，メダカ，ウナギ，金魚，ティラピア，ミノウ
5)	昆虫類	ショウジョウバエ，カイコ，チョウ，ガ，ヨトウムシ
6)	他	ハイブリドーマ

❷ 細胞特性による細胞の分類（表2）

1 がん細胞株

　ヒトがん細胞株は，がん研究に使用されるのみでなく，非常に広範な研究分野で汎用されている．以下に紹介する新規細胞材料の需要が大きくなりつつあるものの，理研細胞バンクから提供している細胞で最も提供数が多いのはヒトがん細胞株である．ヒトがん細胞株として世界で最初に樹立されたのはHeLa細胞であり，1952年に樹立されたものである（図1）．

　がん細胞株の培養には，基本培地〔例：HeLa細胞の場合にはminimum essential medium（MEM）〕に10％濃度でウシ血清成分を加えた培養液を用いるものが多い．多くのがん細胞株は倍加時間（細胞が2倍に増える時間）も短く，早いものは12時間，遅いものでも24時間程度であり，倍加時間が12時間ならば1日で4倍に増え，24時間なら2日間で4倍に増えるということである．したがって，多くのがん細胞株は最低週2回程度の培地交換を必要とするものが多い．

2 線維芽細胞

　さまざまな組織に由来する線維芽細胞も，比較的容易に培養が可能であり，汎用細胞の1つである（図2）．後述する間葉系幹細胞も形態的には線維芽細胞であり，形態観察のみでは区別はできない．事実，理研細胞バンクが線維芽細胞として寄託を受け提供している線維芽細胞につき，その分化能を解析したところ，多くの細胞は何らかの分化能（骨芽細胞，軟骨細胞，脂肪細胞などへの分化能）を有しており，単純な線維芽細胞ではないことが判明した[1]．図2の細胞もまさに間葉系幹細胞であった．線維芽細胞は，MEM-α+10％FBSなどで培養可能であり，倍加時間は短く短期間で大量に増やすことが可能である．しかし，序章でも述べたとおり，ヒト由来の線

表2　理研細胞バンクが提供しているヒト由来細胞材料の種類

1）がん細胞株
2）線維芽細胞
3）ヒトB細胞株
3-1）健常者由来細胞
●日本人
●園田・田島コレクション（南米を中心とする民族由来）
3-2）患者由来細胞
●乳癌
●子宮癌
●後藤コレクション（早老症：Werner症候群）
4）幹細胞
4-1）体性幹細胞
●臍帯血
・有核細胞
・単核細胞
・CD34陽性細胞
・新鮮臍帯血（未培養・未処理）
●間葉系幹細胞
・短期培養細胞
・不死化細胞
4-2）胚性幹（ES）細胞
4-3）人工多能性幹（iPS）細胞
●正常iPS細胞
●疾患特異的iPS細胞

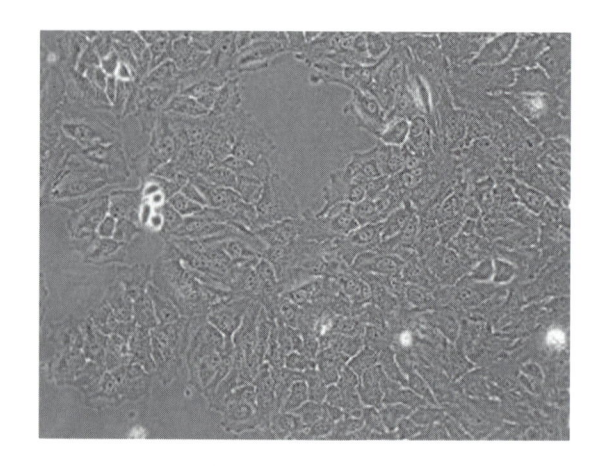

図1　HeLa細胞（×100）

維芽細胞や間葉系幹細胞の増殖は有限であり，数カ月後にはそれ以上増殖しない状態となる（ヘイフリック限界，クライシス，などとよばれる）．

図2　ヒト由来線維芽細胞様細胞（×40）

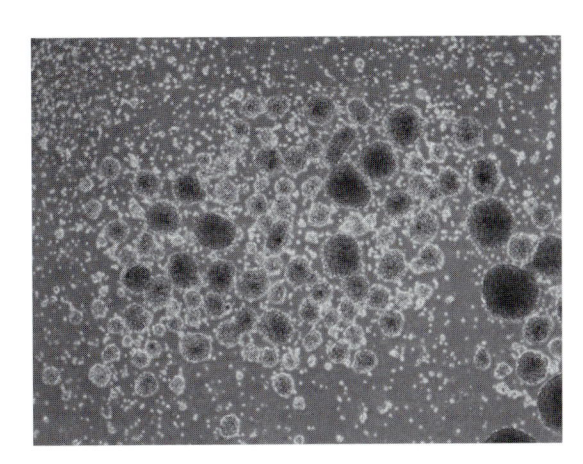

図3　Epstein-Barrウイルスにより形質転換したB細胞株（×40）

3 ヒトB細胞株

　全ヒトゲノムが解読（シークエンス）された現在は，ポストゲノム時代ともよばれているが，その意味するところは，次は人種・民族および個々人で異なるゲノム情報を，あるいは，健常者と疾患者とで異なるゲノム情報などを解析する時代に入っているということである．

　さまざまな研究において，比較対象となる健常者由来のゲノムが必要であることから，理研細胞バンクでは，200人の健常日本人に由来する細胞（Epstein-Barrウイルスによって形質転換したB細胞株：B-LCL，1章-4，3章-4参照）を整備している（図3）．このなかの半数には組織適合性抗原（HLA class Ⅰ，class Ⅱ）の情報も付随している．

　さまざまな人種・民族に由来する細胞として理研細胞バンクでは，園田・田島コレクションも整備している．寄託細胞は主に南米モンゴロイドに由来する末梢血液細胞であり，理研細胞バンクでB-LCLにしている．南米で採取された試料に関しては，すでに該当する種族などが存在しない（混血が進んだ結果として）ものもあり，人類遺伝学研究などの分野においてきわめて貴重な研究資源である．

　疾患者由来細胞として，理研細胞バンクでは現在，乳癌患者由来および子宮癌患者由来のB-LCLを整備している．今後は他のがん患者や他の疾患者に由来するB-LCLの整備も進める予定である．後藤コレクションは早老症患者（主にWerner症候群患者）に由来するB-LCLおよび線維芽細胞であり，早老症に付随して若年で発症する疾患の研究などに有用な細胞材料である．

　B-LCLは，RPMI1640＋20％FBSなどで培養可能であり，倍加時間は株によって異なるが全体として短い（増殖速度は速い）細胞である．図3の細胞のようにブドウの房のように細胞集団を形成して増える株が多いが，単細胞状態（細胞1個1個がバラバラの状態）で増える株もある．

4 幹細胞

1）ヒト体性幹細胞

　実験動物由来の体性幹細胞は，研究者が該当する実験動物を購入することで実験的に入手が可能である．一方，ヒトの体性幹細胞を入手するにあたっては，次節（1章-2）で説明するような倫理的な手続きが必要であり，すべての研究者がいつでも比較的自由に入手できる細胞材料ではない．そこで，理研細胞バンクではヒト臍帯血幹細胞とヒト間葉系幹細胞を提供できるシステムを整備した．

【臍帯血】

　臍帯血中には造血幹細胞（序章を参照）が豊富に存在する事実が判明し，臍帯血移植は骨髄移植と全く同様に白血病などの血液系悪性腫瘍の治療に応用

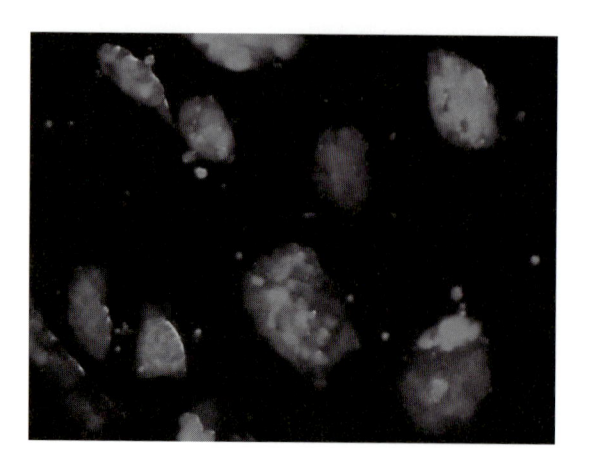

図4 マウスES細胞株（B6G-2）（×40）
GFPを発現している［→巻頭カラー図1参照］

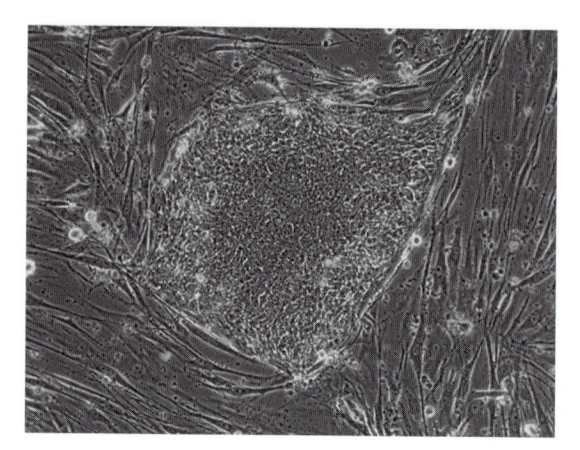

図5 ヒトES細胞株（KhES-1）（×100）

されている．しかし，造血幹細胞の試験管内における大量培養技術はいまだに確立されていない．理研細胞バンクでは，Hydroethyl Starch（HES）処理により赤血球を除いた有核細胞，Ficoll処理による単核細胞（Mononuclear Cell），磁気ビーズ法で精製したCD34陽性細胞，新鮮臍帯血（未培養・未処理）などを提供している．

【間葉系幹細胞】

間葉系幹細胞は骨・軟骨・筋肉・腱・脂肪細胞などに分化する能力を有する体性幹細胞であり，骨髄をはじめさまざまな組織に存在する[1]．骨組織や軟骨組織の再生医療への応用が注目されていたが，最近では間葉系幹細胞から心筋細胞が誘導できることも判明し，心筋梗塞などの心疾患への応用も研究されている．

理研細胞バンクでは，短期培養細胞（非不死化細胞）および遺伝子導入により不死化した細胞株の2種類を提供している．間葉系幹細胞の培養には，DMEM＋10％FBSにbasic fibroblast growth factor（bFGF）を加えた培地などが使用され，既述のとおり，増殖速度は不死化細胞と同レベルで速い．

● 2）胚性幹（ES）細胞

ES細胞は胚細胞に由来する長期継代可能な細胞（不死化細胞）であり，全身のありとあらゆる機能細胞に分化する能力を保持したまま増え続ける細胞である．1981年にマウスES細胞が樹立され，1998年にヒトES細胞が樹立された．その増殖能力および分化能力から，再生医療研究，創薬研究などさまざまな分野への応用が期待されている（図4，5）．

ヒトES細胞の樹立には文部科学大臣の確認が必要であり，現在認可されている国内機関は，京都大学と国立成育医療研究センターの2機関のみである．また，ヒトES細胞の分配機関（細胞バンク機関）となることにも文部科学大臣の確認が必要であり，現在国内では理研細胞バンクが唯一のヒトES細胞分配機関となっている．

具体的な培養方法等については3章-6を参照していただきたい．

● 3）人工多能性幹（iPS）細胞

京都大学の山中伸弥らが世界に先駆けて樹立に成功したiPS細胞は，ES細胞と全く同様な能力を保有した細胞であり，ES細胞に期待されている応用はすべてiPS細胞にも期待できるものである．

山中研究室で樹立されたiPS細胞は，ヒト・マウスともにすべて理研細胞バンクに寄託され，整備・提供を実施している（図6，7）．序章でも述べたとおり，再生医療のツールとしての研究のみでなく，今後は疾患特異的iPS細胞を用いた疾患研究が急増すると考えられる．

具体的な培養方法等については3章-7を参照していただきたい．

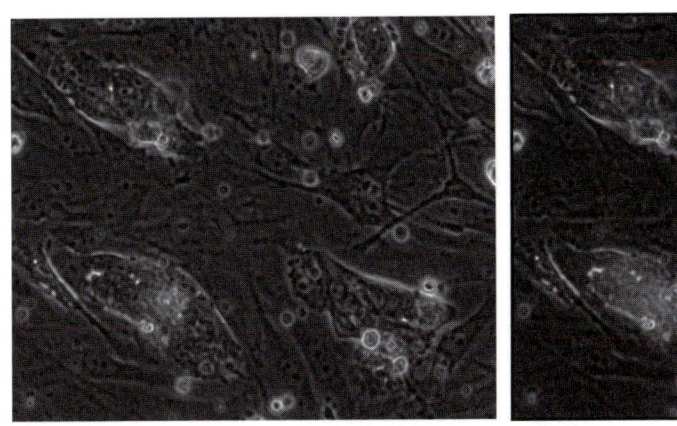

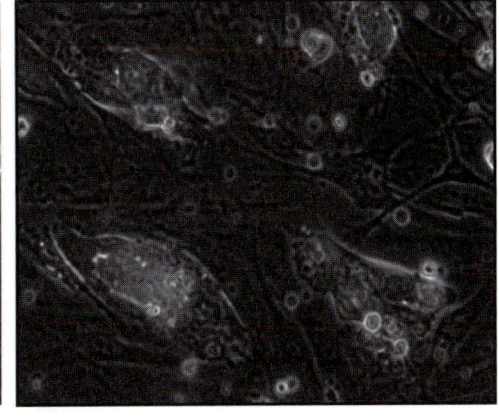

図6　マウスiPS細胞（iPS-MEF-Ng-20D-17）（×200）
Nanogプロモーター下でGFPを発現している（右：蛍光顕微鏡写真）［→巻頭カラー図2参照］

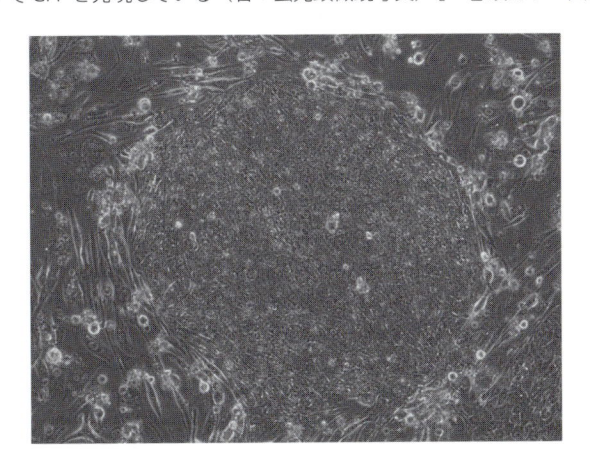

図7　ヒトiPS細胞（201B7）（×100）

❸ 由来および培養期間によるヒト細胞の分類

由来が健常者か疾患者か，および培養期間によってヒト細胞材料を分類したのが表3である．

1 未培養細胞

最も侵襲が少なく比較的容易に入手できるのが末梢血細胞である．健常者であれ，疾患者であれ，一定量の遺伝子を入手する目的ならば末梢血細胞で十分である．臍帯血も有用な細胞材料ではあるが，提供した赤ちゃん（提供に同意をしてくれるのはその親であるが）が将来的に何らかの疾患を発症しないか否かが定かでない点で，目的によっては適当な材料ではないかもしれない．臍帯血由来の細胞からiPS細胞を樹立し，これを臨床応用しようと考えた場合の問題点ともなっている．

疾患者の患部組織や患部組織に近接する健常組織は疾患研究にとってきわめて有用な研究材料である．しかし，日本にはこれを大規模に収集・提供するシステムはまだない．中国，韓国，東南アジアの国々で，バイオバンク構想が盛んになりつつあり，こうした研究資源の確保に取り組み始めている．言うまでもなく，そうしたバイオバンク構想は日本にも必

表3 由来および培養期間によるヒト細胞材料の分類

	健常者	疾患者	
	健常細胞	疾患細胞	健常細胞
未培養細胞	末梢血 臍帯血	末梢血 患部組織	末梢血 健常組織
短期培養細胞	線維芽細胞 （付着性細胞） 体性幹細胞	線維芽細胞 （付着性細胞）	線維芽細胞 （付着性細胞）
長期培養細胞 （不死化細胞）	B-LCL 遺伝子導入細胞 iPS細胞 ES細胞	がん細胞株 疾患iPS細胞	B-LCL 遺伝子導入細胞 疾患iPS細胞

要である．その先駆けとして，東京大学医科学研究所においてバイオバンクが始動しているが，現状よりも多くの疾患をカバーする全国規模のバイオバンクへと発展することが期待されており，国家施策として検討が進められている．

2 短期培養細胞

ヒトや動物の組織を取り出し，これをある程度細かく裁断してから培養皿に播いて培養を行うと，紡錘形をした通称「線維芽細胞」や方形をした通称「上皮様細胞」などが増殖する．多くの場合，線維芽細胞の増殖速度の方が速いためまたは通常用いる培養液が線維芽細胞に適しているため，継代を重ねていると線維芽細胞が優勢となり，やがて線維芽細胞のみとなる．したがって，世の中に出回っている短期培養細胞の主流は線維芽細胞ということになる．既述のとおり，線維芽細胞は細胞の形態のみから命名されていることが多く，なかには間葉系幹細胞なども含まれており[1]，正確を期すためには「線維芽細胞様細胞（fibroblast-like cell）」とよぶべきものである．

培養方法が確立された体性幹細胞も短期培養細胞として入手可能なものである．代表例は，間葉系幹細胞と神経幹細胞である．間葉系幹細胞は理研細胞バンクから提供しているが，神経幹細胞を提供している公的な細胞バンクは日本にはまだない．

3 長期培養細胞

最も汎用されているのは「がん細胞」に由来する「がん細胞株」である．がん研究に限らず，広範な生命科学研究分野で使用されている．

がん細胞株以外で長期培養可能な細胞を取得する代表例は，ヒト末梢血中のB細胞にEpstein-Barrウイルスを感染させ形質転換する方法である（B-LCL）．健常者由来および疾患者由来を併せて有用な細胞材料となっている．

腫瘍原性ウイルスの遺伝子産物を細胞に強制発現させることで細胞を不死化する技術も多数開発されている．最近では，テロメラーゼ複合体の中の逆転写酵素（Tert）の強制発現で細胞が不死化できることもわかっている[*1]．

iPS細胞樹立技術は，多能性幹細胞を作製できることで注目されているが，新規の不死化細胞樹立技術という側面も有する．したがって，これも健常者由来および疾患者由来を併せてきわめて有用な細胞材料となる．

---

*1 テロメラーゼ複合体は染色体末端が細胞分裂に伴って短くならないように維持するための分子複合体．詳細は他書を参照していただきたい．

④ 研究内容による分類

1 遺伝子解析を主目的とする細胞

ヒトがん細胞株に代表されるように，培養細胞の使用目的は本来的にはその細胞の特性を解析することにあった．しかし，ポストゲノム時代を迎えた今日では，「ゲノムインキュベーター」（1章-4参照）としての細胞材料に対するニーズも大きくなっている．この目的のためには，表3に紹介したすべての細胞が有用な細胞材料となる．疾患の先天性の原因を研究するためには疾患者由来の健常細胞が，また，疾患の後天的な原因を研究するためには疾患者由来の疾患細胞が必要となる．

2 細胞の特性解析を主目的とする細胞

基礎生物学から応用生物学に至るさまざまな研究において，細胞が発現している遺伝子（mRNA），タンパク質，代謝産物，細胞表面に発現している分子，細胞の分化能等々の細胞の特性を解析する研究は必要不可欠である．こうした研究の対象となるのは，表3のなかでは主には，がん細胞株，体性幹細胞，ES細胞，iPS細胞などである．特に，疾患特異的iPS細胞は，今後多数の細胞株が樹立され，これに由来する疾患細胞を用いることで，従来とは異なる新規の研究が展開されることが期待されている．

3 他の細胞の培養のために用いられる細胞

2種類以上の細胞を（多くの場合は2種類であるが）あえて一緒に培養することがある．こうした培養方法を一般的には共培養系とよんでいる．最も汎用されている共培養系は，特定の付着性細胞（次項参照）をフィーダー細胞（栄養細胞）として用いるものである．なかでも典型的なのが，ES細胞やiPS細胞を維持するための培養系で使用するフィーダー細胞であり，マウス胎仔由来の線維芽細胞（mouse embryonic fibroblast：MEF）が使用されることが多いが，特定の不死化線維芽細胞株が使用されることもある．また，ES細胞やiPS細胞から特定の細胞（神経細胞，血液細胞など）を分化誘導する際に，特定のフィーダー細胞（不死化線維芽細胞株など）が使用されることもある．

フィーダー細胞の役割は大きく分けて2種類ある．1つには，フィーダー細胞が産生し培養液中に分泌する因子が重要である場合であり，このような場合には，フィーダー細胞の培養液上清を培養系に加えることで，フィーダー細胞そのものは使用しなくても目的を達することが可能なケースもある．もう1つは，フィーダー細胞と接触していることが重要な場合であり，フィーダー細胞の細胞膜上に発現している分子が共培養細胞と接することで何らかのシグナルを共培養細胞に伝達する役割を果たしているものと考えられている．

⑤ 増殖方法による分類

1 付着性細胞

生体内のほとんどの細胞は他の細胞と接触して生存・増殖しており，周囲の細胞が足場のような役目を担っていることが多い．したがって，生体から組織などを取り出して試験管の中で培養した場合にも，試験管の底に貼り付いて増える細胞がほとんどである．こうした培養細胞を付着性細胞とよぶ．付着性

細胞はその形態から，紡錘形細胞，方形細胞などとよばれるが，紡錘形細胞に関しては何の機能解析もしていないにもかかわらず線維芽細胞とよばれていることも多い[1]．厳密には，単に紡錘形細胞とか線維芽細胞様細胞（fibroblast-like cell）とよぶべきものである．また，方形細胞に関しては上皮様細胞とよばれていることも多いように思われる．したがって，そうした名称のみから細胞の特性を推測するのは控えた方がよい．

2 浮遊細胞

生体内で他の細胞と恒常的には接触していない状態で生存・増殖している細胞が血液細胞である．したがって，白血病細胞に由来する不死化細胞株には，試験管の底に貼り付くことなく増殖可能なものが多い．こうした細胞は浮遊細胞とよばれている．ただし，血液系細胞株でも付着性細胞はある．

また，もともとは付着性細胞だった細胞が浮遊細胞に変化することもある．HeLa細胞にも浮遊細胞となった亜株が存在する[2]．こうした現象を「足場依存性を失った」という．一般的には，足場依存性を失った細胞はマウスへの移植後に腫瘍を形成しやすい傾向にあり，ある意味では悪性度を増した細胞になったとも言える．実際に，生体内のがん組織でもこの足場依存性を失うような現象が生じて転移などが起こる可能性があり，がん研究分野でも注目される現象である．

6 細胞材料の安定性

1 ゲノムの安定性

不死化細胞のような長期培養細胞のゲノムは正常なのか？ 答えは「No」である．図8にHeLa細胞の核型解析の結果を示す．見てのとおり，46本（XX）からはほど遠い異常である．実は，がん細胞株のほとんどはこうした核型異常を有している．しかしながら，4章-1で述べるように，個々の遺伝子領域は比較的に安定して保たれているようであり，マイクロサテライト多型解析などが可能である[3,4]．

長期培養細胞（不死化細胞）でありながら，比較的ゲノムが安定なのが，ES細胞およびiPS細胞なのである．なぜ，当該細胞のゲノムが安定なのかいまだ明確な分子機構は解明されていない．いずれにしても，「多分化能」および「ゲノム安定性」という2つの特性が，これらの幹細胞を魅力的な細胞としている根源的理由である．

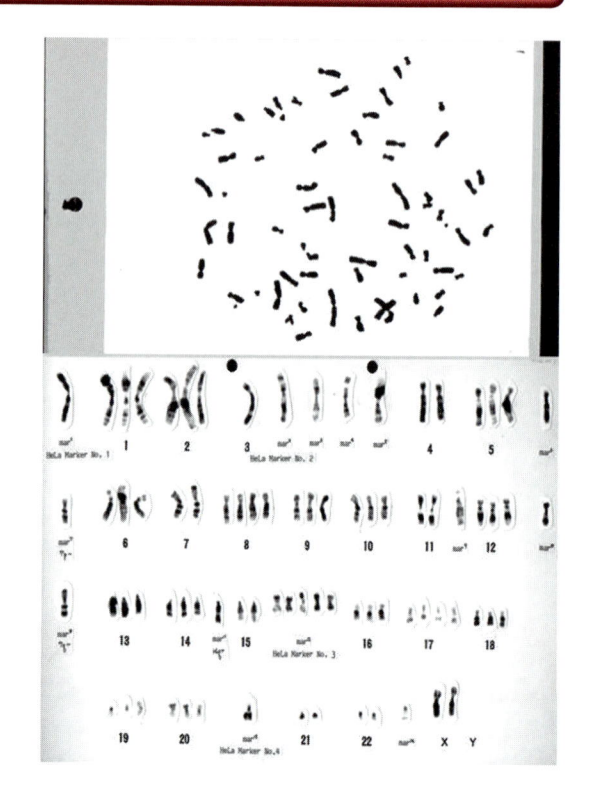

図8　HeLa細胞の核型

2 細胞特性の安定性

　生命体は不変なものではなく，遺伝子変異が積み重なることで進化をしている．では，試験管の中で培養している細胞はどうなのか？　もちろん，細胞にも遺伝子変異が蓄積していくことは不可避である．重要なのは，この事実をしっかりと認識して培養細胞を使用することである．長期にわたって培養を繰り返した細胞の特性は多かれ少なかれ変化してしまっていると認識すべきである．一例として，K562という慢性骨髄性白血病細胞由来の細胞株を紹介する．この細胞は赤血球系細胞株であり，分化誘導することによって細胞内にヘモグロビンを産生し，細胞質は赤く変化する細胞である．ところが，この細胞を長期にわたって（おそらくは無頓着に）培養し続けた結果，全く分化しない（ヘモグロビンを産生しない）細胞が生じてしまったという例がある（図9）．

　最近話題のES細胞やiPS細胞は，細胞特性（特に未分化性）を維持することに通常の細胞以上に細やかな管理が必要であり，定期的な未分化マーカーの解析（図10）は基本として，免疫不全マウスに移植してテラトーマ形成を確認するなどの品質管理も，細胞特性を維持管理するためには求められる．

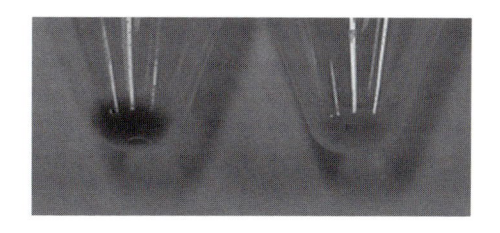

図9　K562細胞
左写真は，分化誘導によりヘモグロビンを産生し細胞ペレットが赤く変化したもの．右写真は，分化能を失ったK562細胞のペレット［→巻頭カラー図3参照］

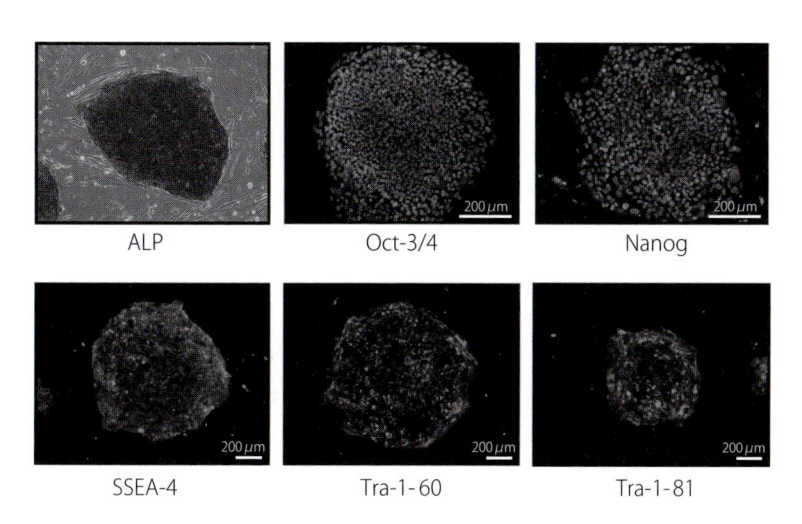

図10　ヒトiPS細胞に発現している未分化マーカー（×100）
ALP：Alkaline Phosphatase　［→巻頭カラー図4参照］

❼ 最近のトピックス

　マウスES細胞，iPS細胞が三次元的に増える（球状，ブドウの房状）のに対して，ヒトES細胞，iPS細胞は二次元的に増える（単層，平面状）という特徴がある．また，増殖速度もヒトES細胞，iPS細胞はマウスES細胞，iPS細胞に比べて遅いという特徴がある．そして，ヒトES細胞，iPS細胞はepiblast（原始外胚葉，胚盤葉上層）由来であり，マウスES細胞，iPS細胞とは異なる細胞ではないかという指

摘があった（1章-7参照）．最近，ヒトの当該細胞に関して，ナイーブ細胞とよばれる細胞が樹立されたとの報告がある[5〜7]．ヒト・ナイーブES，iPS細胞は，マウスES細胞，iPS細胞と同様に三次元的に増え，かつ，増殖速度も速いようである．ヒト・ナイーブES，iPS細胞作製の再現性に関しては，研究者コミュニティーで完全なコンセンサスを得た状態ではないが，再現性のある結果である可能性が高いように思える．

おわりに

細胞操作技術は日進月歩である．最近では，iPS細胞樹立技術を用いて，ES細胞様細胞を経由することなく，前駆細胞（ES細胞と最終分化細胞との中間に位置し，ある程度の多分化能を有した細胞）などを作製できることも報告されており，今後はさまざまな手法で作製された多種多様な細胞材料が研究対象になっていくことが確実である．そのような状況下では，個々の細胞材料の特性を十分に把握し，また，細胞材料の品質管理という面にも細やかな注意を払い，再現性を担保した科学的な実験計画を立てることがますます重要になる．

参考文献
1) Sudo, K. et al.：Stem Cells, 25：1610-1617, 2007
2) 理研細胞バンクより提供中．下記ホームページ参照．http://www2.brc.riken.jp/lab/cell/detail.cgi?cell_no=RCB0191&type=1
3) Masters, J. R. et al.：Proc. Natl. Acad. Sci. USA, 98：8012-8017, 2001
4) Yoshino, K. et al.：Hum. Cell, 19：43-48, 2006
5) Guo, G. et al.：Development, 136：1063-1069, 2009
6) Di Stefano, B. et al.：PLoS One, 5：e16092, 2010
7) Theunissen, T. W. et al.：Curr. Biol., 21：65-71, 2010

2 細胞材料を使用する研究に係る生命倫理

中村幸夫

● はじめに

研究に係る倫理にはさまざまなものがある.「データを捏造しない」「他者のデータを勝手に使用しない」「論文作成時に過去のデータを再利用しない」等々は科学者としての倫理であり,ありとあらゆる科学分野に共通するものである.一方で,生命科学研究分野においては,研究対象が生命体であることから,生命倫理が必要となる.生命倫理を大きく2つに分けると,「生物多様性の維持や動物愛護に関する倫理」と「人間の尊厳の維持や特定の人間に不利益を及ぼさないための倫理」とになろうかと思う.

① 生物多様性の維持

「遺伝子組換え生物等の使用等の規制による生物の多様性の確保に関する法律」においては,培養細胞は生物の扱いではない.したがって,通常の培養細胞はこの法律の対象として取り扱う必要性はない.ただし,遺伝子組換え操作を施したウイルスを産生する能力を有する細胞は,この法律の対象として扱う必要があるので注意を要する.また,遺伝子組換え操作を施した細胞そのものは当該法律の対象外であるが,遺伝子組換え操作を施した細胞を移植した実験動物(マウスなど)は当該法律の対象となる生物に相当する点は注意が必要である.例えば,iPS細胞やそれに由来する分化細胞をマウスへ移植する実験では,当該法律を遵守した取り扱いが必要となる.

「遺伝子組換え生物等の使用等の規制による生物の多様性の確保に関する法律」は,以下のホームページで入手可能である. http://law.e-gov.go.jp/htmldata/H15/H15F14006002001.html

② 動物を使用する実験に係る法令および指針等

細胞材料を実験動物などの動物から採取して使用するような場合には,関係する法令や指針を遵守して実施することが必要である.該当する法令や指針および公開ホームページサイトを紹介するので,必要に応じて参照していただきたい(表1).また,機関内の担当部署との相談も必須である.

表1　動物を使用する実験に係る法令および指針等

- 研究機関等における動物実験等の実施に関する基本指針（文科省）
  http://www.mext.go.jp/b_menu/hakusho/nc/06060904.htm
- 動物の愛護及び管理に関する法律（環境省）
  http://law.e-gov.go.jp/htmldata/S48/S48HO105.html
- 動物の殺処分方法に関する指針（環境省）
  http://www.env.go.jp/nature/dobutsu/aigo/2_data/laws/shobun.pdf
- 実験動物の飼養及び保管等に関する基準（環境省）
  http://wwwsoc.nii.ac.jp/jalas/law-guide/law_02.html
- 厚生労働省の所管する実施機関における動物実験等の実施に関する基本指針（厚労省）
  http://www.mhlw.go.jp/general/seido/kousei/i-kenkyu/doubutsu/0606sisin.html
- 農林水産省の所管する研究機関等における動物実験等の実施に関する基本指針（農水省）
  http://www.maff.go.jp/j/press/2006/20060601press_2.html
- 動物実験の適正な実施に向けたガイドライン（日本学術会議）
  http://www.scj.go.jp/ja/info/kohyo/pdf/kohyo-20-k16-2.pdf

表2　ヒトを対象とする実験に係る法令および指針等

- ヒトゲノム・遺伝子解析研究に関する倫理指針（文科省，厚労省，経産省）
  http://www.lifescience.mext.go.jp/files/pdf/40_126.pdf
- 疫学研究に関する倫理指針（文科省，厚労省）
  http://www.lifescience.mext.go.jp/files/pdf/37_139.pdf
- ヒトES細胞の樹立及び分配に関する指針（文科省）
  http://www.lifescience.mext.go.jp/files/pdf/n592_J01.pdf
- ヒトES細胞の使用に関する指針（文科省）
  http://www.lifescience.mext.go.jp/files/pdf/n592_S01.pdf
- ヒトiPS細胞又はヒト組織幹細胞からの生殖細胞の作成を行う研究に関する指針（文科省）
  http://www.lifescience.mext.go.jp/files/pdf/n592_H01.pdf
- ヒトに関するクローン技術等の規制に関する法律（文科省）
  http://www.lifescience.mext.go.jp/files/pdf/1_3.pdf
- 特定胚の取扱いに関する指針（文科省）
  http://www.lifescience.mext.go.jp/files/pdf/30_226.pdf
- ヒト受精胚の作成を行う生殖補助医療研究に関する倫理指針（文科省）
  http://www.lifescience.mext.go.jp/files/pdf/n722_00.pdf
- ヒト幹細胞を用いる臨床研究に関する指針（厚労省）
  http://www.mhlw.go.jp/bunya/kenkou/iryousaisei06/pdf/03.pdf
- 手術等で摘出されたヒト組織を用いた研究開発の在り方について（厚労省）
  http://www1.mhlw.go.jp/shingi/s9812/s1216-2_10.html
- 臨床研究に関する倫理指針（厚労省）
  http://www.mhlw.go.jp/general/seido/kousei/i-kenkyu/rinri/0504sisin.html
- 遺伝子治療臨床研究に関する指針（文科省，厚労省）
  http://www.mhlw.go.jp/general/seido/kousei/i-kenkyu/idenshi/0504sisin.html
- 機関内倫理審査委員会の在り方について（科学技術・学術審議会，生命倫理・安全部会）
  http://www8.cao.go.jp/cstp/tyousakai/life/haihu22/siryou5.pdf

❸ ヒトを対象とする実験に係る法令および指針等

　研究に協力をしてくれる方々に不利益が生じないように，特定の集団（人種，民族，特定疾患罹患者など）に不利益が生じないように，人間の尊厳を冒瀆するようなことがないように等々の観点から，さまざまな法令や指針が制定されている．分子生物学が進展し，遺伝子解析が容易に可能となってからは，特に細やかな配慮が求められるようになってきた．

該当する法令や指針および公開ホームページサイトを紹介するので，必要に応じて参照していただきたい（表2）．また，機関内の担当部署と相談し，機関内倫理審査などが必要な場合には，早めに手続きを進めることを推奨する．具体的な申請手続きなどに関しては，5章を参照していただきたい．

❹ ヒト細胞を使用する場合の提供者からの同意の取得

　提供していただいた組織や細胞を，「いつ」「どこで」「誰が」「何の目的で」「どのように」使用するのかについて説明を行い，十分な理解を得たうえで同意を得るというのがインフォームド・コンセントの基本である．特に，遺伝子解析研究を伴う場合には，個人の遺伝情報がどのように取り扱われるのかを丁寧に説明する必要がある．

　また，同意を得る際には，研究に協力してもしなくても，すなわち，組織や細胞を提供してもしなくても，どちらの場合であっても，直接的な利益も不利益も発生しないことを明確に伝えることが肝要である．組織や細胞の提供によって提供者に利益が発生することは，組織や細胞の売買につながる危険性を含んでおり，臓器売買が禁忌であるのと同様に，厳に慎むべきである．一方で，組織や細胞の提供によって医学・医療が発展し，提供者も含めて広く人類が利益を享受することに関しては十分な理解を得ることが重要である．

　知的財産権は倫理とは関係ないと主張する者も世の中にはいるが，提供者からの同意を得る際にはこの点でも同意を得ておく必要がある．すなわち，提供していただいた組織や細胞を使用して知的財産権が発生した場合には当該知的財産権は研究を実施した研究者またはその所属機関に帰属するということの同意を得ておくべきである．世界で初めて樹立されたがん細胞株であるHeLa細胞に関しては，その知的財産権に関して，遺族が訴訟を起こしたという歴史がある．結果として，HeLa細胞提供者の遺族の主張は退けられたのであるが，提供を受けた組織や細胞の知的財産権に係る同意がきわめて重要なものであることを示すものである．

❺ 細胞バンクへの寄託について

　研究成果として培養細胞（短期培養細胞，不死化細胞）が取得でき，これを論文などで公知の細胞とした場合には，他の研究者がその使用を希望することは必然であり，分譲することは発表研究者の道義的責任ともなっている．使用希望者が多い場合には分譲作業が大変であり，細胞バンク事業へ寄託することを推奨する．また，細胞バンクへ寄託することの利点は，ただ単に分譲作業を軽減できるのみでなく，細胞バンクにおいて万全な品質管理を実施した後に分譲されるという点である．

細胞バンク事業への寄託に関するインフォームド・コンセントを得るにあたっては，細胞バンクから不特定多数の研究者に提供すること，また，提供先では遺伝子解析研究を含むさまざまな研究に利用されることの同意を得ておく必要がある．細胞バンクから細胞を提供する際には，提供先機関で倫理審査承認を受けていることを使用条件（提供条件）とすることも可能であるので，そうした説明をすることで同意を得られやすくなる場合もあると考える．

❻ 個人情報の保護

「個人情報の保護に関する法律」は以下にて入手可能．http://law.e-gov.go.jp/htmldata/H15/H15HO057.html

当該法律を引き合いに出すまでもなく，組織や細胞を提供してくださった方々の個人情報は厳密に保護することが研究者の義務である．医療従事者には，職務上知り得た情報を秘匿する守秘義務が課せられているが，組織や細胞を取り扱う研究者にも同様な守秘義務があると考えるのが自然である．

個人情報保護の手段として一般的に行われるのが組織や細胞（以下「試料」という）の匿名化である．試料に対して，提供者の氏名や生年月日に結びつくことがない記号を付すのが一般的である．ここで，提供者情報と記号とを結びつける資料（以下「対応表」という）を保存するか破棄するかで，「連結可能匿名化」と「連結不可能匿名化」とに分けられる．

連結不可能匿名化とは，未来永劫誰の手によっても連結が不可能な状態にすることである．「ヒトゲノム・遺伝子解析研究に関する倫理指針」では，使用機関内に個人情報管理者を定めることになっており，個人情報管理者が責任をもって対応表を破棄することになる．個人情報管理者の記憶に残ってしまった事実は個人情報管理者が存命中に決して他言してはいけない（墓場までもっていく），というものである．

患者数が多いがんなどに由来する細胞株の場合には，連結不可能匿名化をすることでより厳密な個人情報保護につながるという利点はあるのだが，すべての疾患研究に関して連結不可能匿名化が適しているものではない．例えば，Aという疾患者から試料の提供を受けてこれを連結不可能匿名化してしまうと，その後に試料提供者に発生した事象（Bという別の病気を発症した，残念ながら治療が全く奏功せず1年後に亡くなった，などの情報）が付加できないことになり，疾患の総合的研究を阻むことになる．したがって現在では，連結可能匿名化で試料を取り扱う方向に動きつつある．

また，分子生物学の進歩によって「未来永劫誰の手によっても連結が不可能な状態にする」ということが難しくなっている．4章「細胞の標準化」のなかで説明する細胞誤認検査は遺伝子多型に基づいた解析であるが，現在では犯罪捜査にも定着した手法であり，個人識別を可能としている．この解析方法を用いれば，試料提供者と細胞材料とを結びつけることが可能なのである．もちろん，悪意をもって行わない限りはそのようなことはないのであるが，「未来永劫誰の手によっても連結が不可能な状態にする」ということが難しいことを示す事実である．

❼ 社会的なコンセンサスの重要性

　世の中に新しい技術が生まれた際に，それを社会的に受け入れるか否かはまさにその社会が決めることである．遺伝子組換え実験も長い年月をかけて全世界で許容されてはいるが，遺伝子組換え作物に関する見解には社会によって今でも大きな差がある．体外受精によって子どもが誕生した際には，「試験管ベイビー」という呼称で批判的な報道が多かったように記憶するが，今や日本でも約50人に1人の子どもが体外受精によって生まれており，不妊に悩むカップルにとって大きな福音となっている．2010年度のノーベル医学生理学賞が当該治療法に対して授与されたのは当然と言える．

　新しい治療法を実施する際には，そこに「実施したい医師」と「受けたい患者」がいれば実施してよいというものではない．社会的なコンセンサスが必要である．時には，それを規制する法令や指針も必要になろう．研究に関しても，そこに「実施したい研究者」と「実施してくださいという者」がいれば自由に実施してよいというものではない．「患者さん自身が『解析して公表してください』と言っているのだから，解析してもよいのではないか」という意見を耳にすることもあるが，患者さんの情報は個人に属するものではなく，すべての患者さんに共通する情報である可能性がある．さらには，現存する患者さんのみではなく，将来に生まれてくる患者さんにも共通する情報なのである．したがって，社会的なコンセンサスを形成することが必要不可欠となる．

● おわりに

　ホールゲノムシークエンス（リシークエンス）が安価に短期間で実施できる日がもうすぐそこまで来ている．いや，すでに到来したと言っても過言ではない．自分のホールゲノムシークエンス情報をカードに入れて病院を受診する日が予想される．もちろん，そのような時代には，当該カードにはホールゲノムシークエンスの情報のみでなく，生まれてからそれまでのありとあらゆる診療情報も付いているであろう．今はそのような時代を絵空事のように感ずるかもしれないが，体外受精が標準的治療法になったのと同様に，人類社会は科学の発展を受け入れていくものと思われる．生命倫理に終焉はない．生命倫理は生命が存在する限り永遠のテーマである．

1章 細胞を用いた研究の種類と原理

3 がん細胞株・不死化細胞を用いた研究

檀上稲穂

ハリソンが行ったカエル脊髄細胞の人工培養から約1世紀，世界で最初のヒト細胞株HeLaが樹立されてから約60年が経過した．この間，培養細胞とともに歩んできた研究の進歩は測り知れない．20世紀における膨大な研究成果を礎として，培養細胞を取り巻く研究環境は新たな局面を迎えつつある．本節では，培養細胞の中のがん細胞株および正常組織由来不死化細胞を用いた研究の歴史を振り返るとともに，これらの培養細胞を用いた研究の今後の展望について考察したい．

はじめに

人類が動物細胞を培養する技術を手にしてから約100年．この間にさまざまな細胞がつくられてきた．一般にヒトの正常組織から単離した細胞を何の処理もなく不死化させることは非常に困難であることから，これまでに樹立されたヒト細胞株の多くは生体内で異常な増殖能力を獲得したがんなどの細胞由来である．生命科学は，がん細胞株を用いて細胞の形態や動きを観察する研究から始まり，有用物質の産生・生理機能の解明・基本的な生命活動の分子生物学的メカニズムの解明へと発展していった．また研究の進展とともに，培地や培養技術の改良・開発，細胞への遺伝子導入方法の開発，顕微鏡を含めた解析機器の開発など，実験手法も飛躍的に進歩した．このような技術の発展を背景に，20世紀は普遍的な生命現象の概要（DNA複製・細胞分裂・シグナル伝達・細胞運動など）が明らかになった時代であり，がん細胞株は研究の中心であったといえよう．

21世紀に入ってからの10年間を振り返ると，研究の方向性は，普遍的な細胞現象からより複雑かつ詳細な現象の解明へとシフトしている．がん細胞株を三次元的に培養する技術も開発され，生体内に近い培養環境を再現する試みも始まっている．それと呼応して，正常な組織の機能を詳細に理解するための正常組織由来細胞のニーズの高まりも感じられる．

❶ がん細胞株，不死化細胞の定義とは

がん細胞株と不死化細胞を用いた研究について解説する前に，「培養細胞とは何か」について考えてみよう．培養細胞に関する用語を『組織培養辞典』，『分子細胞生物学辞典』，『生化学辞典』，『生物学辞典』の4種類の辞書で調べると，微妙にニュアンスの異なることがわかる（表1）．この違いは，培養細胞に対する各研究者の認識と時代背景によるものではないかと推察される．培養系で長期にわたって培養できるヒト細胞系ががん細胞株のみであった時代であれば「ヒト由来細胞株」＝「がん細胞株」とい

表1　培養細胞に関する用語の定義―各辞書による定義の違い

培養細胞
- （組）動植物の生体から分離され体外環境条件下で無菌的に培養されている細胞．
- （生）生体外で培養維持されている細胞．
- （分）（化）説明なし

細胞系
- （組）初代培養から継代を繰り返し，体外培養条件下で増殖を続けさせている一連の細胞集団．
- （分）初代培養の継代を続け安定した増殖を示すようになった細胞集団．
- （化）初代培養以後の培養をすべて指す．なお，連続継代性細胞系は樹立細胞系といってもよい．
- （生）初代培養から継代培養によって生じるすべての細胞．

細胞不死化（不死化）
- （組）（無制限増殖の項に記載）
- （分）培養細胞が永久増殖能を獲得すること．
- （化）動物の細胞が増殖の危機を乗り越えて永久増殖能を獲得すること．
- （生）細胞の株化と同じ．細胞培養の条件下で動物細胞が半永久的な増殖活性を獲得し，死滅することなく増殖し続けるようになること．

無制限増殖（無限増殖）
- （組）培養細胞集団が継代培養の回数に見かけ上制限を受けずに増殖すること．
- （化）見かけ上とどまることなく無限に分裂を続ける細胞の増殖をいう．
- （分）（生）説明なし

樹立細胞株（樹立細胞系）
- （組）ある期間，培養を続けた後に，細胞集団中に生じた突然変異などによって，培養条件に適応した細胞が安定に限りなく増殖するようになる．このような細胞集団のこと．
- （分）（不死化の項に記載）
- （化）一般に培養内または動物に移植継代する細胞が，集団として見かけ上限りなく安定に増殖し続け，その特性がほぼ安定に保たれる状態に達した細胞系統．樹立という言葉が用いられるのは過去において細胞株がすべて無制限に増殖する細胞系統のみを意味していた当時，そのような系統を獲得したことについて用いた名残である．細胞株の定義が明らかに変更された現在，細胞株の"樹立"とは必ずしも上に述べた慣用的な用法のみでなく，現在の定義に従って細胞株を獲得したという意味にも用いられている．
- （生）株細胞と同じ．細胞寿命を超えて不死化し，培養条件下で安定に増殖し続けられるようになった細胞．染色体構成は二倍体から異数体に変化し，表現形質もがん細胞様に変化していることが多い．

細胞株
- （組）従来は生体から体外培養系に移した細胞が，無限増殖性を獲得して安定に維持，継代できるようになった細胞系を細胞株といったが，現在では体外培養に由来する細胞系から，クローニングまたは特殊な選択培養液による選抜によって，特異な性質または遺伝的なマーカーをもつようになった細胞のこと．HeLaなどがよく知られている．
- （分）[1] 生体組織を培養器に移し継代していくと，次第に増殖能を失い分裂を停止する．しかし，この集団からまれに高い増殖能を示す細胞が出現し，以後無限増殖を示す細胞集団となる（不死化）．これを細胞株という．[2] 細胞系から特定の性質をもったクローン細胞や突然変異細胞を樹立した時，これらを細胞株とよぶ．
- （化）[1] 初代培養または細胞系から，選択あるいはクローニングによって特異な性質あるいは（遺伝的）標識をもつようになった培養系統．[2] 正常組織に由来する正常二倍体細胞であって，培養内で増殖に限界がある培養細胞の系統を，その遺伝的な性質の安定性を評価して細胞株ということがある．[3] 培養内で無限増殖性を獲得し，その性質が一部でも明らかとなって，安定した培養細胞の系統になった（株化した）細胞系統．
- （生）[1] 連続継代性の細胞系すなわち樹立細胞株のこと．HeLa細胞など．[2] 選択あるいはクローニングによって分離された特異な性格あるいは遺伝学的標識をもつ培養細胞系．

（組）『組織培養辞典』（日本組織培養学会・日本植物組織培養学会／共編），学会出版センター，1993
（分）『分子細胞生物学辞典』（村松正実，他／編），東京化学同人，1997
（化）『生化学辞典第3版』（今堀和友・山川民夫／監修），東京化学同人，1998
（生）『生物学辞典第4版』（八杉龍一，他／編），岩波書店，2002
紙面の都合上，意味を損ねない程度に説明を短縮した．どの辞書も具体的な例をあげて詳細に解説をしているので，ぜひ全文を読んでいただきたい

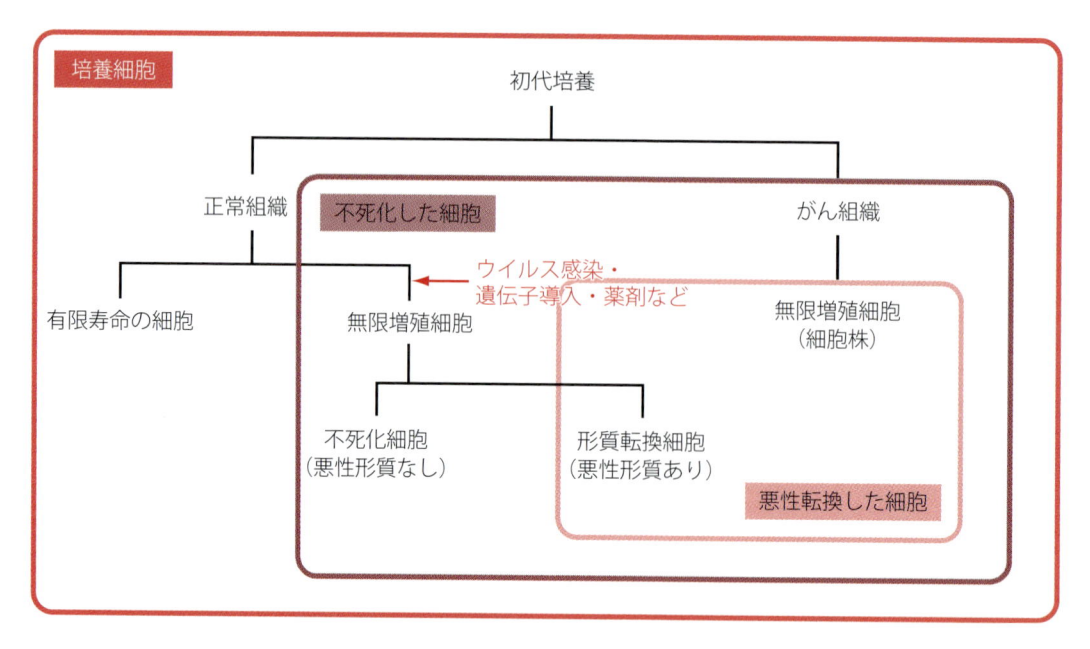

図1 理研細胞バンクにおける培養細胞の分類
培養細胞に関連する用語の定義は**表1**を参照のこと

う定義しかあり得なかった．しかし培養技術や細胞分画技術の進歩により，以前は培養することができなかった細胞系を長期間維持・培養できるようになった結果，現在の培養細胞のイメージはより複雑になっている．各用語の定義の混乱を避けるため，本節では，理研BRC細胞材料開発室(理研細胞バンク)における細胞の分類と一般名称に基づいて「がん細胞株」「不死化細胞」を定義する(**図1**)．なお，**図1**で示した正常組織由来不死化細胞には，ヘイフリック限界(いわゆる「クライシス」)を迎えていないものもあり，真に無限増殖能を獲得しているかどうか現時点では不明なものも含まれている．

❷ がん細胞株を用いた研究のトピックス

HeLa細胞が樹立されてから，哺乳類を対象とした生命科学の発展はがん細胞株に支えられたといっても過言ではない．1990年代にかけて，DNA複製・細胞分裂・シグナル伝達・細胞運動などといった基本的な生命現象が，ものすごいスピードで解明されていった．この間の研究成果の概要については成書を参照されたい[1)2)]．このような研究成果を踏まえて，1990年代後半以降の研究は，より複雑な生命現象の解明へと向かっている．がん細胞株を用いた研究の新しい局面として，3つの方向性を紹介しよう．

1 がん細胞株の三次元(3D)培養

従来の研究では，培養ディッシュに平面的に増殖させたがん細胞株が用いられてきた．そのような培養状態では，生体内における立体的な細胞の挙動を反映しづらいことがしばしば問題となっていた．しかし，体内環境を反映させるためにヌードマウスなどの実験動物に移植する実験では，経時変化などを直接観察することが困難である．このようなフラストレーションを解決できる可能性を秘めた研究結果がBissellらのグループから1997年に発表された[3)～5)]．

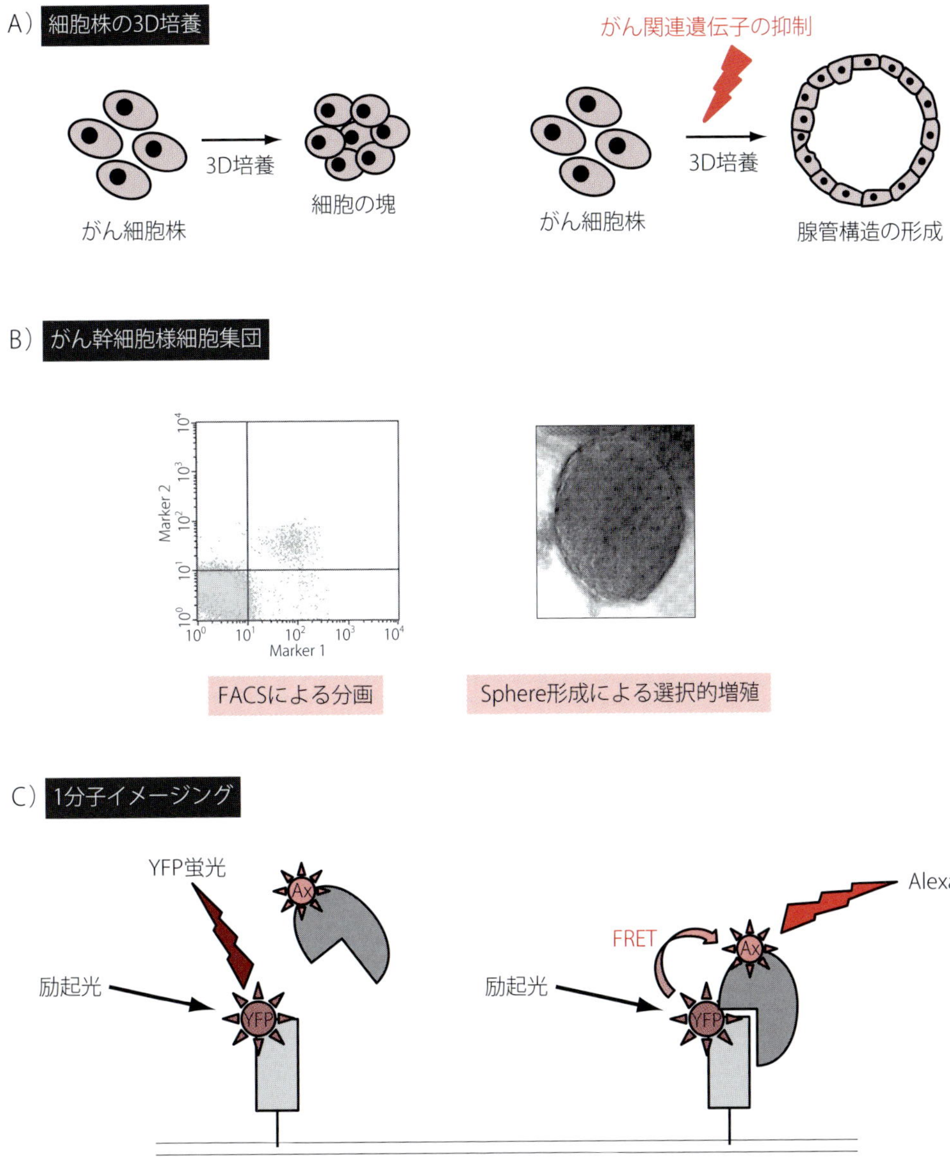

図2 がん細胞株を用いた研究の概略
ここでは本文で紹介した3つの分野の概略を示す．A) 細胞株の3D培養．がん細胞株の多くは3D培養しても特徴的な構造をもたないが（左），がん関連遺伝子を抑制することにより正常腺管に似た構造をとる（右）．B) がん細胞株に存在するがん幹細胞様細胞集団．各種の細胞表面マーカーを用いてFACSにより分画した例（左）と，幹細胞用の培養条件で培養することにより選択的に増殖した幹細胞様sphere（右）．C) 1分子イメージングの原理の一例（FRET）．2種類のタンパク質を別個の蛍光色素（ここではYFPとAlexa）で標識する．YFPに対する励起光を照射すると，2つのタンパク質が離れている場合はYFPの蛍光のみが検出され（左），結合している場合にはYFP蛍光を励起光としてAlexaが蛍光を発する（右）

この論文のなかで，彼らはがん関連遺伝子を阻害することで乳癌細胞株を三次元的に培養し腺管様構造を再現している（**図2A**）．従来の平面的な細胞挙動のみではなく，立体的な細胞間相互作用の解析に道を拓いたという点で，この論文はがん細胞株を用いた研究の1つのマイルストーンということができよう．

2 がん幹細胞様細胞集団

細胞株の概念が確立されて以来，細胞株が増殖するときには培養系のすべての細胞が一様に分裂を繰り返すのか，それとも一部のクローンのみが増殖し集団としての増加を維持するのか，議論が続いている．1990年代の後半までには，血球系の細胞において造血幹細胞とそれから分化した細胞（赤血球やリンパ球などのように特定の機能をもった細胞群）の系譜が明らかとなり，そこから組織幹細胞などの概念が確立されつつあった．1990年代前半に白血病においてがん幹細胞が発見され，2000年前後にいくつかの固形がんでも同様の細胞が見出されたことから，がん幹細胞の普遍的な存在が考えられるようになった．このような背景のもと，細胞株においても幹細胞と同様の機能をもつ細胞集団が発見された[6)7)]．すべての細胞株に幹細胞様集団が存在するかどうか調査が必要であるが，少なくとも細胞株の一部は生体内と同様の増殖・分化過程を経ることが明らかになり，細胞株を用いたがん幹細胞研究への道が拓かれた（図2B）．

3 1分子イメージング

1990年代までに，生命現象の概略がおおよそ明らかになった[1)2)]．しかし，通常の分子生物学的・生化学的・細胞生物学的解析では細胞を破壊したり固定するなど，生細胞内での各分子の挙動を知ることはできない．生命現象をより詳細に解析するためには生きたままの細胞の中での各々の分子の動きを追跡することが必要である．2000年前後になって生体物質の標識技術や顕微鏡などの検出技術の開発とともに標識用蛍光化合物の開発が進み，生細胞の中で1分子の生体物質の挙動を解析することが可能になってきた．FRET（蛍光共鳴エネルギー移動）による蛍光検出など，こうした技術の進歩により，増殖因子受容体と細胞内シグナルタンパク質の相互作用や細胞膜構造の変化，活性化された転写因子が細胞質から核内に移動する様子などが続々と明らかになっている（図2C）[8)]．

③ 不死化細胞を用いた研究のトピックス

図1に示した不死化細胞のうち，ゲノム解析用不死化細胞（1章-4），体性幹細胞（1章-5），胚性幹細胞および人工多能性幹細胞（1章-6，1章-7）に関しては他節に詳細な解説があるのでそちらを参照されたい．いわゆる正常組織由来不死化細胞を用いた研究については，樹立すること自体がここ10年ほどの研究のトピックスである．これまでにさまざまな不死化方法が開発されており，不死化の方法によりゲノム安定性などの性質に違いのあることが明らかになりつつある[9)~11)]（1章-4の表1参照）．

このような細胞を解析すると何が明らかになるのだろうか？　まず，正常組織を構築する細胞の本来の機能を明らかにすることが可能であると期待される．哺乳類の体は約200種類の細胞から構成されると考えられている．各細胞種の詳細な機能が明らかになることで，組織の機能に関する知識と理解が一層深まることは疑問の余地がない．またがん細胞株と対比させることで，がんで破綻している細胞機能を知ることができる．不死化細胞にがん特有の遺伝子変化を導入し，がんの発生・進展過程を再現することも可能になるであろう[5)]．現時点では，発がんから転移に至るすべてのステップを連続的に再現することはできていないが，近い将来，がんの本態解明に結びつく研究成果が得られるであろう．正常組織由来の不死化細胞を用いた研究は始まったばかりであり，今後の研究の進展が期待される．

❹ 今後の課題と展望

　がん細胞株や不死化細胞の多くはヒト細胞であり，その使用に際しては多くの倫理的な問題を包含している．研究技術の発達に伴い倫理問題も複雑化する傾向にある．どのような問題があるか，また倫理問題にどのように取り組むべきか，1章-2に詳しい．特に，研究を開始したばかりの若い読者諸君にはぜひ読んでいただきたい．

　冒頭で述べたように，顧みれば，20世紀は生命現象の普遍的メカニズムを解明した時代であったといえよう．この間の膨大なデータの蓄積を背景に1990年代後半からは，立体的な細胞間相互作用・細胞分化・1分子レベルでの生体物質の機能など，より高度な生命現象を解析できるようになりつつある．近い将来，がんの発生・進展にかかわる分子機構が解明され，すべてのがん患者が苦しみから解放される日の来ることを願ってやまない．

謝辞
　本節で解説した用語には，明確な定義が定まっていないものや辞書などに説明のないものが多いのが現状です．このような用語の定義や解説などについて，理研細胞バンクのスタッフにたくさんの有用なご意見をいただきました．この場をお借りしてお礼申し上げます．

参考文献

1) 『Molecular Biology of the Cell 5th Edition』(Bruce Alberts, 他/編), Garland Science Press, 2008
2) 『よくわかる分子生物学・細胞生物学実験』(佐々木博己/編), 講談社サイエンティフィク, 2009
3) Weaver, V. M. et al. : J. Cell Biol., 137 : 231-245, 1997
4) Wang, F. et al. : J. Natl. Cancer Inst., 94 : 1494-1503, 2002
5) Debnath, J. & Brugge, J. S. : Nat. Rev. Cancer, 5 : 675-688, 2005
6) Hirschmann-Jax, C. et al. : Proc. Natl. Acad. Sci. USA, 101 : 14228-14238, 2004
7) Haraguchi, N. et al. : Stem Cells, 24 : 506-513, 2006
8) 『バイオイメージングでここまで理解る』(楠見明弘, 他/編), 羊土社, 2003
9) Gudjonsson, T. et al. : Cell. Mol. Life Sci., 61 : 2523-2534, 2004
10) Obinata, M. : Cancer Sci., 98 : 275-283, 2007
11) Kiyono, T. : Expert Opin. Ther. Targets., 11 : 1623-1637, 2007

本節と併せて読むとよい文献・書籍

・西條 薫：バイオテクノロジージャーナル, 6巻6号, pp682-686, 羊土社, 2006
・『バイオ研究の舞台裏』(水澤 博, 他/著), 裳華房, 2007

1章 細胞を用いた研究の種類と原理

4 ヒトゲノムインキュベーターとしての細胞を用いた研究

檀上稲穂

　ヒトゲノムや遺伝子機能および組織の高次機能などの解析には，*in vitro* 実験を行うための細胞材料が不可欠である．がん細胞以外のヒト細胞を株化することは非常に困難であるが，近年，ウイルス感染や遺伝子導入による正常組織および疾患組織由来細胞株の樹立法の開発が進んできた．このような細胞株の多くは生体内でのゲノム構造や組織の高次機能を維持しており，通常の細胞株と区別してヒト不死化細胞とよばれる．本節では，ゲノム解析研究への利用が期待される不死化細胞について解説する．

● はじめに

　2003年にヒトゲノム・シークエンシング・プロジェクトによるゲノム解読終了が宣言され，現在はまさにポスト・シークエンシング研究の真っただ中にある．すでに既知のものとなった全ゲノムの塩基配列に基づいた遺伝子発現解析やゲノム構造解析，SNP（一塩基多型：single nucleotide polymorphism）解析などがさまざまな分野・規模で進行中である．医学研究の分野では，がん組織における遺伝子発現パターンやゲノム構造変化の網羅的モニタリング，疾病と関連するSNPを同定するプロジェクトなどが進められている．また人類遺伝学的研究の分野では，ゲノム多型を用いた民族の類縁関係解析などの研究が進んでいる．

　ヒトを対象とした研究を進めるうえで最も重要な課題は，枯渇することのない研究材料を手に入れることである．研究材料は多くの場合，健常人や患者から提供された生体試料（血液や組織片，口腔粘膜など）である．量が限られており，検体によっては二度と入手できないものもある．このような問題を克服し限られた試料を有効に利用するために，ゲノムDNAやmRNAの増幅方法・細胞材料（細胞株）の開発が進められてきた．大規模ゲノム解析の時代にあって，正常組織のゲノム情報を保持した細胞株は，簡便で安定なゲノムDNAの増幅装置（ゲノムインキュベーター）としての期待が高まっている．なお，ゲノムDNAやmRNAの増幅方法，ゲノム解析研究に関しては成書を参照されたい[1)2)]．

❶ ゲノムインキュベーターとは何か？

　ゲノム研究の方向性を振り返ると，20世紀は疾患の原因遺伝子を特定する研究が主流であった．各々の遺伝子を丹念に解析することで，遺伝子機能の概要が明らかになっていった．21世紀に入ってから10年間の研究の流れを見ると，マイクロアレイや次世代シークエンサーを用いて全ゲノム解析を行うこと

が可能になり，ゲノム研究の対象が個別の遺伝子から全ゲノムにスケールアップしつつある．このような研究では，個体差に代表されるゲノムの多様性も解析の対象となる（図1）．そのためには，研究材料として正常組織由来のゲノムDNAが必要となってくる．正常組織から採取できる検体の量は限られて おり，そのまま実験に使用すればすぐに尽きてしまう．ゲノムDNAなどを抽出して*in vitro*で増幅する方法も開発されているが，不均一な増幅を不安視する研究者も少なくない．また，一般的な細胞株の多くはがん由来でゲノム構造が大きく変化しているため，正常組織のゲノム情報を得ることは困難である．

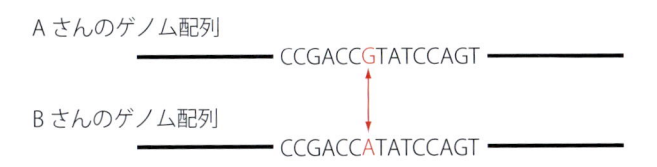

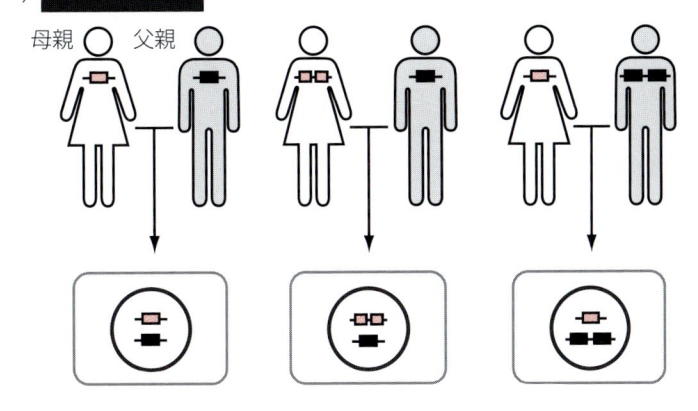

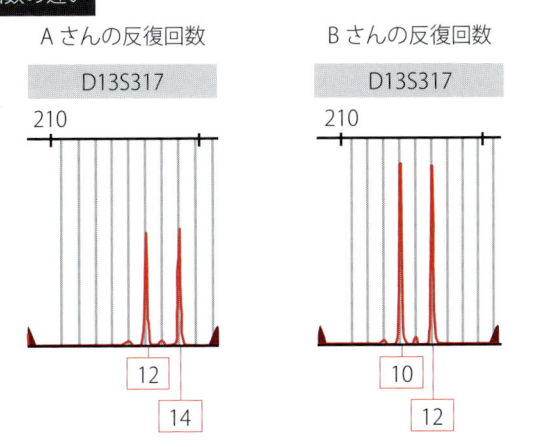

図1　ゲノム多様性の概念
大規模ゲノム解析に用いられるゲノム多型の種類．A）一塩基多型（single nucleotide polymorphism：SNP）．B）コピー数多型（copy number variation：CNV）．C）マイクロサテライト反復回数多型（図はD13S317領域の例）

正常組織のゲノム構造を安定に保持する細胞株であれば，培養して細胞数を増やし必要に応じてゲノムDNAなどを調製することができる．正常組織由来で樹立後もゲノム構造の変化がきわめて少なくゲノム解析の材料として使用しうる細胞株（ヒト不死化細胞）のことを，われわれは「ゲノムインキュベーター」と定義している．

❷ ゲノムインキュベーターとしての細胞の種類と特徴

ゲノムインキュベーターとしての役割を考えると，その候補となる細胞株は

① 正常組織由来であること
② 検体の採取が比較的簡便で，樹立効率がよいこと
③ 樹立後ある程度の期間を経過してもゲノム構造の変化がきわめて少ないこと

などの性質が求められる．どのような細胞株が3つの条件を満たしているのだろうか？

1970年代後半に，Epstein-Barrウイルス（EBV）の感染によりBリンパ球が不死化されることが明らかになった（Bリンパ芽球様細胞株：B-LCL）．不死化については，本書1章-3および総説[3]を参照されたい．1980年代以降，simian virus 40（SV40），成人T細胞白血病ウイルス（HTLV-1），ヒトパピローマウイルス16型（HPV16），アデノウイルス，ヒトテロメラーゼのRNAコンポーネント（hTERT）など，さまざまなウイルスや遺伝子の導入により正常組織を不死化する試みが続いている．正常組織由

表1　ヒト細胞を不死化させる遺伝子と樹立された不死化細胞の例

導入遺伝子	由来組織	細胞の種類	核型	悪性形質	集団倍加数	文献
hTERT	包皮，乳腺	ケラチノサイト，上皮細胞	二倍体または偽二倍体		50	Farwell, D. G. et al. : Am. J. Pathol., 156 : 1537-1547, 2000
HPV16 E6,E7	膵臓	上皮細胞		なし*	20<	Furukawa, T. et al. : Am. J. Pathol., 148 : 1763-1770, 1996
HPV16 E6,E7とhTERT	子宮内膜	上皮細胞	正常	なし*	100<	Kyo, S. et al. : Am. J. Pathol., 163 : 2259-2269, 2003
SV40T	膵臓	上皮細胞	72本		100<	Jesnowski, R. et al. : Ann. N. Y. Acad. Sci., 880 : 50-65, 1999
SV40（複製起点変異株）	唾液腺			なし*	（継代数30以上）	Azuma, M. et al. : Lab. Invest., 69 : 24-42, 1993
SV40TとhTERTの比較	乳腺	上皮細胞	不安定（SV40T）	あり（SV40T）**	140<	Toouli, C. D. et al. : Oncogene, 21 : 128-139, 2002
			正常に近い（hTERT）	なし（hTERT）**		
EBV	血液，骨髄	Bリンパ球	正常	なし*		Nilsson, K. : Hum. Cell, 5 : 25-41, 1992
HTLV-1 Tax gene	血液，骨髄	Tリンパ球			（2年以上）	Akagi, T. et al. : Blood, 86 : 4243-4249, 1995
Cyclin D1とp53ドミナントネガティブ変異	口腔	ケラチノサイト	47-49, XY	なし**	160<	Ipitz, O. G. et al. : J. Clin. Invest., 108 : 725-732, 2001

＊：軟寒天上のコロニー形成能
＊＊：nude mouseに移植した際の造腫瘍性

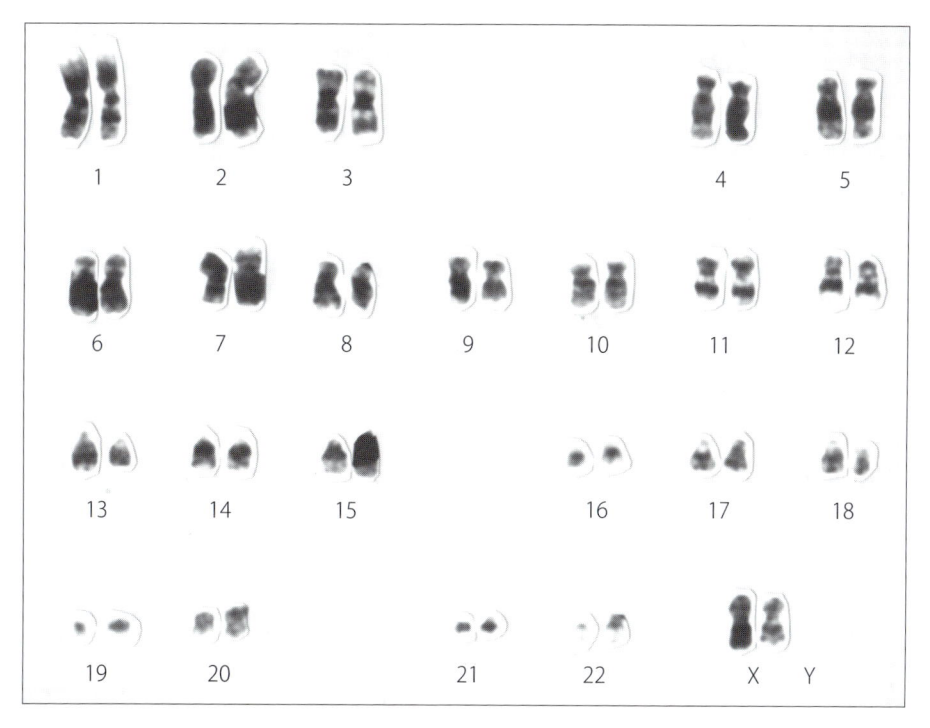

細胞あたりの染色体数	45	46	92
上記染色体数を示した細胞の数	2	47	1

図2　理研細胞バンクで提供中のB-LCLの染色体検査結果の例
上）染色体標本．下）染色体のモード．50個の細胞について染色体検査を行った．このCGM1細胞（理研細胞バンク細胞番号RCB0566）は，1980年代ヒトゲノム・プロジェクトの黎明期にWashington UniversityでのYAC library構築用のヒトゲノム材料として用いられた歴史的な細胞株であるが，染色体数は正常で転座パターンは認められなかった

来不死化細胞の一部について，核型や悪性形質の有無などの特徴を表1に示した．

さまざまな正常組織由来不死化細胞が樹立されているが，そのなかでもB-LCLは長期間培養後も核型が安定で悪性形質をもたず[4]，いくつかの遺伝子について変異を生じないことが確認されている[5]．図2に，1980年代から使用されているCGM1細胞（B-LCLの1つ．理研細胞バンク細胞番号RCB0566）の核型を示す．B-LCLの材料となる血液は，生体組織のなかでは比較的採取が容易で提供者の負担も少ない．健常人新鮮血であれば樹立効率も100％近く，きわめて良好である．1970年代後半に樹立法が開発されて以来，多くのB-LCLが樹立され遺伝子解析に用いられてきたという実績もあることから，われわれはB-LCLがゲノムインキュベーターとして適していると考えている．

❸ B-LCLが整備されてきた経緯

血球系の細胞をin vitroで培養する試みは1960年代から始まった．1970年代になってEBVを含む細胞溶解液がリンパ球系の細胞を不死化させることが判明し，1980年代に免疫抑制剤のサイクロスポリン

AがEBVによるB-LCLの樹立効率を上昇させることが示されてから，多くの研究室でB-LCLを樹立することが可能になった．EBVは大部分のヒトに潜伏感染していることから，ウイルスの病原性が比較的低いことも早期に樹立法が確立した要因と考えられる．

B-LCLは正常なヒトBリンパ球の特徴を保持していることから，Bリンパ球の表面抗原の同定と単離，ヒトBリンパ球に対するモノクローナル抗体の作製，Bリンパ腫の特徴を明らかにする研究などに用いられてきた．またB-LCL自体に抗体産生能力があることから，ヒト免疫グロブリン産生用の細胞材料としても利用されてきた．B-LCL樹立の歴史的背景は総説[4]に詳しく述べられている．

❹ ヒトゲノムインキュベーターとしてのB-LCLを用いた研究

B-LCLは，人類遺伝学研究や，医学研究の分野における病因遺伝子の同定，SNP解析，全ゲノム連鎖解析など，幅広く利用されてきた．ここでは，比較的規模の大きなプロジェクトでの採用例を紹介する．

2001年に，ドイツを中心とするWorking Groupが，血小板・顆粒球・赤血球に関連したアロ抗原の各種genotyping法を比較検討した結果を報告した．この論文のなかでB-LCLから調製したゲノムDNAが標準DNAとしての使用に耐えうることが示された[6]．また，International Histocompatibility Working GroupがHLAタイピングのための標準細胞株としてB-LCLを採用している（http://ihwg.org/index.html）．

International HapMap Project（http://hapmap.ncbi.nlm.nih.gov/）では欧米およびアジア各国から採取した270人分のB-LCLのハプロタイピングを行い，SNPデータを公開している．このデータは，民族多様性や疾患関連遺伝子群の探索などに利用されている．Redonらはこのコレクションを用いて，ヒトゲノムにコピー数多型（copy number variation : CNV）が存在することを明らかにした[7]．近年，CNVと疾患の関連を示唆する論文発表が増加しており，ヒトの進化におけるCNV出現の意義を考えるうえでも非常に興味深い．

Human Genome Diversity Project（http://www.cephb.fr/en/hgdp/table.php）では，世界各国52の少数民族1,050人分のB-LCLのコレクションを保有しており，人類遺伝学研究に利用されている．LiらはこのコレクションのSNP解析を行い，世界中の民族の類縁関係を報告した[8]．

理化学研究所バイオリソースセンター（理研細胞バンク）においてもB-LCLの収集および樹立を進めており，2011年12月現在，日本人健常人由来B-LCL 140株以上が提供中である．この細胞株セットは，ゲノム解析における健常人コントロールとして利用が期待される．さらに2005年に理研細胞バンクは鹿児島大学より，南米を中心とした世界140以上の地域において採取した先住民族約3,200個体分の凍結保存末梢血単核球の譲渡を受けた．これらは，園田俊郎鹿児島大名誉教授らが30年近い歳月をかけて採取し保管してきた検体で，人類遺伝学研究にとって希少かつきわめて重要な研究材料である．このような膨大な数のコレクションは世界の他のリソースセンターにも類を見ない．われわれは各検体の付随情報を整理・整備するとともにB-LCLの樹立作業を進め，2011年12月現在，南米コレクション550株以上のB-LCLを樹立済みである．このB-LCLコレクションを用いた人類遺伝学研究の今後の展開が期待される．

❺ 今後の課題

　B-LCLゲノムDNAの塩基配列は本当に変化しないのだろうか？

　残念ながら、現在の技術では反復配列を含む全ゲノムの詳細なシークエンシングには膨大な時間と費用がかかり、世の中に存在するすべてのB-LCLのゲノムを詳細に調べることは現実的でない．Herbeckらは B-LCLゲノムの網羅的SNPパターンと末梢血単核球ゲノムの比較解析を行い、差異のみられるSNPの数には統計学的有意差のないことを報告した[9]．The Wellcome Trust Case Control Consortium のグループは同様にCNVの比較解析を行い、いくつかの領域についてB-LCLと末梢血単核球の間でCNVに差が認められたとしている[10] が、われわれが行ったアレイCGH解析では、コピー数変化の認められる領域は免疫グロブリンおよびT細胞受容体にほぼ限局しており、B-LCL樹立培養過程で発生した変化というよりは樹立前のBリンパ球がもともと保持していたリアレンジメント領域であることが示唆されている[11]．

　一方で、B-LCLを数年間にわたって継代し続けたところテロメアが短縮し、その後のクライシスを乗り越えた細胞には核型の変化が認められ、軟寒天上のコロニー形成能などの悪性形質を獲得したとの報告もある[12]．この報告はヒト細胞の不死化という現象と定義を考えるうえで示唆に富むものであると同時に、樹立したB-LCLを長期間継代し続けることに対して警鐘を鳴らすものである．現在さまざまな研究に使用されている各B-LCLの総継代数は悪性転換するほど多くはないと思われるが、B-LCLゲノムの安定性に関して、さらなる解析と監視が必要である．

参考文献
1) 『目的別で選べるPCR実験プロトコール』(佐々木博己/編著), 羊土社, 2010
2) 『よくわかる分子生物学・細胞生物学実験』(佐々木博己/編), 講談社サイエンティフィク, 2009
3) 檀上稲穂：バイオテクノロジージャーナル, 6巻6号, pp688-692, 羊土社, 2006
4) Nilsson, K.：Hum. Cell, 5：25-41, 1992
5) Lalle, P. et al.：Oncogene, 10：2447-2454, 1995
6) Kroll, H. et al.：Transfusion Med., 11：211-219, 2001
7) Redon, R. et al.：Nature, 444：444-454, 2006
8) Li, J. Z. et al.：Science, 319：1100-1104, 2008
9) Herbeck, J. T. et al.：PLoS ONE, 4：e6915, 2009
10) The Wellcome Trust Case Control Consortium：Nature, 464：713-720, 2010
11) Danjoh, I. et al.：Genome Biol. Evol., 3：272-283, 2011
12) Sugimoto, M. et al.：Cancer Res., 64：3361-3364, 2004

5 体性幹細胞等のプライマリー細胞を用いた研究

須藤和寛

● はじめに

　われわれの体を構成する細胞は大きく分けて生殖細胞と体細胞に分類することができる．生殖細胞は字のとおり，生殖に関与する特別な細胞であり精原細胞（精母細胞）と卵原細胞（卵母細胞）が存在する．一方，体細胞はヒト成人では組織学的に約300種類程度が分類されており，それぞれが機能を発揮しながら組織や生体の恒常性や機能を維持している．それぞれの体細胞がどのような能力をもち，生体内でどのように機能しているのかを知るための重要な材料の1つがプライマリー細胞であり，生物科学の分野で広く研究材料として用いられている．ここでは，プライマリー細胞とは何かを概説するとともにプライマリー細胞が用いられる代表的な研究の一部を紹介したい．

① プライマリー細胞と細胞株

　プライマリー細胞を用いた研究を紹介する前に，まず，プライマリー細胞とはどのような細胞なのかを定義しておく必要がある．プライマリー細胞とは，狭義的には，生体を構成する組織から採取された直後の細胞も含めて，**1回目の継代培養を行う前までの細胞のこと**を指す[1]．また，広義的には培養継代数が多くても，採取直後から**細胞増殖のスピードや染色体数，細胞の形態，性質の変化が認められず，かつ細胞分裂限界が存在している細胞**もプライマリー細胞に含める．

　生殖細胞を除くプライマリー細胞は大きく分けて体細胞と体性幹細胞に分けることができる．生体内に存在する大部分の体細胞はすでに終末分化を終えて生体での役割が限定された細胞であり，他の組織の細胞や異なる細胞に分化することはないと考えられてきた．しかし，一部の体細胞は多種類の細胞に分化する能力（多分化能）をもち，かつ，自らと同じ能力をもつ細胞を複製する能力（自己複製能）をもつ．このような細胞は終末分化を終えた体細胞と区別して体性幹細胞とよばれる．後述するように，幹細胞から体細胞が産生される過程には，前駆細胞とよばれる細胞が存在する．前駆細胞は幹細胞が少し分化した細胞であり，分化能や自己複製能が幹細胞より劣る細胞であると考えられる．

　通常，**体細胞には分裂できる回数に限界が存在しており，その限界は細胞にもよるが最大でも約60回程度であるとされている**[2,3]．細胞分裂の限界を超えて増殖を続ける細胞は不死化した細胞とみなされ，プライマリー細胞からは除外される．また，がん組織に由来する細胞は，上記の条件に当てはまるかどうかに関係なく，「がん細胞」として分類するのがよいと思われるので，ここではプライマリー細胞に含めないことにする．また，がん細胞やプライマリー細胞が不死化した細胞を一般的には細胞株とよ

び，これらもプライマリー細胞とは区別して扱う．

❷ プライマリー細胞を用いた研究

　前述のようにプライマリー細胞は生体内における性質を比較的よく維持していると考えられるため，細胞の生体内における機能や細胞のもつ能力の解析に広く利用されている．また，細胞分裂限界が存在していることから老化の研究などもプライマリー細胞を用いて行われている．個体レベルでの解析では明らかにすることができない現象の解析の際にも，プライマリー細胞は有用な材料となり得る．プライマリー細胞を用いた研究は非常に多岐にわたっており，1つとして無駄なものはないと思われるが，そのなかでも病気や怪我の治療や健康の維持など人の生活に直接かかわる研究は特に重要であると言える．ここでは，数多く行われている研究のなかでも，最近特に注目されていると思われる再生医療，遺伝子発現解析および体性幹細胞に関する研究を紹介する．

1 再生医療への利用

　プライマリー細胞を用いた研究のなかで，最近最も注目されている研究分野の1つは再生医療であろう．**体細胞は体性幹細胞からつくり出されるという性質を利用して，体性幹細胞あるいは体性幹細胞からつくり出した体細胞，生体から取り出した体細胞そのものを移植することによって失われた組織や機能を修復しようとする試み**が再生医療である．白血病などの悪性血液疾患に対する治療として行われている骨髄移植や臍帯血移植は，現在最も成功している再生医療であろう．

　再生医療というと体外で心臓や肝臓のような臓器をつくって患者の体内に戻すことを想像する人もいるだろうが，一部の組織を除いて，現状では失われた組織を丸ごと全部再生することは非常に困難である．現在実際に臨床で行われている再生医療は欠損した組織の一部を修復することや機能の回復を目的とするものが大半である．最近では，間葉系幹細胞という幹細胞を用いて軟骨や心筋，歯槽骨などを再生する治療などが行われており，これまで治療することが難しかった疾患に対して良好な成績を収めているようである．他にも網膜や皮膚などは体外でつくり出した細胞を用いて機能を回復させる治療が行われているし，毛髪の再生は海外では臨床試験にまで進んでいるようである．また，糖尿病など膵臓の機能不全に由来する疾患の治療に向けて膵幹細胞を利用するための研究も進められている．体性幹細胞ではなく分化した体細胞を用いての再生医療も行われており，例えば，羊膜由来の細胞を損傷角膜に移植することで機能を回復させる治療などが行われている．近い将来，現在では想像できないほどの数の組織再生が幹細胞を含むプライマリー細胞を用いて行われるようになると期待される．

　体性幹細胞を含む体細胞を用いた本格的な再生医療の取り組みは始まったばかりであり，体性幹細胞および体細胞を用いた治療法の開発，体性幹細胞から目的の体細胞を高効率に分化誘導するための技術開発，新規体性幹細胞の探索と性状の解析，などが現在精力的に行われている．また，最近では，体細胞から作製したiPS細胞が再生医療の切り札として注目を集めているが，生体組織から取り出した体性幹細胞や体細胞を解析することによって得られた知見は，iPS細胞から各種細胞を分化誘導したり，分化誘導した細胞を制御するために必要不可欠である．

2 遺伝子発現解析への利用

　遺伝子発現解析を用いて行われる研究群もプライマリー細胞を用いた研究のなかでここ数年で著しく

進展した分野の1つであろう．**遺伝子発現解析は，疾患特異的遺伝子の探索や遺伝子診断，発生や分化に関与する機序などの細胞動態，薬物動態など多くの解析に利用することが可能**である．特に，マイクロアレイなど，ある細胞に発現している（発現していない）遺伝子を網羅的に解析できる方法が開発されてから急速にその利用が促進されるようになった．目的によって使用するべき体細胞は異なるが，多くの場合，血液細胞や皮膚のような採取しやすい細胞が材料として用いられる．

マイクロアレイによる網羅的解析を用いて盛んに行われている研究の1つが，疾患に関与する遺伝子の同定と機能の解析である．例えば，ある疾患をもつ複数の患者から採取した体細胞と疾患をもたない複数の健常人から採取した体細胞の遺伝子の発現を比較し，疾患のある患者の体細胞にのみ発現が認められる（認められない）遺伝子を探索することによって，その疾患に関与する遺伝子が特定できる．特定された遺伝子がどのような機能をもつ遺伝子であるかを解析することによって，疾患の発症メカニズムを解明することができるだけでなく，治療のための薬剤を選択することや新規薬剤の開発などが行えるようになる．

遺伝子診断とよばれる一群の検査も遺伝子発現解析を利用して近年盛んに行われるようになった．遺伝子診断のなかには，すでに疾患を発症した患者に対する確定診断，疾患を発症する可能性を判断する発症前診断，遺伝病の原因となる遺伝子を保有しているかどうかを判別する保因者診断，胎児の遺伝病を調べる出生前診断，着床前の受精卵の遺伝子を検査する着床前診断，ウイルスや病原菌への感染があるかどうかの感染検査，がんの悪性度の判定などが含まれる．

各個人のヒトゲノム上には1〜数十塩基の繰り返し配列の反復回数の違い（マイクロサテライト反復配列）や1塩基だけが他の塩基に置き換わっているような変異（一塩基多型：SNP）が存在することが知られている．このような変異は遺伝子多型とよば

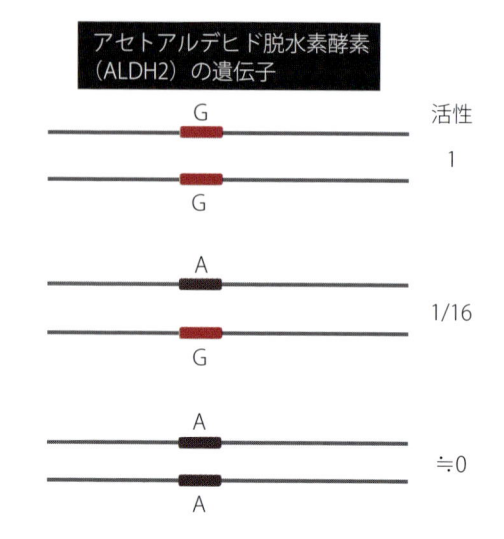

図1　アルコールの分解にかかわる酵素の遺伝子多型

れ，1人として同じ多型パターンをもつ人はいない．遺伝子多型解析は各個人の薬剤に対する感受性の違いの検査や疾患に関与する遺伝子の同定などに利用されている．特にSNP解析は最近，さまざまな診断に頻用されている重要な遺伝子発現解析である．SNPのわかりやすい例としては，アルコールを分解する際に機能する酵素であるアセトアルデヒド脱水素酵素（ALDH2）がある．ALDH2の遺伝子対の中のグアニンがアデニンに置換されているかどうかによって，酵素活性に違いが出る（**図1**）．GGの配列をもつ人のALDH2の活性を1としたとき，AGの配列をもつ人のALDH2の活性は約1/16であり，AAの配列をもつ人のALDH2の活性はほぼゼロである．

このようなSNPsはヒトゲノム上では約300万〜1000万カ所も存在していると言われている．すべてのSNPがALDH2の場合のようなタンパク質の変性を引き起こすわけではないが，薬剤の代謝に関与する酵素の活性に影響を与えるようなSNPがあるかどうかを事前に検査することによって，各患者にあった薬剤を選択することや投与量を判断することができると期待されている．近年では，非常に高速に塩基配列を決定することが可能な次世代シークエンサー

表1 これまでに存在が確認されている主な体性幹細胞

幹細胞名	存在する組織
造血幹細胞	骨髄，臍帯血など
間葉系幹細胞	骨髄，皮膚，臍帯，羊膜，脂肪，臍帯血，肺，胎盤など
神経幹細胞	脳室周囲部
肝幹細胞	肝臓
表皮幹細胞	皮膚
毛包幹細胞，色素幹細胞	皮膚毛包
膵幹細胞	膵臓
網膜幹細胞	網膜

とよばれる機器の開発と使用の普及が行われており，より簡便かつ迅速に遺伝子診断やSNPs解析などの検査が行われるようになると予想される．

3 体性幹細胞に関する研究

血液や肝臓など再生能力の高い組織中には幹細胞が存在していることが古くから知られていたが，近年，これまで再生する能力をもたないと思われていた組織中にも幹細胞としての能力をもつ細胞が存在していることが次々と明らかになっている．現在までに，さまざまな組織に幹細胞としての能力をもつ細胞が存在することが報告されており[4)〜6)]，今後，さらに新たな幹細胞が報告される可能性が高い．それぞれの体性幹細胞の性質や行われている研究の詳細については，他の著書を参照してほしい．これまでに報告されている主な体性幹細胞を表1にまとめてみたので参照してほしい．表1に記載した以外にも，多くの消化器官で幹細胞の存在が示唆されているし，骨格筋や軟骨膜などにも幹細胞が確認されている．なかには，非常に限局された種類の細胞への分化能しかもたない細胞も含まれており，これらは正確には多分化能をもたないため，幹細胞ではなく前駆細胞とよぶべきかもしれないことを付け加えておく．

生体組織内に存在する体細胞はそれぞれの特異的な幹細胞から分化して産生されると考えられており，ある組織に存在する**体性幹細胞がなんらかの原因によって枯渇したり正常な機能を失うと，結果としてその組織の恒常性は保たれなくなる**ため，体性幹細胞は非常に重要な細胞であると言える．図2に体細胞が体性幹細胞から生み出されるまでに辿る過程の一例を模式的に示した（ただし，実際の分化様式はこのように単純なものではなく，非常に複雑にかつ厳密に制御されていることに留意していただきたい）．組織によって存在する細胞の種類が大きく異なるため，幹細胞から分化した体細胞になるまでの段階や分化した細胞の種類に大きな差異があるが，幹細胞→前駆細胞→分化した体細胞の順に分化が進むのはすべての体細胞に共通だと思われる．体性幹細胞は存在する組織の細胞へ分化しやすい傾向があるが，それ以外の組織の細胞への分化能をもつ場合も多いことが報告されている．

体性幹細胞が自己複製能と多分化能をもつ細胞であることは前述したとおりであるが，自己複製と分化が生体内においてどのような機構によって制御されているのかについては，不明な点が多い．体性幹細胞を再生医療等において臨床に利用するために，体性幹細胞の生体内での動態の解明，自己複製と分化制御機構の解明，体外での体細胞の分化誘導法の開発などが精力的に進められている．

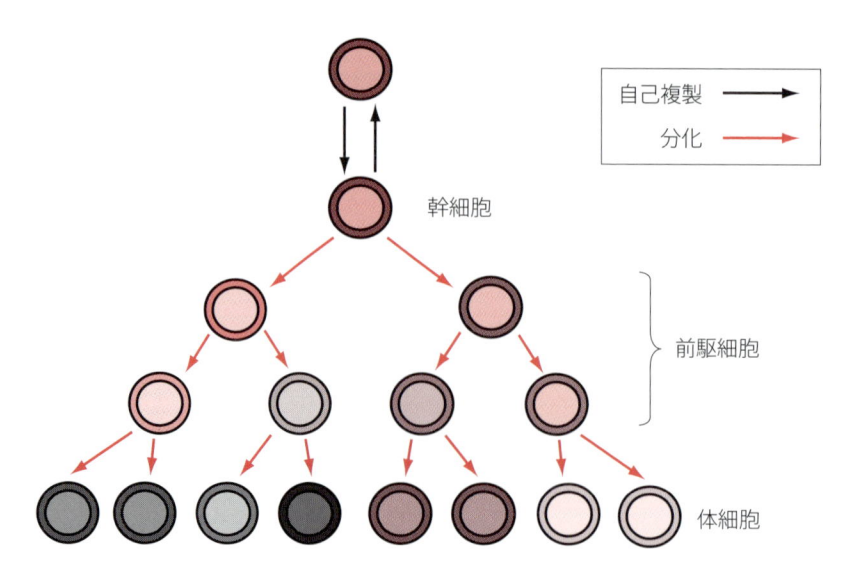

図2　体性幹細胞から体細胞への分化様式の一例

●おわりに

　ここでは再生医療と遺伝子発現解析に関する研究を中心に紹介したが，他にも魅力的で挑戦的な研究は数えきれないほど行われているはずである．また，体細胞を用いた研究の多くはまだまだ改善する余地があるとともに新規の発見が待たれるものが多い．本節がこれから研究を始めようとする人たちの一助になれば幸いである．

参考文献
1）『岩波生物学辞典第4版』（八杉龍一，他/編），岩波書店，1996
2）Hayflick, L. & Moorhead, P. S.：Exp. Cell Res., 25：585-621, 1961
3）Hayflick, L.：Exp. Cell Res., 37：614-636, 1965
4）Pittenger, M. F. et al.：Science, 284：143-147, 1999
5）Zuk, P. A. et al.：Tissue Eng., 7：211-228, 2001
6）Sudo, K. et al.：Stem Cells, 25：1610-1617, 2007

1章 細胞を用いた研究の種類と原理

6 マウスES細胞を用いた研究
—ノックアウトマウス作製研究

吉木　淳，目加田和之

本節では，これからノックアウトマウスの作製を計画されている研究者に遺伝学的観点からみた重要なポイントを紹介する．ノックアウトマウス作製に必要なES細胞の培養法や顕微操作法については本書3章-5，または参考文献をご覧いただきたい．

1 人類に役立つノックアウトマウス

1989年に世界で最初のノックアウトマウスが報告された．マリオ・カペッキ，マーティン・エヴァンスとオリバー・スミシーズ博士らは，全能性をもつ**胚性幹（embryonic stem：ES）細胞**を用いて特定の遺伝子をねらい，相同組換えにより変異を加えた遺伝子を正常な遺伝子と入れ替え，逆に，疾患原因となる変異遺伝子を正常な遺伝子に置き換えて修復できることを示した．この方法は**遺伝子ターゲティング**とよばれ，デザインどおりに相同組換えを起こしたごく少数のES細胞だけを選択的に培養で増やし，ランダムに遺伝子が挿入された不要な細胞は死滅するように細工（ポジティブ・ネガティブセレクション）を加え，得られた相同組換えES細胞をキメラマウスとして個体に組み込み生殖細胞に分化させ，交配によって仔マウスを得る（図1）．こうしてノックアウトマウスが誕生し，これ以降はメンデル遺伝に従ってデザインどおりの改変遺伝子を子孫に伝達するマウス系統として樹立できる．2007年にこの三人の博士はノックアウトマウスに関する業績によりノーベル医学・生理学賞を受賞した[1]．

今日ではノックアウトマウスは個体レベルで遺伝子機能を検証できる実験ツールとして，またヒトの遺伝疾患のモデル動物として基礎研究から病気の新しい治療法や薬の開発まで，基礎医学研究に不可欠な存在となっている．遺伝子ターゲティングによりねらった遺伝子の機能を破壊するため，または，ゲノムの特定部位を設計どおりに書き換えることができるため，得られたマウスは「**ノックアウトマウス**」，「**遺伝子欠損マウス**」または「デザイナーマウス」とよばれている．最初のノックアウトマウスが誕生して以来，10,000以上の遺伝子がノックアウトされている．囊胞性線維症，高血圧，動脈硬化，がんなどのヒト疾患の関連遺伝子をノックアウトしたモデルも500を超え，ヒトの遺伝子機能の研究や病気の克服に貢献している[1]．

2 ノックアウトマウス作製の工程

いまや遺伝子機能を個体レベルで解明するための常法となっているが，遺伝子組換え，ES細胞の取り扱い，マウス初期胚の顕微操作，マウスの飼育・繁殖を含むその工程は，施設・設備と多大なコスト，熟練した技術の組み合わせを必要とする（表1）．ターゲティングベクターの設計からヘテロ型ノック

57

図1 ノックアウトマウスの作製方法

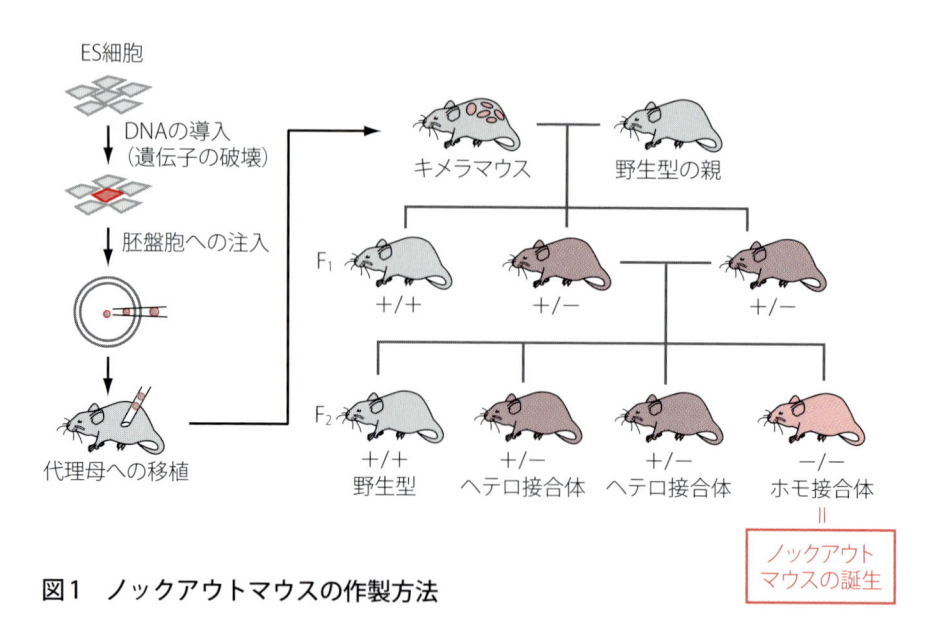

表1 ノックアウトマウス作製の流れ

作業工程	作業内容	期間（カ月）
①ターゲティングベクターの設計	対象とする遺伝子および周辺のゲノム構造の解析とターゲティングベクターの設計	1
②ターゲティングベクターの構築	①の設計に基づき遺伝子材料を入手．ターゲティングベクターの構築	3
③ES細胞を用いた相同組換えとクローニング	・ES細胞の融解と培養 ・組換えES細胞検出用のPCRプライマーの設計とスクリーニング条件の決定 ・エレクトロポレーションによるベクター導入 ・クローンのピックアップとPCRによる陽性クローンの増殖 ・サザン解析による相同組換えの確認	3
④キメラマウスの作製	・ES細胞の種類に応じて，胚盤胞への注入，8細胞期胚とのアグリゲーション，テトラプロイド胚とのアグリゲーションを選択 ・キメラマウスの作製	3
⑤ヘテロ型ノックアウトマウスの作製	雄のキメラマウスとES細胞の由来系統（例：C57BL/6N）の雌を交配，ES細胞由来のヘテロ型マウスを得る	3
⑥ホモ型ノックアウトマウスの作製	ヘテロ型マウス同士を交配してホモ型マウスを得る	3
⑦表現型の解析	ホモ型，ヘテロ型，野生（正常）型のマウスを作製し，注目する表現型の比較・解析を行う	1〜

アウトマウスを得るまでに通常は1年近くを要する．ヘテロ型からホモ型のノックアウトマウスを作製し，匹数を揃えて表現型の解析を完了するまでにさらに数カ月が必要である．相同組換えES細胞が得られない，キメラマウスの作製までうまくいったが，キメラの仔が得られない場合など，トラブルシューティングや最初から出直しが必要になった場合の時間と費用も知る必要がある．そのため，大学や研究所では，ノックアウトマウスの作製を含めて遺伝子操作マウスの作製支援をする専門部署や共通施設を設けている．ノックアウトマウスの作製にあたっては，各作業工程に関する十分なノウハウの蓄積と実績のある学術機関のインフラ[2)3)]や民間企業の作製サービスを活用して効率的に進めるべきである．

❸ ノックアウトリソースの活用法

　世界のマウスリソースセンターにはすでに10,000以上のノックアウトマウスが登録されている．国際的な系統データベースInternational Mouse Strain Resource（IMSR）[4]をまず検索して自分の注目する遺伝子のノックアウトマウスがあるかどうか調べることをお勧めする．IMSRには理研バイオリソースセンター[5]をはじめ世界の主要なマウスリソースセンターから定期的に保存系統の更新データを受けて最新情報が掲載されている．

　ノックアウトマウスの作製が費用と時間を要し，論文を読んで開発研究者に連絡して分与を求めても承諾を得られないケースが多く，ノーベル賞の受賞技術の恩恵を多くの研究者が享受できない状況があった．同じ遺伝子が複数の研究室で11回もノックアウトされた例もあり，研究コミュニティー全体では費用と時間の無駄が生じているとの懸念もあった．こうした状況を打開すべく，2004年に欧米の研究者が中心となってコールド・スプリング・ハーバーで会議を開き，世界の研究者に開かれたノックアウトマウスを公的資金により整備すべきとの結論に至った．これを受けて，タンパク質コード遺伝子すべてを対象にしたノックアウトマウスプロジェクトが欧米カナダで開始された．現在，国際連携の輪はノックアウトマウスコンソーシアム（International Knockout Mouse Consortium：IKMC）を形成するに至っている（図2）[6]．IKMCではノックアウトマウス，ノックアウトES細胞，ノックアウト用のターゲティングベクターを実費で提供している．

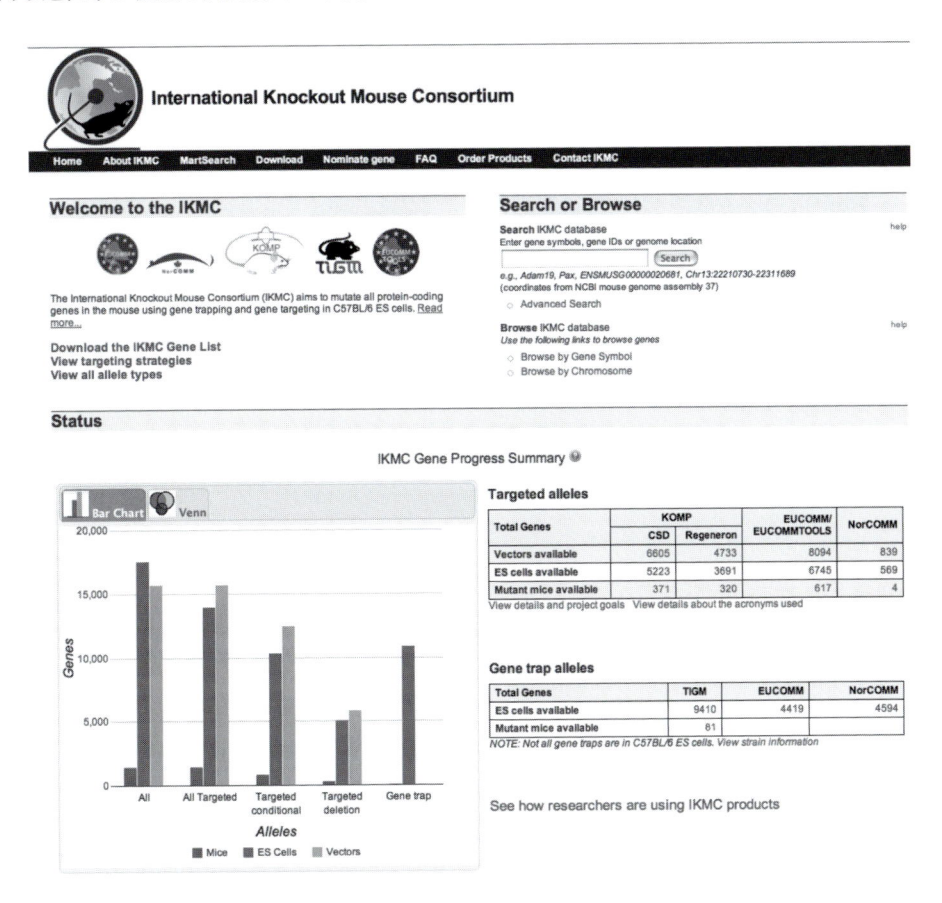

図2　IKMC（国際ノックアウトマウスコンソーシアム）のウェブサイト
http://www.knockoutmouse.org/

ES細胞のレベルではタンパク質コード遺伝子の64％はすでにノックアウトされている．IKMCのポータルサイトで遺伝子名を入力して検索すれば進捗状況がわかり注文できるしくみである（図2）．既存のリソースを最大限に活用して，マウスを用いた重複実験を避けることは，**動物実験の3R**（Replacement：代替え，Reduction：使用数の削減，Refinement：苦痛の軽減）の原則に適うだけでなく，作製時間とコストの軽減にもつながる．

④ ノックアウトマウスは近交系が理想

　実験動物として100年以上の歴史をもつマウスの利点を最大限に活かすには，**標準的な近交系マウスC57BL/6を背景にした実験系を組み立てることが理想的**である．今日では，理研バイオリソースセンター・細胞バンク[7]から最も標準的となったC57BL/6NのES細胞が入手可能となり（表2）[8]，さらにC57BL/6NのBACクローンが提供されている（図3）[9]．上記のIKMCでもC57BL/6N系統に由来するES細胞がノックアウトマウスの作製に使用されており，今後のノックアウトマウスはC57BL/6N系統が主流となる[10]．亜系統まで一致したES細胞と遺伝子材料の組み合わせにより，相同組換えの効率も良好な実験が可能である．ノックアウトマウスの作製にあたっては，ES細胞と同じC57BL/6N系統をブリーダーから購入して交配することにより，近交系マウスを背景として，ノックアウトした遺伝子だけの影響を厳密に比較可能ないわゆる「純系」による動物実験が可能になる．しかも，野生型＋/＋の対照群はブリーダーから容易に入手できるため，実験計画を円滑に進めるうえで好都合である．

表2　理研バイオリソースセンターから提供されるB6N ES細胞

細胞名	Cell No.	由来系統	核型	参考文献など
BRC6-6.1	AES0172.1	C57BL/6NCrSlc	2n=38+XY	Feeder free ＊
BRC5	AES0009	C57BL/6NCrSlc	2n=38+XY	＊
BRC6	AES0010	C57BL/6NCrSlc	2n=38+XX	＊
B6N-22[UTR]	AES0144	C57BL/6NCrlCrlj	2n=38+XY	8

＊：理研BRC遺伝工学基盤技術室　小倉淳郎博士　私信
お問い合わせ先　理研BRC細胞材料開発室：cellqa@brc.riken.jp

⑤ ノックアウトマウスの種類

　ノックアウトマウス作製では次のような種類の遺伝子破壊や遺伝子置換が行われる．

1 単純なノックアウト

　標的となる遺伝子のエキソンを薬剤耐性遺伝子と入れ替え，発生初期から全身の細胞でねらった遺伝子が破壊される．単一の遺伝子の機能が失われることにより生じる異常を調べて遺伝子の役割を推定する．発生過程や生命維持に必須な遺伝子をこの手法でノックアウトすると発生過程で胎仔は致死となり，「発生に重要」「生存に不可欠」などの結論しか得られず，遺伝子の機能解明に至らない場合がある．

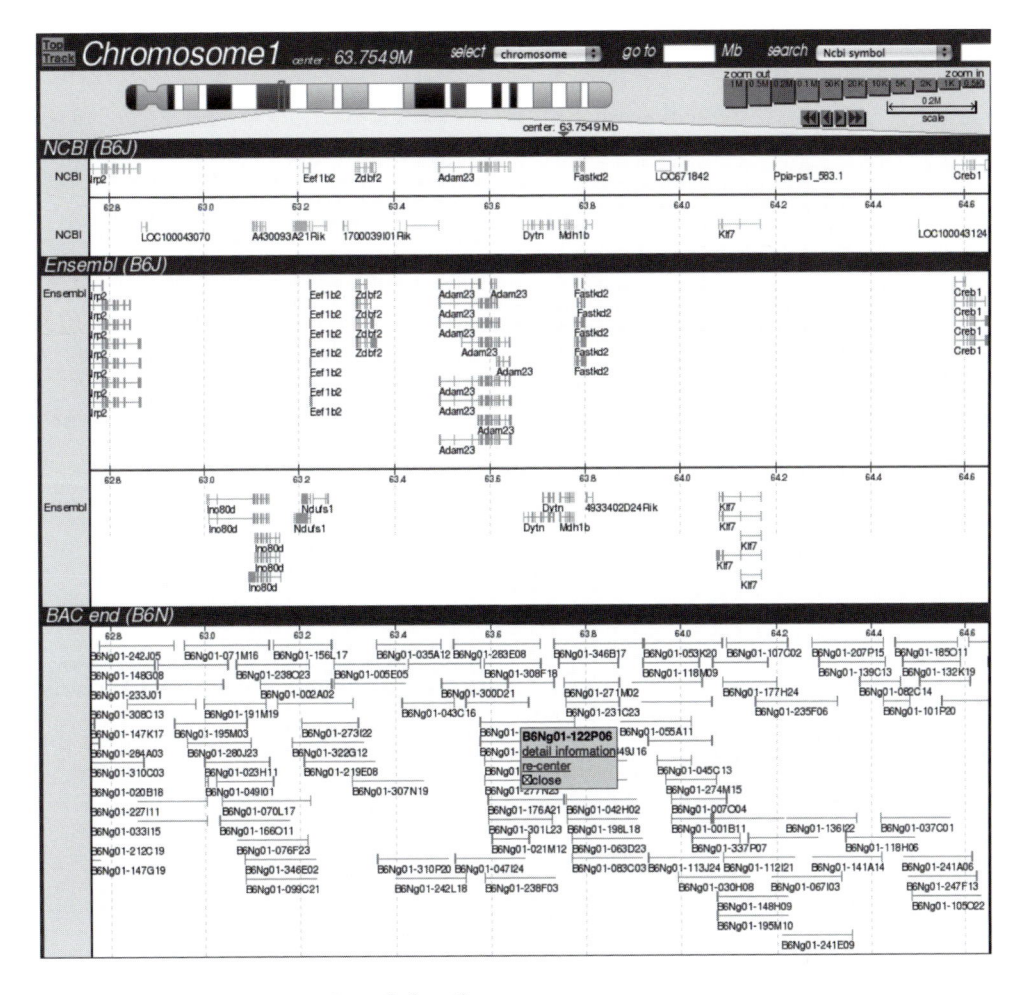

図3　Mouse BAC Browser のウェブページ
http://analysis2.lab.nig.ac.jp/mouseBrowser/．近交系C57BL/6NCrlCrljマウスから作製したBACクローンをエンドシークエンスし，121,500クローンをC57BL/6Jのレファレンスシークエンス上に配列した．自分の注目する遺伝子領域をウェブサイト上で検索し，遺伝子改変に最適なクローンを注文できる．ナショナルバイオリソースプロジェクト・ゲノム情報等整備プログラムの成果である．これらのクローンによりゲノムの90％がカバーされている．青色バー：両端マップされたクローン，赤色バー：片端マップされたクローン［→巻頭カラー図5参照］

2　コンディショナルノックアウト

　条件付き遺伝子破壊ともいう．標的となる遺伝子領域をCre組換え酵素の標的配列loxPで挟む．このような遺伝子をfloxedアリルとよび，floxedアリルをもつマウスをfloxマウスとよぶ．floxマウスを組織特異的にCreを発現するCreトランスジェニックマウスと交配することで，**特定の組織や細胞のみで標的遺伝子の機能を失活させることができる**．発生のある段階でCreを発現させる誘導的手法と組み合わせれば，組織特異的，時期特異的な遺伝子破壊実験ができる．上記の単純なノックアウトの欠点を補う方法として重要性が増している．

3　ノックイン

　上記ノックアウトマウスと作製方法は同じ．特に**標的遺伝子の破壊よりも入れ替えた遺伝子の機能を活用する**ことに主眼が置かれたマウスである．点突然変異の導入や，マウスの遺伝子をノックアウトし

て代わりにヒトの相同遺伝子をノックインすることにより，分子のヒト化をすることができる．ヒト疾患の創薬や薬の試験には貴重なモデルを提供する方法である．マウスの遺伝子発現の局在をより忠実に解析するためにlacZやGFPなどのレポーター遺伝子を導入することも可能である．

⑥ ノックアウトマウス作製に使われているES細胞

ジャクソン研究所[11]のデータベースによると世界中で180種類ものES細胞が樹立されている．110種類が129の亜系統，18種類が129と他の系統とのF1雑種，27種類がC57BL/6の亜系統に由来する（表3）．

国内のノックアウトマウスの状況については，理研バイオリソースセンターに寄託されている818系統のノックアウトマウスについて調査したところ，45種類を超えるES細胞が使われていた．なかでもノックアウト遺伝子（アリル）の数が最も多い5系統を表4に示した．日本では（C57BL/6N × CBA/N）F1に由来するES細胞（TT2）がノックアウトマウス作製に大きく貢献している[12]．ついで代表的な129系統由来のES細胞が並ぶ．これらノックアウトマウスを用いた実際の解析研究ではC57BL/6との交雑群を用いたものが多く，10世代以上のバッククロスにより遺伝背景をC57BL/6などの近交系に完全に置き換えた例は限られている．

表3 世界のノックアウトマウス作製に使われているES細胞の分類

由来系統による分類	ES細胞の種類
129系	110
（129 × 他系統）F1雑種	18
C57BL/6系	27
その他，BALB/cJ, C3H/HeJ, CBA, DBA, FVB/NJ, NOD etc.	25
合計	180

表4 国内のノックアウトマウス作製に使われている主なES細胞

ES細胞名	由来系統名	アリル数
TT2	（C57BL/6N × CBA/N）F1	244
E14	129P2/OlaHsd	95
R1	（129 × 1/SvJ × 129S1/Sv）F1-Kitl<+>	72
D3	129S2/SvPas	55
J1	129S4/SvJae	55

⑦ 129由来のES細胞の問題点

最近まで129系統以外ではES細胞の樹立が困難であったため，多数のラボに129マウスが分与され，亜系統化し，さらに亜系統間や他系統との交雑も進み，遺伝的に多様な129系統が生じた．ES細胞の亜株化はマウス系統よりもさらに多岐にわたると考えられる（図4）[13)14)]．マウス系統の授受は細胞株に比べると大きな制約があり，129由来のES細胞と亜系統まで同じ129マウス系統を入手することは困難な場合が多い．

主に4つの129亜系統（図4の*）から代表的なES細胞株が樹立され，世界のノックアウトマウス作製に貢献してきた．しかし，ES細胞株によって遺伝的および個体にしたときの表現型にかなりの変異が存在することがわかっている．例えば，Egfr（epi-

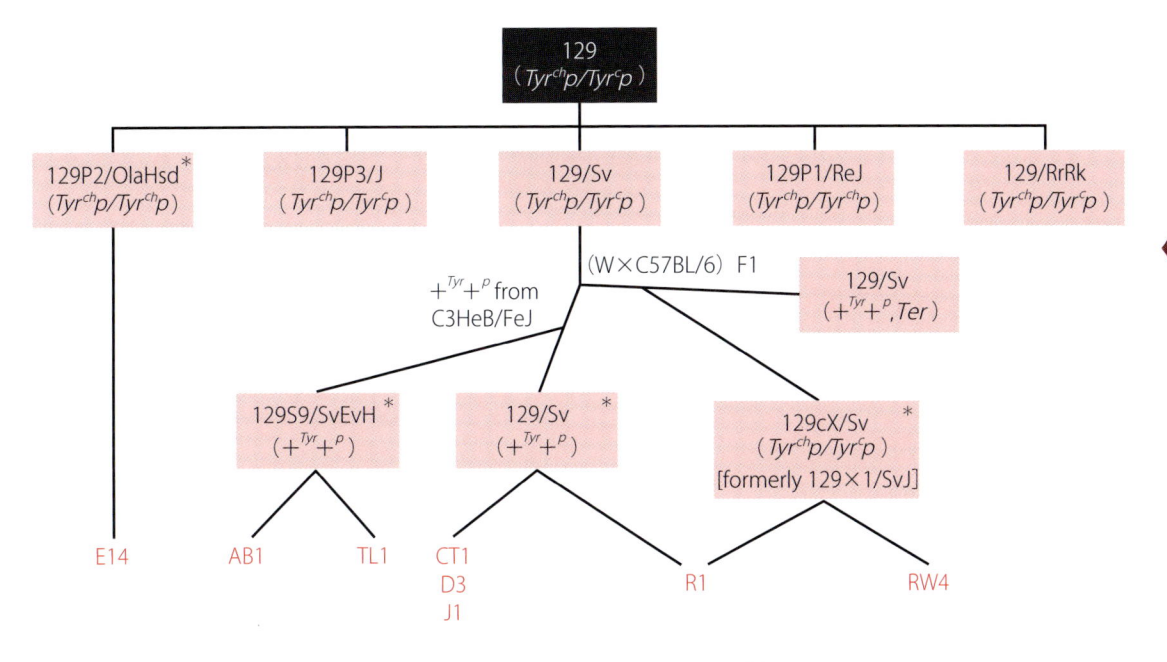

図4　129亜系統の分岐と由来する主なES細胞株（文献14より改変）
網掛けは129亜系統名，赤字はES細胞名

dermal growth factor receptor）のノックアウトマウス，$Egfr^{tm1Ucsf}$（129cX/Sv由来），$Egfr^{tm1Mpi}$〔（129cX/Sv×129/Sv-$+^{Tyr}+^p$）F1由来のES細胞，R1〕，$Egfr^{tm1Cwr}$（129/Sv-$+^{Tyr}+^p$由来）は3種類のES細胞で作製され，それぞれ異なる表現型が観察されている．過排卵処理のホルモン感受性についても，129/Jおよび129/ReJ系統は低反応性，129cX/Svは高反応性といった違いが知られている．脳研究分野では，129系統の特徴として左右の大脳皮質を連絡する神経線維束，脳梁が未発達で，129系統を用いたノックアウトマウスは行動や認知の実験には不向きとされる[13]〜[15]．

免疫研究では，近交系C57BL/6を用いて蓄積された知見が多く，129亜系統の遺伝的な多型が解析の精度を下げる要因となる．移植実験系を用いる幹細胞研究では129亜系統の遺伝的な多型は大きな障害となる[15]．

ゲノム遺伝子の材料については，129/SvJ（129cX/Sv）由来のライブラリーが市販されているが，129/Sv-$+^{Tyr}+^p$由来のES細胞において，これを用いると相同組換え効率は配列のミスマッチにより低い[14]．こうした問題解決のため，自ら用いるES細胞（E14.1）のゲノムからBACライブラリーを整備した例もある[16]．

以上のような事情から，世界のノックアウトマウスの作製には**129系統由来のES細胞ではなくC57BL/6由来のES細胞が用いられている**．

⑧ ノックアウトマウスの命名法

マウスの系統や変異遺伝子には世界共通の命名法がある[17]．このルールに従って命名した系統名はデータベース上で系統固有のID番号に相当し，他の研究者の作製した類似の系統と明確に区別される．遺伝子の変異の種類や構造に関する基本情報も含まれており，世界中の研究者と系統に関する情報を共

有できる．ノックアウトマウスを作製した場合は，国際ルールに従った命名により，速やかに系統情報を公開することで，共同研究の機会も広がる．命名は次の例のように行う．

背景となる系統名にハイフンを付け，ES細胞の相同組換えでノックアウトされた遺伝子記号と次の3部分からなる上付き文字で表記する．
① ターゲティングされた突然変異targeted mutationを表すための記号"tm"
② 作出した研究室での連続番号"1"，"2"など
③ 施設記号または開発者の名前のイニシャル

【例1】129P2-*Cftr*^{tm1Unc}

ノースカロライナ大学で作製された最初のcystic fibrosis transmembrane regulator homolog (*Cftr*) 遺伝子のターゲティングによって作製されたノックアウト変異．129P2近交系として維持されている．

【例2】B6.129P2-*Cftr*^{tm1Unc}

上記の129P2-*Cftr*^{tm1Unc}マウスをC57BL/6J系に戻し交配を10世代繰り返してコンジェニック系統にしたもの．

ある遺伝子のコーディング領域の全部あるいは一部を他の遺伝子で置き換えたいわゆる"ノックイン"突然変異の表記は，"tm"記号を使用し，その詳細については出版物またはデータベースで記述する．全コーディング領域の置き換えがあった場合，置き換える遺伝子の記号は括弧に入れ，施設コードと連番を付けて置き換えられた遺伝子の対立遺伝子記号の一部として使う．

【例3】*En1*$^{tm1\ (Otx2)\ Wrst}$

*En1*遺伝子のコーディング領域がW. Wurst研究室に由来する*Otx2*遺伝子により置き換えられたことを表している．

⑨ 法令遵守

ノックアウトマウス作製にあたっては関連する法令を遵守して実施する．動物実験および遺伝子組換え生物にかかわる法令が関係している（1章-2，5章参照）．

わが国においては，「動物の愛護及び管理に関する法律」，「実験動物の飼養及び保管並びに苦痛の軽減に関する基準」，「研究機関等における動物実験等の実施に関する基本指針」，「動物実験の適正な実施に向けたガイドライン」などにより，実験動物を含めた動物の取り扱いが適正に行われるよう，遵守すべき基本事項が定められている．大学や研究所においては，これらを徹底するために動物実験実施規程を策定し，機関ごとに実験計画の審査・承認や実験や飼育管理の状況を調査するなどの目的で，動物実験審査委員会を設置し，実験動物福祉，実験安全管理等の観点から動物実験の適正化が図られている．まず，動物実験の計画書にノックアウトマウスの作製と関連の実験を含めて申請する必要がある．

ノックアウトマウスの作製と取り扱いは遺伝子組換え実験に該当する．遺伝子組換え実験を行う場合には，大学や研究所で定めた安全管理規程に従って実験を行う必要がある．ノックアウトマウスを他機関との間で授受する場合も手続きが必要である．こうした規程は，2004年2月に施行された「遺伝子組換え生物等の使用等の規制による生物の多様性の確保に関する法律（遺伝子組換え生物等規制法）」を遵守するうえで必要な申請の手続き，管理体制などを定めている．

●おわりに

　マウスは近交系を用いることができるため再現性に優れた実験系の構築が可能であり，最も優れたヒトのモデル動物となっている．ノックアウトマウスには表現型の厳密な解析による遺伝子機能の解明，創薬の試験系など，再現性の高い実験系として重要な役割が求められている．すでに確立されているバイオリソースと関連情報をフル活用して，読者の皆さんの目的に適ったノックアウトマウスの作製計画を立案していただきたい．皆さんの開発・解析したノックアウトマウスが有用なモデルとして生命科学に貢献することを願っている．

参考文献と関連URL

1) Nobelprize.org The Official Web Site of the Nobel Prize (http://nobelprize.org/nobel_prizes/medicine/laureates/2007/)
2) 筑波大学生命科学動物資源センター (http://www.md.tsukuba.ac.jp/LabAnimalResCNT/)
3) 熊本大学生命資源研究・支援センター (CARD) (http://card.medic.kumamoto-u.ac.jp/)
4) International Mouse Strain Resource (IMSR) (http://www.findmice.org/)
5) 理研バイオリソースセンター (http://www.brc.riken.jp/lab/animal/)
6) International Knockout Mouse Consortium (http://www.knockoutmouse.org/)
7) 理研バイオリソースセンター・細胞バンク (http://www.brc.riken.jp/lab/cell/)
8) Tanimoto, Y. et al. : Comp. Med., 58 : 347-352, 2008
9) 理研バイオリソースセンター・DNAバンク (http://dna.brc.riken.jp/ja/)
10) Pettitt, S. J. et al. : Nat. Methods, 6 : 493-495, 2009
11) ジャクソン研究所 (http://www.informatics.jax.org)
12) Yagi, T. et al. : Anal. Biochem., 214 : 70-76, 1993
13) Simpson, E. M. et al. : Nat. Genet., 16 : 19-27, 1997
14) Threadgill, D. W. et al. : Mamm. Genome, 8 : 390-393, 1997
15) Hughes, E. D. et al. : Mamm. Genome, 18 : 549-558, 2007
16) Ohtsuka, M. et al. : Genes Genet. Syst., 81 : 143-146, 2006
17) Guidelines for Nomenclature of Mouse and Rat Strains (http://www.informatics.jax.org/mgihome/nomen/strains.shtml)

1章 細胞を用いた研究の種類と原理

7 ES細胞・iPS細胞を用いた研究

寛山 隆

「万能細胞」とよばれる胚性幹（ES）細胞・人工多能性幹（iPS）細胞は動物個体を構成する組織・細胞に分化する能力を保持した細胞であり，由来する細胞の遺伝的形質（核型など）を保持したまま増殖可能な細胞である．このことから再生医療，創薬への応用や疾患の原因解明に役に立つことが期待されている．本節では，ES細胞やiPS細胞のそれぞれの特徴に関して述べるとともに，ES細胞やiPS細胞を用いてこれまでにどのような研究が行われてきているのか，またどのような段階まで進んでいるのかを合わせて紹介したい．また最近，線維芽細胞からiPS細胞を介さずに体性幹細胞に直接リプログラミングすることが可能であることが示されるなど，研究の進展が目覚ましい分野であり，将来どのように研究が展開されていくのかを考えてみたい．

●はじめに

胚性幹（ES：Embryonic Stem）細胞・人工多能性幹（iPS：induced Pluripotent Stem）細胞はどちらも俗に万能細胞とよばれるが，その理由はどちらの細胞もあらゆる組織の細胞に分化する能力を兼ね備えているからである．しかしながらこの2つの万能細胞はその樹立方法の違いによって大きく意味合いが異なる．

ES細胞は受精卵から発生が進んだ胚盤胞とよばれる時期の内部細胞塊という部分を取り出して培養することで樹立する（図1A）．このため，**ヒトES細胞を樹立するということはヒト胚を滅失することになる**ため，生命倫理的に大きな問題となる．一方，iPS細胞は動物個体を構成する体細胞（皮膚など）に特定の遺伝子を導入し，体細胞を再プログラム化することで樹立する（図1B）．したがってヒトES細胞における生命倫理問題がなく，さらに**iPS細胞は成人個体の細胞から樹立でき，移植医療の観点からすれば自家移植が可能となる**ため，ヒトES細胞よりも医療への応用の可能性が高いと考えられる．

しかし，iPS細胞はごく最近，樹立方法が確立された細胞であり，研究に使用された実績がまだまだ少ないのが現状である．これに対しES細胞は樹立されてから30年（マウス）が経過しており，iPS細胞とは比較にならないほど多くの知識が蓄積されてきている．またiPS細胞とES細胞が真に同等な細胞であるかは，まだ結論が出されていない．したがってiPS，ES細胞の両方を研究材料とし新たな知見を積み重ねていくことが今後の研究の発展には重要であり，さらには再生医療への道を拓くためには不可欠である．

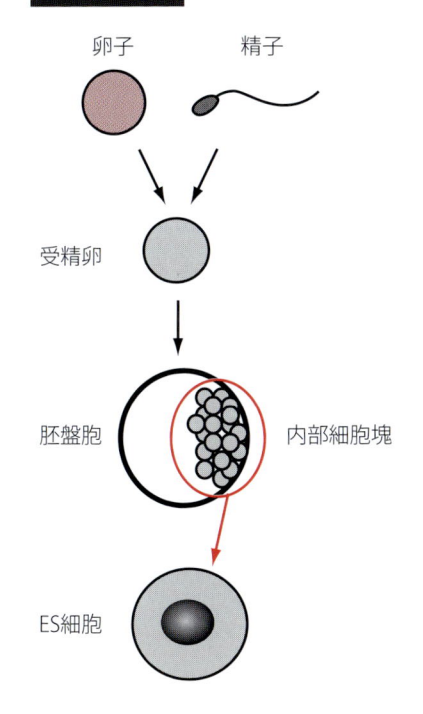

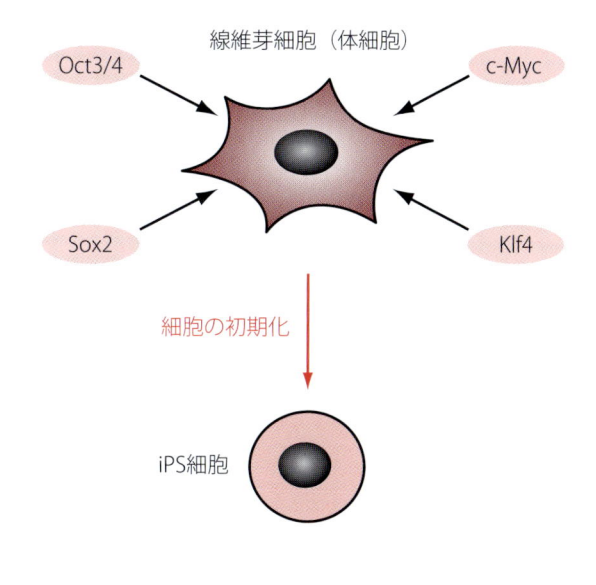

図1 ES細胞, iPS細胞の樹立方法
B)の導入遺伝子は文献7に基づく

❶ マウスES細胞

　世界初のES細胞は1981年，Evansらによってマウスの受精卵から樹立された[1]（**図2A**）．その6年後，マウスES細胞を用いた遺伝子改変技術が開発され，これにより遺伝子の機能を個体レベルで解析できる遺伝子破壊（ノックアウト）マウスの作製が可能になった[2)3]．これらの研究成果は2007年にノーベル医学・生理学賞を受賞している．遺伝子改変技術はさらに進歩し，ある特定の組織，発生段階だけで特定の遺伝子を破壊または挿入したマウス個体を作製することが可能になっている（コンディショナルノックアウトマウス，ノックインマウス）．これらの技術革新によって，より詳細に遺伝子機能の解析が行われるようになっている．また生体外でES細胞を分化させ，その過程を解析することで，これまで難しかった初期発生過程や特定の組織への分化などの解析も比較的容易になった．

　このように現在もマウスES細胞は個々の遺伝子機能を解析するための重要な材料（リソース）として用いられ，基礎研究，特に遺伝子機能の解析に携わる研究者にとってはなくてはならないリソースとなっている．

❷ ヒトES細胞

　ヒトES細胞はマウスES細胞が樹立されてから17年後の1998年，Thomsonらによって樹立された[4]（**図2B**）．写真からもわかるように，**マウスES細胞**は比較的小さく盛り上がった形のコロニーを形成するが，**ヒトES細胞は扁平状のコロニーを形成する**．また，マウスES細胞は白血病阻害因子（LIF：Leu-

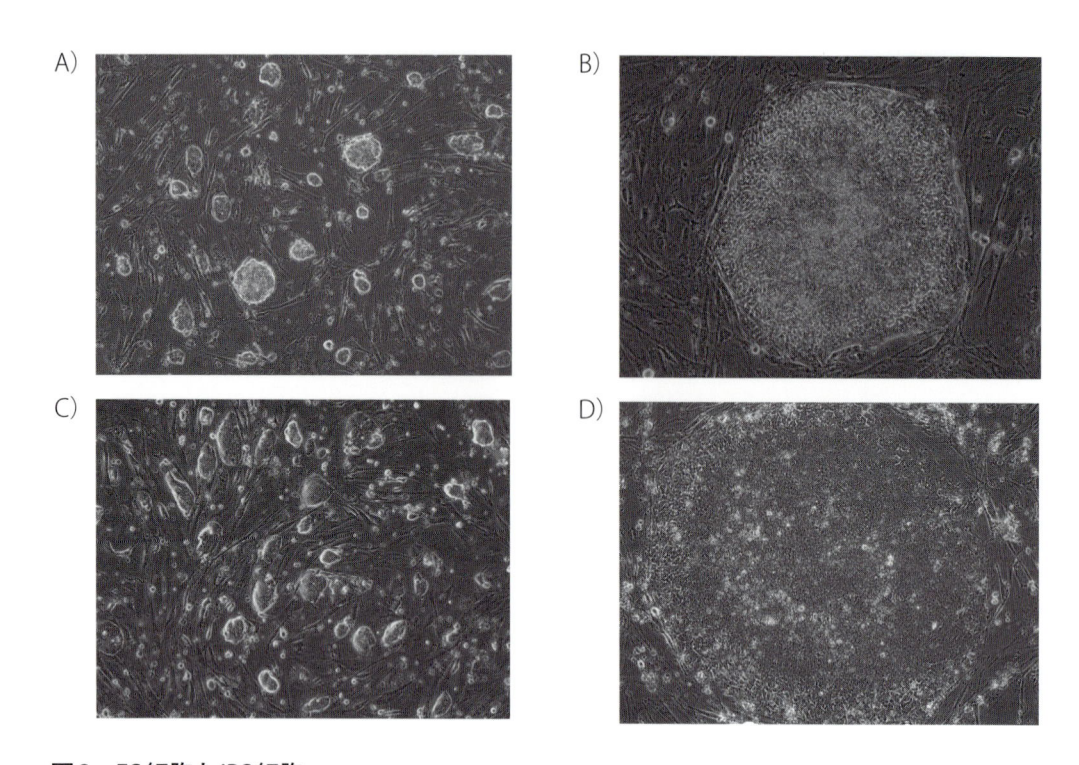

図2 ES細胞とiPS細胞
A) マウスES細胞, B) ヒトES細胞, C) マウスiPS細胞, D) ヒトiPS細胞

kemia Inhibitory Factor）によって未分化性を維持できることがわかっているが，ヒトES細胞の維持には塩基性線維芽細胞増殖因子（bFGF：basic Fibroblast Growth Factor）が重要であることが知られている．このようにマウス，ヒトES細胞の特徴にはかなりの差があったが，当初は動物種の違いによる差として捉えられていた．しかし，最近になってマウスの胚盤胞からさらに発生が進んだ段階の胚から原始外胚葉（Epiblast）とよばれる部分を用いてES細胞に似た細胞株，**EpiSC**（Epiblast Stem Cell）が樹立された[5)6)]．EpiSCはマウスES細胞よりヒトES細胞と似た遺伝子発現がみられることから，ヒトES細胞はマウスES細胞よりも発生が進んだ状態で維持されている可能性が示唆されている（図3）．

ヒトES細胞はヒトの胚を壊して作製しなければならないことから，生命倫理面での問題がある．世界に目を向けると，ヒトES細胞研究を法律で禁止している国や，米国のように時の政権の政治方針によって左右されるなど，ヒトES細胞研究を取り巻く環境はさまざまである．日本国内でも研究への使用に関しては倫理審査や使用のための要件などが指針により定められており，誰でも容易に研究を始められるわけではない．

ヒトES細胞を用いる研究においては，当然のことながら生命倫理の観点からマウスES細胞のように個体作製はできない．また生殖細胞関連の研究も厳しく制限されている．しかし生体外での組織発生・分化誘導研究にはマウスES細胞と同様に使用されており，多くの研究成果が報告されている．また，ヒトES細胞に由来する細胞は医療への応用が期待されており，すでに米国では2010年に脊髄損傷患者に対するヒトES細胞由来細胞を用いた世界初となる臨床試験が始まったが2011年に中止になってしまった．しかしこの他に網膜再生に関連した臨床試験が承認されている．

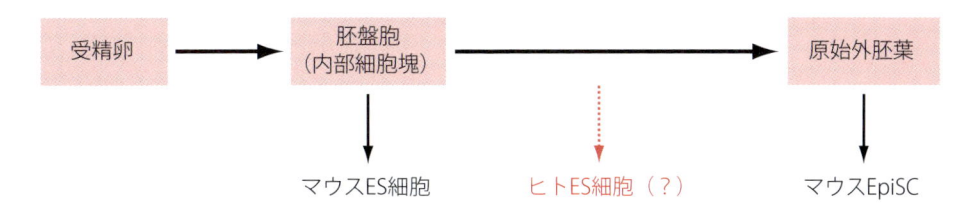

図3　マウスES，EpiSC細胞とヒトES細胞との関係

❸ iPS細胞

　ES細胞は多分化能を維持しながら増殖するという特徴を兼ね備えていることから，これらの能力を規定する因子を同定することにより，人為的にES細胞様の細胞を樹立できるのではないかと考えられていた．高橋，山中らはES細胞を特徴づける遺伝子を探索し，24個の候補遺伝子を抽出し，そのなかからOct3/4, Sox2, Klf4, c-Mycを線維芽細胞に導入することでマウスES細胞様の細胞株であるiPS細胞の樹立に成功した[7]（図2C）．マウスiPS細胞はES細胞と同様に多分化能をもち，個体形成に寄与することが明らかとなっている．翌年には同じ因子を用いてヒトiPS細胞が樹立できることも明らかとなった[8]（図2D）．その後，線維芽細胞以外の体細胞でも樹立することが可能であり，異なる遺伝子の組み合わせや，一部，薬剤を用いたりしてもiPS細胞を樹立することができることが明らかとなりつつある．
　iPS細胞は胚を用いずに作製できることからES細胞が抱えていた生命倫理に関連した問題をクリアすることができたのだが，それに加えて成体細胞から樹立できるという点において非常に優れている．つまり，患者自身の細胞から樹立できるのである．例えば，ES細胞から移植用の細胞を調製できたとしても，それは患者本人の細胞ではないため拒絶などの問題が起こる．しかし患者自身のiPS細胞から調製した細胞であれば拒絶の心配はなくなると考えられる．また，特定の疾患患者からiPS細胞を樹立し，生体外で疾患の原因となる細胞・組織を誘導し，それを研究材料とすることで病因の解明や治療法・薬剤の開発などに応用できる（図4）．すでにヒト神経疾患者由来のiPS細胞を用いて原因を解明し，治療に使える可能性のある薬剤を見出したとの報告がなされている[9]．このようにiPS細胞はES細胞よりもはるかに可能性を秘めた細胞であることは間違いない．

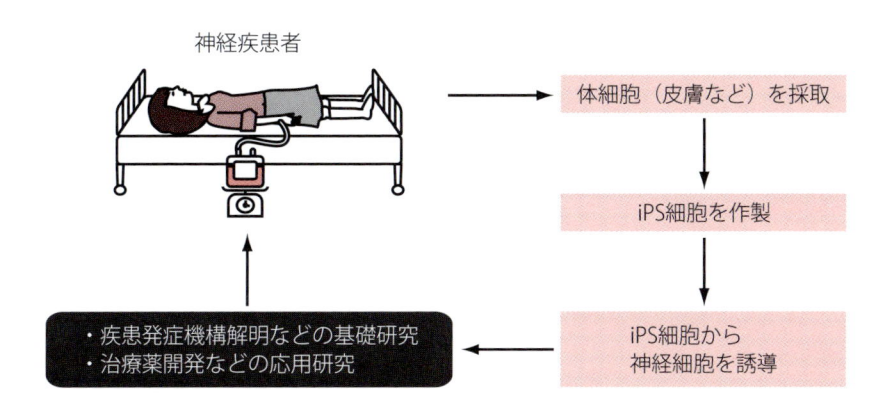

図4　iPS細胞の応用例

④ ES，iPS細胞研究者の悩み

　ES細胞の樹立により再生医療への期待が膨らみ，さらにiPS細胞によってそれが現実味を帯びてきた．しかし，医療への応用にはまだまだ越えなければいけないハードルがある．その1つとして標的細胞への分化誘導法の開発があげられる．これまでの多くの研究成果からさまざまな種類の組織・細胞に分化可能であることは確認されているが，一方で多数のヒトES細胞を用いて同じ方法で分化誘導を行った結果，**株によって分化の指向性が異なる**ことが示されている[10]．つまり，同じ方法ですべてのES細胞株から同じように分化細胞を誘導できないのである．このES細胞の細胞株間の性質の差は何によってもたらされるのかはいまだよくわかっていないが，樹立するときの培養条件などが深くかかわっていることを示唆する報告もある．したがって樹立された機関の違いなどによって性質が異なることも考えられる．

　iPS細胞に関しても**由来する細胞の組織によって遺伝子発現の様式が異なる**ことが示されている．このように一口にES，iPS細胞といっても株ごとによる特性の違いがあるため一筋縄にはいかないのが現状であり，この問題を解決するためには樹立・培養法の標準化が必須である．

⑤ 今後の展開

　前述のようにすべてのES，iPS細胞株から安定的に目的細胞を産生するのは難しいのが現状である．しかし特定の株しか使えないとなれば移植医療などには到底使えない．もしくは患者由来のiPS細胞を大量に樹立して，そのなかから治療の目的にかなうiPS細胞を選び出さなくてはならない．この点においてはまだまだ応用への道は平坦ではない．しかし，最近になって線維芽細胞に特定の遺伝子を導入し，特定の培養条件で培養するとiPS細胞を介さずに直接，神経，血液細胞を誘導できるという報告がなされた[11][12]．このことは細胞株ごとによる性質の差を考慮しなくても目的細胞を誘導できるという点において優れていると考えられる．したがって今後はさまざまな組織を線維芽細胞から直接誘導するという研究が盛んになることが予想される．しかしながら誘導効率が低く，誘導された細胞はiPS細胞のように維持培養ができないため，効率よく大量に誘導する方法の開発が期待される．

参考文献

1) Evans, M. J. & Kaufman, M. H.：Nature, 292：154-156, 1981
2) Doetschman, T. et al.：Nature, 330：576-578, 1987
3) Thomas, K. R. & Capecchi, M. R.：Cell, 51：503-512, 1987
4) Thomson, J. A. et al.：Science, 282：1145-1147, 1998
5) Brons, I. G. et al.：Nature, 448：191-195, 2007
6) Tesar, P. J. et al.：Nature, 448：196-199, 2007
7) Takahashi, K. & Yamanaka, S.：Cell, 126：663-676, 2006
8) Takahashi, K. et al.：Cell, 131：861-872, 2007
9) Marchetto, M. C. et al.：Cell, 143：527-539, 2010
10) Osafune, K. et al.：Nat. Biotechnol., 26：313-315, 2008
11) Vierbuchen, T. et al.：Nature, 463：1035-1041, 2010
12) Szabo, E. et al.：Nature, 468：521-526, 2010

1章 細胞を用いた研究の種類と原理

8 植物細胞を用いた研究

安部 洋，小林俊弘

　一度分化した植物細胞を植物ホルモンのオーキシンやサイトカイニン存在下で培養すると，脱分化し再び増殖を開始する．このようにして誘導した植物培養細胞は適当な条件下で脱分化したまま無限に増殖を続ける．培養細胞は細胞分化により獲得した特性を失っていると考えられるが，増殖能や環境応答性を含む植物細胞の基本的な機能を保持している．

　植物培養細胞の特長は，植物個体では困難な細胞機能の研究に対して発揮される．脱分化した培養細胞は機能分化した植物体の細胞と比べて均質である．さらに，培養細胞に対するさまざまな処理が容易であり，反応の均一性と再現性の点で優れている．形質転換技術と組み合わせて，細胞レベルでの遺伝子機能解析に利用されている．また，生化学的研究のための大量培養も可能である．これらの特徴をもつ植物培養細胞を用いた研究を紹介する．

1 植物培養細胞の種類

　表1に代表的な細胞株をまとめた．培養系には**カルス培養**と**懸濁培養**があり，それぞれ寒天培地と液体培地を用いて培養する（図1）．懸濁培養はほぼ均一な小さい細胞塊から構成される細胞集団であり，増殖が速い．そのため，細胞生物学的研究には懸濁培養を用いる場合が多い．

　タバコBY-2は植物の標準細胞株であり，世界中で利用されている．増殖が非常に速く，効率よく細胞周期の同調化や形質転換が可能である．また，分裂方向が一定であり，個々の細胞を観察しやすい．ESTクローンやマイクロアレイ情報も公開されている．

　モデル植物シロイヌナズナの細胞株はすでに整備されているゲノム情報やゲノムリソースを駆使した解析が可能である．培養細胞を用いたトランスクリプトーム・メタボロームのデータも蓄積している．なかでも，**T87**を用いた研究が増加している．T87の特徴は明条件下で葉緑体が発達する点であり，形質転換系が確立されている．その他に，MM2d，Alex，Deepなどの細胞株がある．

　モデル作物とよばれるイネ・トマト・ミヤコグサなどの細胞株もある．それ以外にも，多様な植物の培養細胞が樹立されている．その多くは各植物種に特有の二次代謝産物を生産する培養細胞である．

表1　理研バイオリソースセンターから入手できる代表的な植物培養細胞株

細胞株	種名	培養系
BY-2	タバコ（*Nicotiana tabacum* L.）cv. Bright Yellow-2	懸濁
T87	シロイヌナズナ〔*Arabidopsis thaliana*（L.）Heynh.〕ecotype Columbia	懸濁
Oc	イネ（*Oryza sativa* L.）C5928	懸濁
OS-1	イネ（*Oryza sativa* L.）	懸濁
Lj	ミヤコグサ（*Lotus japonicus*）B-129 Gifu	懸濁
Lj A	ミヤコグサ（*Lotus japonicus*）B-129 Gifu	カルス

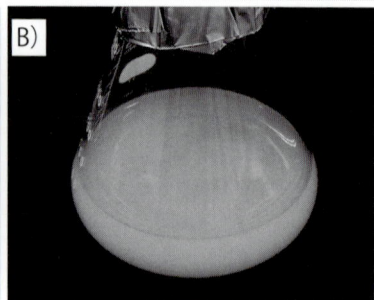

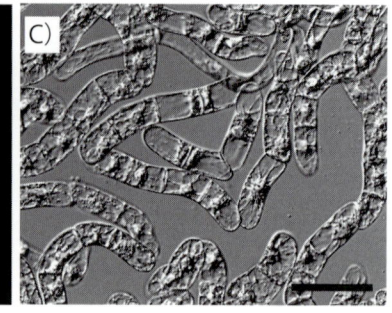

図1 植物培養細胞
A) ヨウシュヤマゴボウのカルス培養．寒天培地上で培養している．文献7より転載．B) タバコBY-2懸濁培養細胞．液体培地中で多数の細胞が増殖している．C) BY-2細胞の形態．スケールバーは100μm

❷ 環境ストレス応答

　一度，根をはると動くことのできない植物にとって，環境変化に対する適応は生死にかかわる非常に重要な問題である．植物は環境変化に対して速やかに応答し，適応する生理機能を獲得してきたと考えられており，環境ストレス応答の研究領域は植物研究のなかで最も盛んな分野の1つである．これまでにT87細胞が用いられた環境ストレス応答研究としては，乾燥，塩害，低温，凍結，高温，紫外線，活性酸素種などさまざまなストレスに対する応答性があげられる．その他にも，植物ホルモンや概日リズムに対する応答機構の研究などにも用いられてきた．現在，砂漠化などによる耕地面積の減少，干ばつによる作物被害は深刻な問題で，植物への乾燥耐性の付与は緊急の課題となっている．意外に思われるかもしれないが，植物にとって乾燥や塩害，低温は細胞からの水分が失われるという点において同様なストレスと考えられており，**水ストレス**などとも総称される．

　ここでは，T87細胞を例にとり，植物培養細胞を用いた水ストレス応答研究の現状を紹介する．T87細胞の水ストレス条件下でのトランスクリプトーム解析については，すでに詳細な解析が行われており，植物体と同様な遺伝子群の発現変動が示されている．現在，これら遺伝子発現に至るまでのシグナル伝達経路の解析，ならびに，シグナル因子の同定が精力的に進められている．T87細胞を用いた解析から，水ストレス耐性で重要な働きをする主要なシグナル伝達因子であるSnRK2ファミリーが発見されており，そのメカニズムや機能の解明に注目が集まっている[1]．SnRK2はプロテインキナーゼをコードする遺伝子であり，その存在が生化学的解析から明らかになっていたにもかかわらず，解析は進んでいなかった．SnRK2の単離に際しては生理的性質の均一なT87細胞を用いたことがブレイクスルーとなっており，植物のストレス応答研究における細胞材料の有用性が広まるきっかけにもなった．

　一方で，T87細胞を用いたストレス耐性にかかわる因子の同定も進んでいる．興味深いことに，細胞の誘導期と対数増殖期では水ストレス耐性に大きく違いがあることが報告されている[2]．現在，このような耐性の違いが何に起因するのかさまざまな視点からの研究が行われているところである．このような解析が可能であるのも，培養環境を一定に保ち同質な材料を用いて高い再現性で研究を行える細胞の優位性が大きい．さまざまな組織が存在する植物体には質的に異なる多様な細胞が混在している一方で，**培養細胞は同質な細胞の集団であり，より感度よく研究を展開できるのが大きな利点**である．

細胞壁が存在する植物の培養細胞では動物の培養細胞のように簡便な形質転換系はないが，T87細胞を含めて多くの細胞で**アグロバクテリウムを用いた形質転換系**が確立されている．また**プロトプラスト**化し，細胞壁を取り除くことで一過性の形質転換系も容易に行うことができる．今後，有用遺伝子の導入といった手法を用いたストレス耐性機構の解明に植物培養細胞が大いに役立っていくであろう．

❸ 植物防御応答

食糧生産の減収に最も影響を及ぼしている要因の1つとして病原菌の感染があげられる．植物に病気を引き起こす病原菌としてはカビ，細菌，ウイルス，ウイロイド，マイコプラズマ様微生物があげられる．この分野では培養細胞を用いることで宿主植物の防御応答などを引き起こす病原菌因子の解析などが非常に盛んに行われている．このような病原菌側の因子は一般に**エリシター**（elicitor）などとよばれることが多い．エリシターを培養細胞に投与することで，その反応を解析することが可能であるが，その解析は多岐にわたっている．歴史的には，細胞の生理的変化や遺伝子発現の変化から始まり，最近では網羅的なトランスクリプトーム解析やメタボローム解析，プロテオーム解析などが行われている．植物防御応答に関する分野ではタバコのBY-2細胞，およびイネのOc細胞がこれまで非常に多く用いられてきた．最近になって，T87細胞でも同様な解析が進んでおり，エリシター投与後のリン酸化タンパク質のプロテオーム解析などが注目を集めている．植物と病原菌の間には宿主特異性が存在するため，今後もさまざまな培養細胞の利用が進むであろう．

植物培養細胞を用いた植物ウイルスの解析も研究の盛んな分野である．細胞壁のある植物培養細胞に直接感染させることは難しく，これまではプロトプラスト化させた培養細胞にウイルスを感染させるという方法がとられてきた．この手法によりウイルスの増殖機構について多くの知見が得られてきた．最近ではRNAサイレンシングの機構などが精力的に解析されている．加えて，アグロバクテリウムを用いることで植物培養細胞に直接，クローン化されたウイルスを導入する実験系も普及してきている．興味深いことに，アグロバクテリウムを用いてウイルスベクターを培養細胞に導入し，目的のタンパク質を大量に生産させようという試みも始まっている．細胞内で大量に増殖するウイルスの性質を利用したものであり，今後の展開に期待が集まっている．

❹ メタボローム研究

植物の代謝研究は，植物中に存在する多種多様な二次代謝物の同定や構造決定，合成経路に関する研究や，合成にかかわる遺伝子の同定などを中心に進められてきた．このような背景のもと，植物のメタボローム解析は，この10年間で急速に発展した分野である．解析器機の高度化に合わせて，トランスクリプトーム解析データを取り込むことで，代謝研究は大きく前進し，網羅的へと変化していった．そもそも，均一な細胞集団である植物培養細胞は代謝研究に向いており，近年のメタボローム研究においても，植物培養細胞を用いた報告例が増大している．特にかずさDNA研究所で行われた解析は世界的にみても大規模である．同研究所では2,000種類の転写因子をコードしているシロイヌナズナ完全長cDNA（**RAFL cDNA**：RIKEN Arabidopsis full-length cDNA）をT87細胞でそれぞれ過剰発現させ，特に

代謝に関連の強かった 185 種類の形質転換培養細胞においては詳細なトランスクリプトーム解析，およびガスクロマトグラフ質量分析装置（GC-MS），超高速液体クロマトグラフ質量分析装置（UPLC-MS），キャピラリー電気泳動質量分析装置（CE-MS）を用いたメタボローム解析を行っている．これら解析結果についてはデータベース化されており，**RnR (Regulatory-network Research in Arabidopsis T87 cultured cells：http://webs2.kazusa.or.jp/kagiana/rnr0912/indexff.html）**として公開されている．このデータベース上では一次代謝に加えて，糖，脂質，フラボノイド，ステロイド，フェニルプロパノイドなどの代謝物情報を得ることができ注目度は高い．また，同研究所からは，シロイヌナズナのさまざまな代謝パスウェイ上に想定される機能遺伝子の発現情報を統合させたデータベース**KaPPA-View4**（http://kpv.kazusa.or.jp/kpv4/）も公開している．このようにモデル植物であるシロイヌナズナではメタボローム解析を行ううえでの環境が他の植物よりも格段に整っている．

このような状況のもとT87細胞を用いて，ストレス耐性にかかわる代謝研究，昼夜での代謝物の比較，放射性同位体を用いた窒素代謝にかかわる研究などさまざまな解析が進んでいる．なかでも注目されるのが，植物由来の健康成分などを対象とした解析である．抗酸化作用が着目されているカロテノイドの一種であるアスタキサンチンの合成にかかわる遺伝子はT87細胞の系で明らかにされ非常に高い関心を集めている[3]．植物に含まれる有用成分の解析は今後も増大してくると予想される．しかし，これらの植物成分は植物種によって多様性に富んでおり，植物種特異的な二次代謝物の中には，他にはない生理活性を有し，医薬用の原料としても注目されているものが多く存在する．朝鮮ニンジンやイチイなどの薬用植物などの培養細胞がそのよい例としてあげられるであろう．このような背景のもと，アブラナ科に属するシロイヌナズナT87細胞に加えて，今後，多くの植物培養細胞がメタボローム研究に用いられるだろう．理研バイオリソースセンターでは，ナス科に属するタバコBY-2細胞，トマトSly-1細胞，イネ科に属するイネOc細胞など，すでにメタボローム解析に用いられている細胞に加えて，セリ科のニンジン，ウリ科のスイカ，シソ科のハッカ，ユリ科のアスパラガス，アサガ科のホウレンソウ，ゴマ科のゴマなどさまざまな細胞株を分譲しており，今後の利用が期待されているところである．

⑤ 細胞分裂・小胞輸送

増殖能を有する培養細胞は細胞周期の制御や細胞質分裂のメカニズムの解析に適している．その解析に重要な細胞操作技術は**細胞周期の同調化**である．高度な同調化が可能であり，細胞分裂の観察も容易なタバコBY-2が非常によく利用されている．シロイヌナズナMM2dの同調培養系もあるが，細胞周期のモニタリングにフローサイトメーターを用いる必要がある．これらの実験系を用いた細胞周期のトランスクリプトーム解析も行われている[4]．

培養細胞を観察する技術も進歩している．細胞分裂時，細胞骨格が大きく変化するとともに，小胞輸送による細胞板形成や細胞壁合成が起こる．これまで，間接蛍光抗体法による細胞骨格の観察や電子顕微鏡による小胞輸送機構を含めた細胞質分裂の解析が行われてきた．最近は，蛍光タンパク質を用いたライブイメージングが行われている．多数の画像情報を定量的に解析することも試みられている．

ライブイメージングによる研究例の1つは，細胞分裂や液胞形成に伴う細胞骨格の動態に関する解析である．アクチンや微小管を可視化した形質転換BY-2細胞株が用いられている[5]．もう1つの例は，BY-2やシロイヌナズナ培養細胞におけるゴルジ装

置を介した分泌機構の解析である．複数の蛍光タンパク質を利用して，小胞体からゴルジ装置を経由した細胞外や液胞への輸送機構が解析されている[6]．

6 まとめ

　植物培養細胞は基礎から応用まで多くの研究に利用されている．また，形質転換など培養細胞を操作する技術も整備されてきている．今後も，実験系の工夫や関連技術の開発によって，多様な研究への活用が期待される．

　本節では触れなかったが，植物細胞は分化全能性をもつといわれる．組織培養を用いて，新たな植物個体を再分化させることができる．この技術はクローン植物の増殖や形質転換植物の作製などに不可欠である．ただし，再分化に適した材料（器官，発達ステージなど）の選定が非常に重要である．また，本節で取り上げた脱分化状態で長期間維持している培養細胞の再分化はきわめて困難である．

　一方，単細胞の分化転換としては唯一，維管束を構成する管状要素への分化を誘導する培養系が確立されている．それ以外に植物における細胞レベルの分化転換系はなく，培養細胞を用いて細胞分化を直接解析することは難しい．植物体を用いることと同時に，培養細胞を利用した実験系を含むさまざまな手法による総合的なアプローチが不可欠である．

　われわれは，増殖能・二次代謝産物の生産・環境応答など，培養細胞の性質を研究に利用している．その性質が長期培養の間に変化することがある．分裂を繰り返しているそれぞれの培養細胞に異なる突然変異が誘発され，そのヘテロな細胞集団に対して偶発的な選択圧が加わる結果かもしれない．懸濁培養の場合，増殖の速い細胞が強く選抜される．細胞増殖に関連する性質以外は不安定であるのかもしれない．また，培養細胞は倍数化する場合があり，ゲノム再編成が起きる可能性もある．このような安定性を検査するには，細胞株の明確な定義が必要である．しかし，培養細胞の評価技術は十分に確立されていない．

　超低温保存技術の確立によって，培養細胞の性質が変化するリスクを回避しつつ多数の細胞株を長期間保存することが可能になりつつある．しかし，生きた細胞を増殖させつつ使用していることを常に念頭に置く必要があると思われる．

参考文献

1) Yoshida, R. et al.：Plant Cell Physiol., 43：1473-1483, 2002
2) Sasaki, Y. et al.：Plant Cell Environ., 31：354-365, 2008
3) Harada, H. et al.：Plant Biotech., 26：81-92, 2009
4) Kato, K. et al.：Plant Physiol., 149：1945-1957, 2009
5) Higaki, T. et al.：BMC Plant Biol., 8：80, 2008
6) Toyooka, K. et al.：Plant Cell, 21：1212-1229, 2009
7) 小林俊弘，小林正智：蛋白質核酸酵素，49：1551-1557, 2004

2章 動物細胞の培養に必要な基本事項

1 培地・試薬等の調製法

西條 薫

●はじめに

　細胞培養を行ううえで重要なことは，その細胞に合った環境を整えることである．細胞の増殖・分化にかかわる環境要因として，①温度，pH，浸透圧等の生理状態の保持，②栄養源の補給，③細胞を支持する構造（培養基質）が重要である．

　①**温度**　：哺乳類細胞　37℃

　　　　　　鳥類細胞　39℃前後

　　　　　　魚類・両生類・昆虫類細胞　22〜28℃

　pH　：哺乳類細胞　pH 7.2〜7.6

　　　　　昆虫類細胞　pH 6

　浸透圧：生理食塩水（0.9％ NaCl）・ヒト血漿　約290 mOsm/L（mOsm/kg）

　　　　　　基礎培地　260〜320 mOsm/kg

　　　　　　神経細胞用培地　205〜280 mOsm/kg

　　　　　　昆虫用培地　380〜420 mOsm/kg

　＊Osm：容量オスモル濃度．1 mOsm/kg・H_2O：水1 kgに溶けている溶質のモル数

②**栄養源の補給**：通常培地は，基礎培地（既知の成分を含む合成培地）に血清〔FBS（ウシ胎仔血清），CS（仔ウシ血清）等〕を添加し用いる．さらに必要に応じて，サイトカイン，ホルモンなどの増殖因子，接着因子等を添加する．

③**細胞外基質**：細胞によっては，接着・増殖・分化等を促進するために細胞接着性タンパク質（フィブロネクチン，コラーゲン，ゼラチン，ラミニン，マトリゲル），ポリ-リジン等を用いる．

　本節では，これらの環境を整えるために最も重要である培地を主に，その他，細胞の継代培養に必要な試薬について述べたい．

❶ 培地，血清，抗生物質，細胞増殖促進物質

1 培地

● 1）培地の種類

　【基礎培地】既知の成分を含む合成培地．通常は，血清（FBS，CS等）を加えて用いる．1959年のEagleによる **MEM**（Minimum Essential Medium）の組成は，無機塩6種，アミノ酸13種，ビタミン8種，糖類1種，フェノールレッドで，これをもとにさまざまな培地がつくられた．

表1　無血清培地に利用される細胞増殖促進物質

1）細胞成長因子	EGF, FGF, PDGF, NGF, IGF, TGF, VEGF, HGF, BMP, G-CSF, LIF, インターロイキン類，など
2）ホルモン	インスリン，グルカゴン，プロラクチン，サイロキシン，成長ホルモン，FSH, LH, エストラジオール，グルココルチコイド，など
3）結合タンパク質	アルブミン，セルロプラスミン，トランスフェリン，リポタンパク質，など
4）細胞接着因子	コラーゲン，フィブロネクチン，ラミニン，ビトロネクチン，など
5）脂質	プロスタグランディン，リン脂質，不飽和脂肪酸，など

EGF（Epidermal Growth Factor：上皮成長因子），FGF（Fibroblast Growth Factor：線維芽細胞成長因子），PDGF（Platelet-Derived Growth Factor：血小板由来成長因子），NGF（Nerve Growth Factor：神経成長因子），IGF（Insulin-like Growth Factor：インスリン様成長因子），TGF（Transforming Growth Factor：トランスフォーミング成長因子），VEGF（Vascular Endothelial Growth Factor：血管内皮成長因子），HGF（Hepatocyte Growth Factor：肝細胞増殖因子），BMP（Bone Morphogenetic Protein：骨成長因子），G-CSF（Granulocyte Colony Stimulating Factor：顆粒球コロニー刺激因子），LIF（Leukemia Inhibitory Factor：白血球阻害因子），FSH（Follicle Stimulating Hormone：卵胞刺激ホルモン），LH（Luteinizing Hormone：黄体形成ホルモン）
文献1 p.63表1より引用

例）**DMEM**：MEMのアミノ酸を約2倍，ビタミンを約4倍にしたもの
RPMI1640：リンパ球の培養のために開発されたもの．他の培地と比較してカルシウム，マグネシウムの量が少なく，浮遊細胞の培養に適している．

【**無血清培地**】血清を添加しなくても細胞増殖および維持することが可能な完全栄養培地で，精製された天然または組換えタンパク質・成長因子，組織からの抽出物を含む培地（**表1**）[1]．

【**ケミカリー・ディファインド培地**】動物由来のものを含まない化学的構成成分が明らかな培地．

無血清培地，ケミカリー・ディファインド培地は各メーカーから細胞の種類，実験の目的によって，さまざまな培地が販売されている．選択の際には，培地の組成，培養例等を必ず参考にすること．血清を添加して培養していた細胞を無血清培養する場合は，必ず**馴化培養**（血清入り培地と無血清培地を混合し，血清入り培地の割合を減少させて培養する）を行うこと．

2）培地の選択

株化された細胞を入手するのであれば，入手先で使用していた培地を用いることが最良であり，その際に樹立時の文献も参考にするとよい．また，新たに細胞を培養（初代培養）するのであれば，文献等を参考に同じような細胞の培地を用いて培養を試み，その後，目的の細胞を得るのに最良の培地に改変していくことが望ましい．

3）基礎培地の購入

基礎培地には，**液体培地**，**粉末培地**があり，液体培地は，購入後，すぐに使用できるが，粉末培地は，処方どおりに調製し，オートクレーブ滅菌，濾過滅菌，滅菌チェック等が必要である．培養の初心者，少量の使用者は，液体培地を購入した方が簡便でよい．

また，マイコプラズマ汚染（4章-2参照）を考慮するとオートクレーブ可能培地，市販の培地の購入を推奨する（**表2**）．

表2　MEM培地による比較

	液体培地	粉末培地 （オートクレーブ必要）	粉末培地 （加圧・吸引滅菌必要）
利便性 　炭酸水素ナトリウム 　グルタミン	即時使用可能	超純水にて調製 別途調製 別途調製	超純水にて調製 別途調製 滅菌前の培地に添加可能
滅菌	必要なし	オートクレーブ	加圧式
培養経験	必要なし	ある程度必要（別途調製を加える場合） オートクレーブのみなら必要なし	経験者が望ましい
滅菌チェック	必要なし	必要 オートクレーブのみなら必要なし	必要
保存期間 　グルタミン入り	メーカー記載	調製後（3カ月以内） 調製後（1カ月以内）	調製後（3カ月以内） 調製後（1カ月以内）
マイコプラズマウイルス	検査済み	除去可能	0.22μmフィルターでは除去不可能 0.1μmフィルターでは除去可能
事前準備	必要なし	必要なし	培地ビン，濾過滅菌装置の滅菌
コスト	約1,500円/0.5L	約4,000円/10L（粉末）	約9,800円/10×1L（粉末）
フィルター	必要なし	必要なし	必要（約1,500円/1L）

ONE POINT　基礎培地購入時の注意事項

* 基礎培地には，イーグル（アール）系とハンクス系があり，細胞は，多くの場合，5% CO_2 インキュベーター内にて培養するので，イーグル（アール）系の培地を用いる．
  イーグル（アール）系：5% CO_2 を含む空気中で，pHは7.2～7.6を保つように炭酸水素ナトリウムを約2 g/L含有
  ハンクス系：空気中で，pHは7.2～7.6を保つように炭酸水素ナトリウムを0.35 g/L含有
* DMEM（Dulbecco's Modified Eagle's Medium）には，低グルコース（1 g/L）と高グルコース（4.5 g/L）の2種があるので，特に注意すること．不明な場合は，細胞の入手先に必ず確認すること．

* L-グルタミンは，溶けている状態では，非常に不安定のため，培地に含まれていない場合がある．含まれている場合は，冷暗所（2～6℃）に保存し，培地の使用期限に注意すること（2章-2図4参照）．
  グルタミンの代わりとして分解されにくいグルタマックス（ライフテクノロジーズ社）を加えてもよい．
* フェノールレッドは，培地のpHを知るための指示薬である．培養に最適なpH 7.2～7.6ではオレンジ色，pH 8以上（アルカリ側）では赤色，pH 7未満では黄色となる．細胞の状態を目で知るためには，非常に便利であるが，エストロゲン様作用があるので，エストロゲン物質の作用を調べるときには，フェノールレッド不含の培地を用いること．

● **4）培地調製のための水**

　　　粉末培地から培地を調製するときは，培地を溶かす「水」も重要である．水道水は，多くの不純物（無機物，有機物，微粒子，微生物等）が含まれ，細胞増殖に影響を与える．不純物を除き，抵抗値が18 MΩ cm以上，TOC (Total organic carbon) 値が50 ppb以下の水を**超純水**とする．超純水の製造装置は，「Milli-Q」（日本ミリポア社，http://www.millipore.com/index.do）などがある．培養に使用する培地・試薬は基本的に超純水を使用する．

● **5）培地の調製**

　　　粉末の基礎培地を購入したときは，まずは，添付の調製法等の説明文を注意深く読んでから行う．さらに粉末培地は，吸湿性が高いので，保管にも十分注意する．頻繁に調製しない場合は，1 L単位に個別包装されたものの方がよい．各自が秤量して，調製するときは，粉末培地のかたまり（吸湿してしまった状態），変色等がないことを確認して使用すること．

プロトコール

▶オートクレーブ可能培地の調製法

MEM（日水製薬，イーグルMEM培地"ニッスイ"③，#05902）を例として使用

❶ 4 ℃で保存していたMEM培地を室温に戻す

❷ 培地9.4 g，フェノールレッド6 mgをメスシリンダーⓐⓑに入れ，超純水900 mLを加え，粉末が溶けるまで，スターラーで撹拌する

❸ 超純水を加え1,000 mLとし，500 mLずつビンに分注する

❹ ビンのフタを緩め，121 ℃，15分，オートクレーブにて滅菌する

❺ 室温まで冷やした培地にオートクレーブにかけた10 ％炭酸水素ナトリウム水溶液10 mL/500 mLを加える

❻ 0.22 μmのフィルターで濾過滅菌した3 ％グルタミン（3 g/100 mL）ⓒⓓを5 mL/500 mL加える

❼ 各ビンから3 mLずつ取り，0.3 mLのFBSの入った滅菌チューブに加え，滅菌チェックを行うⓔ

❽ ビンに培地名，作製日を記載し，4 ℃で保存する

❾ 3〜4日後，❼のチューブに微生物汚染がないことを確認し，使用可能とする

ⓐ メスシリンダーは培地専用とし，他の試薬に用いない．

ⓑ 5 Lの大量の培地を調製する場合は，あらかじめ三角フラスコ，ビーカー等にメスシリンダーで5 Lを計量し，印をつけておくとよい．

ⓒ すぐに培地を使用しないときは，グルタミンを加えないで保存し，使用前に加える．

ⓓ マイコプラズマの汚染を考慮する場合は，市販のグルタミン液または無菌凍結乾燥品から調製したものを加える．

ⓔ 血清0.3 mL程度が入った透明なチューブに培地3 mLを入れ，37 ℃インキュベーターで，3〜4日静置する．チューブ内の培地が濁っていれば，コンタミネーションしている．その場合は廃棄し，新たに調製する．

▶濾過滅菌培地の調製法

MEM（Minimum Essential Medium）Earle's, Powder（ライフテクノロジーズ社，#61100-061）を例として使用

❶ 4 ℃で保存していたMEM培地を室温に戻す

❷ すべての粉末 ⓕ をメスシリンダー ⓖ に入れる．その際にパック内に数回超純水を入れ，すべて回収する

❸ 炭酸水素ナトリウム 2 g を加える

❹ 超純水 900 mL を加え，粉末が溶けるまでスターラーで撹拌する

❺ 超純水を加え 1,000 mL とし，0.22 μm ⓗ フィルターにて濾過滅菌する

❻ 500 mL ずつ分注する

❼ 0.22 μm のフィルターで濾過滅菌した 3 % グルタミン（3 g/100 mL）を 5 mL/500 mL 加える

❽ 各ビンから 3 mL ずつ取り，0.3 mL の FBS の入った滅菌チューブに加え，滅菌チェックを行う

❾ ビンに培地名，作製日を記載し，4℃で保存する ⓘ

❿ 3～4 日後，❽ のチューブに微生物汚染がないことを確認し，使用可能とする

ⓕ 10 L/パックから 2～3 L 分をはかり取り，残りを保存するようなことはしない．水分が吸着したり，変質したりするので，残りの粉末は廃棄する．

ⓖ メスシリンダーは培地専用とし，他の試薬に用いない．

ⓗ マイコプラズマの汚染を考慮する場合は，0.1 μm のフィルターで濾過する．その際は時間がかかるので，オートクレーブ滅菌した炭酸水素ナトリウムを濾過滅菌後に加える．

ⓘ グルタミンは溶解状態では不安定のため，グルタミンが含まれている場合は，長期保存しない．

2 血清

血清は，血液を凝固させた後の上清で，血液から細胞成分，凝固因子，フィブリノーゲンが除かれている．血清には，

- 栄養成分，ビタミン，微量金属，細胞成長因子，ホルモン，細胞接着因子の供給
- トランスフェリン，アルブミンなどの輸送タンパク質の供給
- 細胞が産生する増殖阻害物質の中和作用
- 緩衝作用，浸透圧の保持，抗酸化作用

等，さまざまな作用があり，細胞増殖阻害因子，分化促進因子なども含まれる（表 1）．

● 1）血清の種類

- **ウシ血清**：FBS（Fetal Bovine Serum），FCS（Fetal Calf Serum）：ウシ胎仔血清
  NBS（Newborn Bovine Serum）：ウシ新生仔血清（生後 10 日未満*）
  CS（Calf Serum）：仔ウシ血清（生後 12 カ月未満*）
  BS（Bovine Serum）：ウシ血清（生後 12 カ月以上*）
  *メーカーによって異なる場合があるので注意
  細胞増殖能は，FBS，NBS，CS，BS の順によい

- **ウマ血清**：HS（Horse Serum）

- **ニワトリ血清**（Chicken Serum）

- **透析血清**：透析によって血清中の低分子物質を除去した血清．透析膜の処理，透析時間，低分子の除去の確認，滅菌等を考慮すると透析血清は高価であるが，市販のものを購入した方がよい．

- **活性炭処理血清**：活性炭により，脂溶性（脂質関連）物質，ホルモン，サイトカインなどを除去した血清．

- **非働化血清**：後述「3）血清の非働化および方法」を参照

2) 血清の選択

ほとんどの細胞の場合，FBSを基礎培地に添加して用いるが，細胞によってFBS以外で培養している細胞もある．例えば，HeLa細胞，NIH3T3細胞はCS，PC-12細胞はFBSとHS，DT40細胞は，FBSとChicken Serumのように単独，あるいは，血清を組み合わせて用いる場合もある．HeLa細胞でも亜株，研究室によって，FBSで培養している場合もあるので，細胞を譲り受ける場合は必ず使用している培地・血清情報も入手すること．

また，増殖能が高い血清（FBS）から低い血清（CS）へ変更する場合は，馴化培養（FBSにCSを混ぜ，FBSの割合を減らしていく）が必要となり，FBSからCSに換えることにより，細胞の倍加時間，コンフルエントになる細胞数も異なってくる．

透析血清，活性炭処理血清は，栄養要求性，ホルモン，サイトカイン産生能の研究，放射性同位元素で標識したアミノ酸の取り込み実験等に用いられる．以前は，透析血清，活性炭処理血清は，実験者が調製していたが，操作の煩雑さ，滅菌操作，処理の確認等，さまざまな工程があり，高価ではあるが市販のものを購入した方がよい．

3) 血清の非働化および方法

血球系細胞，血管内皮細胞を培養する場合，血清中に含まれる補体によって，細胞溶解などの反応が生じる場合があるので，補体を不活性化処理（**非働化処理**：56℃で30分）し，補体を失活させてから用いる場合もある．

プロトコール

▶血清の非働化の方法

❶ 冷凍（－20〜－30℃）保存していた血清を4℃（または室温）で融解する ⓐ

❷ ウォーターバスを56℃に設定し，血清を入れ ⓑ，5分ごとに撹拌し ⓒ，ウォーターバスの温度と血清の温度が，同じになるように56℃まで加温する

❸ 56℃になったら2〜3回撹拌しながら30分，加熱処理をする．撹拌の際は，ウォーターバスから血清を出さないようにする

❹ 必要に応じて，分注し，冷凍（－20〜－30℃）保存する

ⓐ 冷凍（－20〜－30℃）保存していた血清をいきなり56℃のウォーターバスに入れないこと．ガラスビンの場合，割れることがある．

ⓑ 血清の液面より上までウォーターバスに浸すこと．

ⓒ ウォーターバス内のシェーカーを使って撹拌するときは，液体全体が撹拌されるようにすること．ただし，血清が容器のフタにつかないように注意すること．

ONE POINT　非働化時の注意事項

＊慣れないうちは，100 mL程度の容器で非働化処理をした方が，撹拌もしやすい．

＊血清によっては，非働化すると多少色が濃くなるが実験には支障はない．ただし大量に沈殿が生じた場合は，変性している可能性があるので使用しない．

＊56℃以上あるいは30分以上加熱すると血清が変性している可能性があるので，使用しない．

4）血清の購入（ロットチェック）

　血清は，生物材料に由来するため，細胞の増殖，分化能などに影響する．ロットごとに細胞に与える影響が異なる．

　以前は，血清を購入する際には，メーカーから異なるロットのサンプルを提供してもらい，実験に使用している細胞で，増殖能等をこれまで使用していた血清と比較する（ロットチェックを行う）ことが通例であった．現在では，血清の品質管理も向上し，メーカーにて数種の細胞株で増殖試験を行っている血清も多く，劣悪な血清は少なくなっている．現に理研細胞バンクから提供した細胞もその細胞でロットチェックすることなく，利用者は問題なく培養できている．ただし，細胞の分化，栄養要求性，ホルモン，サイトカイン産生等の実験を行っている場合は，血清が変わったことによる影響を避けるために必ずロットチェックを行った方がよい．その際のロットチェックは，チェックする血清で2～3回継代してから行うと，それまで使用していた血清の影響が避けられる．ロットチェック後の血清の選択は，それまで使用していた血清に近い血清を選択する．

　当室でのロットチェックの方法の例を下記に示す．その他，コロニー形成能による方法，ハイブリドーマの抗体産生能等，使用している細胞に適した方法でチェックすること．

プロトコール

▶ロットチェックの例：FBS

【a）増殖曲線（図1）】

❶ 基礎培地に各々の血清を2倍濃度含むように培地を調製する

❷ 各々の培地を35 mmディッシュに1 mLずつ分注し，インキュベーターに入れておく．1ロットあたり細胞数測定日数×2枚のディッシュを用意する

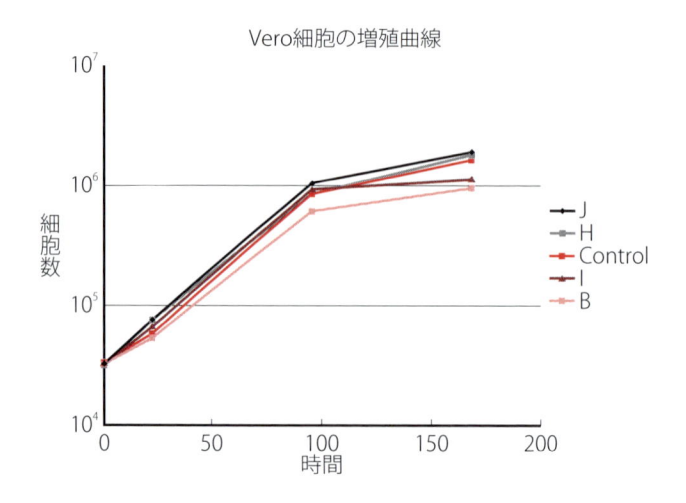

図1　血清のロットチェック：増殖曲線の例
H，Jは同程度と判定，B，Iは適さないと判定

❸細胞をトリプシン処理[a]する
❹細胞浮遊液を1,000 rpm（180 G），3分遠心する
❺上清を除き，沈殿に血清を含まない培地を加えて再び遠心する
❻上清を除き，沈殿に血清を含まない培地を加えて細胞数を数える[b]
❼3〜5×10⁴ cells/mLになるように血清を含まない培地で希釈する[c]
❽❷の35 mmディッシュに1 mLずつ分注する
❾1，3（または4），6（または7）日目に細胞の形態を観察し[d][e]，細胞数を数える

【b）ES, iPS細胞の増殖能，未分化性】

❿上記「a）増殖曲線」の❶〜❺に従って，60 mmディッシュ2枚ずつに細胞を播種する．細胞の播種数は，通常の継代とする
⓫培地交換は，通常と同じように行う[f]

[a] トリプシンの中和にFBS以外，CS等があればそれを用いてもよい．トリプシン処理については2章-2 ❷など参照．

[b] 細胞数の測定方法は2章-3参照．
[c] ただし，細胞の播種数は参考の値であり，細胞種によって変えること．
[d] 1日目は細胞の付着時，3または4日目は，培地交換時，6または7日目は継代時の状態を観察するためである．余力があれば，3または4日目に培地交換したものと培地交換をしないものを観察するとよい．
[e] 3または4日目に細胞の形態が明らかに悪い場合は，そのロットは不可とする（図2）．

[f] 培地交換については，2章-2，3章-1など参照．

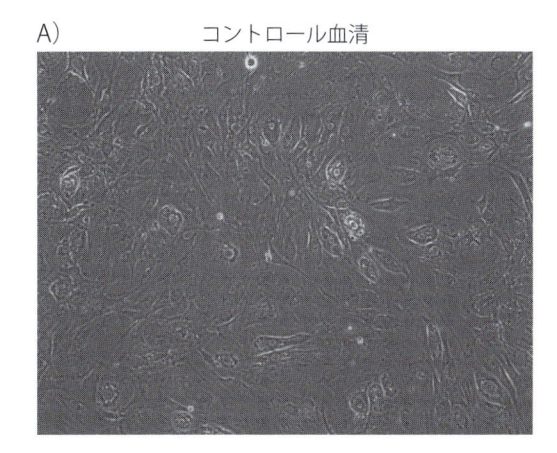

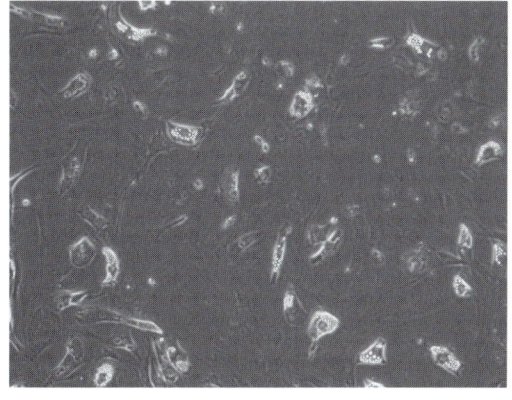

A）コントロール血清　　B）ロットチェックサンプル血清

図2　血清のロットによる細胞の分化（RCB1124 OP9）
RCB1124 OP9（培地：MEM α＋20％FBS）培養3日目．BはOP9細胞が脂肪細胞に分化しているため，この細胞の培養には適さない血清

ONE POINT　血清購入時の注意事項

* ウシ海綿状脳症（BSE）や口蹄疫（FMD）の非感染国として認定された国の血清であること．特に細胞を海外に送る可能性がある場合は，BSE非感染国の証明書の発行ができる血清を購入のこと．
* マイコプラズマ検査，ウイルス検査，エンドトキシン濃度測定等の生物学的検査，pH，浸透圧，アルブミン，ヘモグロビン量等の物理的，生化学的検査も行っているので，それらの検査結果も入手しておくとよい．
* 数種の細胞での増殖試験を行っている血清もあるので，ロットチェックのサンプル依頼時に確認するとよい．

	AES0003 B6G-2		
FBS	増殖能	未分化性	順位
D	△	△	3
F	△	○	2
H	○	○	1
J	△	○	2

	AES0139 EB3		
FBS	増殖能	未分化性	順位
D	○	△	2
F	○	○	1
H	○	△	2
J	○	○	1

	APS0001 iPS-MEF-Ng-20D-17		
FBS	増殖能	未分化性	順位
D	○	△	1
F	○	△	1
H	○	△	1
J	○	△	1

○：Controlより良い
△：Controlと同程度
×：Controlより悪い

【3株の順位による判定】

	AES0003	AES0139	APS0001	合計数	総合順位
D	3	2	1	6	2
F	2	1	1	4	1
H	1	2	1	4	1
J	2	1	1	4	1

図3 血清のロットチェック（ES，iPS細胞）の例
ES細胞（AES0003 B6G-2, AES0139 EB3），iPS細胞（APS0001 iPS-MEF-Ng-20D-17）による増殖能，未分化性に関するロットチェックの結果．F，H，Jは細胞による差はあるが同程度と判定，Dは適さないと判定

⑫ 1, 3（または4）日目に細胞を観察し，増殖能，未分化能を判定する⑨（図3）

⑨血清のロットに差がない場合は，LIFを添加せずに培養し，判定してもよい．LIF（leukemia inhibitory factor）は，マウスES細胞，マウスiPS細胞の分化抑制作用があり，ES細胞の未分化状態を維持するために用いられる．よって，LIFを添加せずに培養することにより，血清が分化を促進しやすいかどうかを知ることができる．

● 5）血清の保存・融解

　血清は，−20〜−30℃で保存し，融解は，4℃前後の冷蔵庫または室温で行う．−30℃以下からいきなり37℃のウォーターバスに入れると，ガラス容器の場合割れることがある．
　また，凍結・融解を繰り返すと血清中に綿繊状の沈殿が生じる．これらは血清に含まれるリポタンパク質やフィブリンで，細胞の検鏡の際に邪魔になったり，細胞がからまったりするので，なるべく培地に入れないようにする．
　使用期限（Exp. date）にも注意し，血清のロットチェックの際にできるだけ使用期限の長いものを選ぶようにする．

3 抗生物質

　抗生物質は，生体から組織を取り出して培養を行う初代培養や，無菌操作が完全でない環境での実験の際にバクテリア，酵母，カビなどの微生物の汚染を防ぐために用いられるが，細胞にも有害であるので，長期間または継代培養時は，使用しないことが望ましい．表3に抗生物質の種類，使用濃度，有効な微生物を示した．
　抗生物質を微生物に汚染された細胞に対して用いる場合は，微生物が死滅後，抗生物質を除くと再び微生物が増殖してくる場合もあるので，十分に注意すること．

表3 抗生物質の種類，一般的な使用濃度と有効な微生物

抗生物質	使用濃度/mL	グラム陽性菌	効果のある微生物 グラム陰性菌	酵母	カビ
ペニシリンG	100 U	○			
ストレプトマイシン	50 μg/mL	○	○		
アンホテリンB	1～10 μg/mL			○	○
カナマイシン	100 μg/mL	○	○		
ゲンタマイシン	50 μg/mL	○	○		

4 培地に添加して利用される細胞増殖促進物質

1) 非必須アミノ酸（NEAA = Non Essential Amino Acids）

7種の非必須アミノ酸（L-アラニン，L-アスパラギン水和物，L-アスパラギン酸，L-グルタミン酸，グリシン，L-プロリン，L-セリン）を含む水溶液．メーカーから100倍溶液を購入し使用する．

2) 2-メルカプトエタノール

抗酸化剤であり，培地中に含まれるペプチドのS-S結合切断，SH基を保護する．メルカプトエタノールは，濃度に関係なく毒物に指定されているので，取り扱いに注意すること．培地添加用には，純度が高く，できれば細胞培養用の記載があるものが望ましい．培養には，開封時から専用とし，無菌的に取り扱う．

プロトコール

▶ 2-メルカプトエタノールの調製法（用時調製）

❶ 2-メルカプトエタノール（14.3 M）を滅菌済みPBS（-）にて143倍希釈し[a]，100 mMメルカプトエタノールを調製する[b][c]
❷ 遮光冷蔵し，保存は2週間程度とする
❸ 培地に使用濃度になるように加える[d]

[a] 例：PBS（-）1 mL，メルカプトエタノール7 μL
[b] 無菌的に扱っているものであれば，濾過せずに使用も可能であるが，濾過滅菌した方がよい．
[c] 市販の55 mMメルカプトエタノール（×1,000）もある．
[d] 例えば，培地100 mLに50 μLのストック溶液を加えると0.05 mMとなる．

3) ピルビン酸ナトリウム

無血清培地，低血清培地などにエネルギー源として添加する．市販の100 mMピルビン酸ナトリウム溶液（×100）がある．

4) インスリン

表1参照．インスリンは，グルコース・アミノ酸の細胞への取り込み，グリコーゲン合成，タンパク質合成などの多くの作用があり[2]，以前は，ウシ，ブタの膵臓からの抽出物であったが，現在は，組換え体のヒトインスリンもある．ウシ，ブタ由来のものから組換え体のものに変更する場合は，濃度の検討が必要．後述「9) サイトカイン・増殖因子」参照．

プロトコール

▶インスリンの調製法[a]

❶ インスリン[b]を室温に戻し,フタについた粉末を落としておく
❷ 0.1 M HCl水溶液1 mL程度に溶かす[c]
❸ 2 mL程度のPBS（−）の入った15 mLのポリプロピレンチューブ[d]に移す.もし沈殿が生じたら,0.1 M HClを少しずつ加え,沈殿を溶かす
❹ 0.1 M NaOH水溶液を少しずつ加え,pH試験紙でpH 5程度とする[e]
❺ 最終容量が5 mLとなるようにPBS（−）を加える
❻ 0.22 μmタンパク質低吸着フィルター[f]により濾過滅菌する
❼ 1 mLずつ分注し,−20℃で保存する

[a] 使用時の最終濃度の1,000〜10,000倍になるように調製する（以下は,10 mg/mLインスリン溶液の調製）.
[b] 例：シグマ・アルドリッチ社,Insulin from Bovine Pancreas Hybri-Max　50 mg,#I4011
[c] インスリンは酸性にしないと溶けない.
[d] 例：ベクトン・ディッキンソン社,BD Falcon,#352096
[e] 血清を含む培地に加えて使用するとき,使用時の最終濃度の10,000倍以上の場合は,省略可能.
[f] 例：ミリポア社,マイレクス-GV

● 5）トランスフェリン

表1参照.トランスフェリンは,細胞内に鉄を輸送するタンパク質で,鉄結合しているホロ（holo）型と,鉄結合していないアポ（apo）型があり,無血清培地,低血清培地には,ホロ型を用いる.

プロトコール

▶トランスフェリンの調製法[a]

❶ トランスフェリン[b]を室温に戻し,フタについた粉末を落としておく
❷ 5 mLのPBS（−）に溶かす
❸ 0.22 μmタンパク質低吸着フィルター[c]により濾過滅菌する
❹ 1 mLずつ分注し,−20℃で保存する

[a] 使用時の最終濃度の1,000〜10,000倍になるように調製する（以下は,10 mg/mLトランスフェリン溶液の調製）.
[b] 例：シグマ・アルドリッチ社,holo-Transferrin 50 mg,#T1283
[c] 例：ミリポア社,マイレクス-GV

● 6）亜セレン酸ナトリウム

セレンは,抗酸化酵素の構成成分として細胞に必要な微量元素.

● 7）エタノールアミン

細胞膜を構成しているリン脂質の一種.

● 8）ITS,ITES

無血清培養,低血清培養には,インスリン,トランスフェリン,亜セレン酸ナトリウム,エタノールアミンを添加することが多く,これらがすでに混ざっている市販品もあるが,メーカーによってそれぞれの濃度が異なっている場合があるので,購入時には注意すること.

- ITS：インスリン，トランスフェリン，亜セレン酸ナトリウムの混合物
- ITES または SITE：インスリン，トランスフェリン，亜セレン酸ナトリウム，エタノールアミンの混合物

9) サイトカイン・増殖因子

サイトカイン・増殖因子の種類，機能は専門の参考書が多数あるので，それらを参考にすること．サイトカインを培養に用いる場合の注意事項は「One Point」参照．

ONE POINT　サイトカインを培養に用いる場合の注意事項

＊サイトカインは，種特異性が高いものもあるので，細胞と同種の動物のサイトカインを使用することが望ましい．

＊サイトカインの溶解方法，保存方法は，購入時に添付される説明書（データシート）の記載を守ること．

＊サイトカインを添加するときは，単位に注意すること．
例：30 units（U）/mL mouseIL-2 を添加する
購入時に添付されたデータシートに ED50：0.25～0.5 ng/mL の記載がある場合は，30 units/mL は，7.5～15 ng/mL となり，通常は，15 ng/mL の IL-2 を加える．
units/mL：細胞生存数の最大値の 50％の値（ED50）の希釈倍率を 1 unit/mL とする．例えば，IL-2 依存性の細胞 CTLL-2 を用いて，50％の細胞が生存しているときの IL-2 の希釈濃度．

＊$0.06～1.0×10^9$ units/mg，ED50：10～150 pg/mL との両方の記載があったり，濃度に幅があるものもあるので，サイトカインのメーカーを変更する場合は，培養している細胞で，添加濃度も検討した方がよい．

10) 細胞外基質

細胞培養用プラスチック容器は，細胞が付着しやすい処理をしてあるが，細胞によっては，細胞の接着，増殖，分化を促進するためにフィブロネクチン，コラーゲン，ゼラチン，ラミニン，マトリゲル等のタンパク質，ポリ-リジンで培養面をコートする．細胞培養面をコートしたディッシュが市販されている．使用法，保存法は，購入時のデータシートを参照すること．

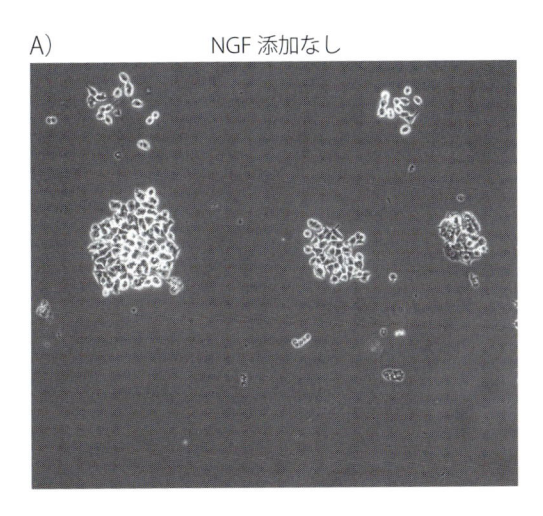

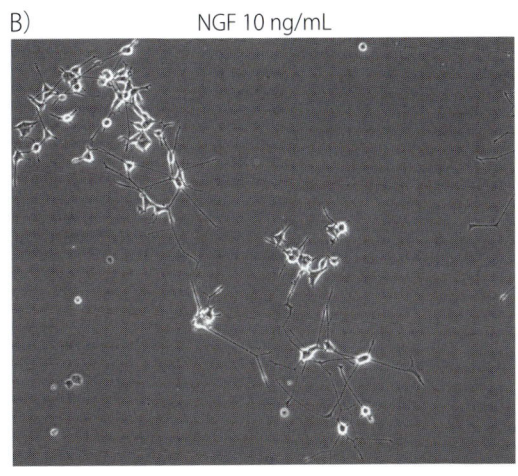

A) NGF 添加なし　　B) NGF 10 ng/mL

図4　ポリ-L-リジンでコートした培養容器で分化させた RCB0009 PC-12
RCB0009 PC-12（培地：DMEM＋10％FBS＋10％HS）培養7日目．細胞から神経突起が出ていることがわかる

PC-12細胞を神経細胞に分化させるようなときは，ポリ-リジンをコートしたディッシュが用いられる．ポリ-リジンには，ポリ-L-リジン（天然型），ポリ-D-リジン（非天然型）があり，両方とも使用される（図4）．

ガラス容器に培養する場合は，細胞の接着性が悪いので，前述のいずれかでコートした方がよい．

❷ リン酸緩衝食塩水

● 1）PBS（−）：Phosphate Buffered Saline

細胞を継代するときの培地・血清成分の除去，試薬等の調製に用いられる．10倍濃度を調製しておくと，PBS（＋）等を調製するときにも便利である．

プロトコール

▶ PBS（−）の調製法

【10 × PBS（−）1 L】

NaCl	80.0 g
KCl	2.0 g
NaHPO$_4$・12H$_2$O	29.0 g
KH$_2$PO$_4$	2.0 g

❶ 上記試薬をメスシリンダーに入れ，900 mL程度まで超純水を加えて撹拌する[a]

❷ 試薬が溶けたら超純水で1,000 mLにメスアップし，ビンに移す

❸ 室温で保存する[b][c]

[a] 試薬の量が多いので，撹拌時に注意する．
[b] 結晶が析出したものは使用しない．
[c] 長期間保存する場合はオートクレーブ滅菌をする．

【1 × PBS（−）】

❶ 10 × PBS（−）100 mLを超純水で1,000 mLとする

❷ 必要に応じて分注し，オートクレーブ滅菌する

❸ 室温で保存する

● 2）PBS（＋）：Dulbecco's Phosphate Buffered Saline

PBS（−）にマグネシウムとカルシウムを加えたもの．PBS（＋）は細胞の接着を維持する場合に用いる．

プロトコール

▶ PBS（+）の調製法（1 L）

10 × PBS（−）	100 mL
$CaCl_2$	0.1 g
$MgCl_2 \cdot 6H_2O$	0.1 g

❶ 10 × PBS（−）100 mL を 800 mL の超純水で希釈し，40 mL ずつ，ビンに分注する
❷ $CaCl_2$ 0.1 g を 100 mL の超純水に溶かす
❸ $MgCl_2 \cdot 6H_2O$ 0.1 g を 100 mL の超純水に溶かす
❹ ❶〜❸をオートクレーブ滅菌する [a]
❺ 冷えたら，❶に❷，❸を 5 mL ずつ加える
❻ 室温で保存する

[a] すべてを混ぜてオートクレーブ滅菌すると Ca 塩，Mg 塩を生じることがある．

❸ Hanks 液

細胞に不可欠な無機塩を，血清や組織液と等張になるようにし，緩衝能をもたせた生理的緩衝塩類溶液で，細胞の基本的エネルギー源であるグルコースを含んでいる．空気下で使用する．長時間にわたって，組織から細胞を分散させるための酵素の希釈等に用いる．

プロトコール

▶ Hanks 液の調製法（1 L）

ア）	NaCl	8.0 g
	KCl	0.4 g
	$NaHPO_4 \cdot 12H_2O$	0.06 g
	KH_2PO_4	0.06 g
	グルコース	1.0 g
イ）	$CaCl_2$	0.14 g
ウ）	$MgSO_4 \cdot 7H_2O$	0.2 g
エ）	$NaHCO_3$	0.35 g

❶ ア）を 800 mL の超純水に溶かし，80 mL ずつ，ビンに分注する
❷ イ）を 100 mL の超純水に溶かす
❸ ウ）を 100 mL の超純水に溶かす
❹ ❶〜❸をオートクレーブ滅菌する
❺ $NaHCO_3$ 3.75 g を 50 mL [a]（7.5 % $NaHCO_3$）に溶かし，ビンのフタをきつく締め，オートクレーブ滅菌する [b]

[a] 炭酸水素ナトリウムをオートクレーブするときはビンの容量の半分程度とする．
[b] 炭酸水素ナトリウムは加熱によって分解し，炭酸ガスが生じるので，ビンのフタを締め，ガスが抜けないようにする．

❻冷えたら，❶に❷，❸を10 mLずつ加える

❼❻に❺を0.47 mLずつ加える

❽4℃または室温で保存する

④ 細胞剥離液

● 1）0.25％トリプシン

トリプシンは，タンパク質分解酵素で，細胞を培養面から剥離する際に用いる．細胞を剥離するときに長時間作用させると細胞膜にダメージを与える．トリプシンの活性は，血清が入った培地により止まる．

室温で失活するので凍結保存し，凍結融解を繰り返さないこと．市販のトリプシンを購入した場合も，使用量に小分けして凍結した方がよい．

プロトコール

▶ 0.25％トリプシンの調製法

トリプシン 1：250 [a][b]　　0.5 g
PBS（−）は4℃に冷却

❶ トリプシン0.5 gをメスシリンダーに入れ，4℃のPBS（−）を180 mL入れ，4℃[c]で一晩撹拌する[d]

❷ 4℃のPBS（−）で200 mLにメスアップする

❸ 0.22 μmのフィルターで濾過滅菌する

❹ 5 mLずつ分注し，凍結保存する

[a]「1：250」は1 gのトリプシンで250 gのカゼインを分解できることを示す．
[b] 例：BD Difco，ベクトン・ディッキンソン社

[c] 室温で溶かすとトリプシンが失活する．
[d] スターラーを調節し，泡立たないようにする．

● 2）2％EDTA（53 mM EDTA）

EDTAはキレート剤で，細胞表面からカルシウム，マグネシウムなどを除去し，トリプシンだけでは剥がれにくい細胞の剥離にトリプシンに加えて用いる．

0.05〜0.25％のトリプシン溶液に1/100量加え，0.02％EDTA（0.53 mM EDTA）の濃度で使用する．

プロトコール

▶ 2％EDTAの調製法

EDTA・2Na　　2 g

❶ EDTA・2Na 2 gを超純水100 mLに溶かし，オートクレーブ滅菌する

❷ 4℃で保存する

3) コラゲナーゼ溶液

コラゲナーゼは，コラーゲン分解酵素で，細胞の剥離，組織からの細胞の分散に用いる．コラゲナーゼの活性は，血清タンパク質により阻害されないので，血清を含む培地中で酵素を作用させることができ，酵素活性の停止は，遠心等でコラゲナーゼ溶液を除去する．

タイプⅠ〜Ⅳまであり，組織に適したタイプを使用する．

- コラゲナーゼタイプⅠ（ライフテクノロジーズ社，#17100など）
  上皮組織，肺，脂肪組織，副腎
- コラゲナーゼタイプⅡ（ライフテクノロジーズ社，#17101など）
  肝臓，骨，心臓，甲状腺，唾液腺
- コラゲナーゼタイプⅢ（ライフテクノロジーズ社，#17102など）
  乳腺
- コラゲナーゼタイプⅣ（ライフテクノロジーズ社，#17104など）
  ランゲルハンス島

プロトコール

▶コラゲナーゼ溶液の調製法

❶ コラゲナーゼの粉末を0.1〜0.5％になるようにPBS（＋），Hanks液に溶かす
❷ 0.22 μmのフィルターで濾過滅菌する
❸ 使用量にあわせて分注し，−20℃で保存する

4) ディスパーゼ溶液

ディスパーゼは，バチルス属の菌株の培養液より精製したプロテアーゼであり，マトリゲル上で培養した細胞の回収，細胞の剥離，組織からの分散に用いる．血清タンパク質により酵素活性が阻害されないので，血清を含む培地中で酵素を作用させることができ，酵素活性の停止は，遠心等でディスパーゼ溶液を除去する．

プロトコール

▶ディスパーゼ溶液の調製法[a]

❶ 使用濃度が1,000 PU/mLになるようにPBS（−）10 mLを準備する
❷ ディスパーゼⅠのバイアルキャップを消毒用エタノールで拭き，18 G注射針を刺しておく[b]
❸ 5 mLのシリンジに❶を2〜3 mLとり，バイアルに入れ，ディスパーゼを溶かし，再度シリンジで❶に入れる
❹ よく混ぜ，使用量にあわせて分注し，−20℃で保存する

[a] ディスパーゼⅠ（合同酒精，10,000 PU）を例として，無菌的に使用濃度100〜2,000 PU/mL（通常は1,000 PU/mL）になるように調製する．

[b] バイアル内に液体を入れるときに空気が抜けて液体が入りやすい．

⑤ 培地，試薬の滅菌方法

1 オートクレーブ滅菌（高圧蒸気滅菌）

オートクレーブ可能な培地，試薬等は，120～121℃，15～20分で滅菌する．その際は，強制排気は行わず，自然に圧力，温度が下がるようにする．熱いままオートクレーブのフタを開けると溶液が突沸し，非常に危険であるので十分注意する．

培地ビン等に試薬を入れて滅菌するときは，液量に余裕をもたせ，キャップを緩める．ただし，**炭酸水素ナトリウムは，液量をビンの半分程度とし，熱により分解した炭酸ガスが抜けないよう，フタを締める**．フタにアルミホイルを被せてから滅菌すると，キャップを締めるときにフタに直接手を触れず締めることができる．また，ビンが熱いうちにフタをするとビンのフタが開かなくなるので，注意すること．

廃棄物処理用のオートクレーブとは分けた方がよい．

2 濾過滅菌

濾過滅菌は，オートクレーブできない培地，血清，トリプシン，サイトカインなどの溶液の滅菌に用いる．培養に用いる試薬は，0.22 μmのポアサイズのフィルターを用いるが，**マイコプラズマまで除去する必要がある場合は，0.1 μmのポアサイズのフィルターを用いる**．

濾過の方法は，**加圧式**と**吸引式**の2種があり，それぞれメンブレンフィルターを専用ホルダーに装着し滅菌してから使用するものがあるが，メンブレンフィルターに穴をあけない，ホルダーへの装着をきちんと行う等，細心の注意を要するので，すでに滅菌済みの使い捨てのものを用いる方が安全で簡便である．

滅菌する溶液の種類，量によって，フィルターの種類，ポアサイズ，適正な濾過容量のフィルターを選ぶ．特に培地に添加するものは，タンパク質の吸着の少ないものを選び，濾過による消失の少ないサイズを選ぶことが重要である．ミリポア社からは，フィルターの材質，ポアサイズ，濾過容量の異なるものが多く販売されている．

● 当室での使用例（図5）

培地1Lを濾過滅菌する場合は，0.1 μmのポアサイズフィルター（ミリポア社，ステリベクス），スピード可変型チューブポンプ（ミリポア社，ペリスタルティックポンプ）を用いている．

その際には以下に注意する．

＊チューブをステリベクスに装着するときは，チューブの先端まで培地を満たし，ステリベクス内にできるだけ空気を入れないようにする．

＊ベルの付いていないステリベクスを用いる場合は，チューブとステリベクスの間から培地が漏れないように注意し，目を離さないようにする．

＊必ず滅菌チェックを行う．

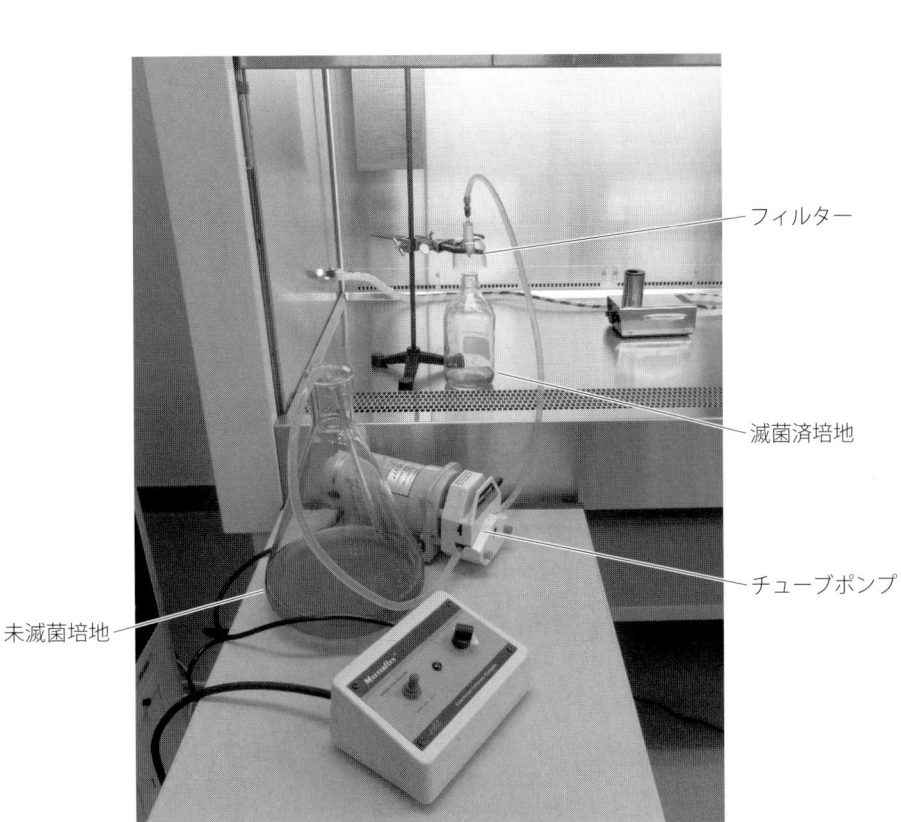

図5 濾過滅菌の例
注）写真撮影のため滅菌フィルター，ビンが安全キャビネットの手前にセットしてあるが，実際は，もう少し奥にセットすること

参考文献
1) 『改訂培養細胞実験ハンドブック』（黒木登志夫/監，許　南浩，中村幸夫/編），羊土社，2009
2) 高橋義彦，門脇　孝：『改訂版サイトカイン・増殖因子』（笠倉新平，菅村和夫/編），p105，羊土社，2001
3) 『細胞培養なるほどQ＆A』（許　南浩/編），羊土社，2004
4) 『組織培養の技術』（日本組織培養学会/編），朝倉書店，1996
5) 『無血清細胞マニュアル』（大野忠男，村上浩紀/編），講談社サイエンティフィク，1989
6) 『サイトカイン』（笠倉新平/編），日本医学館，1997

2章 動物細胞の培養に必要な基本事項

2 無菌培養操作の基本

西條 薫

● はじめに

　細胞培養を行う際に最も重要なことは，無菌操作を確実に行うことである．無菌操作を確実に行わないと細胞以外の細菌，酵母，カビなどの微生物の混入による汚染（**コンタミネーション**：contamination）が起こり，それらを除去することは困難で，通常は細胞は死滅する．細菌，酵母，カビなどの混入は，目で確認ができ，比較的早く対応できるが，顕微鏡でも確認できないマイコプラズマの汚染（4章-2参照），細胞同士の汚染（クロスコンタミネーション，4章-3参照）は，気が付きにくく，実験結果にも影響を与える．

　本節では，無菌操作，微生物汚染を最小限にするための考え方，基本的な培養方法について説明したい．

　身近に無菌培養操作を行っている人がいない場合は，日本組織培養学会主催の細胞培養士認定コース（細胞培養基盤技術コースⅠ，Ⅱ，Ⅲ）（http://jtca.umin.jp/）等もあるので，そうした研修を受講するのも一案である．

1 無菌操作

　目的とする細胞だけを培養する場合，それ以外の生物を含まない状態をつくらなければならない．実験室の空気中，埃，実験台の上，実験者の手・口腔内には，多種多様な微生物が存在する．また，微生物は，細胞より増殖のスピードが速いので，微生物が培養容器中に混入してしまうと培養容器内は微生物で一杯になってしまう．このような環境から細胞を守るには，培養に使う培地・試薬類，ピペット・遠心管・培養容器はすべて滅菌されたものを使用し，維持・増殖させるための操作を無菌のスペースで行い，培養容器内に微生物を混入させないようにしなければならない．このような環境で目的とする生物材料（細胞等）のみを培養するために行う操作を**無菌操作**という．

1 無菌操作に必要な機器

　クリーンベンチ，安全キャビネット（クラスⅡ，Ⅲ）ともヘパフィルターを通した無菌の空気を装置内に給気し，無菌操作に適しているが（ヘパフィルターを通すことで，$0.3\,\mu\mathrm{m}$ の粒子を99.97％以上捕集できる），それぞれ次のような特徴があり，装置内で扱う生物材料により，使い分ける必要がある（表1）．

表1　クリーンベンチ・安全キャビネットの比較

	クリーンベンチ	安全キャビネット クラスI	安全キャビネット クラスII	安全キャビネット クラスIII
給気　ヘパフィルター	有	×無菌操作不可	有	有
排気　ヘパフィルター	無	有	有	有
装置内	陽圧	陰圧	陰圧	陰圧
装置内空気の漏出	有	無	無	無
密閉	エアカーテン	無	エアカーテン	密閉
組換え生物の扱い	不可	可	可	可
無菌操作の操作性	○	×	○	操作性制限

● 1) クリーンベンチ

クリーンベンチ（ベンチ）内は陽圧であり，装置の外からの微生物の混入を防ぐ．空気の流れは，装置内→装置外となるので，作業者に風があたる．

● 2) 安全キャビネット

安全キャビネット（安キャビ）は陰圧であり，排気もヘパフィルターを通し，装置の外へ装置内の空気が漏出しない．安キャビは，構造により3種類のタイプがある．

- **クラスI**：排気のみヘパフィルター（給気は未滅菌なので，無菌操作は不可）
- **クラスII**：排気，給気ともヘパフィルター，非密閉（エアカーテンによる遮断）
- **クラスIII**：排気，給気ともヘパフィルター，密閉（グローブボックスによる操作）

プロトコール

▶クリーンベンチ・安全キャビネットの使い方

❶ 無菌操作を行う前に殺菌灯を消し[a]，5分程度[b]循環ファンを運転してから行う

❷ ベンチ，安キャビの作業面を70％エタノール[c]，オスバン等の消毒剤で拭く

❸ ベンチ，安キャビに持ち込む器具は，70％エタノール，オスバン等で拭いてから入れる

❹ 無菌操作が終了したら，必要のないものは，70％エタノール，オスバン等で拭いてからベンチ，安キャビ内から出す[d]

❺ ベンチ，安キャビ作業面を70％エタノール，オスバン等の消毒剤で拭く

❻ 循環ファンの運転を消し，殺菌灯を点灯する

[a] **重要** 殺菌灯（紫外線）は，ヒト，細胞にも有害である．必ず消灯を確認すること．また，殺菌灯を直視してはならない．ベンチ，安キャビの前面ガラスは，紫外線を通さないものを使用しているので，ガラスにより遮蔽されていれば影響はない．ただし，前面ガラスが完全に閉じないタイプの場合は，注意（作業前，作業後に30分点灯し，その後消灯しておく等）した方がよい．

[b] 5分は厳密でなく，スイッチを入れてから，培養に必要な器具，試薬の準備をすると大抵の場合，5分程度を要する．

[c] 作業面を70％エタノールで拭くときは，アルコールが揮発しないうちにバーナーを点火するとアルコールに引火して非常に危険である．

[d] 感染性のないものを扱ったときには，この作業は省略可能．

> **ONE POINT** クリーンベンチ・安全キャビネット使用上の注意事項
>
> * ベンチ, 安キャビともヘパフィルターの目詰まりに注意すること. ベンチ, 安キャビは, 定期的に点検をすることが望ましい.
> * ベンチ, 安キャビ内に不必要なものを置かないようにする. ベンチ, 安キャビ内の気流が乱れ, 物の陰になるようなところは, 殺菌灯で十分に殺菌されない.
> * 培地, 試薬等をこぼした場合は, なるべく早く, 70％エタノール, オスバン等で拭き取る. 放置するとそこが微生物汚染の原因となる.
> * ベンチ・安キャビの前面のガラスの内側・外側をアルコール綿で拭き取るとよい（4章-2 ④参照）.
> * 共同でベンチ, 安キャビを使用する場合は, ルールをきちんと守り, 他の人に迷惑をかけないようにする.

2 無菌操作に必要な器具, 試薬等の滅菌方法

1) 乾熱滅菌

ガラス, 金属器具等の高温に耐えうるもの, 蒸気に触れてはいけないものの滅菌に適している. 乾熱の温度, 時間等は, 160～170℃であれば120分間, 170～180℃であれば60分間, 180～190℃であれば30分間であるが, われわれの研究室では160℃, 4時間としている.

> **ONE POINT** 乾熱滅菌の注意事項
>
> * 乾熱滅菌する器具は, 十分乾燥させること. 乾燥が十分でないとピペット内の水滴により, 所定の温度, 時間にならない.
> * ピペットなどを金属製のピペット缶に入れて滅菌する場合は, 缶のフタに緩みがないものを使うこと.
> * 乾熱滅菌器内は余裕をもって均一に入れ, 滅菌するもののすべてに均一に熱がかかるようにすること.
> * 滅菌がきちんと行われたことを確認するためのラベル（図1：160℃, 3時間でピンクから茶色に変色）を使用すると滅菌の確認および未滅菌のものと区別できる. その際, ラベルに滅菌日を記載しておくと, 同時期に滅菌したものがわかり, コンタミネーション等が起こったときに追跡しやすい.
> * 滅菌後は, 庫内が十分に冷えてから取り出すこと.

2) オートクレーブ（高圧蒸気滅菌）（2章-1参照）

高温・高圧の蒸気により滅菌する方法で, 乾熱滅菌の温度（160℃以上）に弱いゴム製器具類, 耐熱性プラスチック器具, オートクレーブ可能な培地, 熱変性を受けない試薬等の滅菌に適している. ただし, マイクロピペッター用のチップなどのように少量を正確に計り取りたい場合は, オートクレーブ滅菌後, 乾燥させる必要がある.

通常は120～121℃, 15～20分で滅菌する. 液体のものを滅菌する場合は, 強制排気は行わず, 自然に圧力, 温度が下がるようにする.

可能ならば, 廃棄物処理用のオートクレーブは別途に設置（所有）した方がよい.

図1 滅菌したビン，ピペット
左：丸形ピペット缶　滅菌前ラベル（ピンク），右：滅菌後ラベル（茶色），中央：オートクレーブ滅菌済み培地ビン，ビーカー．点線の丸はラベル部分を示す［→巻頭カラー図6参照］

ONE POINT　オートクレーブの注意事項

* オートクレーブは，蒸気滅菌なので，オートクレーブ内に「水」を入れるが，購入直後および洗浄直後のオートクレーブに超純水を入れると電気伝導が低いため，空焚き防止機構が働く．このような場合は，少量の水道水を加える．
* 滅菌用のオートクレーブは，頻繁に洗浄すること．特に，液体のものが庫内に飛散した可能性があるときは，必ず洗浄すること．
* 数種類のプログラム運転が可能なオートクレーブもあるので，運転開始時に確認すること．
* 滅菌がきちんと行われたことを確認するためのテープを使用すると，滅菌の確認および未滅菌のものと区別できる．その際，テープに滅菌日を記載しておくと，同時期に滅菌したものがわかり，コンタミネーション等が起こったときに追跡しやすい．

3）濾過滅菌（2章-1参照）

熱に不安定な溶液は，濾過滅菌を行う．微生物は，0.22μmのポアサイズのフィルターを用いれば除去できるが，マイコプラズマは，0.1μmのポアサイズのフィルターを用いなければ除去できない．

4）火炎滅菌

クリーンベンチ，安全キャビネット内での無菌操作時に培地ビンの口，ピペットなど，手，物，空気が触れたところに付着したであろうと思われる微生物をガスバーナーの火炎で加熱

して滅菌する方法で，無菌操作には必要な手技であったが，最近では，クリーンベンチ，安全キャビネット内にガスバーナーを設置していないところもある．

培地ビンは，フタを開ける前のフタとビンの境のところ，フタを開けた後のビンの口を火炎で加熱して滅菌する．フタを締めるときにも同様の操作を行う．ガラスピペットは，取り出し後，ピペット全体，末端のピペットエイド，ニップルを装着するところ等を滅菌する．

火炎滅菌する際は，手袋，培地ビン等に消毒用アルコールを噴霧し，アルコールが蒸発していないうちに火炎滅菌すると引火するので要注意．また，初心者は，火炎滅菌を過剰に行い，ピペットをもちかえるときに火炎滅菌したところに手を触れ火傷をしたり，熱いままのピペットを細胞懸濁液に入れ，細胞にダメージを与えたりすることもあるので注意すること．

3 滅菌できないものの消毒法

乾熱滅菌，オートクレーブ，濾過滅菌できないものは消毒（70％エタノール，オスバン，5％ヒビテン液）を行う．特に，クリーンベンチ・安全キャビネット（以下，ベンチ）に持ち込む無菌操作に必要な器具，試薬等の外側は，70％エタノール，オスバンに浸したガーゼで拭いてから入れる．

また，ベンチ内で無菌操作を行う手指の消毒は重要である．作業前に石けんで手指および肘（ベンチ内に入るところまで）を洗うようにする．その後，70％エタノール，オスバンで消毒する．

● 1) 70 w/w％エタノール（約80 v/v％エタノール）日本薬局方　消毒用エタノール

大量に使用する場合は，缶入りの95 v/v％エタノールを用いて調製するか，すでに調製済みの消毒エタノール（約80 v/v％エタノール）を用いる．95％エタノールを用いて調製する場合は，10 L容器に事前に8 Lと10 Lのところに印を付け，8 Lのところまで95％エタノールを加えた後，10 Lのところまで超純水を加える程度でよい．スプレー式容器等に入れて使用する場合は，アルコールが揮発している場合があるので，数週間以内に使用できる量にすること．

また，ベンチ内に持ち込む器具等の消毒に使用したときは，ガスバーナーの使用には，十分注意すること．

● 2) オスバン（10 w/v％塩化ベンザルコニウム水溶液）

オスバン（10 w/v％ 塩化ベンザルコニウム，日本製薬）は，100〜200倍（0.05〜0.1％塩化ベンザルコニウム）に希釈して用いる．無色で，ベンチ内，手指の消毒に適している．ただし，逆性石けんであるので，石けんで洗浄後は，水で十分流してから消毒する．細胞培養には，ヒビテン液よりオスバンの方がよく用いられる．ウイルスには効力がほとんどない．

● 3) 5％ヒビテン液（5 w/v％グルコン酸クロルヘキシジン液）

5％ヒビテン液（5 w/v％グルコン酸クロルヘキシジン液，大日本住友製薬）は，50〜100倍（0.05〜0.1％グルコン酸クロルヘキシジン液）に希釈して用いる．赤色で，ベンチ内，手指の消毒に適している．ウイルスには効力がほとんどない．

4) ウイルスの消毒，廃液の消毒

　ウイルスの消毒には，消毒用エタノール，ピューラックス（6％次亜塩素酸ナトリウム液，オーヤラックス社）を用いる．手指の消毒には，消毒用エタノールを，使用した器具等は，ピューラックスを100〜300倍（0.02〜0.06％次亜塩素酸ナトリウム）に希釈して用いる．

4 手袋

　無菌操作で使い捨てのラテックス手袋（以下，手袋）等を使用する理由は，**①細胞培養を行う際に手についた微生物の混入（コンタミネーション）を防ぐため，②細胞，検体からの感染を予防するため**，などがある．手袋を着用して培養操作を行うときは，手のサイズにあった手袋を使用すること．手袋が大きすぎると指の先に手袋が余り，ディッシュの開閉時に操作がやりにくく，コンタミネーションの原因にもなる．

　①においては，手指に傷がある場合，また，石けんでの手洗い，アルコール，オスバンでの消毒が不十分（爪・手指の皺のため）である場合があるので，手袋をすることによりそれらを改善できる．したがって，ベンチ内以外の作業（実験ノートに記載，顕微鏡観察等）を行った場合は，再度，ベンチ内で作業をする際には，必ず，アルコール，オスバンで消毒し，微生物を持ち込まないようにする．

　②においては，逆にベンチ外に感染を持ち出さないようにしなければならない．感染性の可能性のある細胞，初代培養の操作を行っているときに，ベンチ内から手を出すときは，手袋を消毒するか，手袋を外す必要がある．もし，消毒せず，または手袋を外すことなく実験ノートへの記載，顕微鏡観察等を行えば感染源を広げることになる〔筆者はこのようなときには，手袋を二重にし，外側の手袋の内側と外側がわかるように手の甲に印を付け（図5参照），ベンチ内から手を出すときは外側の手袋を外し，ベンチ内に入れておき，ベンチ内での作業時に再度利用する．ただし，感染源が手袋に付いた可能性がある場合は手袋を交換する〕．

　①②ともに，作業過程において手袋にピンホールが開いている場合もあるので，作業後も手洗いを行うこと．

　以上，無菌操作を行うために必要な滅菌，消毒等について記載したが，一番重要なことは，無菌操作を行う環境に汚染源（微生物等）を持ち込まないことである．無菌操作を行うときは，常に**「きれいか，きたないか」「微生物が付いているか，いないか」等を考えながら操作を行う**ようにするとよい．

❷ 培養操作

　培養操作は，無菌操作が確実に行われることが前提である．すべての器具，試薬は，無菌操作が可能なように準備しておく．

1 事前準備と扱い方

● 1）ピペット

　　ガラスピペット（1，2，5，10，25 mL）とパスツールピペットは，ピペット缶に入れ，乾熱滅菌をしておく．筆者は，ベンチを有効に使うためにピペット缶は丸缶を用い，1 mLと2 mL，5 mLと10 mLを同じ缶に入れている（図2）．また，ピペットに綿栓をすることにより，微生物汚染の割合を減少させることができる．ピペットは，フィルター付きの細胞培養用のもの（例：ピペットエイド，ドラモンド社）を，パスツールピペットは，ニップル（ゴムキャップ）を装着して使用する．ピペットエイドのピペット挿入部にあるゴム，ニップルは，オートクレーブ滅菌する．滅菌済みのプラスチックピペットもあるが，コストがかかる．

ONE POINT　無菌操作中のピペットの扱いの注意事項

＊ピペット缶を開ける前にフタ側に倒し，ピペットを揃えてから缶を開けるとピペットが取り出しやすい．

＊缶からピペットを取り出すときは，先端を上側に向けて取り出すとピペットの末端側に先端が触ることなく取り出すことができる．

＊ピペットの目盛り部分は，培養フラスコ，培地ビンに入る可能性があるので，手でもたないようにする．

＊**ピペットの先端は，どこにも触れてはいけない**．少しでも触れた可能性がある場合は，そのピペットは用いず，新しいものと交換する．

＊ピペットエイド，ニップルにピペットを装着するときは，装着部分は手で触れているので，火炎滅菌してから装着する．

＊ピペットエイドは，ピペットの先端が液面に触れてから吸引する（液を取る）ようにする．

＊ニップルは，つぶしてから液面に入れる．液面に触れてからニップルをつぶすと液に空気が入り，泡立ったり，コンタミネーションの原因になる．

＊ピペットは，試薬ごとに換える．また，同じ試薬でも容器が変われば，ピペットも新しいものにする．

＊細胞が付着しているディッシュに培地等を入れたピペットで，再度，培地を取るようなことはしない．特にフラスコの場合，フラスコの口が狭いので，ピペットが触り，コンタミネーションの原因となる．

● 2）マイクロピペッター

　　マイクロピペッターは，少量を計り取るときにチップを付けて使用するが，マイクロピペッターの先端は汚染されやすく，できればチップに綿栓が入ったものを使用した方がよい．チップを捨てるときは，ベンチ内にビーカーまたは50 mLプラスチック遠心管を用意してその中に捨てるようにし，マイクロピペッターをベンチ内から出さないようにする．できれば，マイクロピペッターは細胞培養専用のものを用意した方がよい．

● 3）培地・試薬と滅菌チェック

　　基本的には培地・試薬は，滅菌チェックが終わっているものを使用する．滅菌チェックは，透明なチューブまたは35 mmディッシュに，培地には血清を入れて，その他の試薬は血清入りの培地に入れ，37℃インキュベーターで，3～4日静置する．コンタミネーションしていれば，培地が濁るので，廃棄して新しいものを使うか，新たに調製する．

図2　安全キャビネット内のピペットとピペットエイド
上から：25 mLピペット，5, 10 mLピペット，綿栓入りパスツールピペット，1, 2 mLピペット，手前：フィルター付きピペットエイド

2 継代培養

　細胞を用いて実験を行う場合は，細胞を維持しながら一部を実験のために増やす必要がある．継代培養は，ある程度まで増えた細胞を新しい環境に移し，再び細胞を増殖させることで，この操作をきちんと行うことが，細胞を用いた実験でよりよい結果を出すことにつながる．できれば，適正な条件で培養をする維持培養と，そこから増やす実験用の培養は，分けて行った方がよい（図3）．維持培養での継代は，通常の細胞は，1週間に1〜2回程度を目安とし，継代を行わない場合は，培地のみを交換する．継代，培地交換の頻度は，細胞によって異なるので，入手先（細胞バンク等）の提示条件を参考にする．
　細胞は大きく分けて，付着増殖する細胞と浮遊増殖する細胞があるので，それぞれの継代培養操作を記載する．

☞ 1）付着細胞：35 mmディッシュの場合

準備するもの

- 培地…例：MEM + 10 % FBS，4 ℃保存
- PBS（−）…室温保存
  PBS（−）は，室温保存でよい．4 ℃で保存していたものを使用する場合は，室温程度まで温める．接着している細胞に冷たいPBS（−）や培地を加えると剥がれる場合がある．
- 0.25 %トリプシン…凍結保存
  0.25 %トリプシン−0.02 % EDTAでもよい．

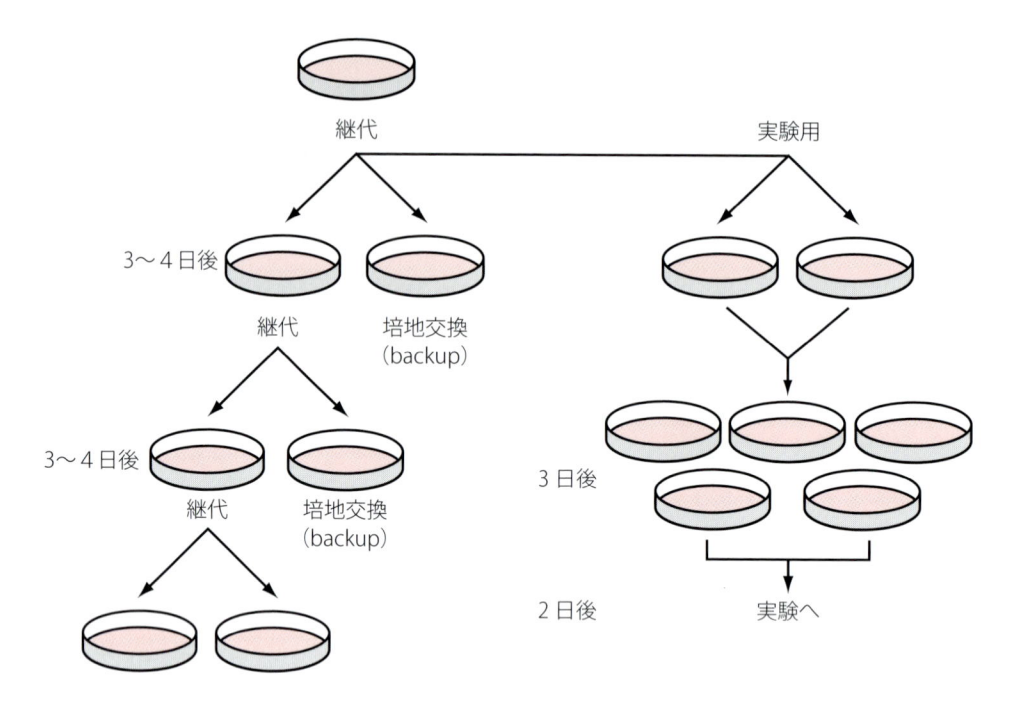

図3 細胞の継代
継代は，一定間隔，一定の密度で行い，2枚以上維持する．次の継代時に1枚は培地交換のみを行い，非常時のbackupとする．実験用に用いる細胞は，別途増やす

- ガラスまたはプラスチックピペット（1，2，5，10，25 mL）
- パスツールピペット
- 35 mmディッシュ
- 廃液用ビーカー
  吸引により培地等を除去する場合もあるが，継代培養操作，細胞凍結操作のときは，吸引による除去は行わない方がよい（4章-2参照）
- ピペットを入れるバケツ
  10 Lのバケツに水を8分目まで入れ（できれば，ピペットの目盛りの上限が浸るところまで），ピューラックスをキャップ一杯程度入れておく．
- 使い捨て器具の廃棄用オートクレーブバック

プロトコール　3章-1も参照

❶ 培地を室温に出し，室温程度に温めておくか，37 ℃のウォーターバスで温めておく[a]

❷ 0.25 ％トリプシンは，できるだけ素早く溶かす[b]

❸ 新しいディッシュに細胞名，日付等を記載しておく

❹ 培養中のディッシュをインキュベーターから取り出し，顕微鏡で観察し，コンタミネーションのないことを確認する

[a] 通常の細胞は，培地の温度は室温程度で十分である．37 ℃に温めることを繰り返すことにより，培地中のグルタミンが失活するので注意（図4）．

[b] **重要** トリプシンは，温めると急速に失活し，細胞が剥がれにくくなるので，迅速に行う．

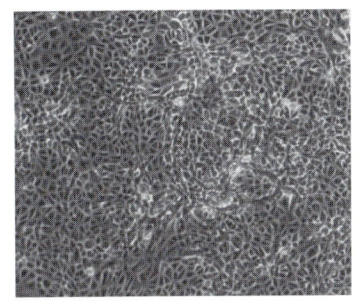

A) 4℃保管MEM
1.3×10⁶ cells/35 mm dish

B) 37℃で3週間保管MEM
1.0×10⁶ cells/35 mm dish

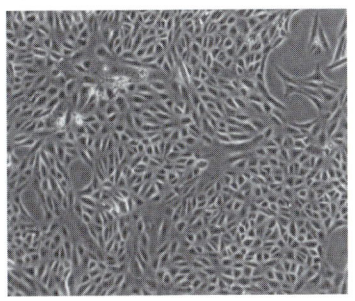

C) 4℃保管2年前期限切MEM*
*市販の培地を未開封状態で保管
0.4×10⁶ cells/35 mm dish

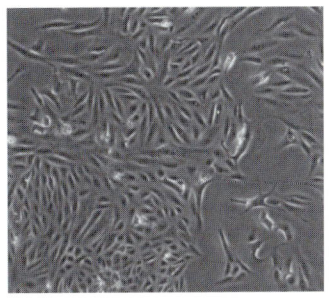

D) 37℃で3週間保管MEM＋2mMグルタミン
1.8×10⁶ cells/35 mm dish

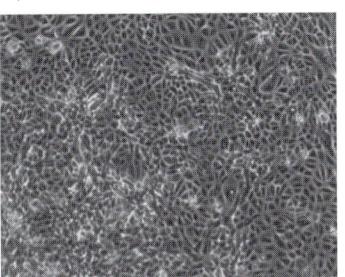

E) 4℃保管2年前期限切MEM＋2mMグルタミン
1.4×10⁶ cells/35 mm dish

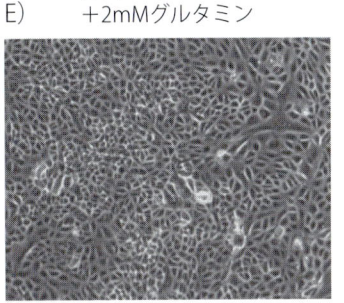

図4 培地の保管状況の違い（グルタミンの失活）による細胞の増殖の差異

Vero細胞　MEM＋10％FBS　継代（1：8）後，4日目の写真と細胞数．B，CはAに比べ細胞の増殖が悪い．それらにグルタミンを加えたD，EはAと同程度まで増殖するようになり，B，Cはグルタミンが失活していることがわかる

❺ ディッシュから培地を抜く（除去する）ⓒⓓ

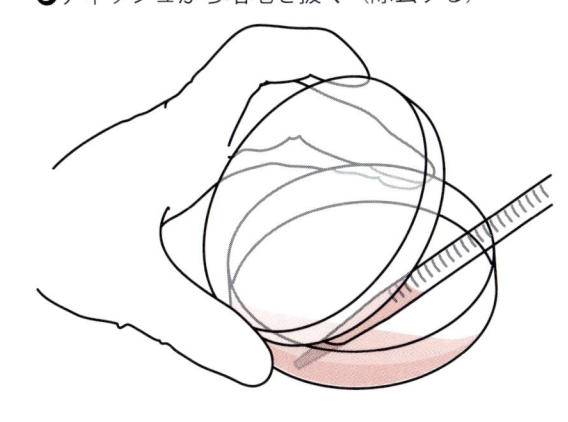

ⓒ 35 mmディッシュには，2 mL程度の培地が入っているので，慣れないうちは5 mLのピペットで抜いた方が，培地を吸い上げてピペットエイドを汚染させることが少ない．

ⓓ ディッシュを傾けて，細胞面を傷つけないようにする．

2章　2　無菌培養操作の基本

❻PBS（−）を1 mL程度加え，細胞表面を洗い，捨てる

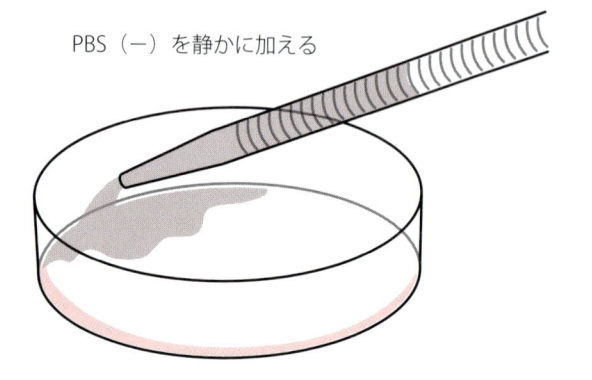

PBS（−）を静かに加える

❼❻を繰り返す ⓔ

❽0.25％トリプシン0.5 mL程度を加え，細胞表面を洗いただちに抜き取り，再びトリプシンを1〜2滴落とし ⓕⓖ，37℃のインキュベーターに入れる ⓗ

❾1〜3分後 ⓘ にインキュベーターから取り出し，ディッシュを優しく水平にたたき（図5）ⓙ，細胞が剥がれたことを顕微鏡で確認する ⓚ．細胞が動かず剥がれていない場合は，再度，インキュベーターに入れ，30秒後に取り出し，同様の操作を行う ⓛ

❿培地2 mLを入れ，トリプシンの活性を止め ⓜ，パスツールピペットでピペッティングによって細胞をディッシュからはがすと同時に単離細胞にする（細胞が1個ずつになること）ⓝ

ⓔ 培地をできるだけ除くためである．剥がれやすい細胞は，1回でもよい．
ⓕ 1〜2滴落とすのは，細胞表面が乾燥しないようにするため．
ⓖ 剥がれにくい細胞の場合は，1 mL程度のトリプシンを入れたままにしてもよい．ただし，この場合は，❾のディッシュを水平にたたく操作ができないので，トリプシンのかけすぎに注意する．検鏡により細胞が剥がれたことが確認できたら，ただちに培地を加え，遠心チューブに回収し遠心する．
ⓗ 剥がれやすい細胞は，室温（ベンチ内に静置）でもよい．
ⓘ 細胞によって剥がれる時間が異なる．
ⓙ フラスコの場合は，手のひらでたたくようにしてもよい．
ⓚ トリプシン処理の時間が長すぎると細胞の生存に影響する．
ⓛ 回収した後，ディッシュを顕微鏡で観察すると細胞の剥離状態がわかる．
ⓜ 血清中のトリプシンインヒビターにより不活性化される．
ⓝ 重要 ピペッティングを行う際には，泡立てないように注意する．泡が細胞にダメージを与えたり，コンタミネーションの原因になったりする．

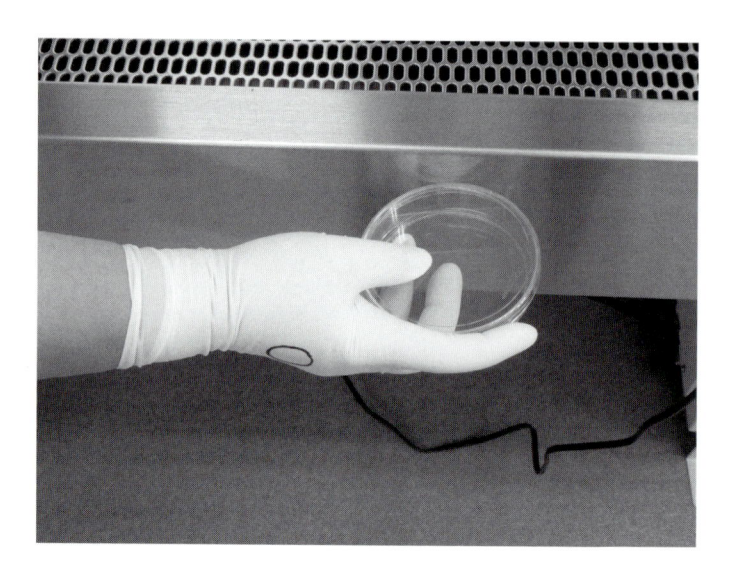

図5 細胞をディッシュから剥離するときのたたき方
ディッシュを水平になるようにもち，優しく打ち付けるようにする．このときにディッシュのフタが開かないように注意する

⓫新しい35 mmディッシュ2枚◯にそれぞれ培地2 mLを入れる◯p

⓬細胞懸濁液を0.25 mL（1：8）◯q加える◯r

⓭ディッシュを揺すり，細胞をディッシュ内に均一にする◯s◯t

⓮細胞の状態を顕微鏡で確認（検鏡）し，インキュベーターに入れる

⓯翌日，検鏡し細胞の増殖を確認する

⓰3，4日後にディッシュがほぼ一杯（80〜90％コンフルエント）になっているので継代を行う

◯o 複数準備した方がコンタミネーションのリスクを軽減できる．

◯p 細胞を剥がしている間（❽の操作の後）に準備してもよい．

◯q 遠心チューブに培地2 mLを入れ，そこに細胞懸濁液を0.25 mL入れ，ピペットにて均一に混ぜてから新しいディッシュに播くと比較的均一になる．

◯r 希釈倍率は細胞の状態によって変える．

◯s ディッシュを揺するときは，前後，左右に動かす．円状に揺すると細胞が中心に集まってしまう．

◯t 細胞を揺するときにディッシュの辺縁部に培地が付かないようにすること．

2）浮遊細胞：60 mmディッシュの場合

準備するもの

- 培地…例：RPMI1640 + 10％FBS，4℃保存
- ガラスまたはプラスチックピペット（1，2，5，10，25 mL）
- 遠心チューブ
- 60 mmディッシュ
- 廃液用ビーカー
  吸引により培地等を除去する場合もあるが，継代培養操作，細胞凍結操作のときは，吸引による除去は行わない方がよい（4章-2参照）
- ピペットを入れるバケツ
  10 Lのバケツに水を8分目まで入れ（できれば，ピペットの目盛りの上限が浸るところまで），ピューラックスをキャップ一杯程度入れておく．
- 使い捨て器具の廃棄用オートクレーブバック

プロトコール

❶培地を室温に出し，室温程度に温めておくか，37℃のウォーターバスで温めておく

❷培養中のディッシュをインキュベーターから取り出し，顕微鏡で観察し，コンタミネーションのないことを確認する

❸細胞を遠心チューブに回収する◯a

❹1,000 rpm（180 G），3分，遠心する◯b

❺新しいディッシュに培地4.5 mLを入れる

❻遠心後の上清を除き，培地を5 mL加える

❼❺のディッシュに❻の細胞懸濁液を0.5 mL（1：10）加える

❽ディッシュを揺すり，細胞をディッシュ内に均一にする

❾細胞の状態を顕微鏡で確認し，インキュベーターに

◯a 死細胞が少ない場合は，❸❹の操作は省略できる．ただし，古い培地は1/10以下とすること．

◯b 細胞によって，1,000〜1,500 rpm，3〜5分の範囲で変更可能．

入れる

❿ 翌日，検鏡し細胞の増殖を確認する
⓫ 3，4日後にディッシュがほぼ一杯（80〜90％コンフルエント）になっている©ので継代を行う

© 浮遊細胞はコンフルエントの状態がわかりにくいので，培地がやや黄色くなったら継代する．

ONE POINT　継代のタイミング

　細胞を適正な状態で維持するために最も重要なことは，継代する時期を見極めることである．継代を行う時期については，「対数増殖期に」，「80〜90％コンフルエントで」等，いろいろな表現がされている．

　細胞は，培養容器内で増加し細胞密度が高くなってくると，増殖できなくなり徐々に死滅し始める．そのような状態になる前の増殖能を維持している状態で継代を行う必要がある．その時期は，細胞を毎日顕微鏡で観察したり，増殖曲線（2章-1参照）から求めたダブリングタイム（倍加時間）などから判断する．

　例えば，顕微鏡での観察では，「昨日は培養容器内に隙間があったが，今日はほぼない状態」であり，ダブリングタイムが20時間前後の細胞で，1：8で継代していればおおよそ3日目となる．初めて継代を行うときは，継代の割合を数種（1：4，1：8，1：20等）準備するか，付着細胞は，1×10^4 cells/cm^2，浮遊細胞は，1×10^5 cells/mLを目安に細胞濃度を数種準備してもよい．分裂しにくい細胞や小さい細胞は，目安より多く播種したり，細胞の性質，大きさによっても播種数を変える必要がある．

　コロニー状で増殖する細胞は，培養容器内に一杯になる前に浮いた細胞（死細胞）が出てきたり，浮遊細胞は，細胞密度の判断が難しく，高密度になると急速に死滅したりする．また，コンフルエントになると分化するような細胞，コンフルエントにしてしまうと接触阻止能（contact-inhibited）がなくなる細胞，ある程度の密度を保たないと増殖できない細胞等もある．このように，継代培養を繰り返すことで，細胞の状態，性質が変化する場合もあるので，細胞を入手，樹立したときは，なるべく早い時期に凍結保存し，継代培養は2〜3カ月程度で中止し，新たに凍結保存した細胞を融解して用いた方がよい．

無菌培養操作の基本　トラブルシューティング

　細胞培養は，無菌操作のトラブル，継代培養時のトラブル等，さまざまなトラブルがあるが，早期に発見し，最小限の範囲にすることが望ましい．それには，無菌操作時に扱う器具に注意を払ったり，細胞を毎日観察したりする必要がある．特に，インキュベーターについては，扉を開けたときに感じる温度，湿度，異臭，培地の色等，通常と異なるときは，何らかのトラブル（温度が低い，炭酸ガスの供給がない，バットに水がない，細胞・インキュベーター内にコンタミネーションがある）が発生している可能性がある．

1 コンタミネーション

　コンタミネーションを発見するときのフローを図6に示した．細菌，酵母によるコンタミネーションは，気が付いた時点で，ほぼ細胞が死滅している場合が多く廃棄する．カビによるコンタミネーションは，発見が早ければ，アンホテリンB（ファンギゾン：ライフテクノロジーズ社）の添加により，カビを除去できる可能性もあるが，細胞への影響，アンホテリ

```
a) インキュベーター内の異臭 ─Yes→ バットのコンタミネーション ─Yes→ バットの洗浄
        │No                              │No
        ↓                                ↓
   細胞の検鏡による          ─No→   インキュベーターの洗浄 ←──────┘
   コンタミネーション                    ↑
        │Yes                            │無
        ↓
b) 培養者が異なる細胞 ─Yes→ 共通の器具, 試薬 ─有→ 共通器具の滅菌,
        │No                                       試薬の滅菌チェック
        ↓
c) 同じ培養者で
   操作日が異なる細胞 ─Yes→ 培地, 試薬の滅菌チェック
        │No
        ↓
d) 同じ培養者で
   操作日が同じ細胞すべて ─Yes→ 培地, 試薬の滅菌チェック
        │No
        ↓
e) 継代した細胞すべて ─Yes→ 器具の滅菌, 試薬の滅菌チェック
        │No
        ↓
f) 1つの培養容器のみ ─Yes→ 無菌操作のミス
```

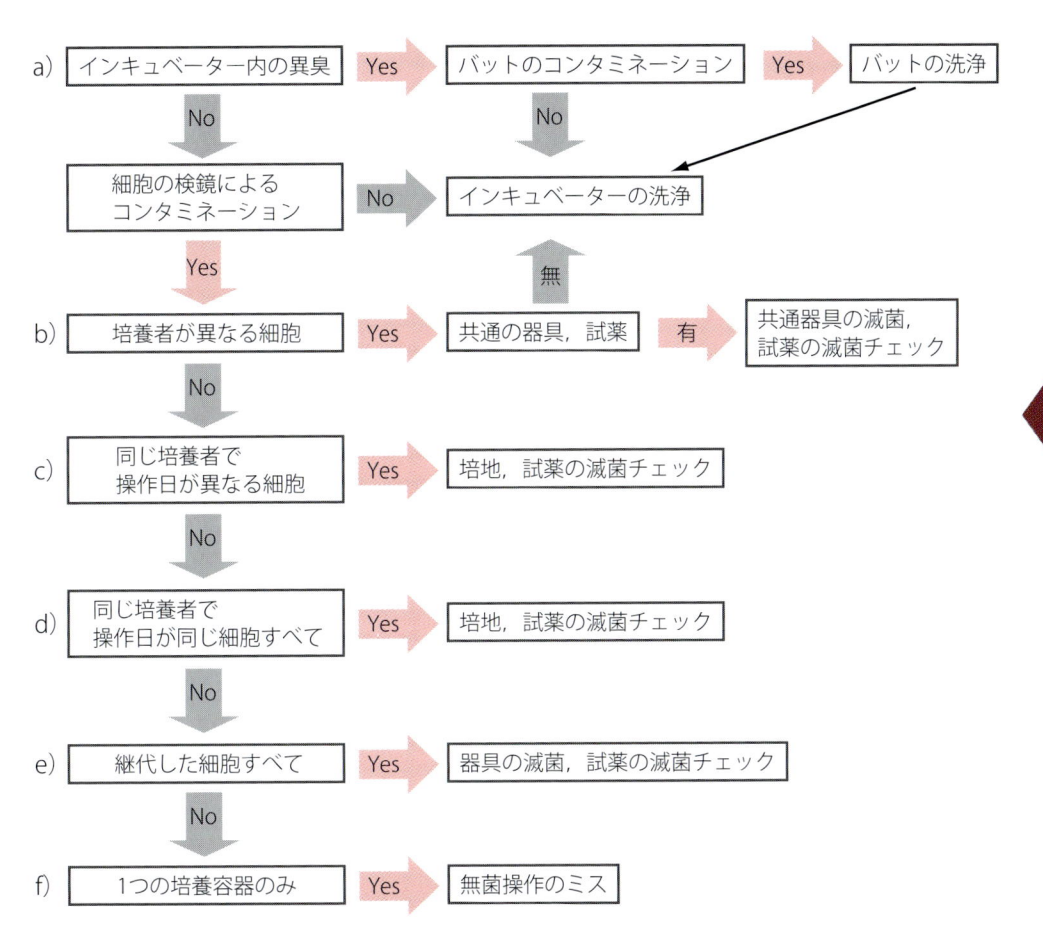

図6 コンタミネーションの原因を発見するためのフロー図

ンBの添加を中止したときのカビの再増殖の可能性を考えると，他の微生物のコンタミネーションと同様に廃棄した方がよい．

● a) インキュベーター

　インキュベーターを開けたときに酸っぱいような匂い，発酵臭，カビ臭い等を感じたら原因を突き止める．細胞，インキュベーターの水以外であれば，インキュベーターのどこかで微生物が繁殖している可能性があるので，徹底的にインキュベーター内を消毒用エタノール，オスバン等で清掃する．インキュベーター内のファンのところも忘れずに清掃する．棚，バット等，はずせるところは乾熱滅菌をするとよい．バットの水には，滅菌水を入れ，オスバンを100〜200倍になるように入れてもよいが効果は持続しない．バット内に入れる水質保全スティック（AquaTec，和研薬）を利用してもよい．

● b) 培養者が異なる細胞

　培養者が異なる細胞がコンタミネーションしている場合は，共通の器具，試薬等をリストアップし，共通のものがあればそれらの滅菌チェックを行うか，再度滅菌する．インキュベーターの可能性もあるので，清掃する．

● c）同じ培養者で操作日が異なる細胞

培地，試薬等の共通のものの可能性が最も高い．対応は，b）と同様であるが，インキュベーターの清掃は棚を消毒用エタノール，オスバン等で拭く，最小限の清掃でもよい．

● d）同じ培養者で操作日が同じ細胞すべて

器具，培地，試薬等の可能性が最も高い．対応は，c）と同様．

● e）継代した細胞すべて

継代時に用いた試薬の可能性が最も高い．培地交換した細胞にコンタミネーションがなく，細胞の状態もよければ，この細胞を継代してもよい．ただし，コンフルエント状態で長く維持した細胞は使えない．対応は，c）と同様．

● f）1つの培養容器のみ

この場合は，無菌操作のミスによる場合が多く，原因を特定できない．対応は，c）と同様．

2 継代培養時のトラブル

⚠ 細胞が剥がれない

原因
❶ トリプシン処理の前の洗浄が悪い．
❷ トリプシンが失活している．
❸ コンフルエントのまま維持していた．

原因の究明と対処法

❶ トリプシン処理の前にPBS（−）（マグネシウム，カルシウムを含んでいない）での洗浄が悪く，血清成分が残っているとトリプシンは不活化されてしまうので，トリプシン処理の前は，培地を残さないようにする．また，PBSは，マグネシウム，カルシウムが入っていないものを用いること．マグネシウム，カルシウムは，細胞の接着を助け，細胞が剥がれにくくなる．トリプシン-EDTAを使用する場合も必ずPBS（−）を使うこと．

❷ トリプシンは，4℃でも失活する．トリプシン処理直前に−20℃から溶かし，凍結融解を繰り返さないこと．

❸ コンフルエントのまま培地交換を繰り返すと，細胞によっては細胞同士の接着が強くなり剥がれにくくなる．

○対処

トリプシン処理を始めて10分以上経っても細胞が全く剥がれていないときは，新しいトリプシンを用いてトリプシン処理をする．一部の細胞が剥がれている場合は，培地を入れて剥がれた細胞を回収し，再度PBS（−）で洗浄し，新しいトリプシンを用いてトリプシン処理し，細胞が剥がれたら，回収してある細胞と一緒にし，継代する．

⚠ 細胞が単一にならない

原因
❶ トリプシン処理の時間が短い．
❷ コンフルエントのまま維持していた．

原因の究明と対処法

❶ トリプシン処理の時間が十分でないときにディッシュを水平にたたいてしまうと細胞間の接着

を保ったままシート状，コロニー状に剥がれてしまう．トリプシン処理をした後，検鏡して細胞の接着がない状態になってから水平にたたくこと．

❷コンフルエントのまま培地交換を繰り返すと，細胞によっては細胞同士の接着が強くなり単一細胞になりにくくなる．また，線維芽細胞のように，細胞外基質（フィブロネクチン）を産生している細胞は，特に長期間コンフルエントにしないこと．

○対処

ピペッティングをすることにより，細胞の塊をある程度ほぐすことができるが，ピペッティングにより細胞にダメージを与えることもあるので注意をすること．細胞の凝集を除く必要があるときは，細胞を遠心チューブに回収し3〜5分静置すると大きな凝集は下に沈むので，沈殿細胞以外を回収することにより，大きな凝集は除くことができる．

⚠ 細胞が均一に播種できない

原因 ❶細胞の播種後に培養容器内に均一に拡散できていない．
❷インキュベーターの棚が傾いている．

原因の究明と対処法

❶拡散については前述付着細胞のプロトコールの⓭を参照．培養容器に播種するときに少ない量で播種すると均一になりにくい．また，播種してから均一に拡散するまで時間がかかると細胞が沈んでしまい，拡散できない．
❷インキュベーターの清掃後は，必ず棚の水平を確認すること．

○対処

細胞を播種後，インキュベーターに入れる前に検鏡し，細胞が均一に播種されていることを確認すること．細胞を均一に拡散する方法は，いろいろとあるので，自分に適した方法を見つけること．

⚠ 播種翌日，死細胞が多い

原因 ❶トリプシン処理が適切でなかった．
❷継代の時期が適切でなかった．
❸その他

原因の究明と対処法

❶トリプシン処理に時間がかかったり，トリプシンを不活化するときに血清が入っていなかったり，トリプシン処理が不適切である場合が多い．細胞の状態，トリプシンの活性は，毎回同じとは限らないので，トリプシン処理をしているときは，細心の注意を払うこと．
❷継代時の時期が遅く，細胞の状態が悪いまま継代すると死細胞が多くなる．細胞によっては継代の時期が早すぎると継代密度が低くなり，死滅する場合がある．
❸火炎滅菌を過剰に行ったり，遠心の条件が適正でなかったりすると死細胞が増える．また，培地を間違えたり，血清濃度が低かったりする場合もあるので，細胞の状態が通常と異なっている場合は，これらも確認すること．

○対処

付着細胞のトリプシン処理後，浮遊細胞の継代時に遠心すると死細胞をある程度除くことができる．翌日，死細胞がかなり多い場合は，培地交換等で除いた方がよい場合もある．

⚠ 細胞が付着していない

原因
❶トリプシン処理が適切でなかった．
❷培地のpHが高い（培地が赤い）．
❸その他

原因の究明と対処法

❶1つ前のトラブルの❶を参照．
❷フラスコ容器で培養している場合，キャップが閉まったままだと炭酸ガスが供給されず，培地のpHを7.2～7.4に保てず，pHが高くなり細胞が付着できない．
❸1つ前のトラブルの❸を参照．
○対処
　翌日に細胞が全く付着していない場合は，細胞へのダメージがかなり大きい．継代した細胞が同じ状態であれば，凍結保存してある細胞を融解して使用した方がよい．

⚠ 数日経っても細胞が増殖しない

原因
❶トリプシン処理が適切でなかった．
❷播種した細胞が少なかった．
❸培地の保管が適正でなかった．
❹その他

原因の究明と対処法

❶2つ前のトラブルの❶を参照．
❷継代時の細胞密度が適正でないと細胞の増殖は悪くなる（細胞密度が低すぎると全く増えない細胞もある）．
❸培地を37℃に温めることを何度も繰り返したり，4℃で長期間保存していた培地を使用すると細胞の増殖に影響を与える（図4参照）．
❹2つ前のトラブルの❸を参照．
○対処
　細胞の状態にもよるが，細胞が少ない場合は，1週間程度培地交換をせずに様子をみる，小さい容器に継代し，細胞密度を上げる等の対応はできるが，その後の培養で細胞状態に変化があるようなら（細胞の性質が変化したようならば），廃棄し，凍結保存してある細胞を融解して使用した方がよい．

参考文献
1）『改訂培養細胞実験ハンドブック』（黒木登志夫/監，許　南浩，中村幸夫/編），羊土社，2009
2）『細胞培養なるほどQ＆A』（許　南浩/編），羊土社，2004
3）『組織培養の技術』（日本組織培養学会/編），朝倉書店，1996

3 細胞数の計測法・生存率の計算法

2章　動物細胞の培養に必要な基本事項

飯村恵美

● はじめに

　細胞を使った実験を行う場合，細胞数の計測は避けては通れない基本的，かつ重要なステップである．また，最近は自動計測機器も少しずつ普及してきているようで，かなりコンパクトなサイズで，微量でも計測可能な機器も出回ってきている．

　しかし，実際に自分の目で細胞数を計測することは，ただ細胞の数を数えるだけでなく，細胞の状態を確認する意味からも非常に大切なステップである．

　したがってここではまず，培養細胞を扱うにあたって基本となる細胞数の計測方法として，トリパンブルー染色法を紹介する．

① 浮遊細胞の準備

■ 準備するもの

1）細胞
- 浮遊細胞株（60 mm dish 2枚）

2）装置・器具
- ガラスピペット（1 mL，5 mL，10 mL）…コーニング社
- Pipet-Aid…BD Falcon製品（ベクトン・ディッキンソン社）
- コニカルチューブ（15 mL）…BD Falcon製品（ベクトン・ディッキンソン社）
- ガラスパスツールピペット…Chase Scientific社
- スポイト…アズワン社
- 血球計算盤（TATAI：タタイ）…ミナトメディカル社
- 位相差顕微鏡…オリンパス社
- カウンター…アズワン社

3）試薬
- 0.3％トリパンブルー溶液…シグマ・アルドリッチ社

プロトコール

▶細胞の状態の確認

計測の準備をする前に細胞の状態を顕微鏡にて確認する．計測に限らず，状態の確認は培養細胞を使った実験の初動作の基本である．

▶計算盤と試薬の準備

❶ 計算盤を70％消毒用エタノールから取り出し，セットする ⓐⓑ

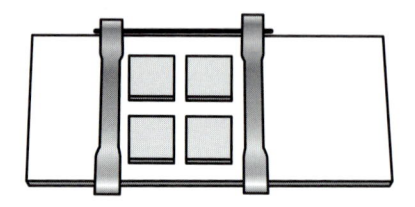

図1 留め金を用いる方法

❷ 15 mLコニカルチューブに，0.3％トリパンブルー溶液0.5 mLを入れる

▶細胞の回収・調製

❸ ピペットで細胞懸濁液を15 mLコニカルチューブに回収する ⓒ

❹ ピペット（5 mL）で撹拌し，0.5 mLを，準備しておいたトリパンブルー溶液に添加する

❺ パスツールピペットでよく撹拌し，計算盤に充填する ⓓⓔⓕ

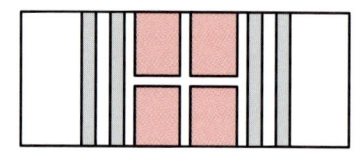

上から見た図

横から見た図

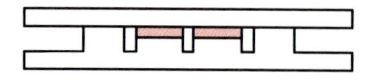

ⓐ 計算盤は，通常70％消毒用エタノール中に漬けておき，使用時に風乾して使う．キムワイプ等で，目盛面を強くこすらない．

ⓑ 計算盤のセット方法には，①留め金を用いる方法（図1），②留め金を用いない方法（図2）の2通りある．どちらの方法を用いても構わないが，統一すること（カウント誤差のバラツキを抑えるため）．

ニュートンリング

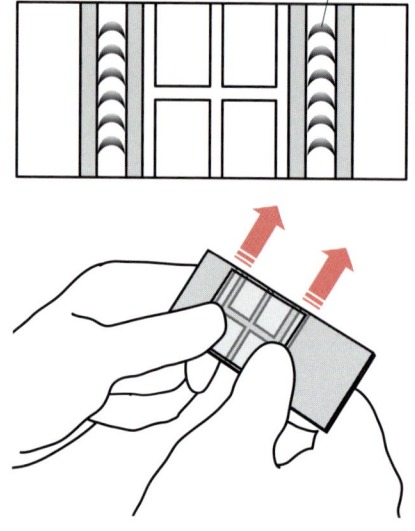

図2 留め金を用いない方法
両サイドの部分に，ニュートンリングが出るようにギュッと押し付ける（矢印方向に押し出す感じ）．力を入れすぎて，カバーガラスを割らないように注意する

ⓒ ディッシュから直接0.5 mL取るより，いったん回収してから0.5 mL取る方が誤差が出にくい．

ⓓ 重要 撹拌はあまりしつこくやらない．トリパンブルーは細胞に対して毒性があり，添加してから計測までに時間をかけすぎると死細胞が増加する．

ⓔ パスツールピペットに取る量は，経験上，パスツールの括れ（下図）の部分までにしておくと誤差が出にくい．

ⓕ 計算盤に入れる細胞懸濁液の量は常に一定に．細胞懸濁液は，計算盤に浸透して入っていくが，計算盤の溝にまでなみなみと入れないようにする．

❷ 付着細胞の準備

準備するもの

1）細胞
- 付着細胞株（60 mm dish 2枚）

2）装置・器具
- ガラスピペット（1 mL, 5 mL, 10 mL）…コーニング社
- Pipet-Aid…BD Falcon製品（ベクトン・ディッキンソン社）
- コニカルチューブ（15 mL）…BD Falcon製品（ベクトン・ディッキンソン社）
- ガラスパスツールピペット…Chase Scientific社
- スポイト…アズワン社
- 血球計算盤（TATAI：タタイ）…ミナトメディカル社
- 位相差顕微鏡…オリンパス社
- カウンター…アズワン社

3）試薬
- 0.25％トリプシン-0.02％EDTA…シグマ・アルドリッチ社
- 血清を含む培養培地…通常は，培養用の培地
- 0.3％トリパンブルー溶液…シグマ・アルドリッチ社
- PBS（−）…シグマ・アルドリッチ社

プロトコール

▶計算盤と試薬の準備
前述，浮遊細胞に同じ

▶細胞の回収・調製
❶培地をピペットで捨てる

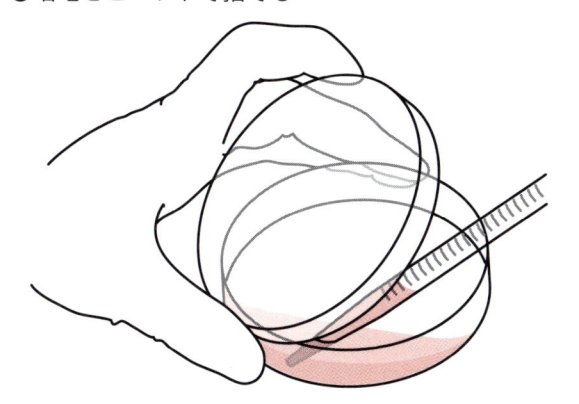

❷細胞を PBS（−）で洗う（×2回以上）ⓐⓑⓒ

ⓐ 剥がれやすい付着細胞もあるので，液の出し入れは容器の壁面より静かに行う．
ⓑ PBS（−）の使用量の目安：
　35 mm dish；〜0.5 mL
　60 mm dish；0.5〜1 mL
　100 mm dish；〜1.5 mL
ⓒ 血清成分は，トリプシンの酵素反応の阻害因子を含むので，PBS（−）での洗いはしっかり行う．その際，手首のスナップを利かせて細胞表面から血清成分をよく洗うこと（下図）．ピペットで吹き付けると細胞の層が剥がれる可能性があるのでお勧めしない．

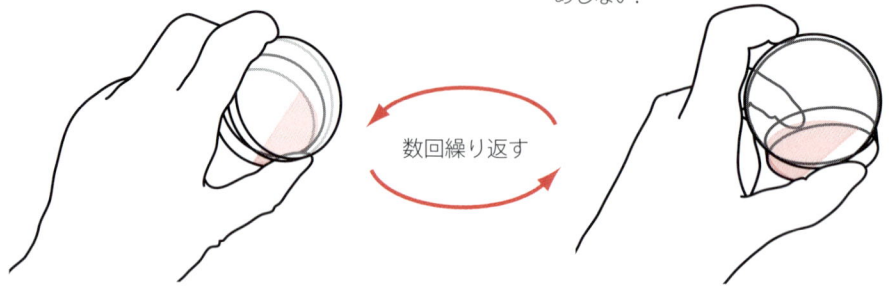

数回繰り返す

❸トリプシン−EDTA を加える（室温〜37℃）ⓓⓔ

ⓓ トリプシン−EDTA の使用量の目安：
　35 mm dish；〜0.5 mL
　60 mm dish；0.5〜1 mL
　100 mm dish；〜1.5 mL
ⓔ トリプシン−EDTA は，いったんディッシュ全体に行き渡らせた後，適当量（ディッシュが乾燥しない程度）だけ残して吸い取る．

❹トリプシン−EDTA の反応を止めるために，血清入り培地を添加するⓕ

ⓕ 培地量の目安：
　35 mm dish；〜2 mL
　60 mm dish；2〜4 mL
　100 mm dish；1.5〜3 mL

❺細胞を，パスツールピペットでよくほぐすⓖ

❻ピペットで細胞懸濁液を 15 mL コニカルチューブに回収する

❼ピペット（5 mL）で撹拌し，0.5 mL を，準備しておいたトリパンブルー溶液 0.5 mL に添加する

❽パスツールピペットでよく撹拌し，計算盤に充填する

ⓖ 細胞によっては，ある程度塊である方が状態がよい場合もある．バラバラにすればいいというものでもないので，細胞の性質により加減すること．

❸ 細胞数の計測

プロトコール

❶ TATAI計算盤を顕微鏡にセットしてカウントする（対物レンズ×10）ⓐⓑ

❷ 生細胞を4室分数えて，細胞数を算出するⓒⓓⓔ

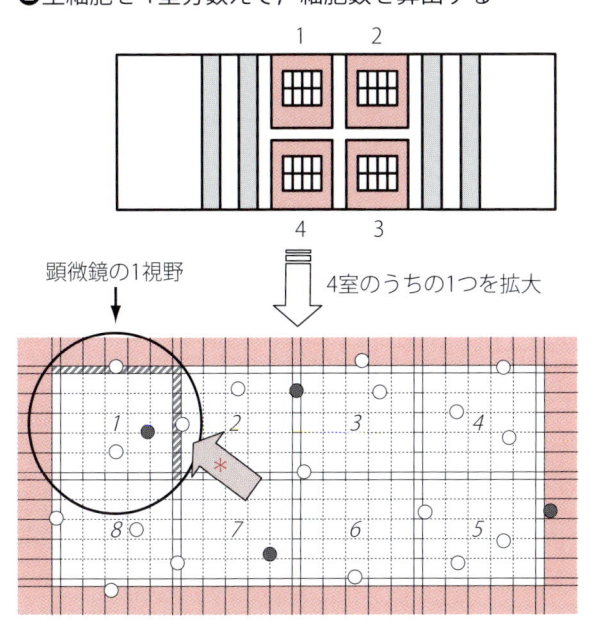

ⓐ TATAIは計測室の容量が大きく細胞数が少ない場合の計測にも使えるので採用している．

ⓑ 理研細胞バンクでは，凍結時の生細胞数を凍結細胞数としているので，生存率の計測時には死細胞のカウントはしない．（融解時の生細胞数）/（凍結時の生細胞数）で生存率を算出している．したがって，融解時にも死細胞と生細胞の両方をカウントして生存率を計測するのであれば，最初に全細胞数をカウントした後，死細胞（トリパンブルーで染まった細胞）をカウントするか，もしくは，カウンターを2つ用意し，片方で生細胞，片方で死細胞をカウントするというやり方もある．

ⓒ TATAIには4つの計測室がある．4室はさらにそれぞれ8室に分かれ，さらに8室がそれぞれ25マス，計200マスに分かれる．

ⓓ 通常，4つの各計測室のカウント数が100個前後で計算するとよいといわれる．したがって，必ずしも200マスすべてカウントする必要はない．

ⓔ 1室（＝25マス）に300個以上ある場合は適当に希釈し（通常10倍が後の計算が楽），カウントしなおす．懸濁液の濃度が濃すぎるとかえって計測誤差の原因となる．各室の計測誤差が±10％以内に収まるように．計算盤上の細胞数はポアソン分布に従うことが知られているので，n個をカウントして得た標準偏差は$\sqrt{n}$である．したがって，細胞を100個数えると，その誤差は10％となる．

図3　1つの計測室の拡大図
1〜8の各室，4辺のうち2辺上の細胞（斜線部分）はカウントしない．計測数が重複するのを防ぐため．○：生細胞，●：死細胞
例）←の細胞は，1番のマス目ではカウントしないが，2番のマス目ではカウントする．したがって200マスすべてカウントする場合は，外周の2辺はカウントし，残り2辺はカウントしなければ同じことである

1 生存率の計算（TATAI 計算盤）

TATAI 計算盤の場合，一番小さい 1 マスは，1/4 mm（縦）× 1/4 mm（横）× 1/5 mm（高さ）＝ 1/80 mm^3 のサイズである．1 mL ＝ 1 × 10^3 mm^3 なので，1 マスあたりの細胞数を 80 ×（1 × 10^3）＝ 8 × 10^4 倍すれば 1 mL 中の細胞数となる．したがって，

1 mL 中の細胞数＝（細胞数/カウントしたマス数）× 8 × 10^4 cells/mL

4 つの計測室すべてをカウントした場合，

1 mL 中の細胞数＝（各室の細胞数合計/4/カウントしたマス数）× 8 × 10^4 cells/mL

となる．

●計算例

計算の順序は 1 通りではないが 1 例を示す．細胞懸濁液を 10 倍希釈してからカウントする．4 つの計算室を各々 100 マスカウントしたときの生細胞数が，103，100，98，105 だったとすると，その細胞懸濁液 1 mL 中の生細胞数は，

(103 ＋ 100 ＋ 98 ＋ 105)/4/100 × 8 × 10^4 cells/mL ＝ 8.12 × 10^4 cells/mL

10 倍希釈して，トリパンブルーで 2 倍希釈しているのでもともとの懸濁液濃度は，

1.62 × 10^6 cells/mL　となる．

したがって，凍結時の生細胞数が仮に 2.0 × 10^6 cells/mL とすると細胞の生存率は，

(1.62 × 10^6/2.0 × 10^6) × 100 ％ ＝ 81.0 ％　となる．

2 その他の計算盤

TATAI の他，実験室でよく使われる計算盤を紹介しておく．

●Burker-Turk（ビルケルチュルク）計算盤（図4）

Burker-Turk の計算盤は大きく 9 つの計測室に分かれている．通常は 1 mm の 1〜4 の 4 室をカウントし算出する．細胞数が少ないときは 3 mm 分の 9 室をカウントして算出する．カウントの要領は TATAI と同じ．

深さは 1/10 mm なので，1 mm 1 室の容量は 1/10 mm^3（1 mL ＝ 1 × 10^3 mm^3）．よって 10 倍希釈した細胞懸濁液をトリパンブルーで 2 倍希釈しカウントした場合，

1 mL 中の細胞数＝（4 室のカウント数 n/4）× 10 × 10^3 ×（10 × 2）＝ 50 n × 10^3 cells/mL

　　　　　　　　　　　　　　　　　　↑ 1 mL に換算 ↑
　　　　　　　　　　　　　　　　　　10 倍希釈とトリパンブルーの倍希釈分

●Improved Neubauer（改良ノイバウエル）計算盤（図5）

Improved Neubauer の計算盤も大きく 9 つの計測室に分かれている．カウントの方法と要領は Burker-Turk と同じ．

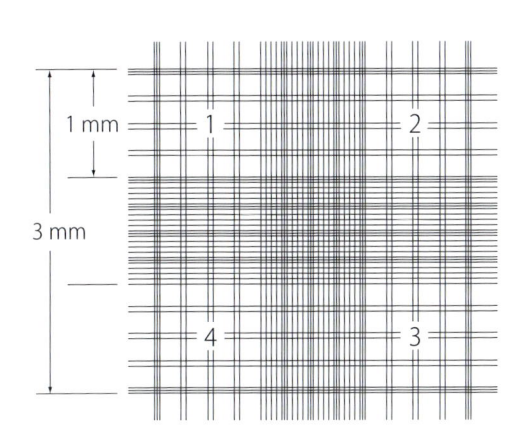

図4 Burker-Turk（ビルケルチュルク）計算盤

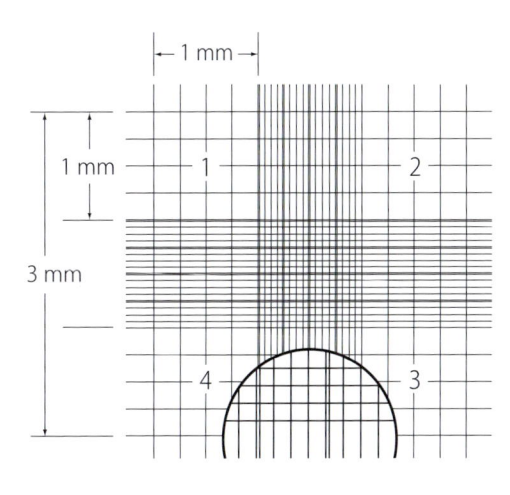

図5 Improved Neubauer（改良ノイバウエル）計算盤

3 計算盤以外の計測方法

参考までに，計算盤以外の計測方法もいくつか簡単に紹介する．

● Vi CELL XR（ベックマン・コールター社，図6）

理研BRC細胞材料開発室で使用している自動細胞数計測機器．細胞の懸濁液を準備する操作までは同じ．試薬キットに付属のトリパンブルー液で染色し専用のカップに入れて本体にセットすれば，細胞数，生存率が自動計測される．

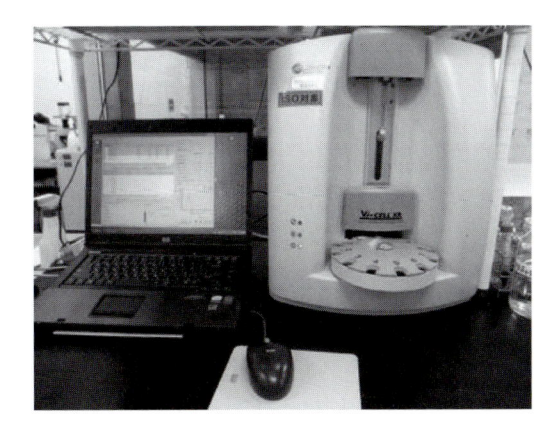

図6 Vi CELL XR（ベックマン・コールター社）

表1 国内で入手可能な細胞数計測機器

機種名	製造元（販売元）	特徴
Countess（図7）	ライフテクノロジーズ社	トリパンブルー染色法，微量計測
CASY	ロシュ・ダイアグノスティックス社	電気的パルスエリア計数法
Cedex	ロシュ・ダイアグノスティックス社	トリパンブルー染色法
Cellavista	ロシュ・ダイアグノスティックス社	蛍光・明視野イメージング，マイクロプレート可
NucleoCounter	Chemometec社	蛍光・明視野イメージング
TC10（図8）	バイオ・ラッド社	トリパンブルー染色法
Z1，Z2	ベックマン・コールター社	コールターカウンター法

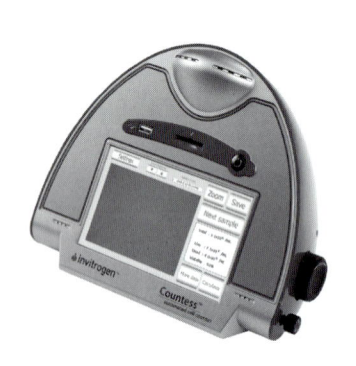

図7 Countess自動セルカウンター（ライフテクノロジーズ社）

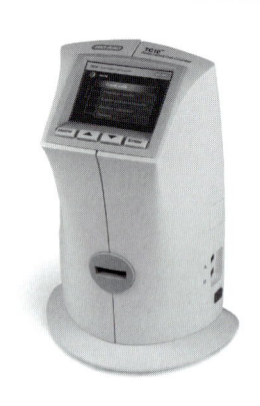

図8 TC10全自動セルカウンター（バイオ・ラッド社）

● その他

　その他，現在国内で入手可能な計測機器を表1に示す．ごく微量（10μL）の細胞懸濁液の計測も可能な機器（Countess，ライフテクノロジーズ社）も販売されており，ホームページ上でデモンストレーションが閲覧可能である．

　技術の進歩とともに，細胞培養にかかわる作業も自動化が進んでいく昨今ではあるが，自動化されたからといってその作業を知らない，もしくはできない，ということでは困る．

　例えば，自動計測器を使用する場合，さまざまなパラメータ設定が可能ではあるが，セットする細胞懸濁液が自動計測に適した状態でなければ，計測値もバラツキが出てしまう．そもそも，細胞の特性を知っていなければ，パラメータ設定や出てきた計測結果の妥当性も自分で判断できない．

　細胞数のカウントは自動化できるようになっても，ペレットの状態で大体の数は検討がつく程度の勘は養っておきたい（図9）．

　品質管理の世界では，KKD（勘，経験，度胸）のみでの作業をヨシとはしないが（細胞の大きさによって多少の幅はあるものの），この程度のペレットの量であれば希釈をした方がよいな，とか，逆にボリュームを落して細胞濃度を上げた方がいいかも，といった経験に基づく勘働きというものは実験を進めるうえで意外と重要である．

図9　ペレットの見た目とおおよその細胞数

1×10^5 cells　　1×10^6 cells　　1×10^7 cells

細胞数の計測法・生存率の計算法　トラブルシューティング

⚠ 計測にバラツキが出てしまう

原因
❶染色試薬が溶けきっておらず，粒子が残っている．
❷細胞懸濁液が均等に混ざっていない．

原因の究明と対処法

❶試薬の結晶の除去．
0.3％トリパンブルー液〔PBS（−）で希釈〕は，ラボで調製する場合沈殿を生ずることがあるので使用前に濾過する．

❷スポイトを使いこなす．
細胞の酵素処理には2つの役割がある．1つは細胞を容器から剥がす，もう1つは細胞同士の接着を剥がす，の2つ．こういった操作を確実に，細胞へのダメージをできるだけ少なく，かつ必要な程度に細胞塊をほぐせるようになることは必要不可欠なスキルである．これから細胞を用いた実験を始めようという人は，スポイトの扱いをマスターする必要がある（図10）．
培養初心者の場合，コチョコチョと2本指（親指と人差し指）だけで操作するのをよく見かけるが，このような操作だと，ディッシュの中で泡ばかり立ってしまい，肝心の細胞塊のほぐしがきちんとできていないことが多く，結果，計測結果もバラツキが大きくなる．パスツールピペットは1 mL容量のスポイトを使えば，思い切り吸っても1.5 mL程度しか吸えない．したがって，3本の指をしっかり使って操作するのがポイントである．ビーカー等に水を入れてこの扱いをマスターするまで何度でも練習されたい．

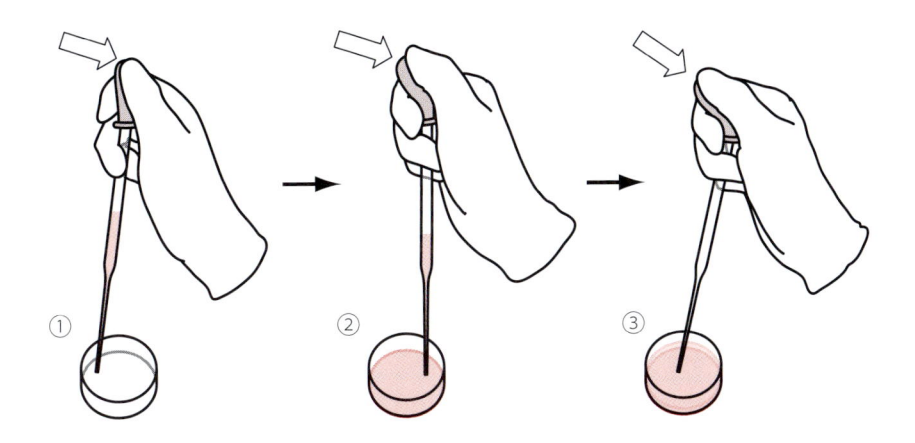

図10　スポイトの握り方と操作方法
①3本の指を使い（親指から中指まで），スポイトをしっかり握る
②親指で向こう側に押し倒す感じで押す
③親指でスポイトをつぶす感じで，最後まで出し切る

本節で紹介したプロトコール以外にも，各ラボそれぞれのやり方で細胞の計測方法があり，細かい部分は異なるケースも少なくないであろう．

　しかし今回は，培養初心者であっても期待した実験結果を無駄な操作や繰り返しをせずに得るための，一連の操作の流れの中で注意すべき点をできるだけ詳細に記したつもりである．

　たかが細胞カウントされど細胞カウント，ということで，軽く見ずにぜひマスターしてほしい．

参考文献

1）無敵のバイオテクニカルシリーズ『改訂 細胞培養入門ノート』（井出利憲，田原栄俊/著），羊土社，2010
2）生物化学実験法29『動物細胞培養法入門』（松谷 豊/著），学会出版センター，1993
3）ミナトメディカル株式会社ホームページ（血球計算盤　算定法：タタイ）：
　　http://minatomedical.com/pdf/111.pdf
　　http://minatomedical.com/pdf/112.pdf
4）『Culture of Animal Cells 6th edition』（R. Ian Freshney/著），Wiley-Blackwell，2010

4 緩慢冷却法による細胞の凍結・融解法

永吉満利子

> **特徴**
> - プログラムフリーザーや凍結用容器にて，細胞内の氷の成長を抑えながら1℃/分程度でゆっくり凍結する方法
> - 多くの細胞の保存に用いることができる
> - 細胞の種類によっては融解後の生存率が低くなる場合がある
> - 細胞の融解は，37℃の温水で急速融解する

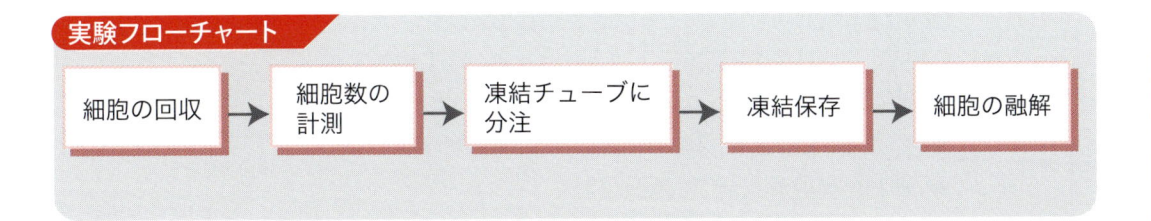

実験フローチャート

細胞の回収 → 細胞数の計測 → 凍結チューブに分注 → 凍結保存 → 細胞の融解

はじめに

　細胞を長期間にわたり安定して供給するためには，超低温での保存が必要不可欠である．液体窒素タンク（液相−196℃，気相−165℃）での保存は，細胞の性質などほとんど変わることなく安定して保存できるので，希少な試料由来の細胞や寿命のある細胞，胚細胞，各種動物細胞の保存に利用されている．

　凍結方法には**急速冷却法**と**緩慢冷却法**とがある．急速冷却法は水分が結晶化することなく粘性で固化する状態で凍結でき，胚細胞やヒトES細胞，ヒトiPS細胞などの凍結保存等に用いられる（2章-5参照）．一方，緩慢冷却法は動物細胞全般に用いられている．

　本節では，緩慢冷却法での細胞の凍結方法，および融解方法について，理研細胞バンクで行われている方法を中心に紹介する．

　最初に細胞の凍結保存（一般的に使用されているプラスチックチューブと発泡スチロール容器での凍結）について，次に細胞の融解方法について述べる．

❶ 細胞の凍結保存法

　　　緩慢冷却法は凍結保護剤（DMSO，グリセロールなど）を加え，細胞を1℃/分くらいで徐々に凍結していく方法である．急速な凍結は細胞内の水が氷となり，細胞にダメージを与え，死滅させてしまう．凍結保護剤は，浸透圧の差によって水を細胞外に出し，代わりに細胞の中に入って氷の成長を防ぐ働きをする．細胞を凍結する際は，プログラムフリーザーや，市販の特殊容器（BICELLなど），発泡スチロールの容器などを用いて，氷の成長を抑えながら徐々に凍結する方法が一般的である．

　　いろいろな凍結方法があるが，理研細胞バンクで行っている方法（細胞懸濁液：培地＋20％DMSO溶液＝1：1で調製する）を紹介する．

準備するもの

- 凍結する細胞
- PBS（−）
- 細胞剥離液…0.25％トリプシン（GIBCO社，#15090-046），0.25％トリプシン−0.02％EDTA（シグマ・アルドリッチ社，#T4049）
- 凍結保護剤…DMSO（シグマ・アルドリッチ社，#D2640）
- 培地…培養用培地（例：DMEM＋10％FBS）
- 細胞回収用チューブ（50 mL）
- 凍結用プラスチックチューブ（1〜2 mL用）
- チューブスタンド
- 凍結保存用容器…発泡スチロールの容器，BICELL（日本フリーザー社）など
- 0.3％トリパンブルー溶液…シグマ・アルドリッチ社

プロトコール

　　ここでは100 mmディッシュ10枚の細胞からチューブ20本を凍結するものとして記載する．細胞は100 mmディッシュ1枚から凍結用チューブ2本に凍結したとき，$1×10^6$個〜$1×10^7$個/チューブの細胞数になるものが多い．

❶ 凍結する細胞が対数増殖期〜コンフルエントになる直前くらいの状態であることを顕微鏡で確認する

❷ あらかじめ凍結用培地（培地＋20％DMSO）をつくっておく ⓐⓑ

❸ 凍結チューブに細胞名，凍結する日などを記入しておく

　ⓐ 培地とDMSOを混ぜると発熱するので，回収する前につくっておくとよい．
　ⓑ チューブを20本つくる場合は培地＋20％DMSOを11 mL（10 mL＋予備として1 mL）用意する．最終的に細胞懸濁液と1：1で混ぜるのでDMSOの濃度は10％DMSO溶液になる．

❹培地をピペットで抜き取る（吸引でもよい）

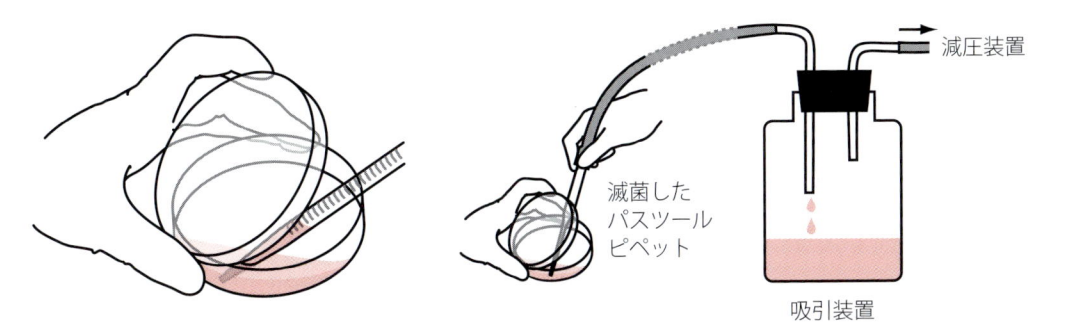

❺血清成分 ⓒ を除くためにPBS（−）3～5 mLをディッシュの壁から静かに入れ，ディッシュを前後左右にゆっくり傾けて細胞を洗った後，PBSを抜き取る．この操作を2回繰り返す

ⓒ血清はトリプシンの酵素反応を阻害する．

壁から静かに入れる　　前後左右に静かに傾けて細胞を洗う　　PBSを除く

❻0.25％トリプシン，または0.25％トリプシン−0.02％EDTAを1 mL加え，ディッシュ全体に行き渡らせる ⓓ

❼37℃のインキュベーターに入れて細胞が剥がれるのを待つ ⓔ

ⓓ0.25％トリプシンや0.25％トリプシン−0.02％EDTAは全体に行き渡らせたら，微量を残して除いてもよい．

ⓔ3分程度で剥がれる細胞もあるが，剥がれにくい細胞もあるので，時々ディッシュを揺すって様子を見る．細胞が剥がれるようになると丸く光って見えるようになる．多少付着していてもピペッティングで剥がれる．ディッシュを水平に軽くたたいても剥がれてくる．

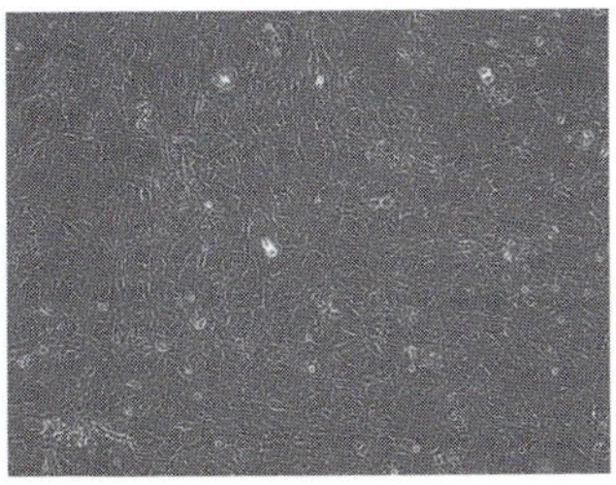

MC3T3-E1 トリプシン処理前　　3分後 ピペッティングで剥がれる　　5分後 揺すっても剥がれる

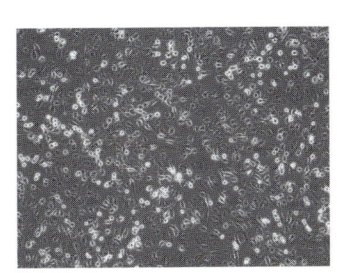

2章 4 緩慢冷却法による細胞の凍結・融解法

❽細胞が剥がれていることを確認した後，血清の入った培地を3〜5 mL加え，トリプシンの作用を止める
❾パスツールピペットで数回ピペッティングし，細胞をシングルセルにして，50 mLのチューブに回収する
❿細胞懸濁液を少量とり，0.3％トリパンブルー溶液で染色し，生細胞数を数える[f]

細胞懸濁液：0.3％トリパンブルー溶液＝1：1

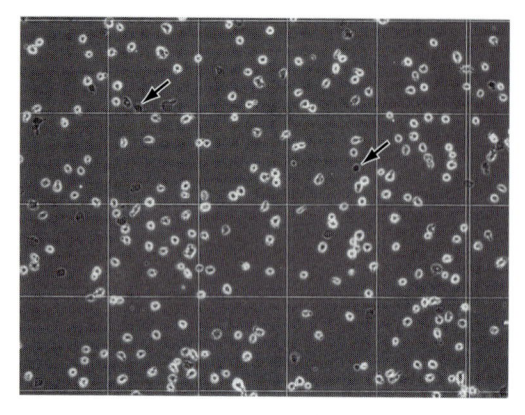

[f] 細胞の計測方法は2章-3で述べているので参照されたい．

←：黒く見えるのは死細胞

⓫生細胞数 $2×10^6$ 〜 $2×10^7$ 個/mLになるように細胞数を調整した懸濁液を11 mL用意する[g]
⓬室温で1,000 rpm（190 G），3分遠心する
⓭上清をピペットまたは吸引で抜き取る
⓮新たに培地11 mLを加え，数回ピペッティングし，細胞をほぐす
⓯細胞懸濁液に❷の凍結用培地（培地＋20％DMSO）11 mLを加える[h][i]

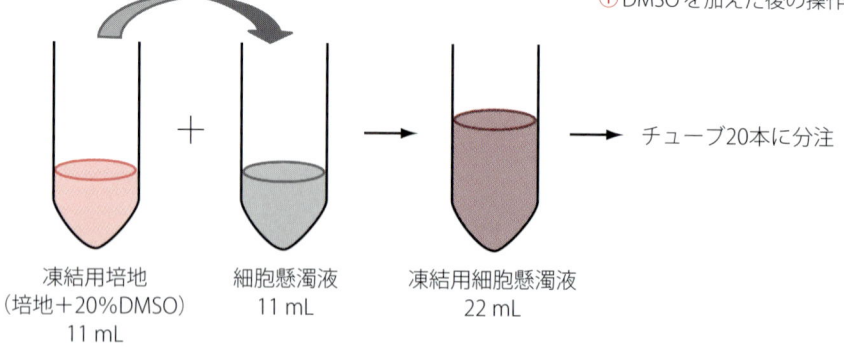

[g] 細胞懸濁液と培地＋20％DMSO溶液とを1：1で混ぜるので，細胞数は2倍にしておく．細胞の最終濃度が $1×10^6$ 個/mLより少ない場合，融解時の細胞の立ち上がりが悪いことがあるので，$2×10^6$ 個/mL以上に調整しておくとよい．

[h] **重要** 凍結用培地（培地＋20％DMSO）に細胞懸濁液を入れてはいけない！徐々にDMSOの濃度を上げていくようにする．DMSOの最終濃度は10％になる．

[i] DMSOを加えた後の操作は迅速にする．

凍結用培地（培地＋20％DMSO）11 mL ＋ 細胞懸濁液 11 mL → 凍結用細胞懸濁液 22 mL → チューブ20本に分注

❶❻ 凍結チューブをチューブスタンドに立て，フタを緩めておく

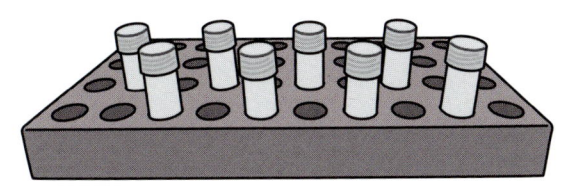

❶❼ 細胞懸濁液を凍結チューブに1 mLずつ入れる

❶❽ チューブのフタを締め，発泡スチロールの容器に入れ，名前や日付などを書き，−80℃のフリーザーに保存する ⓙⓚ

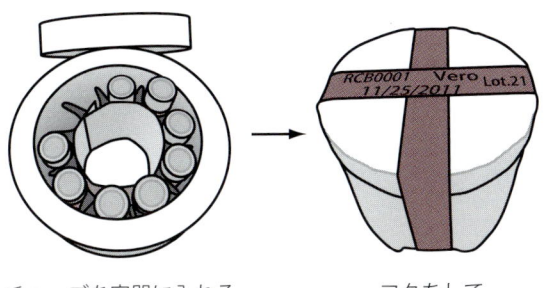

チューブを容器に入れる　　フタをしてビニールテープで止める

❶❾ 翌日，液体窒素容器（気相）に移す ⓛ

❷⓪ 凍結したチューブの1本を融解し，生存率やコンタミネーションの有無を確認しておく

ⓙ 市販のBICELL（日本フリーザー社，下記）なども8本くらい凍結でき，便利である．

ⓚ 左図のように仕切りがない場合は，凍結チューブをキムタオル等で包んで容器に入れると倒れにくく，急激な温度変化が少ない．余った細胞はディッシュに播き数日間培養し，コンタミネーションの有無を確認するとよい．

ⓛ 液相の液体窒素タンクに保存する場合は，チューブのフタの部分にビニールテープを巻き，液体窒素の浸入を防ぐようにする．

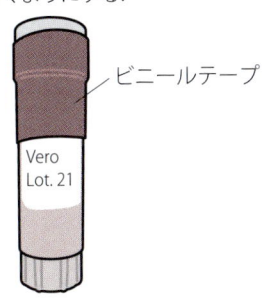

ビニールテープ

ONE POINT　細胞の凍結保存のポイント

理研細胞バンクではDMSOで凍結しているが，凍結用培地の調製が必要なく，直接ディープフリーザーに保存できるセルバンカーのような便利なものも市販されている．

融解時の生存率は，凍結したときの細胞の状態に左右されるので，コンディションのよい状態の細胞を凍結するように心がけたい．100％コンフルエントになり，死に始めているような細胞の凍結は，リカバリーも悪いので避けたい．

まずは細胞を日々観察することが大事である．実験に使用する際は，細胞のストックをつくっておき，同じ条件の細胞を実験に使えるようにしておくことを推奨する．

2章 4　緩慢冷却法による細胞の凍結・融解法

② 細胞の融解法

細胞の融解は，液体窒素タンクから細胞を取り出し，**37℃の温水で急速融解する**ことが重要である．

アンプルを液体窒素タンクから取り出すとき，アンプルの溶閉が完全でない場合，液体窒素がアンプル内に入り，気化して体積が増え爆発するときがあるので，フェースガードをつけ，自身を保護するようにする．凍結チューブを液相に保存している場合も同様に，液体窒素が混入している可能性があるので，必ずフェースガードや保護用メガネを着用する（図1）．

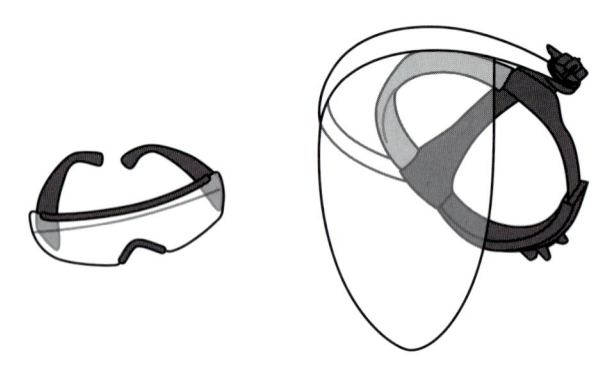

図1 保護用メガネ（左）とフェースガード（右）

準備するもの

- ビーカー（アンプル融解用）
- 発泡スチロール容器（凍結チューブ用）
- 37℃の温水
- 37℃の恒温槽
- 培地
- 15 mLコニカルチューブ
- 60 mmディッシュ
- ピンセット

プロトコール

❶ 培地を 15 mL コニカルチューブに 5 mL 入れておく

❷ 細胞を液体窒素タンクから取り出す ⓐⓑ

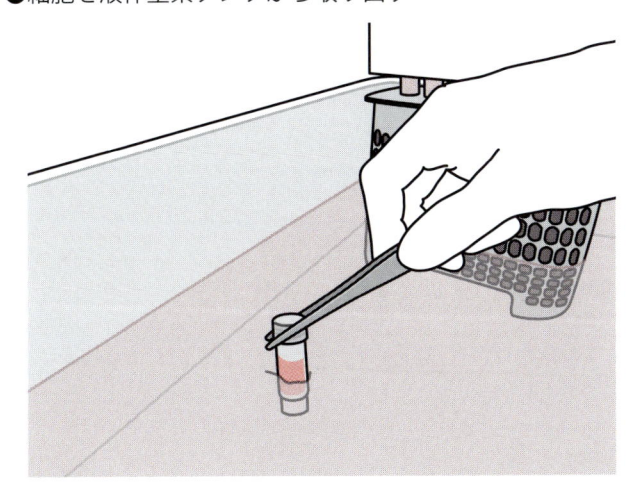

ⓐ フェースガード使用のこと．

ⓑ アンプルの場合，ビーカーに 37℃の温水を入れ，取り出したアンプルを，ただちに温水に入れ融解する．チューブの場合は発泡スチロールの容器に液体窒素を底から 1 cm くらい入れ，この中にチューブを入れて 37℃に設定した恒温槽まで運び，恒温槽でチューブをピンセットで挟み，振りながら溶かす（左図）．

❸ 凍結チューブ，アンプルの周囲をアルコール綿でよく拭き，凍結チューブの場合はフタをあけ，アンプルの場合はアンプルのくびれ部分を折り，パスツールピペットで，細胞を 5 mL の培地を入れた 15 mL コニカルチューブに移す ⓒ

ⓒ 融解方法は理研細胞バンクの以下のサイトで見ることができる．
http://www.brc.riken.jp/lab/cell/rcb/thawing_of_frozen_ampoules.shtml

← ここを折る

アンプル

❹ 1,000 rpm（190 G），3 分遠心する

❺ 上清を除く

❻ 培地を 5 mL 入れ，細胞を懸濁する

❼ ❹〜❻をもう一度繰り返す ⓓ

❽ 細胞懸濁液を 60 mm ディッシュ 2 枚に播く

❾ 37℃のインキュベーターに入れ，培養を開始する

❿ 翌日，細胞の状態やコンタミネーションの有無を観察する

ⓓ 凍結保護剤 DMSO をできるだけ取り除くために行う．DMSO が残っていると細胞の増殖に影響を与えたり，細胞によっては分化が誘導されることもある．

■ 補足

　理研細胞バンクで扱っている細胞には，融解翌日には付着せず，付着に日数を要する細胞や，増殖に時間のかかる細胞，増殖が速い細胞などいろいろな性質の細胞がある．細胞を播種したら，少なくとも3日ほど観察してから，培地交換や継代を行ってほしい．

　また，凍結時の細胞数によっても，ディッシュのサイズを考慮した方がよいときもある．

　理研細胞バンクでは一部の細胞ではあるが，発送時に図2のような培養時の注意事項を添付しているので，参考にしていただきたい．

！培養開始にあたっての注意！

RCB番号　　細胞名　　Lot番号　は
通常の多くの細胞とは異なります

□ 融解後に死細胞の比率が高い
□ 融解して培養開始後，付着するまでに時間がかかる
□ 増殖に時間がかかる（倍加時間が長い）
□ 付着細胞ではあるが，剥がれやすい
□ 付着細胞と浮遊細胞とが混在し増殖する
□ 浮遊細胞である（基本的には付着しない）
□ 培養中に死細胞がある程度出現する
□ 増殖が培地や血清のLotの影響を受けやすい
□ データシートのメモ欄のコメントを必ずお読みください
□ 翌日の培地交換は避け，1週間ほど様子を見てください

培養の開始にあたりましては，以上の点に御留意ください．
【お問い合わせ】　cellqa@brc.riken.jp

図2　培養時の注意事項（例）

参考文献
1）無敵のバイオテクニカルシリーズ『改訂 細胞培養入門ノート』（井出利憲，田原栄俊/著），羊土社，2010
2）『改訂培養細胞実験ハンドブック』（黒木登志夫/監），羊土社，2008
3）生物化学実験法29『動物細胞培養法入門』（松谷 豊/著），学会出版センター，1993

2章　動物細胞の培養に必要な基本事項

5 急速冷却法によるヒトES・iPS細胞の凍結・融解法

藤岡　剛

特徴
- ガラス化保存液を用いて，細胞を急速凍結する方法
- 動物やヒトの受精卵や初期胚の凍結に利用されている
- ヒトES・iPS細胞の高効率な凍結保存が可能
- 「緩慢冷却法」と凍結方法，融解方法が大幅に異なるため注意を要する

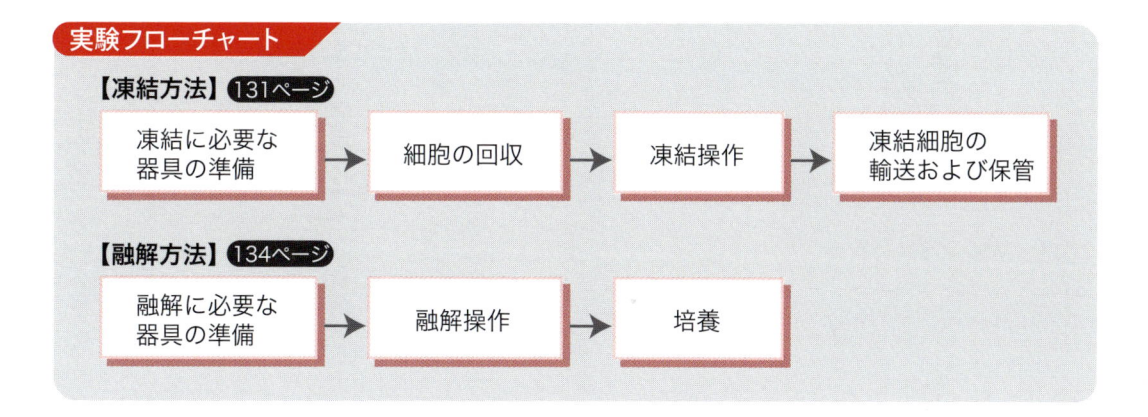

実験フローチャート

【凍結方法】131ページ
凍結に必要な器具の準備 → 細胞の回収 → 凍結操作 → 凍結細胞の輸送および保管

【融解方法】134ページ
融解に必要な器具の準備 → 融解操作 → 培養

① 凍結保存の原理

　細胞を取り扱う研究を行ううえで，培養細胞の凍結保存および融解は最も基本的な技術の1つである．動物細胞内には多量の水分が含まれるため，培養細胞を培養液中でそのまま凍らせると，細胞内や細胞外の水分が結晶化することで，細胞膜や細胞内小器官等の細胞構造を物理的に損傷してしまい，融解後に細胞は生存できない事態となる．そのため，細胞の凍結保存を考えるうえでは，**細胞内および細胞近傍での氷晶形成を防ぎ，細胞組織の物理的な損傷を防ぐことが特に重要**となる．

　2章-4で紹介された緩慢冷却法は，5～20％前後のDMSO等，比較的低濃度の凍結保護剤を添加した溶液に細胞を浸漬し，1℃/分程度の速度で緩慢に冷却して細胞を凍結する方法である（図1中央）．緩慢に冷却することで，細胞外の溶液中の水分が徐々に結晶化し，それに伴い細胞内との間に浸透圧差が生じて，細胞内が徐々に脱水される．やがて細胞外でさらに氷晶形成が進むことで，細胞内および細胞周辺部の溶液が十分に濃縮され，液体窒素中の超低温下でも氷晶が形成されない**ガラス化状態**となる．ガラス化状態とは特定の分子配列

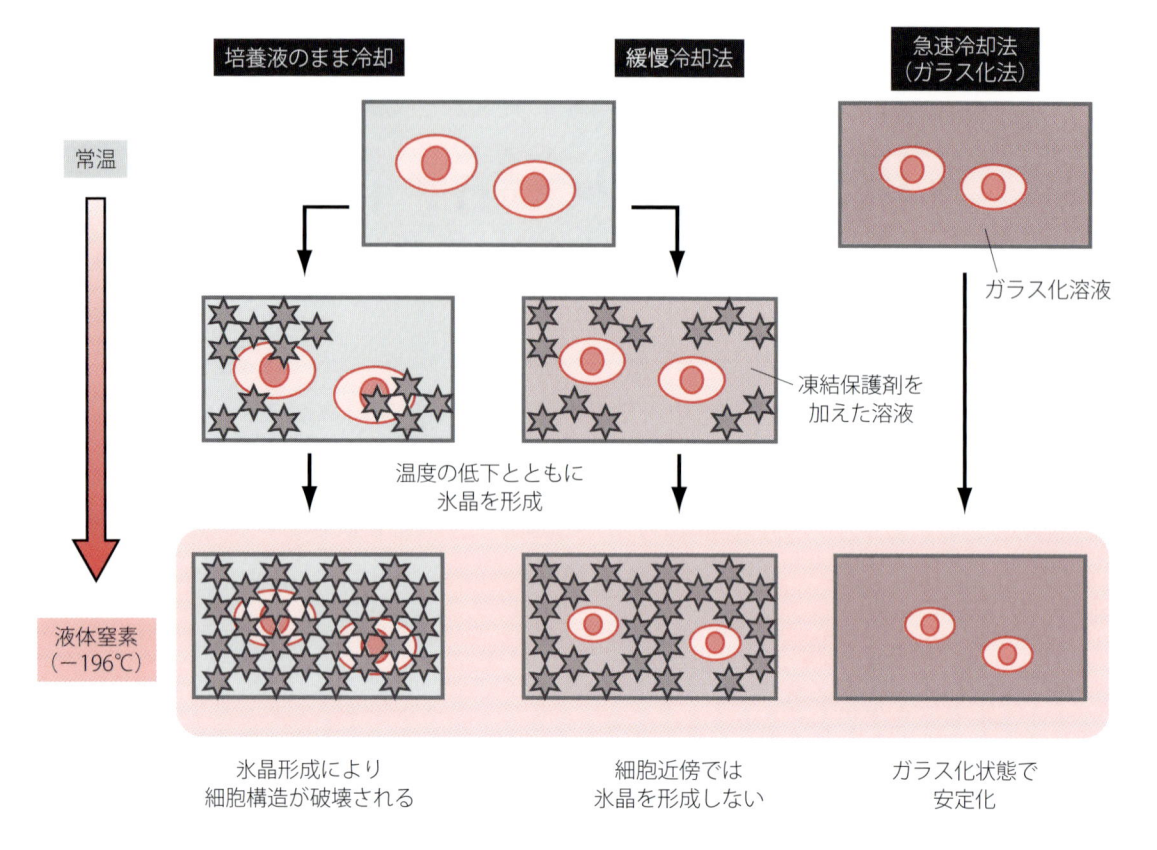

図1 凍結保存法の原理

をもたずに分子の運動が抑えられて安定化した状態のことであり，この場合，溶液の粘度が極度に高くなって安定化した状態となる．ガラス化状態では固く大きな氷の結晶は形成されないため，細胞構造の破壊は起こらない．

一方，**急速冷却法（ガラス化法）はガラス化溶液に細胞を浸漬し，すばやく液体窒素に浸して急速に凍結する方法**である（図1右）．ガラス化溶液は液体窒素中に浸漬しても氷晶が形成されない溶液として開発されたもので，一般的に，グリセロール，エチレングリコール，プロピレングリコール等の高濃度の耐凍剤を含有しているため，溶液の浸透圧が高く，細胞への毒性も強い．そのため，**細胞への毒性の影響を極力抑えるため，すばやく正確な凍結操作が要求される**．現在では，マウス，ウサギ等の実験動物や，ウシ，ブタ等の家畜の初期胚および受精卵の凍結保存や，ヒトの不妊治療に用いる卵子や受精卵の凍結保存等，幅広く利用されている．

培養細胞を凍結保存する手法として，2章-4で述べた緩慢冷却法が幅広く利用されているが，細胞の種類によっては，融解後の生存率が非常に低くなってしまう場合がある．**ヒトES細胞およびiPS細胞等の多能性幹細胞および，カニクイザル等のサル由来の多能性幹細胞は現在最も広く普及している一般的な緩慢冷却法では，凍結融解後の生存率が非常に低い**ことが知られている．それを解決する手段として，急速冷却法を用いた凍結融解方法が考案され，より簡便で高効率な凍結方法や，より細胞毒性の低いガラス化溶液の開発等，さまざまな改良が進められている．しかしながら急速冷却法は，既存の緩慢冷却法と操作の手法や操作上

の注意点が大幅に異なるため，高効率で安定した凍結保存を実現するためには，急速冷却法の原理や注意点をしっかり理解することが必要である．

本節ではヒト多能性幹細胞（ヒトES細胞およびヒトiPS細胞）を対象とした，急速冷却法による凍結および融解の方法について解説する．

② 急速冷却法によるヒトES・iPS細胞の凍結方法

準備するもの

1）器具
- 2 mL クライオチューブ…AGCテクノグラス（IWAKI）社，#2712-002
- クライオチューブ立て
- ピンセット…クライオチューブを液体窒素中で保持しやすいもの
- P-1000 ピペッター
- 氷を入れた容器…凍結保存液（DAP213）を冷却しておくための容器
- 液体窒素を入れる容器…写真のような発泡スチロール容器が使いやすい

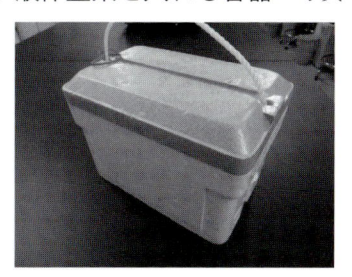

2）試薬など
- ヒトES細胞もしくはiPS細胞…60 mmディッシュ1枚程度
- 培養液…細胞株に応じた，指定の培養液
- PBS（−）
- 細胞解離液…CTK（3章-6参照）
- 凍結保存液…DAP213

Acetamide	590 mg
培養液	6.38 mL
DMSO	1.42 mL
Propylene glycol	2.2 mL
Total	10 mL

＊上から順に添加し，よく混ぜた後，0.22 μmフィルターにて濾過滅菌．調製後，−80℃で保存．

プロトコール

❶ コンフルエントになった細胞を準備する[a]

❷ 培地を除き，PBS（−）2 mLで1回，細胞を洗浄する

❸ 細胞解離液0.5 mLを添加し，ディッシュ全体になじませた後，CO₂インキュベーター中で3〜7分程

[a] **重要** コロニーが十分大きくなり，活発に増殖している対数増殖期の細胞を準備する．また，十分にコロニーが生育し，コロニー内の細胞が密に詰まっている状態が望ましい．オーバーグロースしていたり，分化気味で増殖不良の状態の細胞を凍結した場合は，融解後，増殖不良に陥ってしまう場合がある．

度，インキュベートする[b]

❹ ディッシュを数回叩いてコロニーのはがれ具合を確認し，塊状のまま剥がす[c]

❺ 培地5 mLを添加し，15 mL遠心チューブに回収する

❻ 1,000 rpm（180 G），3分間遠心後，上清を除去する

❼ 再び1,000 rpm（180 G），1分間遠心し，チューブ側面に残った培養液を落とした後，P-1000ピペッターを用いて完全に除去し，細胞のペレットのみにする[d]

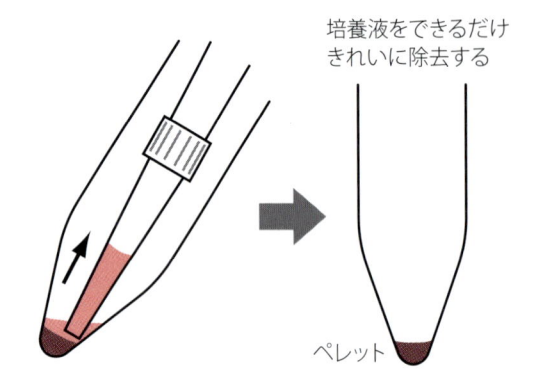

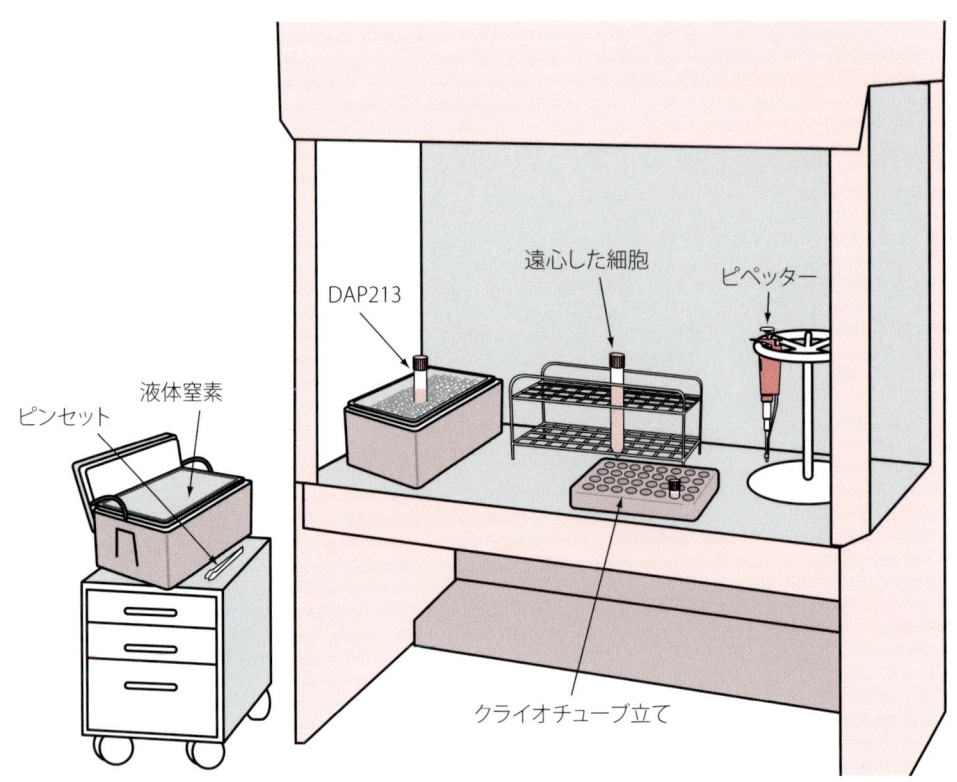

[b] 解離液としてCTKを用いた場合は，ヒトES細胞のコロニーの周辺部から，めくれるように剥がれてくる．ディッシュ内の細胞の量やフィーダー細胞の種類によって，剥がれるまでに要する時間が変わってくるので，途中で剥がれ具合を確認しながら，適切な時間で処理を行う．

[c] **重要** ヒトES細胞やiPS細胞は，コロニーが小さくなりすぎると，継代後のコロニー形成率が極端に低くなってしまうため，コロニーが小さくなりすぎないように細胞を回収する必要がある．凍結および融解の操作によって，コロニーはより小さくなってしまうため，凍結用の細胞を回収する際は，できる限り大きなコロニーのまま回収することが，非常に重要である．見過ごされがちであるが，凍結細胞を融解後のコロニー形成率に大きな影響を与えるポイントである．

[d] ❻の工程で上清を除去しているが，時間が経つと，遠心チューブ側面に少量付着していた培地が垂れてきてしまう．凍結工程では最終的に，200 μLというごく少量の凍結保存液にサスペンドして凍結するため，凍結保存液が薄まらないよう，この工程ではできる限り培養液を除去し，細胞のペレットだけにしておく．

❽ すばやく操作できる位置に，P-1000ピペッター，凍結保存液（DAP213），クライオチューブ，液体窒素を準備する．凍結保存液は氷で冷やしておく

【最重要】 以降❾〜⓫までの工程を10〜15秒で完了すること[e]

❾ P-1000ピペッターで，凍結保存液を200μL量り取る

❿ 細胞を凍結保存液に懸濁後，1〜2回ピペッティングを行い，クライオチューブに移す[f]

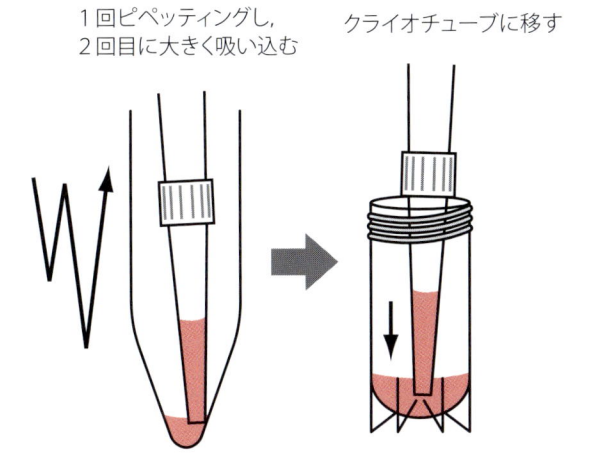

1回ピペッティングし，2回目に大きく吸い込む

クライオチューブに移す

⓫ クライオチューブを液体窒素に浸し，底部から2/3程度が沈むようにピンセットで1分程度保持し，内部まで完全に凍結させる[g]

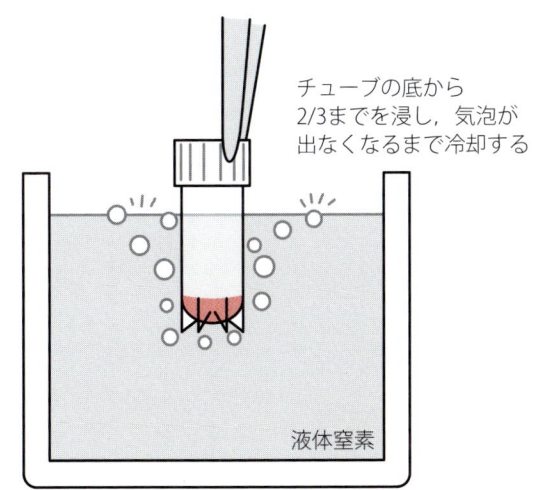

チューブの底から2/3までを浸し，気泡が出なくなるまで冷却する

液体窒素

⓬ 液体窒素で冷却したまま，凍結保管場所まで運搬する[h]

⓭ 液体窒素タンクの気相もしくは−150℃以下のフリーザーにて保存する[i]

[e] 凍結保存液が浸透して細胞が十分に脱水されるまでに，数秒〜10秒程度の時間を要する．一方で，凍結保存液中では浸透圧により細胞が徐々にダメージを受けてしまうため，できるだけすばやく凍結を完了してダメージを抑える必要がある．このバランスが10〜15秒程度であり，非常に厳密な時間管理が必要となる．練習用の細胞で何度か練習して，すばやく操作できるように慣れておくとよい．

[f] 細胞のペレットがほぐれる程度の軽いピペッティングでよい．何度も激しくピペッティングを行うと，コロニーが小さくなりすぎ，また，操作時間もかかってしまう．懸濁液をすばやくロスなくクライオチューブに回収するコツとしては，回収のために吸い込む際にP-1000ピペッターの通常止まる位置よりももう一段階深く押し込むことで（下図），200μL以上を一気に吸い込むことができる．

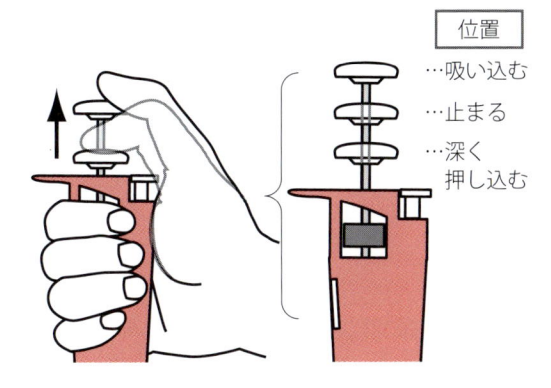

位置
…吸い込む
…止まる
…深く押し込む

[g] ピンセットで保持していないと，クライオチューブが横倒しになり，冷却されるまでに時間がかかってしまう．また，クライオチューブのフタの隙間から，チューブ内に液体窒素が浸入してしまう危険性がある．

[h] **重要** 超低温を維持する必要があるため，ドライアイスでの運搬は不可である．

[i] **重要** DAP213は−150℃以下の超低温状態では，ガラス化状態で安定化しているが，−60℃以上の温度では安定的なガラス化状態を保持できず，徐々に氷の再結晶化が進み，細胞に物理的な損傷を与えてしまう．そのため，凍結したクライオチューブは必ず−150℃以下で，温度変化の少ない安定した環境で保管する必要がある．また，液体窒素の液中での保管は，保管中にクライオチューブ内に液体窒素が混入してしまう恐れがあるため，好ましくない．

急速冷却法によるヒトES・iPS細胞の凍結方法 トラブルシューティング

⚠ 凍結操作時に細胞がチップに詰まってしまい，すばやく凍結できない

原因 シート状の塊としてフィーダー細胞を回収してしまった．

原因の究明と対処法

凍結用の細胞を回収する際に，フィーダー細胞がシート状にはがれて，大きな塊として残り，凍結操作時にチップに詰まってしまって凍結操作ができない場合がある．細胞を剥がして回収した際にフィーダー細胞の大きな細胞塊が確認された場合は，チューブに回収する前に除去しておくとよい．

⚠ 凍結後のクライオチューブが白く濁っている

原因
❶ 凍結操作を10秒以下で行ったため，細胞の脱水が不十分になってしまった．
❷ クライオチューブ1本あたりに凍結する細胞数が多すぎる．

原因の究明と対処法

細胞を凍結後，きちんとガラス化している場合は，ピンク色で透明な状態となる．白く濁って見える場合は，ガラス化せずに氷の結晶が形成されている状態なので，融解後の細胞の生存率は低くなってしまう．凍結操作に要する時間（10〜15秒で凍結操作を完了）を厳密に守ることが必要である．また，チューブ1本あたりに凍結する細胞数が多すぎても，ガラス化しにくくなるので注意する．

なおチューブのフタを落としたり，ピンセットでつまみ損ねたりして失敗してしまう場合もあるので，特に重要なサンプルを凍結する場合は，複数本に分けて凍結するように工夫するとよい．

❸ 急速冷却法によるヒトES・iPS細胞の融解方法

■ 準備するもの

1) 器具
　● クライオチューブ立て
　● ピンセット…クライオチューブをつまみやすいもの
　● P-1000ピペッター
　● ウォーターバス…37℃に温めておく
　● 液体窒素を入れた容器…凍結細胞を輸送するための容器

2) 試薬など
　● 急速冷却法で凍結した細胞
　● 培養液…細胞株に応じた，指定の培養液
　● 培養用のディッシュ
　　対象の細胞の培養に，フィーダー細胞や特殊なコーティングが必要な場合は，事前に準備しておく．60 mmディッシュ1枚分の凍結細胞を融解する場合は，60 mmディッシュ1枚を用意する．凍結時の細胞と同スケールの培養容器を目安に準備するとよい．

プロトコル

❶ 15 mL遠心チューブに培養液を10 mL加え，37℃のウォーターバスで温めておく

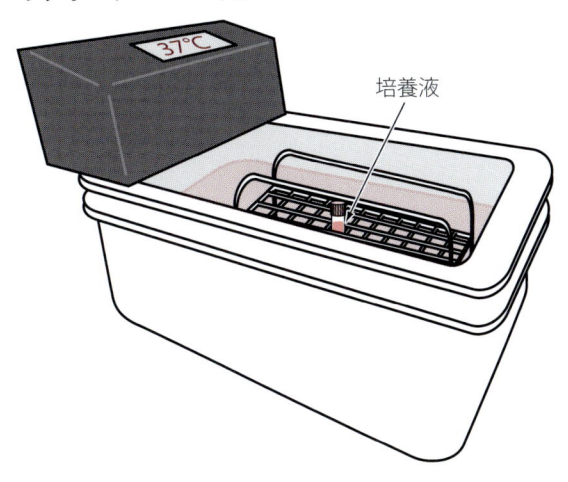

❷ 細胞を凍結したクライオチューブを凍結保管場所から出した後，すぐに液体窒素を入れた発泡スチロール容器に入れて，保冷しながらクリーンベンチまで運ぶ[a]

[a] −150℃以下に保つ必要があるため，ドライアイスでの保冷は不可．

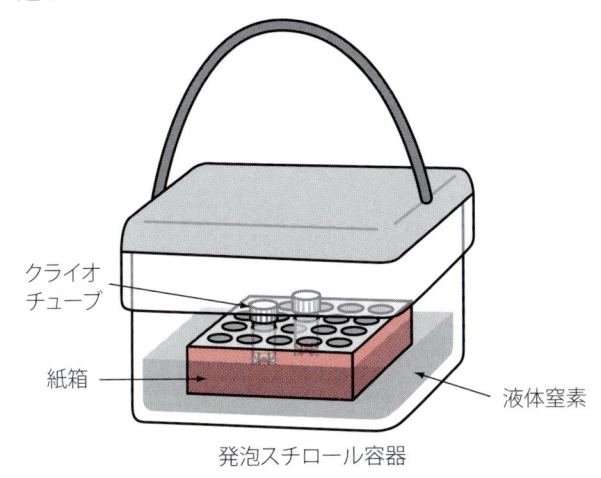

❸ ❶で37℃に温めておいた培地を，クリーンベンチ内に準備し，融解操作に必要な器具をすばやく操作しやすい位置にセットする[b]

[b] **重要** クリーンベンチ内に放置すると，ファンの風ですぐに冷えてしまうので，温めた培地が冷めないうちに，速やかに以降の作業を開始すること．

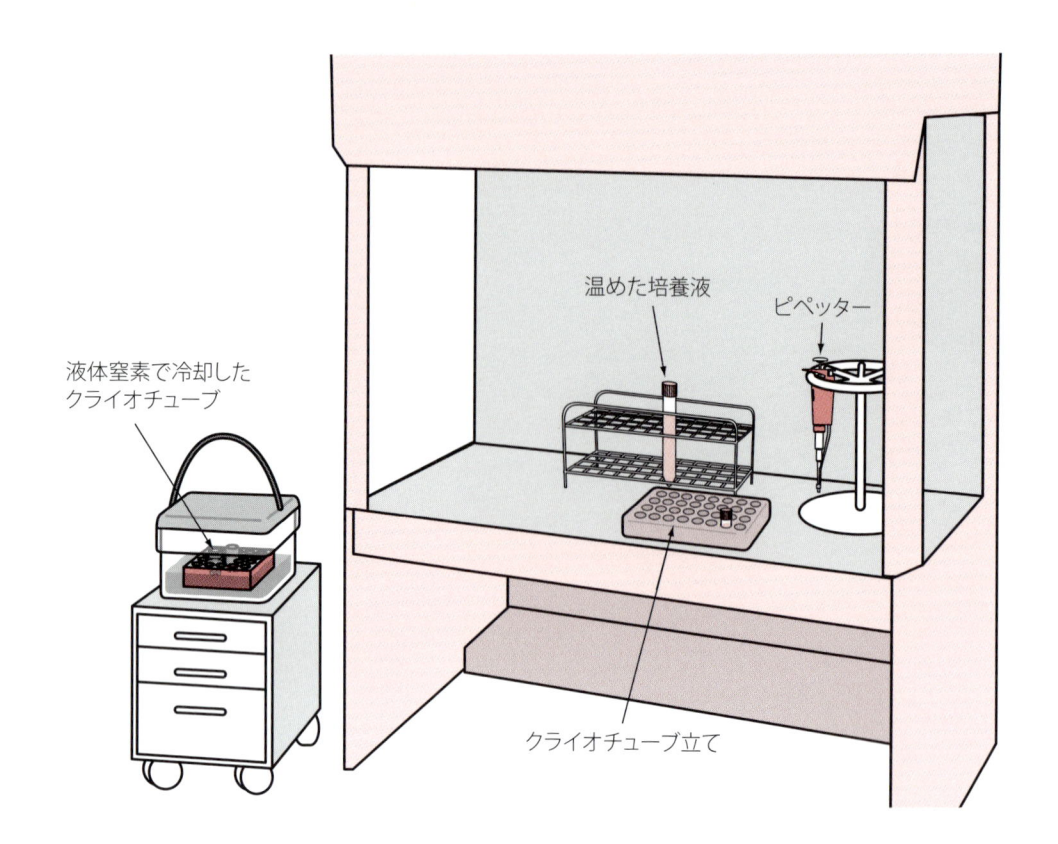

図中ラベル:
- 液体窒素で冷却したクライオチューブ
- 温めた培養液
- ピペッター
- クライオチューブ立て

【最重要】 以降，凍結チューブを液体窒素から取り出してから，遠心チューブに回収するまでの操作をできるだけすばやく完了するように作業を行う．

❹ ピンセットを用いて凍結チューブを液体窒素から取り出し，37 ℃に温めておいた培地 1 mL をクライオチューブに加え，底部の細胞ペレットに吹きつけるようにしてピペッティングを行い，急速に解凍する[c]

図中ラベル: ペレットに吹きつけるようにゆったりと大きくピペッティング

[c] 重要 凍結保存液の毒性や，融解時の水分の再結晶化による障害を防ぐため，できる限り急速に融解し，急速に希釈を行うことが，最も重要である．底部の細胞ペレットが速やかに溶けるように，温めた培養液をペレットにめがけて，吹きつけるように作業すると，すばやく溶かすことができる．ピペッティングのコツとしては，ガシャガシャと小さなストロークで激しく行うのではなく，大きなストロークでできるだけたくさんの培養液が動くように，ややゆったりと大きく撹拌するとよい．通常，10 回前後（所要時間 10 秒程度）のピペッティングで完全に溶けるはずである．

また，クライオチューブを液体窒素から取り出した後は，すばやく融解操作を行う必要があるが，液体窒素がチューブ側面に滴っているような状態では，注入した 1 mL の培養液の熱がすぐに奪われてしまい，シャーベット状に再結晶化してしまう場合がある．このような状態になると凍結した細胞は全滅してしまうので，急ぎはするものの，側面についた液体窒素が蒸発する間の，ほんの一呼吸置いてから取り掛かるくらいの気持ちで，融解操作を開始するとよいかもしれない．

❺細胞懸濁液を，温めた培地の残りが入った遠心チューブに移す

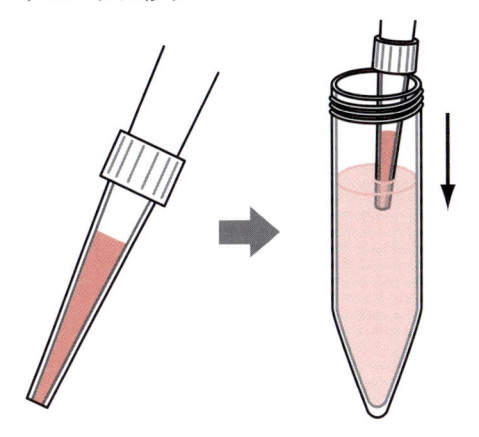

❻1,000 rpm（180 G）で3分間遠心する
❼上清を除き，新しい培地4〜5 mLに懸濁後，培養用に用意しておいたディッシュに移し，インキュベーターに入れて培養を開始する⒟（図2）
❽翌日，細胞の塊がディッシュに接着してコロニーを形成していることを確認後，培地交換を行う⒠⒡（図3）

⒟インキュベーターに入れる前に細胞を播種したディッシュを顕微鏡で観察することで，大体の生存率を判断することが可能である．判断のコツとして，生きている細胞は，細胞やコロニーの辺縁が平滑で，張りがあるように感じられるが，死んだ細胞は，細胞周囲が傷ついてざらざらとしており，細胞の中身がスカスカして漏れ出してしまったように見える．慣れないうちは，融解後の細胞の一部をトリパンブルーで染色して，細胞の生存率を確認してみるとよい．

⒠塊状で浮遊している細胞が多い場合は，上清を回収し，遠心後，新しい培地に交換し，再び元のディッシュに播き直して培養を行うとよい．

⒡通常3〜4日程度で，凍結した細胞数と同程度まで増えて，継代可能な状態となる．培養にフィーダー細胞や特殊なコーティングが必要な場合は，次回の継代に間に合うように，前もって準備しておく．

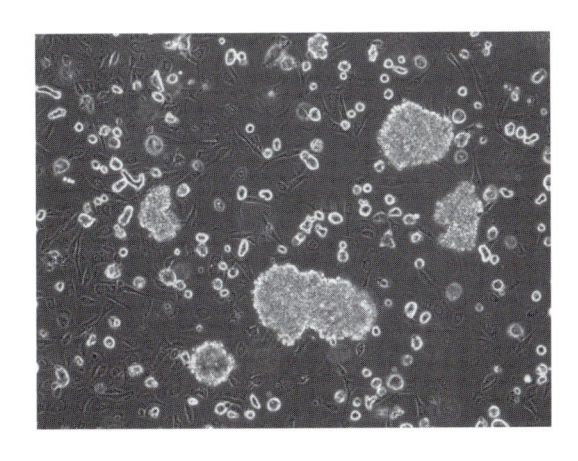

図2　融解後，フィーダー細胞上に播種したヒトiPS細胞

図3　融解後，翌日のヒトiPS細胞
コロニーがディッシュ底面に接着し，伸展していることがわかる

急速冷却法によるヒトES・iPS細胞の融解方法　トラブルシューティング

⚠ 融解後の生存率が低い

原因
❶氷の結晶化が進んでしまい，融解操作前のクライオチューブ内の細胞が，ピンク色の透明ではなく，真っ白に濁った状態だった場合．
❷融解操作時に，細胞が溶けるのが遅かった．

❸融解直後，ディッシュに播種した時点で，死細胞が多く生細胞が少ない．
❹培養開始翌日に，接着したコロニーがみられない，またはほとんどない．

原因の究明と対処法

凍結から融解までのどの工程で問題が起こったのかを正確に判断することが必要なため，上記原因の順にトラブルシューティングを行う．

❶融解操作の前の時点で，ガラス化状態が保持できずに，氷の結晶化が進行してしまった状態．すでにこの時点で，細胞が物理的なダメージを受けてしまっていた可能性が高い．低温保存中やクライオチューブの輸送中に，一時的に温度が上がることで，氷の結晶化が起こってしまった可能性がある．低温保存中の保存容器の開け閉めや，保存容器から取り出した後の運搬中の温度管理を徹底することが必要である．

❷37℃で温めた培地が冷めてしまった状態で融解操作を開始すると，溶け切るまでに時間がかかったり，ひどい場合には，チューブ内で培養液がシャーベット状に凍結したりしてしまい，融解後の生存率が極端に落ちてしまう場合がある．37℃で温めた培地が冷めないうちに，速やかに融解作業を開始し，温かい培地を大きく動かすようにピペッティングを行うことが必要である．

❸融解後，細胞を播種する前に，一部の細胞をトリパンブルー染色することで，大体の生存率を確認できる．この時点で死細胞が多かった場合は，上記❶❷が疑われるので，上記の手順を再確認する．

❹ディッシュの培養液中に細胞塊が多数浮遊している場合は，まず，生細胞が塊状のまま浮遊しているのか，それとも，細胞が死んで浮遊しているのか，判別することが必要である．生細胞であれば，胚様体のように球状にまとまった形態を示すが，死細胞の場合は，散り散りに断片化した形態をとることが多い．浮遊している細胞の生死が判断しにくい場合は，一部を採取して，トリパンブルー染色を行うとよい．死細胞ばかりの場合は，上記❶〜❸の手順を再確認するとともに，培養液の組成やフィーダー細胞の種類等，培養条件に間違いがないか，再度検討してみることが必要である．浮遊している細胞塊が生細胞であった場合は，細胞塊の周囲が死細胞で覆われてディッシュ底面に接触できない場合があるため，ピペットで2〜3回ピペッティングして，細胞塊周囲の死細胞を除去してやると，ディッシュ底面に接着することが多い．また，調製から時間の経ったフィーダー細胞を用いたり，フィーダー細胞の播種数が多すぎるディッシュを用いたりした場合にも，融解後の細胞が接着しにくくなる場合があるので，注意する．

最後に，本質的な解決方法ではないが，生存率が非常に低かった場合でも，1週間程度，毎日培地交換を行って培養を続けることで，少数の細胞から，コロニーを形成して増えてくる場合も多く，全滅してしまうことは稀である．貴重な細胞の場合は，あきらめず，1週間程度は培養を継続して様子をみることをお勧めする．ただし，上記のような場合は，凍結融解が適正に行われてはいないということなので，高効率に安定して凍結保存できるように，使用する試薬や手技を再検討する必要がある．

参考文献
1) Luyet, B. J.：Biodynamica, 1：1-14, 1937
2) Rall, W. F. & Fahy, G. M.：Nature, 313：14-20, 1985
3) Nakao, K. et al.：Exp. Anim., 46：231-234, 1997
4) Vajta, G. et al.：Mol. Reprod. Dev., 51：53-58, 1998
5) Reubinoff, B. E. et al.：Hum. Reprod., 16：2187-2194, 2001
6) Fujioka, T. et al.：Int. J. Dev. Biol., 48：1149-1154, 2004
7) Martin-Ibañez, R. et al.：Hum. Reprod., 23：2744-2754, 2008
8) Matsumura, K. et al.：Cryobiology, 63：76-83, 2011

3章 細胞培養プロトコール

1 プライマリー細胞
—継代培養方法

須藤和寛

特徴
- 培養条件の至適化が重要
- 全体を通して細胞の様子を注意深く観察することが必要
- 継代前と継代後で細胞の様子に変化がないことを確認
- 分裂可能な回数に限界があることに注意

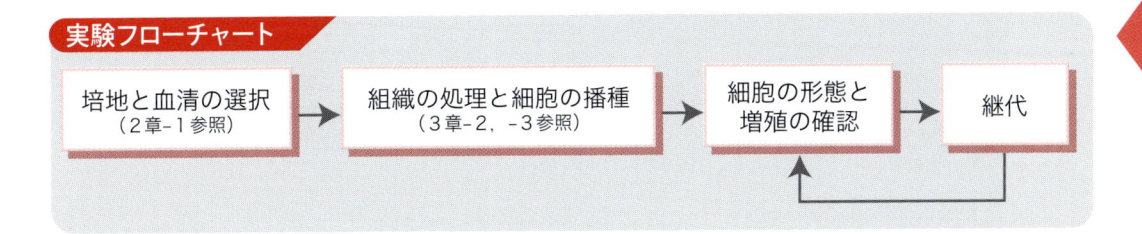

実験フローチャート

培地と血清の選択（2章-1参照） → 組織の処理と細胞の播種（3章-2，-3参照） → 細胞の形態と増殖の確認 → 継代（→細胞の形態と増殖の確認にループ）

　多くの場合，1つの組織は複数の異なる種類の細胞によって構成されており，細胞の種類によって栄養の要求性や増殖の速さなどが異なる．そのため，目的の細胞だけを効率よく分離することは容易ではないが，大まかな手順は，培地と血清の選択→組織の処理と細胞の播種→細胞の増殖の確認→継代となる．**培養開始前には，使用する培地や血清の種類，必要な添加物の有無，分離しようとする細胞の形態や性質などの特徴を事前に論文等で確認しておかなければならない．**基礎培地や血清の選択など培養前に決定すべき事項については2章-1を参照していただきたい．

　プライマリー細胞は組織から分離した直後から継代ごとに性質が変化していくと考えられる．不適切な継代培養はその変化を加速してしまう可能性があるため，プライマリー細胞の継代培養には細心の注意を払い，適切な方法で行う必要がある．ここでは，組織から分離されたヒト線維芽細胞およびヒト間葉系幹細胞を中心に，継代方法や実験に用いる際の注意点などについて概説したい．

❶ ヒト線維芽細胞とヒト間葉系幹/前駆細胞の特徴

　ヒト線維芽細胞は字のとおり細長い紡錘状の形態をもつ細胞である．逆に言うと，分化能など細胞の性質によらず，細長い紡錘状の形態をもつ細胞はすべて線維芽細胞であると言える．もちろん，たとえ上記のような形態をもつ細胞であっても，その他に特徴的な性質をもつ（分化能や遺伝子発現など）場合，線維芽細胞とはよばずに特徴を反映するような名称が与えられている（例えば，間葉系幹細胞）が，形態を説明する際にはよく「線維芽細胞様

図1 ヒト線維芽細胞
A）肺由来，B）皮膚由来，C）羊膜由来，D）〜F）臍帯由来

と記載される．

　ヒト線維芽細胞は主に間質組織中に存在し，組織の構造の維持等に大きな役割を果たしている．ほぼすべての組織には間質組織が存在するために，事前に間質組織を取り除くなどしない限り，どのような組織からも線維芽細胞は必ず出現してくる．それほど培養条件を選ばない細胞でもあるため，線維芽細胞を増殖させることは比較的容易である．しかし，**由来する組織によって細胞の形態はかなり異なる**（図1）．例えば，肺に由来するヒト線維芽細胞（図1A）は皮膚に由来するヒト線維芽細胞（図1B）と比較して，より細長い形態を示す場合

図2 ヒト骨髄由来の間葉系幹細胞

が多い．また，ヒト羊膜に由来する線維芽細胞（図1C）やヒト臍帯に由来する線維芽細胞（図1D）も肺や皮膚に由来する細胞とは異なる形態をもつことが多い．また，**同じ組織に由来する線維芽細胞であっても培養方法の違いによって異なる形態をもつ細胞が増殖してくることがある**（図1D〜F）．これらの細胞はすべて組織から分離されてから数回，継代培養を行った細胞であるが，培養開始から形態的な変化は観察されていない．

　ヒト間葉系幹細胞はヒト線維芽細胞様の形態をもつ細胞であり（図2），これまでに骨髄，臍帯血，胎盤，臍帯，羊膜，皮膚，脂肪組織などに存在することが明らかになっている．図2はヒト骨髄に由来する間葉系幹細胞である．形態以外の特徴として，**間葉系幹細胞は主に中胚葉系の組織への分化能をもつ細胞である**．特に，骨芽細胞，軟骨，脂肪細胞への分化能をもつことが必須条件のように扱われている．その他にも，血管内皮や肝細胞，神経系の細胞などへの分化能があることが報告されている．

　ヒト線維芽細胞は古くから実験材料として皮膚や肺などから分離され実験に用いられてきたが，分化能などの検討はなされていなかった．10年ほど前に線維芽細胞様の形態をもつ細胞に骨芽細胞，軟骨，脂肪細胞への分化能をもつ間葉系幹細胞が存在することが明確に示され，それまでヒト線維芽細胞として扱われていた細胞の中にも間葉系幹/前駆細胞が含まれるのではないかと考えられるようになった．理研細胞バンクには現在，皮膚や肺，体幹部などに由来する90種類以上の細胞がヒト線維芽細胞として寄託されているが，ほぼすべての細胞に骨芽細胞，軟骨，脂肪細胞のすべてあるいはいずれかへの分化能があることが確認されている．図1に示すヒト線維芽細胞も骨芽細胞や軟骨，脂肪細胞への分化能をもつため，これらの細胞は線維芽細胞であり間葉系幹細胞でもある．

❷ ヒト線維芽細胞およびヒト間葉系幹細胞の継代方法

　ヒト線維芽細胞およびヒト間葉系幹細胞はさまざまな組織に存在しているためその分離方法もさまざまであるが，分離後の継代培養方法はすべての細胞にほぼ共通であると考えてよ

い．組織からの細胞の分離方法については3章-2，-3を参照していただきたい．ただし，分裂回数の増加によって分化能に変化が起こるとする報告もあるため，間葉系幹細胞の場合には数継代ごとに分化誘導を行い，分化能の評価を行う方がよいと思われる．細胞の継代方法は研究室や研究者によって異なると思われるが，基本的な処理を間違えていなければそれほど問題にはならない．ここでは，理研細胞バンクが推奨している方法を示す．

準備するもの

- **90％程度コンフルエントになった細胞**
  100％コンフルエントになる前に継代する．細胞によっては，100％コンフルエントになると急速に死に始める細胞も存在するので注意が必要．
- **血清を含んだ培地**
- **0.25％トリプシン-0.02％EDTA溶液**
  0.25％トリプシンのみでも構わない．細胞の剥がれやすさや接着の強さを考慮して，EDTAを使用するかどうか決定するのがよい．
- **PBS（−）**
  必ずMg^{2+}およびCa^{2+}不含のものを使用すること．これらのイオンはトリプシンの働きを阻害する．
- **培養容器**…プラスチックディッシュやフラスコなど

プロトコール

▶線維芽細胞および間葉系幹細胞の継代方法

❶ 培地，PBS（−），トリプシン-EDTAを室温に戻す
　ⓐⓑ

❷ 細胞面を傷つけないように，培養容器を傾けるなどしながら古い培地を取り除く

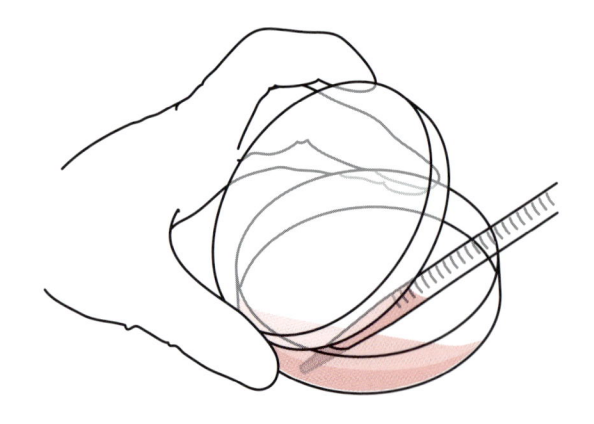

ⓐ 当日使用する分だけを分注できる場合は，37℃に温めた方がすべての処理が早くなる．

ⓑ **重要** トリプシンは細胞培養に使用する酵素の中では比較的強い活性をもつが，実験に使用する細胞を剥離させる場合に問題になることがある．細胞膜上のタンパク質の発現解析を行うような実験の場合には，事前に目的とするタンパク質がトリプシンで分解されるかどうかを確認しておいた方がよい．特に，FACSなどを使用して細胞表面抗原の発現を抗体を用いて調べる場合は要注意である．本来発現しているはずの抗原が検出できない場合やトリプシンで分解されることがわかっているタンパク質が対象の場合には，細胞の剥離にはディスパーゼなど他の酵素を用いるなどの工夫が必要である．

❸吸い取った培地と同程度のPBS（−）を細胞面に直接当たらないように静かに加え，培養容器をゆっくりと2，3回傾けて細胞層を洗った後，細胞面を傷つけないようにPBS（−）を取り除く⒞

ⓒ 剥がれにくい細胞に関しては，PBS（−）での洗いを2回行うとよい．

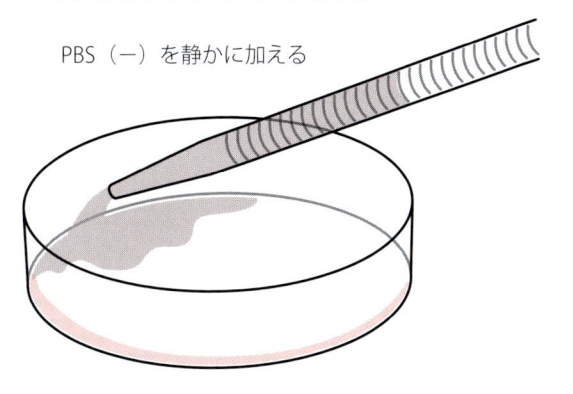

PBS（−）を静かに加える

❹トリプシン−EDTAで細胞面を洗い，すぐに取り除いた後，新たに数滴トリプシン−EDTAを加えて37℃のインキュベーターに入れる⒟

ⓓ 細胞面全体に行き渡る程度のトリプシン−EDTAを加えてそのままインキュベーターに入れてもよい．

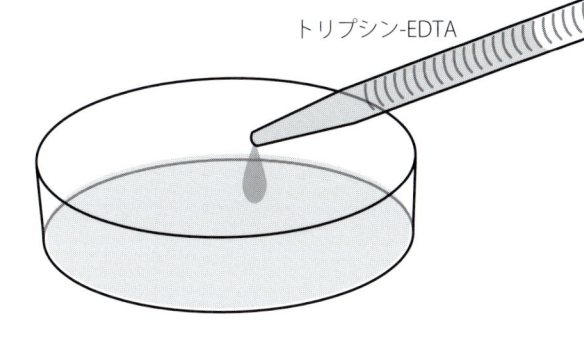

トリプシン-EDTA

ⓔ 重要 トリプシンで長時間処理しすぎると細胞にダメージが残り，継代後の生存率が悪くなる場合があるので注意する．
ⓕ トリプシン添加後，10分以上経過してもほとんどの細胞に変化がない場合には，それ以上待っても細胞が剥がれることはほとんどないので，一度トリプシン−EDTAを取り除いて手順❹を再度行う．それでも細胞が剥がれない場合には，トリプシンが失活している可能性があるので，新たなものに取り替える必要がある．

❺数分後，顕微鏡下で細胞を観察し，ほぼすべての細胞が丸くなっていたらディッシュを軽く叩き，細胞を浮遊させる⒠⒡⒢

ⓖ 長期間同じディッシュで培養していた細胞は剥がれにくくなる傾向があるので注意する．

トリプシン処理前

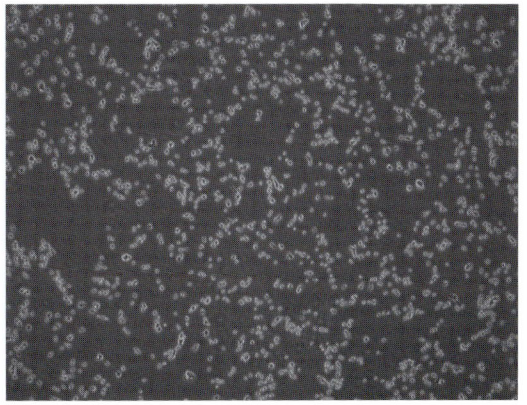

トリプシン処理後

3章

1 プライマリー細胞

❻血清を含んだ培地を適当量加えてトリプシンの活性を止め，ピペッティングによって細胞をディッシュから完全に剥離すると同時に単細胞浮遊液にする⒣

❼新しい培養容器に培地を加え，細胞の懸濁液を1：4〜1：8になるように加える⒤⒥

❽培養容器を前後左右に軽く揺すって細胞を均一にした後，それぞれの細胞にあった温度のインキュベーターに静かに入れる

❾翌日，ほとんどの細胞が付着して伸張していることを確認する⒦

❿2，3日後に細胞が90％コンフルエントになっていなければ，古い培地を取り除いて，新しい培地を加える

⓫細胞が90％コンフルエントになった時点で，継代を行う

⒣ **重要** ピペッティングを行う際になるべく泡立てないように注意する．非常に細かい泡を含んだ状態でピペッティングを繰り返すと，細胞が壊れる場合がある．

⒤ 細胞によって希釈率は異なるので，初めて継代を行う細胞に関しては，懸濁液：培地＝1：4，1：6，1：8などの希釈率で細胞を播種し，様子を見る．

⒥ 手順❻でトリプシン-EDTAを加えたままの場合は，加えたトリプシン-EDTAの量にもよるが，細胞を一度すべて回収して遠心した後〔1,000 rpm（200 G 前後），3〜5分〕，上清を捨てる．新しい培地で細胞を再懸濁した後，1：4〜1：8になるように細胞を播種する．

⒦ もし，大半の細胞が付着せずに浮遊している場合には，どこかの処置が不適切であった可能性があるので，トリプシン処理の時間を変更するなどして，改善を図る．

トラブルシューティング

ヒト線維芽細胞およびヒト間葉系幹細胞の継代方法

⚠ 細胞が剥がれない

原因
❶血清が残存している．
❷トリプシンが失活している．
❸細胞を長期間継代することなく同じ培養容器で培養した．
❹100％コンフルエントの状態で培地交換を繰り返した．

原因の究明と対処法

❶培地に加えている血清中にはトリプシンを不活化する物質が含まれている．トリプシンを加える前に細胞をPBS（−）でよく洗い，残存する血清をできるだけ減らすことが重要である．

❷細胞をPBS（−）でよく洗っても細胞が剥がれない場合，トリプシンが失活している可能性がある．新しいトリプシンを使用して再度試してみる．

❸なんらかの原因で細胞がコンフルエントになるまでに長い時間がかかってしまったような場合，細胞が非常に剥がれにくくなることがある．10分間を目処にトリプシン処理の時間を延長するか，新たなトリプシンで数回処理するなどしてみる．しかし，どうしても細胞を剥がすことができない場合，スクレーパーなどを用いて無理矢理剥がすことも可能であるが，生存率は著しく低下するので推奨できない．可能であれば新しい細胞を用いて再度培養を開始する．

❹細胞が100％コンフルエントであるにもかかわらず継代を行わずに培地交換を繰り返すと細胞は非常に剥がれにくくなる．たとえ剥がれたとしても細胞がばらばらにならずに膜状に剥がれたり，細胞塊ができるなどの要因にもなる．このような状態になってしまった細胞はその後の培養に悪影響を及ぼす可能性が高いので，継代することを諦めて新たに細胞を準備する必要がある．また，剥がれにくい細胞を長時間のトリプシン処理によって無理矢理剥がすと，剥がれやすい細胞はトリプシン処理によって死滅し，剥がれにくい細胞だけが生き残って継代されることになる．剥がれやすい細胞と剥がれにくい細胞のどちらが自分の目的に合うのかが明らかでない場合には，それぞれを別々に回収して培養すべきである．

⚠ 細胞が均一に播種されていない

原因 ❶細胞を播種後，培養容器の撹拌が不十分であった．
❷インキュベーター内の棚が傾いている．

> **原因の究明と対処法**
>
> ❶円を描くように撹拌すると細胞は培養容器の中心に集まりやすくなるので，縦横斜めにゆっくり揺すって細胞を拡散させるようにする．自分なりに一番よい撹拌方法を見つけるのがよい．培養容器が小さい場合や播種した細胞数が多すぎる，または少なすぎると細胞の偏りが起きやすいので，培養容器を少し大きくすることや適切な細胞数の細胞を播種するようにする．また，細胞を播種する際に培地を先に培養容器に入れ，後から細胞の懸濁液を少量加えるような方法は避ける方がよい．この方法は特に小さい培養容器を用いる場合に細胞に偏りをもたらすことが多い．1つの培養容器に播種する分の細胞を必要量の培地を用いて懸濁し，そのまま培養容器に入れるようにする．
>
> ❷長年の使用などによってインキュベーター内の棚が歪んだり傾いたりしていると，細胞は傾斜の低い方に偏ってしまう．水準器などを用いて水平を確認する．

⚠ 継代後に死細胞が多い

原因 ❶トリプシン処理の時間が長すぎた．
❷継代前の細胞の状態が悪かった．
❸ピペッティングのしすぎ．

> **原因の究明と対処法**
>
> ❶適切なトリプシン処理の時間は細胞の種類や細胞の状態によって異なるため，時々顕微鏡下で細胞を確認し，ほぼすべての細胞が丸くなってきたらタッピングを行うなどしてなるべく早く細胞を剥がすようにする．ただし，トリプシン処理が不十分なまま無理矢理細胞を剥がすと，細胞塊ができる原因になるなどよいことはあまりないので，こまめに顕微鏡下で観察しながら作業を行う．
>
> ❷細胞にもよるが，多くの細胞では100％コンフルエントになって増殖が止まった状態で継代を行うと死細胞が出現しやすい．そのため，一般的には継代培養は100％コンフルエントになる直前に行うのがよいとされている．また，ヒト線維芽細胞や間葉系幹細胞は培養容器底面に接着して図1や図2のような形態をしているが，もし，継代前に浮遊細胞が多数観察されるような場合には細胞が死滅し始めていることが多い．
>
> ❸トリプシン処理が不十分で細胞が十分に剥がれていないにもかかわらず，無理矢理細胞を剥がそうと強いピペッティングを繰り返すと，死細胞の数は著しく増える．「プロトコール」の手順❺の右写真のような状態になるまでトリプシンで処理するようにする．また，ピペッティングの際に細胞懸濁液を泡立てないようにする．特に細かい泡とともに強くピペッティングすると細胞に大きなダメージを与えることになるので，ゆっくり慎重にピペッティングを行う．

⚠ 数日経っても細胞が増えない

原因 ❶トリプシン処理の時間が長すぎた．
❷播種した細胞数が少なすぎる．
❸細胞の寿命．
❹培地のpHが高すぎる．
❺血清のロットが合っていない．

原因の究明と対処法

❶ 繰り返しになるが，長時間のトリプシン処理は細胞に大きなダメージを残すことがある．顕微鏡下で観察しながら細胞を剥がすようにする．

❷ それぞれの細胞には適した細胞播種密度が存在する．特に付着性プライマリー細胞の場合，細胞播種密度が低すぎると増殖が著しく抑制されてしまうことがよくある．継代後数日しても細胞は付着しているが増殖してこない場合，もう一度細胞をトリプシンで剥がしてより小さい培養容器に播種し直すなどして，細胞の密度を上げることで増殖を開始する場合がある．また，辛抱強く培地交換を繰り返して細胞の増殖を待つ方法もあるが，老化が早く進む可能性が高いのでプライマリー細胞の場合はあまり推奨しない．コロニー状に細胞が増殖している場合，細胞の播種密度が低すぎることが多い．

❸ ヒトに限らずプライマリー細胞には分裂できる回数に限界がある．継代培養を繰り返すことによって細胞の寿命は確実に縮んでいく．分裂限界に達した細胞は遺伝子を導入するなどの操作なしにそれ以上増殖させることは不可能である．この場合には，分裂限界を迎えていない細胞を凍結ストックから新たに起こし直すしか方法はない．分裂限界を迎えてしまったかどうかの判別方法は後述する．

❹ 培地のpHが高すぎると細胞は増殖しにくくなる．フェノールレッドなどを含有している培地はある程度目視でpHの高低が判断できる．培地にもよるがMEM-αやDMEMなどは，ピンク色になっていたらpHが高すぎる状態であることが多い．新しい培地をつくり直すか，CO_2インキュベーターの中に培地をしばらく入れておいてpHを下げてから使用する．ただし，作製してからかなり時間が経過してしまった培地に関しては，pH以外にも培地に添加されているアミノ酸等が失活している可能性もあるので，新たな培地を作製することを推奨する．

❺ 培養に使用するFBSなどの血清が細胞に合っていない可能性がある．使用する前に必ずロットチェックを行い，適切な血清を選択する．ロットチェックの詳細に関しては，2章-1を参照のこと．

⚠ 細胞が付着しない

原因
❶ トリプシン処理の時間が長すぎた．
❷ 培地のpHが高すぎる．
❸ EDTAの残存．

原因の究明と対処法

❶ トリプシン処理の時間が長すぎると，細胞の増殖や接着が悪くなることがある．対処法については前述してあるので参照してほしい．

❷ 培地のpHが高すぎると細胞の接着は著しく悪くなる．プラスチックディッシュで細胞を培養している場合には，CO_2インキュベーターが正常に作動していればそれほど問題にはならないことが多いが，フラスコで細胞を培養している場合には注意が必要である．ガス交換ができないプラグシールキャップのフラスコを使用している場合には，必ず半解放状態にしてインキュベーターに入れることが必要である．また，培地が古くなってしまっている場合には，新たな培地を作製して使用するようにする．目安としては，培地作製後1カ月以内に使い切るのが望ましいが，適正に保管してある培地であれば3カ月程度使用可能な場合もある．ただし，培地を37℃に温めて使用している場合には，もっと早めに使い切ることが望ましい．その場合には必要量のみを温めて使用することを勧める．

❸ 細胞の剥離に使用したEDTAを大量に継代培養に持ち込むと細胞の接着が悪くなることがある．細胞の剥離にトリプシン-EDTAを大量に使用した場合には，細胞を播種する前に遠心によりEDTAを取り除くことを推奨する．

③ 細胞分裂の限界と細胞の老化

プライマリー細胞は不死化していないため，細胞分裂を行える回数に限界がある．**正常ヒト線維芽細胞では最大でも60回程度であるとされている**．ヒト線維芽細胞やヒト間葉系幹細胞などを繰り返し継代し続けると，どれだけ正確に継代したとしても分裂限界の少し手前ぐらいから，1つ1つの細胞が大きくなり増殖が遅くなってくる．老化した細胞の一例を図3に示した．図3Aの細胞は図1Bの細胞を繰り返し継代し，分裂限界付近に達した細胞である．わかりやすいように図3Bに図1Bと同じ写真を掲載した．図3Bと見比べてもらえば一目瞭然であるが，図3Aの細胞は全体的に平たく引き延ばされたような形態になり，大きさも明らかに大きくなっている．

また，培養中の細胞密度が低すぎる場合，培養開始からの分裂回数がそれほど多くないにもかかわらず細胞が図3Aのようになってしまうことがある．このような現象は継代培養時に細胞を非常に低い細胞密度で播種することを数回繰り返したり，細胞が十分に増殖していないにもかかわらず盲目的に数日ごとに継代を行ったりした場合に起こりやすい．ヒト線維芽細胞やヒト間葉系幹細胞の増殖には近傍に他の細胞が存在していることが重要であり，**あまりに培養中の細胞密度が低いと細胞は増殖することができずに，死滅してしまう**のである．図3Aのような状態になってしまった細胞を図3Bのような状態に戻すことは通常の培養条件ではほぼ不可能である．研究の目的にもよるが，正常に増殖している細胞を必要とするならば，このような状態の細胞を使用することは避けるべきである．

プライマリー細胞に分裂限界があることを考慮せずに細胞株と同じように漠然と継代培養を繰り返すと，気付いたときには大事な細胞が使い物にならなくなっていたという事態になってしまう．このような事態を避けるためには，細胞分裂回数が少ないうちにこまめに凍結ストックを作製することと同時に，培養中のプライマリー細胞が培養開始からすでにどれだけ分裂し，あとどれぐらい分裂することが可能なのかを知っておくことが重要である．細胞が行った分裂回数は**細胞集団倍加数**（Cell Population Doubling Level：**PDL**）で示されることが多い．これを用いるとヒト線維芽細胞などの分裂限界は60PDL前後であると言う

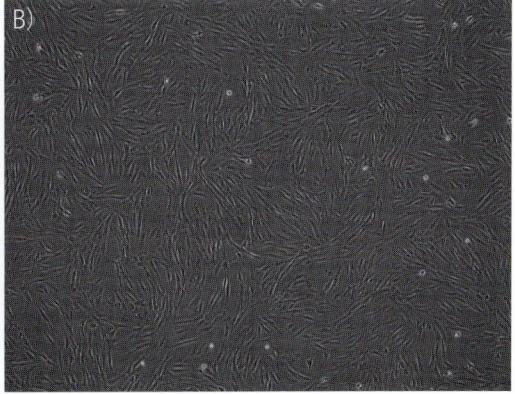

図3 ヒト線維芽細胞の老化の例
A) は B) を繰り返し継代した細胞

ことができる．PDLの算出方法はそれほど難しくはない．通常の継代培養の際に細胞数を数える作業が加わるだけである．

☞ PDLの算出方法

準備するもの

- 継代する細胞
- 血球計算盤など，細胞数をカウントできる器具
  血球計算盤でなくても構わない．ベックマン・コールター社などから発売されている自動細胞数計測装置などを用いてもよい．
- 0.25％トリプシン-0.02％EDTA溶液
- 培地
- PBS（－）
- 培養容器
  継代前と継代後の培養容器は同じ大きさのものを使用する．

プロトコール

❶ 継代培養プロトコールの手順❶〜❿までを行う．ただし手順❻が終了した時点で，血球計算盤などを用いて生細胞数をカウントしておき，新しい培養容器に播種された細胞数がわかるようにしておく ⓐ

❷ 播種した細胞が90％コンフルエントになった時点で継代培養を再度行うが，このときにも手順❻の時点で生細胞数をカウントしておく

❸ 下記の式で算出した値が，継代から継代までの間に細胞が分裂した回数であり，PDLは下記の式で求められた値の積算である ⓑ

log（培養終了時の細胞数／培養開始時の細胞数）× 3.33

ⓐ 播種した翌日に，付着した細胞の数を計測して培養開始時の細胞数とするとより正確にPDLが算出できる．継代の際に死ぬ細胞も存在するため．

ⓑ 例えばPDL＝8の細胞を継代し，数日培養後，次回の継代時に左記計算式によって算出した値が2であれば，このときのPDLは10である．

このプロトコールは厳密にPDLを算出するための計算方法であるが，だいたいのPDLがわかればよい場合，このような計算をするのは少し面倒である．そのような場合には，継代培養時にどの程度細胞を薄めて播種したかをもとにして，だいたいのPDLを計算してもよい．例えば，継代前のPDLが10の細胞を1：4で継代したとする．数日後に細胞がコンフルエントになれば細胞の数はだいたい4倍になったと考えることができる．細胞が4倍になるためには2回細胞分裂を行う必要があるので，1回の継代でPDLは2増えたとして，この細胞の次回継代時のPDLは12である．細胞を1：8で継代していれば1回の継代で増えるPDLは3であるし，1：6で継代していればだいたい2.45である．ただし，これはあくまでも目安程度にしかならないので注意してほしい．

3章 細胞培養プロトコール

2 付着性がん細胞株
―樹立培養方法および維持培養方法

西條 薫

特徴
- 材料の前処理から初代培養，がん細胞の選択法まで紹介
- 組織の状態や目的に応じたさまざまな培養法がある
- 樹立したがん細胞株は広範な研究に利用できる

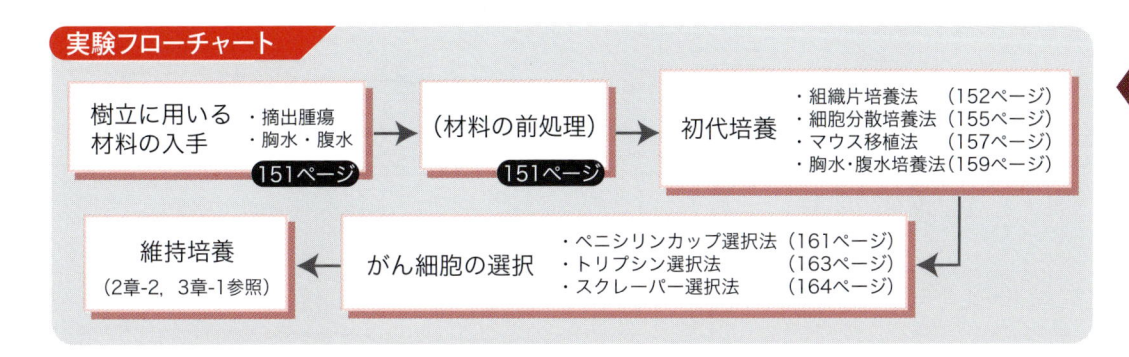

実験フローチャート

樹立に用いる材料の入手
- 摘出腫瘍
- 胸水・腹水

（151ページ）

↓

（材料の前処理）（151ページ）

↓

初代培養
- 組織片培養法　　（152ページ）
- 細胞分散培養法　（155ページ）
- マウス移植法　　（157ページ）
- 胸水・腹水培養法（159ページ）

↓

がん細胞の選択
- ペニシリンカップ選択法（161ページ）
- トリプシン選択法　　　（163ページ）
- スクレーパー選択法　　（164ページ）

↓

維持培養（2章-2，3章-1参照）

はじめに

　ヒト細胞株の樹立は，がん細胞を中心に正常細胞も含むさまざまな組織から，さまざまな方法で行われてきた．樹立された細胞株は，1）抗がん剤，放射線感受性などのがんの治療研究，2）腫瘍細胞から分泌されるホルモン，サイトカイン，タンパク質などの特性に係る研究，3）ヒトがん関連遺伝子の研究，など広範囲の研究に用いられている．

　また，これらの研究の発展，さらに培地・試薬（サイトカイン等）・培養器材の開発により，樹立が難しいとされてきた細胞も樹立できるようになってきた．本節では，ヒトがん細胞を代表例として，樹立に用いる材料，前処理，初代培養法（組織片培養法，細胞分散培養法，マウス移植法）などについて記載するが，これらの方法は，腫瘍組織だけでなく，ヒト皮膚由来の正常細胞（線維芽細胞），他の動物由来の細胞の樹立にも用いることができる．維持培養方法については，2章-2，3章-1を参照のこと．

　初代培養法を用いて樹立される細胞は，培養細胞の形態から，培養容器に付着（接着）し増殖する細胞（付着細胞）と培養容器に付着せず浮遊し増殖する細胞（浮遊細胞）に分けられる．

　付着（Anchorage-dependent）細胞は，さらに臓器由来実質細胞の上皮細胞様（epithelial-like）細胞，間質細胞由来の線維芽細胞様（fibroblast-like）細胞，神経細胞様細胞，ES様細胞，マクロファージ様細胞などに分けられる．腫瘍組織から初代培養を行うと上皮細胞様と線維芽細胞様の両細胞が増殖してくる場合が多いので，初代培養の方法やがん細胞の選

択法を検討する（後述**表1**参照）．

浮遊（Suspension culture）細胞は，血球系由来の細胞，腫瘍組織由来の接着性が弱くなった細胞などがある．また，付着し増殖していた細胞から，浮遊増殖に適した培養法，培地等を用いることにより，浮遊で増殖できる細胞を得ることもできる．

このように，初代培養から細胞を樹立するためには，初代培養法，培養条件等を文献等で十分調査することが重要である．

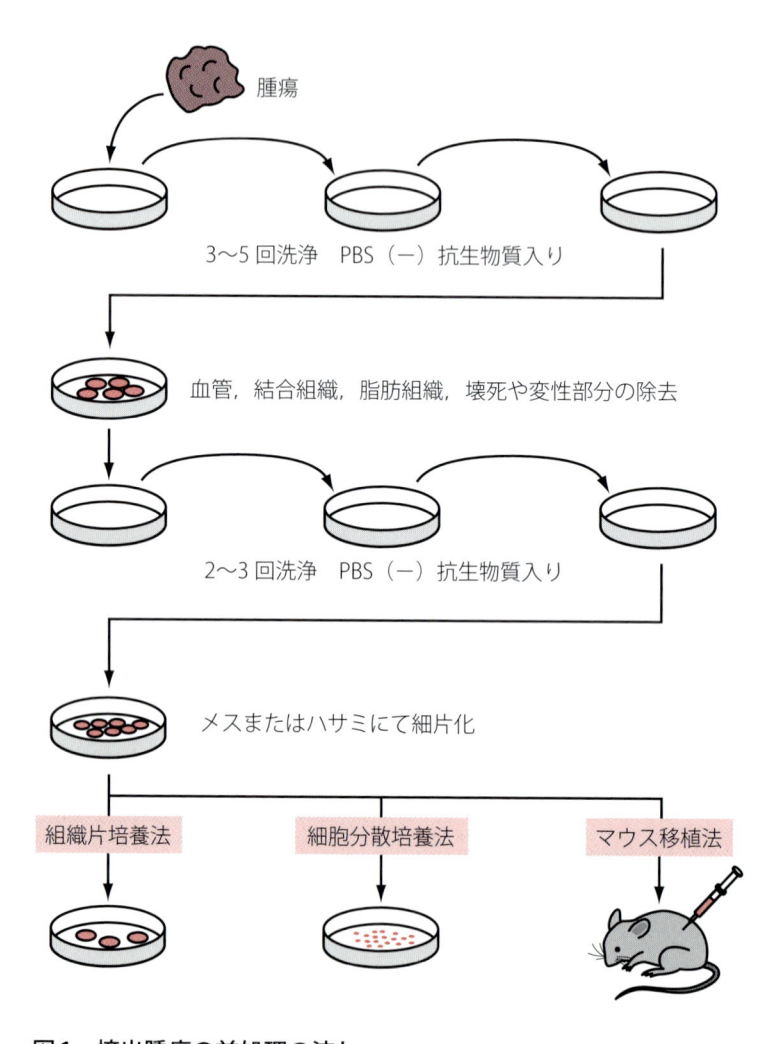

図1　摘出腫瘍の前処理の流れ

＊1　抗生物質は，ペニシリン（100～200 U/mL），ストレプトマイシン（100～200 μg/mL）を用いる．採取組織（後述）により，アンフォテリンB（2.5 μg/mL）を加える．
＊2　血清を含んだ培地だと微生物が増殖し，コンタミネーションしやすくなる．
＊3　血液を多く含む場合は，ヘパリン（商品名ノボ・ヘパリン注5000 units/5 mL；持田製薬）にて採取するか，採取後にヘパリンを胸水・腹水20～30 mLに対して100 units加え，混ぜておく．
＊4　決して凍らせないこと．樹立できる確率が下がる．冬期は，保冷なしでも可能であるが，夏期は保冷した方がよい．

1 樹立に用いる材料

　がん細胞株を樹立するために用いられる材料は，腫瘍摘出手術や診断を目的に行われる生体組織検査などのために取り出された組織，あるいは，胸水・腹水などがある．これらの材料については，ウイルス（HIV, HTLV, HBV, HCV）などの検査が行われていることが望ましいが，たとえ陰性であっても，生体材料を扱う際は，未知の感染・汚染物質が含まれることを考慮する必要がある．したがって，手袋，防護メガネ，白衣を着用し，組織，洗浄した液等の廃棄物は滅菌したのち，所属機関の所定の方法に従って廃棄することが必要である．

　摘出腫瘍，生検組織は，できるだけ無菌的に採取し，抗生物質*1を含む基礎培地（血清を含まない*2）を入れた遠心チューブ等に入れる．胸水・腹水*3も採取後，遠心チューブ等に入れる．

　搬送が必要な場合は，4〜20℃*4にて行う．

2 組織の前処理

　腫瘍摘出手術などで得た組織は，必ずしも無菌的でない場合が多い．特に，口腔内，胃，大腸などから得た組織は，初代培養を行う前の処理をきちんと行うことで，コンタミネーションを防ぐ必要がある（図1）．

準備するもの

- 培養するときの培地（DMEM, HamF12, MEMα, RPMI1640など），血清（FBSなど）
- PBS（−）
- 抗生物質…ペニシリン（100〜200 U/mL），ストレプトマイシン（100〜200 μg/mL），アンフォテリシンB（2.5 μg/mL）
  口腔内，胃，大腸などの微生物汚染が想定される組織の場合にアンフォテリシンBを加える．
- 培養ディッシュ
- ハサミ：眼科用剪刀
- メス
- ピンセット

プロトコール

❶ 入手した腫瘍組織を抗生物質入りのPBS（−）が入った100 mmディッシュに入れ，組織をピンセットで振りながら洗浄する[a]

❷ 抗生物質入りのPBS（−）が入った100 mmディッシュを3〜5枚用意し，組織の振り洗いを繰り返す[b]

❸ 組織を別の100 mmディッシュに入れ，組織が乾燥しないように抗生物質入りのPBS（−）を入れる

[a] **重要** 生体材料を扱う際は，手袋，防護メガネ，白衣等を着用すること．

[b] 組織の表面を丁寧に洗浄することで，コンタミネーションの発生を少なくできる．

❹ 組織から血管，結合組織，脂肪組織，壊死や変性の起こった部分を丁寧に取り除く ⓒ
❺ 残った組織を再度，抗生物質入りのPBS（−）が入った100 mmディッシュに入れ，組織をピンセットで振り，ディッシュを替えながら2〜3回洗浄する
❻ 組織を60 mmまたは100 mmディッシュに入れる
❼ 組織が乾燥しないように抗生物質入りの基礎培地を数滴たらす
❽ メスまたは眼科用剪刀 ⓓ で組織が1〜2 mm角 ⓔ の粥状 ⓕ になるまで細片化する ⓖ（細片化した組織は，次項以降の初代培養に用いる）

ⓒ 組織が大きい場合は，2〜3 cm角程度にしてから行う．この操作が不十分であると，目的外の細胞（血球系由来細胞，脂肪細胞など）が増殖し，目的の細胞の増殖の妨げになる．また，変性部分は石灰化している場合もあり，次の操作の細片化がしにくい．
ⓓ 鋭利なメス，ハサミを用い，切り口をできるだけ鋭くすることが重要である．引きちぎるようにしないこと（後述図2A参照）．
ⓔ 細胞分散培養法に用いる場合は，3 mm角程度でもよい．
ⓕ 細片化時に乾燥してしまうと粥状にならない．適宜，培地を滴下する．
ⓖ 組織が固い場合は，ハサミを立てて切ってもよい．

組織の前処理 トラブルシューティング

⚠ 組織が入っていた基礎培地が濁っている

原因 微生物が増殖している．

原因の究明と対処法
組織が無菌的に操作されず，微生物が増殖した可能性が高く，培地も含め，抗生物質を添加すること．

⚠ 組織が大きすぎる

対処法 入手した組織が大きく100 mmディッシュに入らない場合は，滅菌済みのビーカーに入れ，表面を2〜3回洗浄し，適当な大きさに切る．

⚠ 組織が固い

対処法 組織が固く，メスで細片化しにくい場合は，大まかにハサミで切ってから細片化する．メスでは全く細片化できない場合は，ハサミを立てて上から挟むようにし，細片化する．

❸ 初代培養

1 組織片培養法

組織片をそのまま培養する方法で，組織が非常に少ない場合や，細胞分散培養法（後述 2 ）の酵素処理により細胞が得られなかった場合に組織片を回収し，組織片培養法により培養することもできる．

準備するもの

- ❷組織の前処理　❽の組織片
- 培養するときの培地（DMEM, HamF12, MEMα, RPMI1640 など），血清（FBS など）
- 培地：基礎培地＋血清
- PBS（−）
- 抗生物質…ペニシリン（100〜200 U/mL），ストレプトマイシン（100〜200 μg/mL），アンフォテリシンB（2.5 μg/mL）
  抗生物質の添加は，状況に応じて行う．
- 培養ディッシュ
- ピペット各種（ガラスピペット，パスツールピペットなど）
- ピペット（先端外径が4 mm 程度の太穴）または，先端を切った1 mL チップ
  組織片を回収する際に使用する．

プロトコール

❶組織片をピンセットでつまみ，35 mm または60 mm ディッシュにまばらに押し付けるように置く[a]

❷組織片の上にパスツールピペットで，血清入りの培地を1滴落とし，30分〜1時間程度[c]，クリーンベンチ内で静置する

❸培地を静かに入れる[d]．浮いてしまった組織から細胞は増殖しないので，新しいディッシュに移し，同様の操作を繰り返す[e]

❹インキュベーターに入れ，培養を開始する

❺1週間後に細胞の増殖がみられたら，培地交換を行う[f]．細胞の増殖がみられない場合は，ディッシュ内の培地量の1/4程度の培地をさらに加える[g]

❻細胞が増えてきたら3〜4日ごとに培地交換を行う

❼細胞が，上皮細胞様細胞のみのほぼ均一の状態で，ディッシュの50％程度まで増殖したら継代を行う[h]（図2C）

❽上皮細胞様細胞と線維芽細胞が混ざった状態で増殖している場合は，❻がん細胞の選択へ

[a] 1〜2 mm角の組織片であれば，6〜10片/35 mm ディッシュ，25片/60 mm ディッシュとする．組織片が大量にある場合または，脳腫瘍のように非常に柔らかい場合[b]は，先太ピペットまたは，先端を切ったチップを用い，少量の培地で組織を吸い取り，60 mm ディッシュに播く．25片/60 mm ディッシュを目安とし，それ以上の場合は，ピンセットで別のディッシュに移す．播種した組織片は，ディッシュ内に均等になるように移動する．培地が多い場合は，吸い取る．

[b] 組織片が柔らかい場合は，注射針等でディッシュに傷をつけ，そこに組織片を引っ掛けるようにしてもよい．

[c] あくまでも目安の時間である．組織が乾燥しないように十分に注意する．目安としては，組織片表面が濡れている程度がよい．乾燥しすぎると細胞が増殖してこない．

[d] 培地を入れるときは，ディッシュの側面から静かに入れ，組織片を浮き上がらせないように注意する．

[e] 組織が大きい，固い場合は，ディッシュに接着しない場合が多い．このようなときは，組織片の上にカバーガラス（ヘモカバーグラス H022220，松浪硝子工業）を置き，軽く押し，培地を加えてそのまま培養してもよい（図2B）．

[f] この時点でコンタミネーションがなくても，培地交換はディッシュごとに行うこと．

[g] 細胞が増えていないときは，培地交換をしない方がよい（培地の馴化）．

[h] 継代の際の新しい培養容器には，組織片を入れないようにし，細胞が安定して増殖するまでは，1：2〜1：4程度で継代する．

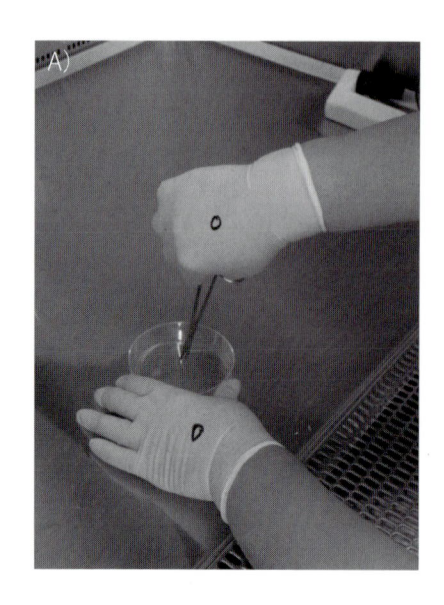

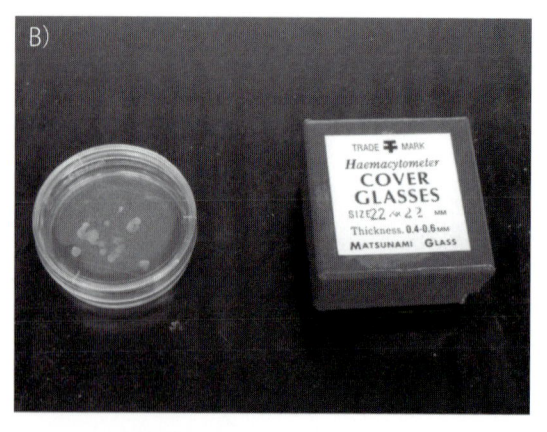

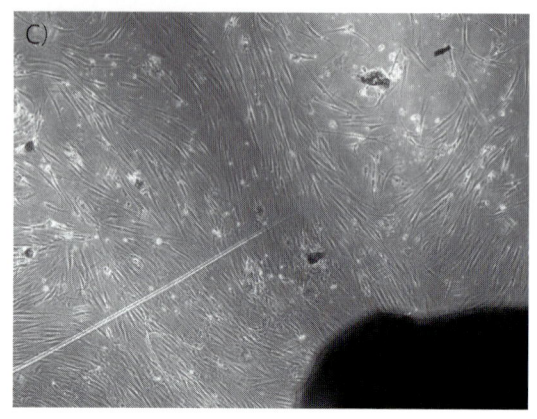

図2　組織片培養法
A）ハサミによる組織の細片化．ハサミを立てて切っている様子．B）左：35 mmディッシュでの組織片（臍帯）の培養（カバーガラス設置），右：設置用カバーガラス．C）組織片（臍帯）から増殖した線維芽細胞

組織片培養法　トラブルシューティング

⚠ 組織片が接着しない

原因
1. 組織片が大きすぎる．
2. 細片化するときに乾燥してしまった．
3. 組織片が接着する前に培地を加えてしまった．

原因の究明と対処法

組織はできるだけ細かくし（1〜2 mm角），適宜培地を添加して乾燥しないようにする．組織片が粥状にならないときは，ディッシュに接着しにくい．その場合は，プロトコールで述べたように注射針等でディッシュに傷をつけ，そこに組織片を引っ掛けるようにするか，カバーガラス（ヘモカバーグラス H022220，松浪硝子工業）を置き，軽く押し，培地を加えてそのまま培養してもよい．組織片を接着後，培地を加えるときは，ゆっくり静かに加える．その後，インキュベーターに入れるときも組織片が動かないように静かに入れる．

⚠ 細胞が増殖してこない

原因 ❶細片化するときに乾燥してしまった．
❷細片化したときに切り口が鋭利でなく，細胞に傷をつけてしまった．
❸組織片が浮いてしまった．

原因の究明と対処法

細片化するときに細胞を乾燥させないように注意する．細胞を接着させるときも組織片の表面は濡れている状態は保つこと．乾燥しすぎると細胞は増殖してこない．浮いてしまった組織片からも細胞は増殖してこないので，組織片を回収し，接着を試みる．

組織片の培養を開始したら1週間は，なるべくそのままの状態を保ち，検鏡する場合も組織片が動かないようにする．

2 細胞分散培養法

細胞を分散するために酵素を用いる方法で，酵素処理の時間等により，上皮細胞様細胞と線維芽細胞様細胞を分けて培養しやすい．また，腫瘍組織が大きい場合も処理しやすい．酵素の種類は，トリプシン，コラゲナーゼ，ディスパーゼなど数多く，使用法も組織により異なる（表1）．初代培養でどの酵素・方法を用いるかは，文献等を参考にすること．ただし，同じ由来の組織でも処理時間，酵素処理の回数は異なる場合が多いので，適宜検討・対応する必要がある．

表1 臓器，組織からの細胞分離に用いる酵素の使用例

臓器・組織	細胞	酵素
動物胚，胎仔	線維芽細胞	トリプシン/EDTA混合液
ラット胎仔脳	神経細胞	トリプシン，パパイン
肝臓	肝実質細胞	EGTA液，コラゲナーゼ
心臓	心筋細胞	コラゲナーゼ
膵臓	ランゲルハンス島細胞	コラゲナーゼ/ディスパーゼ
臍帯	血管内皮細胞	トリプシン/EDTA混合液
ヒト表皮	角化細胞	ディスパーゼ
軟骨	軟骨細胞	トリプシン/コラゲナーゼ混合液
骨	骨細胞	コラゲナーゼ

組織の消化には，カルシウムイオンのキレーターとして，EDTAやEGTA溶液を，混合または前処理液として，消化酵素溶液と組み合わせて用いる場合が多い．用いる動物の種によって使用する消化酵素溶液，操作手順などに違いがある場合があるので，実験にあたっては，成書や文献を参考にすること（文献1，p.175より引用）

準備するもの

- ❷組織の前処理　❽の組織片
- 培養するときの培地（DMEM, HamF12, MEMα, RPMI1640 など），血清（FBS など）
- 培地：基礎培地＋血清
- 抗生物質…ペニシリン（100〜200 U/mL），ストレプトマイシン（100〜200μg/mL），アンフォテリンB（2.5μg/mL）
  抗生物質の添加は，状況に応じて行う．
- 分散に用いる酵素液…0.25％トリプシン，0.05％コラゲナーゼ，500 U/mL ディスパーゼなど
- 培養ディッシュ
- ピペット各種（ガラスピペット，パスツールピペットなど）
- ピペット（先端外径が4 mm 程度の太穴）または，先端を切った1 mL チップ
  組織片を回収する際に使用する．
- 撹拌用フラスコ
- 振盪恒温槽
  スターラーとスターラーバーを用いる方法でもよい．

プロトコール

❶組織片を先太ピペットまたは先端を切ったチップで，少量の基礎培地で回収し，酵素液[a]の入った撹拌用フラスコに入れる

❷15〜30分間，ゆっくり振盪する．振盪温度（室温または37℃），振盪時間は，組織片，酵素によっても異なる[b]

❸振盪後，組織片が沈むまで静置する

❹上清[c]を2倍量の培地（血清入り）の入った遠心管に移し，1,000 rpm（180 G），3分間遠心する

❺ペレットに培地を加え，培養容器に入れ，培養する[d]

❻❸の撹拌用フラスコに再度，新しい酵素液を入れ，分散細胞がなくなるまで，❷〜❺を繰り返す

❼3〜4日後に付着細胞が多ければ，培地交換を行う．付着細胞が少ない場合は，ディッシュ内の培地量の1/4程度の培地をさらに加えるか，そのままにする[e][f]

❽細胞が，上皮細胞様細胞のみのほぼ均一の状態で，ディッシュの50％程度まで増殖したら継代を行う[g]

❾上皮細胞様細胞と線維芽細胞が混ざった状態で増殖している場合は，❻がん細胞の選択へ

[a] 酵素液は用時調製するか，10倍濃度に調製し，凍結しておく．

[b] 酵素，振盪時間，温度については，文献を参照すること．酵素については，**表1**を，温度，振盪時間については，37℃，15分を目安にしてもよい．

[c] 小さい組織片は入ってもよい．70〜100μmのセルストレーナー（ベクトン・ディッキンソン社）を用いて除去してもよい．

[d] 細胞濃度は，2.5〜5×10^6 cells/60 mm ディッシュを目安にする．細胞密度は，濃い方がよい．

[e] 細胞が増えていないときは，培地交換をしない方がよい（培地の馴化）．

[f] 細胞が生きてはいる状態で，増殖をしない場合は，1週間に一度程度培地を半交換する．

[g] 細胞が安定して増殖するまでは，1：2〜1：4程度で継代する．

細胞分散培養法　トラブルシューティング

⚠ 細胞が回収できない

原因
1. 細片化するときに乾燥してしまった．
2. 酵素液が失活している．
3. 撹拌のしかたが悪い．

原因の究明と対処法

繰り返しになるが，組織はできるだけ細かくし（1〜2 mm角），適宜培地を添加して乾燥しないようにする．酵素液は用時調製するか，10倍濃度に調製し，凍結しておく．酵素処理中の振盪をシェーカーで行うときは，組織片がゆっくりと動くよう調整する．シェーカーのスピードが速いと組織片が中央に寄り，あまり動かない．スターラーで行うときは，スターラーバーで潰さないように，スピード，酵素液量を考慮する．

⚠ 死んだ細胞が多い

原因
1. 酵素処理時間が長い．
2. 酵素処理の振盪が強すぎた．

原因の究明と対処法

酵素処理時間，振盪のスピードは，回収した細胞を検鏡したり，トリパンブルーで染色したり（死細胞の確認）することで，適宜変更する．

3 マウス移植法

組織片をヌードマウス，SCIDマウスなどの免疫不全マウスに直接移植する方法で，コンタミネーションの可能性のある組織，悪性度の高い腫瘍由来の組織に有効である．マウス皮下に移植されたヒトがん細胞は膨張性に増殖し，浸潤性に増殖するものは少なく，皮下での増殖が確認できれば，摘出しやすい．

▎準備するもの

- ❷ 組織の前処理　❸ の組織片
- 培養するときの培地（DMEM, HamF12, MEM α, RPMI1640 など），血清（FBS など）
- マウス
- マウス移植用移植針

プロトコール

❶ 組織片を先太ピペットまたは先端を切ったチップで，基礎培地を用いて回収し，1,000 rpm（180 G），3分間遠心する[a]

❷ 2～3片の組織片を，移植針を用いて，マウスの背中に皮下移植する

❸ マウスの背中の腫瘍が直径1 cm程度[b]になったら，無菌的に腫瘍を取り出し，前述の組織片培養法や細胞分散培養法により，初代培養を行う

[a] 上清が透明でない場合は，2～3回遠心する．

[b] 腫瘍が直径1 cm程度になる前にマウスが衰弱してきた場合は，その時点で取り出す（動物愛護の観点からも）．

マウス移植法 トラブルシューティング

⚠ 腫瘍が増殖しない

原因
❶ 細片化するときに乾燥してしまった．
❷ マウスに組織片が移植されていない．

原因の究明と対処法

組織はできるだけ細かくし（1～2 mm角），適宜培地を添加して乾燥しないようにする．組織片は，移植針が詰まらない大きさとすること．また，移植針で組織片を吸引する前に培地等で針内を濡らしておくと，針内に組織片が接着するのを防ぐことができる．

④ 組織片の凍結

組織の前処理（前述❷）の培養に用いなかった組織片が残った場合は凍結保存も可能である．また，それらを融解し，再度，初代培養を試みることもできる．

準備するもの

- ❷ 組織の前処理　❸ の組織片
- 培養するときの培地（DMEM, HamF12, MEM α, RPMI1640など），血清（FBSなど）
- 培地：基礎培地＋血清
- DMSOまたは凍結培地…セルバンカー（十慈フィールド社）
- 抗生物質…ペニシリン（100～200 U/mL），ストレプトマイシン（100～200 μg/mL），アンフォテリシンB（2.5 μg/mL）
  抗生物質の添加は，状況に応じて行う．
- 凍結チューブ
- ピペット各種（ガラスピペット，パスツールピペットなど）
- ピペット（先端外径が4 mm程度の太穴）または，先端を切った1 mLチップ
  組織片を回収する際に使用する．

プロトコール

❶ 組織片を先太ピペットまたは先端を切ったチップで，基礎培地を用いて回収し，1,000 rpm（180 G），3分間遠心する[a]

❷ 20％DMSOを含む培地を調製する

❸ 組織片を10〜20片/mLとなるように培地で調整する

❹ ❸に同量の❷を加える

❺ 凍結チューブに1 mL（5〜10片/凍結チューブ）ずつ分注する

❻ 培養細胞と同じ方法で凍結保存する[b]

❼ 融解法も細胞と同様で37℃にて素早く融解する[b]

❽ 培地にて2回洗浄する

❾ その後は，前述の組織片培養法，細胞分散培養法，マウス移植法のいずれかで培養する

[a] 上清が透明でない場合は，2〜3回遠心する．

[b] 2章-4参照．

⑤ 胸水・腹水培養法

　胸水・腹水からの初代培養では，胸水・腹水が濁っている場合は，がん細胞は，単離状態（浮遊細胞状態）で含まれている場合が多く，遠心操作で回収でき，培養も容易である．胸水・腹水からがん細胞を培養するまでの流れを図3に示した．

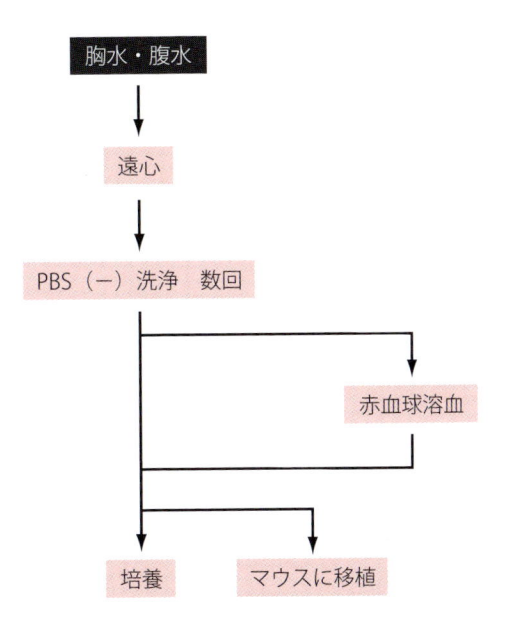

図3　胸水・腹水からのがん細胞培養の流れ

準備するもの

- 培養するときの培地（DMEM, HamF12, MEMα, RPMI1640など），血清（FBSなど）
- 培地：基礎培地＋血清
- PBS（−）
- 抗生物質…ペニシリン（100〜200 U/mL），ストレプトマイシン（100〜200 μg/mL），アンフォテリンB（2.5 μg/mL）
  抗生物質の添加は，状況に応じて行う．
- 溶血バッファー…Red Blood Cell Lysis Buffer（ロシュ・ダイアグノスティックス社）
  低張溶液（浸透圧が低い液）内では赤血球内に水分が入り，赤血球が破裂する．
- 培養ディッシュ
- ピペット各種（ガラスピペット，パスツールピペットなど）
- セルストレーナー…ナイロンメッシュ70〜100 μm（ベクトン・ディッキンソン社）
  胸水・腹水に組織片が含まれている場合に除去するために用いる．

プロトコール

❶ 胸水・腹水を遠心チューブに移し，1,500 rpm（300〜400 G），5分間遠心する．胸水・腹水に粘性ⓐがある場合は，PBS（−）で，2〜3倍希釈してから遠心する

❷ 上清を捨て，PBS（−）を加え，1,000 rpm（180 G），3分間遠心する．これを数回繰り返すⓑ

❸ 上清を捨て，ペレットが赤く，赤血球が大量に含まれている場合は，溶血バッファーを用いて，赤血球を溶血するⓒ．ペレットがきれいな場合は，❻へ

❹ 赤血球の溶血：細胞ペレットに相当量の溶血バッファーを加え，10分間混和するか，シェーカーを用いてゆっくり撹拌する．1,000 rpm（180 G），3分間遠心する．上清を捨て，ペレットが赤ければ，溶血を繰り返す

❺ ペレットがきれいになったら，PBS（−）を加え，1,000 rpm（180 G），3分間遠心する

❻ ペレットに血清入りの培地を加え，5〜10×10⁵cells/mLになるように調整する

❼ 細胞懸濁液を培養ディッシュに播き，培養を開始するⓓ

❽ 翌日，細胞が付着し，培地に浮遊細胞（主にリンパ球）が多く含まれている場合は，培地を交換し，浮遊細胞を除去するⓔ．付着細胞がみられない場合は，そのままにするⓕ

❾ 3〜4日後に付着細胞が多ければ，培地交換を行う．付着細胞が少ない場合は，ディッシュ内の培地量の

ⓐ 胸水・腹水に粘性があると，遠心しても細胞が落ちてこない．

ⓑ ペレットに細胞だけでなく，組織片（塊）が含まれている場合，PBS（−）にて懸濁し，セルストレーナーを通し，組織片を除去する．

ⓒ 赤血球は除去した方がよい．赤血球が大量に入ったまま培養すると，検鏡もしづらく，死滅してくるとゴミとなる．

ⓓ 細胞が大量にある場合は，一部を凍結してもよい．

ⓔ リンパ球はがん細胞を攻撃するので，できるだけ取り除いた方がよい．培地を除去後，PBS（−）で洗浄してもよい．

ⓕ 付着細胞があまりなく，リンパ球が多い場合は，培地を半交換してもよい．

1/4程度の培地をさらに加えるか，そのままにする[g]

❿細胞が，上皮細胞様細胞のみのほぼ均一の状態で，ディッシュの50％程度まで増殖したら継代を行う[h]

⓫上皮細胞様細胞と線維芽細胞が混ざった状態で増殖している場合は，**6** がん細胞の選択へ

[g] 細胞が増えていないときは，培地交換をしない方がよい（培地の馴化）．
[h] 細胞が安定して増殖するまでは，1：2～1：4程度で継代する．

トラブルシューティング（胸水・腹水培養法）

⚠ 遠心しても細胞が落ちてこない

原因
❶胸水・腹水に細胞が混じっていない．
❷胸水・腹水の粘性が高い．

原因の究明と対処法

胸水・腹水が濁っていない場合は，がん細胞が非常に少ない．濁っていて，遠心しても細胞が落ちてこない場合は，PBS（−）で希釈し，再度，遠心する．また胸水・腹水の一部をとって，検鏡し，胸水・腹水に細胞が含まれているか確認する．

⚠ 細胞が付着しない

原因
❶がん細胞が含まれていない．
❷接着性でなく，浮遊で増える細胞である．

原因の究明と対処法

生きている浮遊細胞が小さい場合は，血液系の細胞である場合が多い．大きい細胞の場合は，接着性の弱いがん細胞の可能性もある．特に，胸水・腹水中の細胞は，接着性の弱い細胞が多く，その場合は，浮遊細胞として継代維持する．

❻ がん細胞の選択

上皮細胞様細胞だけでなく，線維芽細胞も増殖してきた場合は，以下のいずれかの方法を用いて，線維芽細胞を除去する．がん細胞と線維芽細胞の割合により，組み合わせてもよい．初代細胞の培養については3章-1を参照のこと．

☞ 1）ペニシリンカップによる選択

がん細胞がコロニー状に増殖し，まわりに線維芽細胞がない，または，がん細胞のコロニーが大きい場合は，ペニシリンカップを用いて，がん細胞のみを継代する（図4）．

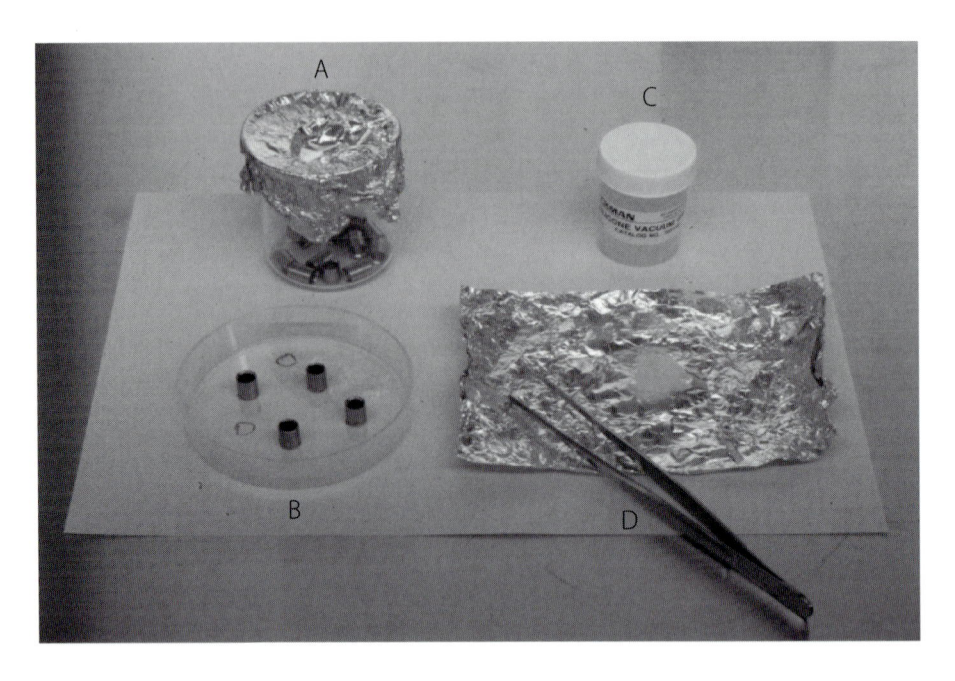

図4 ペニシリンカップとグリース
A）滅菌済みペニシリンカップ．B）ペニシリンカップをコロニー上に設置．C）グリース．D）滅菌済みグリース．

準備するもの

- 培地：基礎培地＋血清
- PBS（－）
- 細胞剥離液…0.25％トリプシン，0.05～0.25％のトリプシン-0.02％ EDTA（0.53 mM EDTA）など
- ペニシリンカップ…オートクレーブ滅菌
  目的とする細胞のみをトリプシン処理するために用いる．
- グリース…オートクレーブ滅菌
  ペニシリンカップが動かないようにする，トリプシンが漏れないようにするために用いる．
- 24-wellプレートまたは48-wellプレート
- ピペット各種（ガラスピペット，パスツールピペットなど）

プロトコール

❶ 顕微鏡下で継代するがん細胞のコロニーに培養容器の裏からマジック等で印をつける
❷ 培地を除去する
❸ PBS（－）で2回洗浄する

❹印のあるところにグリースをつけたペニシリンカップを置く[a]

[a] グリースが少ないと細胞剥離液が漏れる.

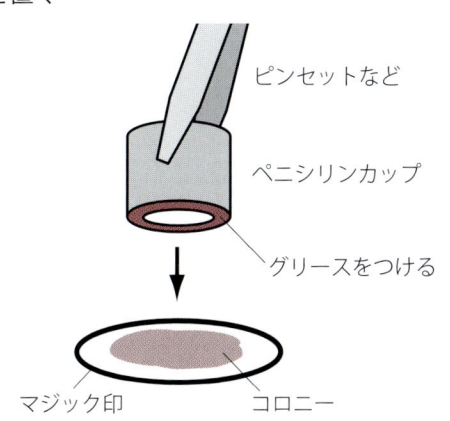

ピンセットなど
ペニシリンカップ
グリースをつける
マジック印　コロニー

❺ペニシリンカップの中にパスツールピペットで細胞剥離液を1〜2滴たらす

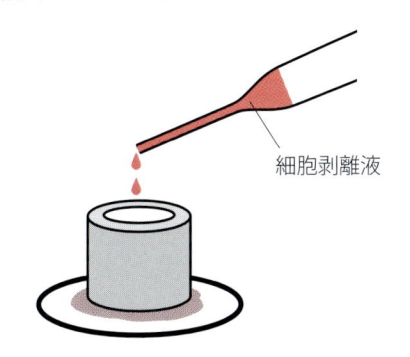

細胞剥離液

❻顕微鏡で観察し，細胞が剥がれたら，パスツールピペットで培地を1〜2滴たらし，静かにピペッティングし[b]，あらかじめ培地を入れた容器（24-wellまたは48-wellプレート）に入れる[c]

[b] ピペッティングするときにペニシリンカップを動かさないように注意する.
[c] 1つのコロニーに対して1ウェルとする.

2) トリプシンによる選択

線維芽細胞ががん細胞よりトリプシンによる剥離が早いことを利用し，線維芽細胞のみを除く．トリプシンにより剥がれやすいがん細胞には，利用できない．

準備するもの

- 培地：基礎培地＋血清
- PBS（−）
- 0.25％トリプシン
- ピペット各種（ガラスピペット，パスツールピペットなど）

プロトコール

❶ 培地を除去する
❷ PBS（−）で2回洗浄する
❸ 0.25％トリプシンで，2～3分処理をする
❹ 培地で2～3回洗浄する
❺ 培地を加え，そのまま培養する
❻ 線維芽細胞がなくなるまで，数回繰り返しながら培養する

☞ 3) スクレーパーによる選択

　　　　　がん細胞のまわりに増殖している線維芽細胞をスクレーパー等で剥がしながら，がん細胞を培養する方法で，線維芽細胞が広範囲に増殖し，がん細胞のコロニーが小さい場合に有効であるが，数回繰り返す必要がある．スクレーパーの操作に注意しないとコンタミネーションする可能性がある．

準備するもの

● 培地：基礎培地＋血清
● PBS（−）
● スクレーパー
● ピペット各種

プロトコール

❶ がん細胞と線維芽細胞の境目[d]に培養容器の裏からマジック等で印をつける
❷ 培地を半分程度抜く
❸ スクレーパーで，線維芽細胞を剥がす[e]
❹ PBS（−）で2回洗浄する
❺ 培地を加え，そのまま培養する
❻ 線維芽細胞がなくなるまで，数回繰り返しながら培養する

[d] がん細胞の内側に印をつけるようにすると線維芽細胞の混入を少なくできる．
[e] スクレーパーの角を使って剥がすと剥がしやすい．途中で検鏡し，確認してもよい．顕微鏡をベンチ内に入れ，検鏡しながら剥がしてもよい．

トラブルシューティング — がん細胞の選択

⚠ 線維芽細胞が完全に除去できない

原因
❶がん細胞の増殖が遅い．
❷選択法が悪い．

原因の究明と対処法

がん細胞の増殖が遅いと培養容器の隙間に線維芽細胞が増殖する．がん細胞の増殖が遅い場合は，ペニシリンカップによる選択が適している．

⚠ トリプシンによる選択法でがん細胞も剥がれてしまった

原因
❶がん細胞は，トリプシンにより剥がれやすい．
❷トリプシン処理の時間が長すぎた．

原因の究明と対処法

がん細胞が少しだけ剥離したとき（ほとんどのがん細胞は，培養容器に付着している）は，剥がれたがん細胞は，線維芽細胞と一緒に除去する．ほとんどのがん細胞が剥離した場合は，線維芽細胞と一緒に培養容器に移して培養し，再度がん細胞の選択を試みる．培養容器に残ったがん細胞も培養を続ける．

参考文献
1）『細胞培養なるほどQ＆A』（許 南浩/編），羊土社，2004
2）『改訂培養細胞実験ハンドブック』（黒木登志夫/監，許 南浩，中村幸夫/編），羊土社，2009
3）『組織培養の技術』（日本組織培養学会/編），朝倉書店，1996
4）『細胞培養ハンドブック』（鈴木利光/編著），中外医学社，1993

3章 細胞培養プロトコール

3 非付着性細胞株
―樹立培養方法および維持培養方法

寛山 隆

特徴
- 脱核赤血球の大量誘導が可能
- 万能細胞から血液細胞株を樹立することが可能
- 血液細胞分化の解析に適している
- 万能細胞を用いる場合は使用する株に注意が必要

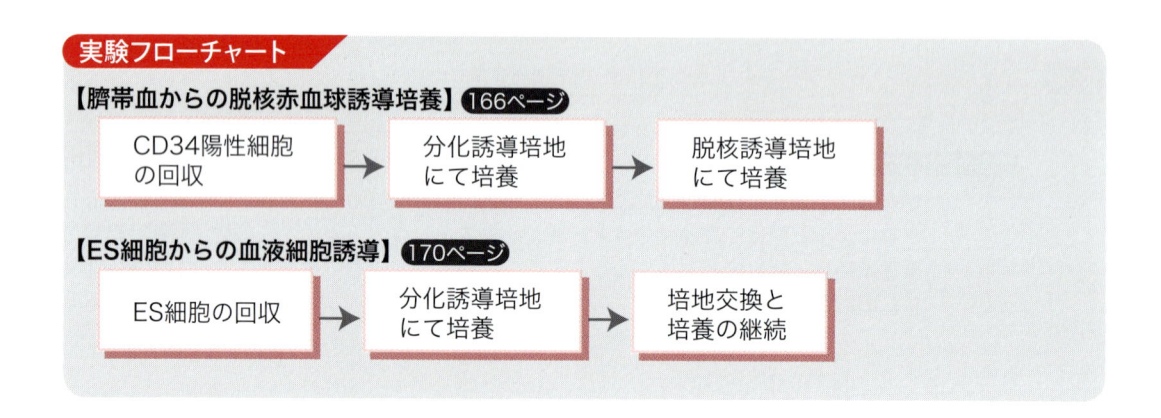

実験フローチャート

【臍帯血からの脱核赤血球誘導培養】166ページ

CD34陽性細胞の回収 → 分化誘導培地にて培養 → 脱核誘導培地にて培養

【ES細胞からの血液細胞誘導】170ページ

ES細胞の回収 → 分化誘導培地にて培養 → 培地交換と培養の継続

　非付着（浮遊）性細胞株とは主として血液細胞株を意味する．本節では初代血液細胞（臍帯血由来造血前駆細胞）の赤血球分化誘導培養やES細胞から誘導した血液細胞の培養および赤血球前駆細胞株の樹立に関するプロトコールを紹介する．また樹立した赤血球前駆細胞株，肥満細胞株についても紹介する．

❶ ヒト臍帯血からの脱核赤血球誘導培養

　血液細胞と一口に言っても赤血球系，骨髄球系，リンパ球系，前駆細胞，白血病細胞などさまざまである．成熟した赤血球や血小板は核がなく分裂不可能であり，また好中球，マクロファージなどは増殖能力に乏しく培養が困難であるため，細胞の機能解析を行うための研究材料としては培養したものではなく実験ごとに生体から採取したものを用いることが多い．これに対し，リンパ球や造血幹・前駆細胞は特定のサイトカインなどを加えて培養することにより増殖・分化能を保持している．このことから採取後に培養を行い，機能解析や血液分化の解析に利用される．これらの培養方法については数限りない方法があり，研究目的に沿った培養法を選ぶか自分自身で培養系を確立する必要がある．
　われわれは，臍帯血由来造血幹・前駆細胞から脱核赤血球大量産生培養系の開発に取り組

図1 臍帯血からの脱核赤血球誘導培養法

0日目（Phase1）
①臍帯血から分離したCD34陽性細胞を分化誘導培地を用いてVEGF, IGF-Ⅱ, SCF, IL-3, EPOを添加して培養を開始する

6日目（Phase2）
②Phase1で培養して増やした細胞の細胞数を調整し，SCF, EPO（6 IU/mL）を添加して4日間培養する

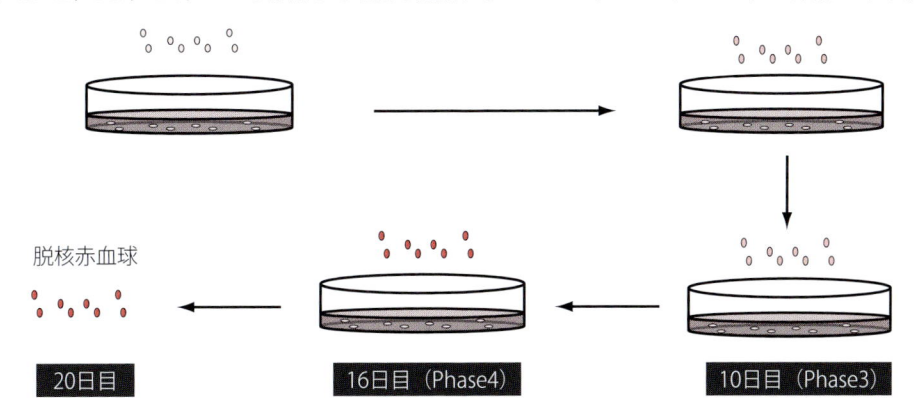

10日目（Phase3）
③Phase2で培養して増やした細胞の細胞数を調整し，SCF, EPO（2 IU/mL）を添加してさらに6日間培養を続ける

16日目（Phase4）
④Phase3で回収した細胞の細胞数を調整し，脱核誘導培地でさらに4日間培養を続ける

20日目 脱核赤血球

んできた．これまでにも脱核赤血球を産生する培養系の報告はあったが，いずれも脱核の過程においてフィーダー細胞などを用いて脱核赤血球の産生効率を上げる方法であった．しかしわれわれは**フィーダー細胞を用いずに効率よく脱核赤血球を産生する培養系**を確立することに成功した[1]．この方法では，ヒト臍帯血CD34陽性細胞を効率よく増殖・分化させ高い効率で脱核赤血球を産生することが可能である．特に異種フィーダー細胞との共培養では，未知の病原体や物質の付加により誘導した細胞が汚染される危険性がある．したがってわれわれの開発した方法は効率的な脱核赤血球産生を，フィーダー細胞を用いないで可能にしたという点で優れている．培養の概要を図1に示す．

①臍帯血からCD34陽性細胞を回収し，**赤血球分化誘導培地（EDM）**を用いて血管内皮増殖因子（VEGF），インスリン様増殖因子Ⅱ（IGF-Ⅱ），ステムセルファクター（SCF），インターロイキン3（IL-3），エリスロポエチン（EPO）の存在下で培養する（Phase1）

②Phase1で増殖してきた細胞を分割し，細胞数を調整してSCF, EPOの存在下で培養する（Phase2）

③Phase2で増殖してきた細胞を分割し，細胞数を調整してSCF, EPOの存在下で培養する（Phase3）

④Phase3で増殖してきた細胞を分割し，細胞数を調整して**脱核誘導培地（ENM）**を用いてサイトカイン非存在下で培養する（Phase4）

この培養方法を用いることにより，フィーダー細胞なしでもCD34陽性細胞1個あたり約70万個の脱核赤血球を産生することが可能である（図2）．

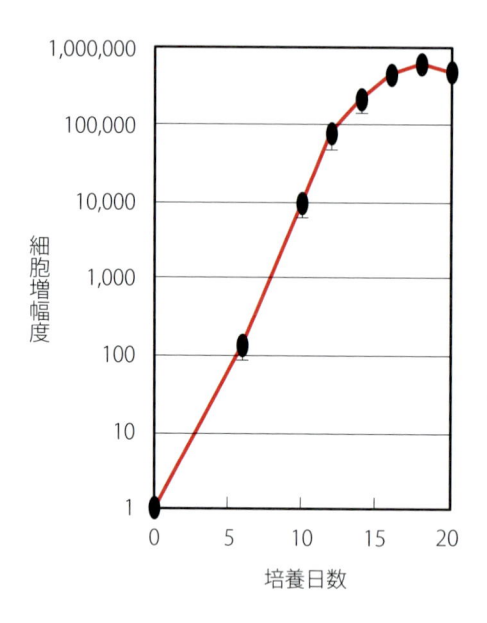

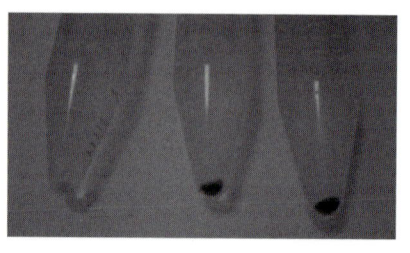

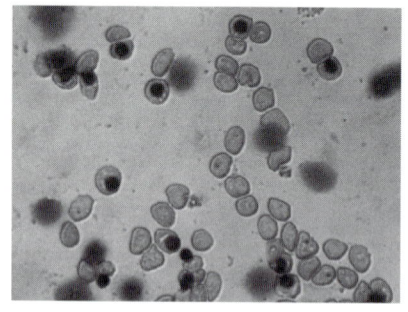

図2 臍帯血から誘導した赤血球
写真は文献1より転載 [→巻頭カラー図7参照]

準備するもの

<培地1>赤血球分化誘導培地(EDM：Erythroid Differentiation Medium)

StemSpan H3000[a]	472.4 mL	
Plasmanate Cutter[b]	25 mL	(5%)
α-tocopherol	50 μL	(20 ng/mL)
Linoleic acid	5 μL	(4 ng/mL)
Cholesterol	25 μL	(200 ng/mL)
Sodium Selenite	5 μL	(2 ng/mL)
Holo-transferrin	2 mL	(200 μg/mL)
Human Insulin	500 μL	(10 μg/mL)
Ethanolamine	3 μL	(10 μM)
2-ME	3.5 μL	(0.1 mM)
Total	500 mL	

[a] IMDM (Iscove's Modified Dulbecco's Medium) でも可能．
[b] 現在，製造中止．ヒト血清商品，または同濃度のFBSでも代用可能．

- **StemSpan H3000**…ステムセルテクノロジー社
  造血幹・前駆細胞の維持・増殖を支持する無血清培地．

- **α-tocopherol**…シグマ・アルドリッチ社
  抗酸化作用を示すビタミンE群の1つ．粘度が非常に高いので，重量を測定してエタノールで10 mg/mLに調製する(例：100 μL程度とり重量測定すると80 mg程度．これをエタノールで8 mLにメスアップする)．さらにエタノールで50倍希釈して，200 μg/mLに調製する．

- **Linoleic acid**…シグマ・アルドリッチ社
  体内で合成されない必須脂肪酸．0.9 g/mLをエタノールで2,250倍希釈し，400 μg/mLに調製する．

- **Cholesterol**…シグマ・アルドリッチ社
  0.1 gをエタノールで25 mLにメスアップする．

- Sodium Selenite…シグマ・アルドリッチ社
  抗酸化酵素（グルタチオン・ペルオキシダーゼ）の活性に必要．まず20 mg/mL調製する（40 mgを超純水2 mLで溶解する）．さらに超純水で100倍希釈して，200 μg/mLに調製する．猛毒なので取り扱いに注意する．
- Holo-transferrin…シグマ・アルドリッチ社
  500 mgを超純水10 mLに溶解する．
- Human Insulinおよび2-ME…シグマ・アルドリッチ社
  直接，追加する．
- Ethanolamine…シグマ・アルドリッチ社
  超純水で10倍希釈する．

＜培地2＞脱核誘導培地（ENM：Enucleation Medium）

IMDM	最後に250 mLへメスアップ	
Plasmanate Cutter	1.25 mL	(0.5％)
D-mannitol	3.64 g	(14.57 mg/mL)
Adenine	35 mg	(0.14 mg/mL)
Disodium Hydrogenphosphate dodecahydrate	0.235 g	(0.94 mg/mL)
Mifepristone	25 μL	(1 μM)
Total	250 mL	

- D-mannitol, Adenine, Disodium Hydrogenphosphate dodecahydrate…シグマ・アルドリッチ社
  直接加えて調製する．調製後，フィルター滅菌する．
- Mifepristone（分子量429.6）…シグマ・アルドリッチ社
  プロゲステロン，グルココルチコイドレセプターのアンタゴニスト．赤血球系細胞の増殖を抑制する．エタノールで10 mMに調製する．

＜細胞＞
- ヒト臍帯血由来CD34陽性細胞

＜試薬＞
- サイトカイン類
  VEGF, IGF-II, SCF, IL-3（以上，R＆Dシステムズ社），EPO（商品名エスポー，協和発酵キリン社）

＜器具・機器＞
- 安全キャビネットまたはクリーンベンチ
- CO_2インキュベーター（37℃，5％CO_2）
- 低速遠心機
- 組織培養ディッシュ

プロトコール

❶ 臍帯血CD34陽性細胞を臍帯血から分離し，培地1（EDM）で1×10^4細胞/mLの細胞濃度に調整する

❷ 100 mmディッシュに10 mL（1×10^5細胞）を加え，さらにVEGF（10 ng/mL），IGF-II（250 ng/mL），SCF（50 ng/mL），IL-3（10 ng/mL），EPO（6 IU/mL）を加え，37℃，5％CO_2の条件下で6日間培養する

❸ ❷で増幅させた細胞を回収し，3×10^5 細胞分（おおよそ1/30量）をEDMで 3×10^4 細胞/mLの細胞濃度に調整する

❹ 100 mmディッシュに10 mL（3×10^5 細胞）を加え，さらにSCF（50 ng/mL），EPO（6 IU/mL）を加え，37℃，5％ CO_2 の条件下で4日間培養する[a]

❺ ❹で増幅させた細胞を回収し，5×10^5 細胞分（おおよそ1/50量）をEDMで 5×10^4 細胞/mLの細胞濃度に調整する

❻ 100 mmディッシュに10 mL（5×10^5 細胞）を加え，さらにSCF（50 ng/mL），EPO（2 IU/mL）を加え，37℃，5％ CO_2 の条件下で6日間培養する[b]

❼ ❻で増幅させた細胞を回収し，5×10^6 細胞分（おおよそ1/10量）を培地2（ENM）で 5×10^5 細胞/mLの細胞濃度に調整する

❽ 100 mmディッシュに10 mL（5×10^6 細胞）を加え，さらにサイトカイン非存在下，37℃，5％ CO_2 の条件で4日間培養する[c]

[a] この時点でIL-3が入ると白血球（単球）系細胞が増えてしまうので，IL-3は加えない．

[b] この段階でEPOの濃度を下げた方が効率が上がる．EPOによる増殖を抑えることにより分化が促進されると思われる．

[c] ここまでくると有意に脱核細胞が増加してくる．脱核過程ではサイトカインには非依存性になる．

ONE POINT 脱核赤血球誘導培養のポイント

- CD34陽性細胞はMACS（ミルテニーバイオテク社）を用いて分離している．セルソーターでの分離もできるが，かなりの手間である．分離する手段がない場合は理研バイオリソースセンター（理研細胞バンク）から入手することも可能である．
- 臍帯血のロットにより増殖能に差があるので，最初に培養を行うときには各自で細胞数をカウントして行うことが望ましい．
- StemSpan H3000の代わりにIMDMでも代用可能であるが，増殖に差があるので，各段階で細胞カウントはしっかり行った方がよい．
- 各段階で，培地，細胞数，添加するサイトカインの組み合わせ・濃度が異なるので注意する．

❷ ES細胞からの血液細胞誘導と細胞株の樹立

これまでサイトカイン情報伝達研究や血液細胞の分化・機能解析などの基礎研究に用いられてきた細胞株としてMEL，RAW264，Ba/F3（マウス由来），K562，HL60，Jurkat（ヒト由来）などがある．現在までに樹立された血液細胞株のほとんどが，白血病またはリンパ腫などの腫瘍に由来する．またマウス白血病ウイルスであるフレンドウイルスを感染させたり，白血病でみられるBCR-abl融合遺伝子を導入することで細胞株が樹立できることはよく知られた事実である．最近ではマウス骨髄細胞にβ-カテニンを導入することにより造血前駆細胞株が[2]，ヒト末梢血CD34陽性細胞から誘導したCD36陽性細胞にヒトパピローマウイルスの遺伝子であるE6/E7を導入することによりヒト赤芽球細胞株が樹立できたとの報告がなされている[3]．一方，ES細胞からの血液細胞誘導系が確立され，そこから細胞株を樹立するという試みも行われている．マウスES細胞にLh2とよばれるホメオボックス遺伝子

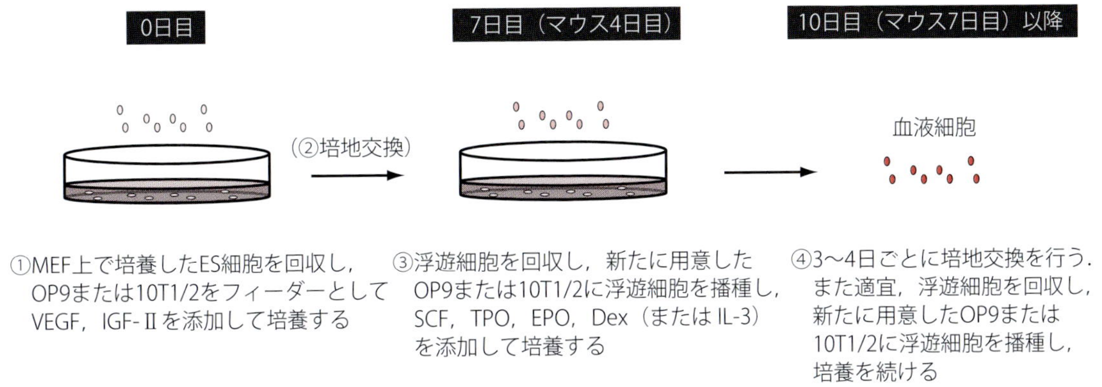

| 0日目 | 7日目（マウス4日目） | 10日目（マウス7日目）以降 |

①MEF上で培養したES細胞を回収し，OP9または10T1/2をフィーダーとしてVEGF，IGF-Ⅱを添加して培養する

（②培地交換）

③浮遊細胞を回収し，新たに用意したOP9または10T1/2に浮遊細胞を播種し，SCF，TPO，EPO，Dex（またはIL-3）を添加して培養する

④3～4日ごとに培地交換を行う．また適宜，浮遊細胞を回収し，新たに用意したOP9または10T1/2に浮遊細胞を播種し，培養を続ける

図3　ES細胞からの赤血球（血液）細胞誘導培養法

を導入し，これを用いて血液細胞を誘導して培養を続けることで，造血前駆細胞株を樹立したという報告もある[4]．

　われわれは赤血球分化機構の解析およびヒト赤血球大量生産を目的として研究を進めており，ES細胞を用い，分化誘導培養系の確立や細胞株の樹立を行っている．その結果，マウス，カニクイザル，ヒトなどさまざまな種のES細胞に適応可能な血液細胞誘導法を確立し，誘導した血液細胞を長期にわたって維持可能な培養系を確立した[5]．また，この培養系を用いて遺伝子導入せずにマウスES細胞から**赤血球前駆細胞株**（**MEDEP**：Mouse ES Derived Erythroid Progenitor）や**肥満細胞株**（**MEDMC**：Mouse ES Derived Mast Cell）の樹立にも成功した[6]．これまでにもES細胞から血液細胞誘導に関する培養方法は数多くの論文が報告されているが，われわれが確立した方法は誘導した血液細胞を**セルソーターなどで選別することなく長期に培養し細胞株を樹立できる**ことが特徴である．ES細胞を用いた血液細胞誘導法の概略を図3に示す．

①MEF（マウス胎仔線維芽細胞）上で培養したES細胞を放射線照射したフィーダー細胞上に播種し，VEGF，IGF-Ⅱを添加して分化誘導培養を開始する．

②ヒトES細胞を用いた場合には誘導開始後3日目に培地交換を行う．このとき，培地（浮遊細胞を含む）はすべて廃棄し，新しい培地にVEGF，IGF-Ⅱを添加する．マウスES細胞を用いる場合，培地交換は行わない．

③誘導開始後7日目（マウスの場合は4日目）に浮遊細胞を回収し，新たに用意したフィーダー細胞に播種し，ステムセルファクター（SCF），トロンボポエチン（TPO），エリスロポエチン（EPO），デキサメサゾン（Dex）を添加して培養する．

④以降は3～4日ごとに培地を交換し，SCF，TPO，EPO，Dexを添加して培養を続ける．浮遊細胞は適宜，回収して再培養するか，新しいフィーダー細胞に播種する．誘導開始後10日目（マウス7日目）前後で血液細胞が確認でき，培養を続けることで赤血球系細胞を増殖させることができる．

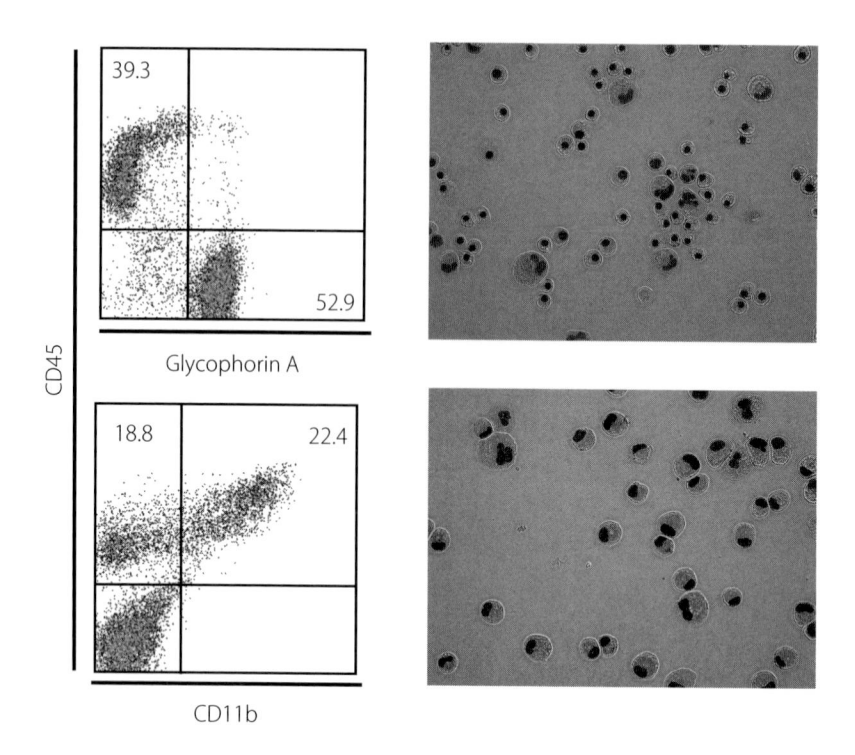

図4 ヒトES細胞から誘導した血液細胞（14日目）
CD45：血液細胞マーカー，Glycophorin A：赤血球マーカー，CD11b：単球系マーカー．CD45陽性の血液細胞およびヒト赤血球マーカーGlycophorin Aを発現している細胞が認められる．多くは赤血球系の細胞だが，CD45，CD11b陽性細胞が確認でき，また形態的にも白血球（主に単球系）の細胞が誘導されているのがわかる

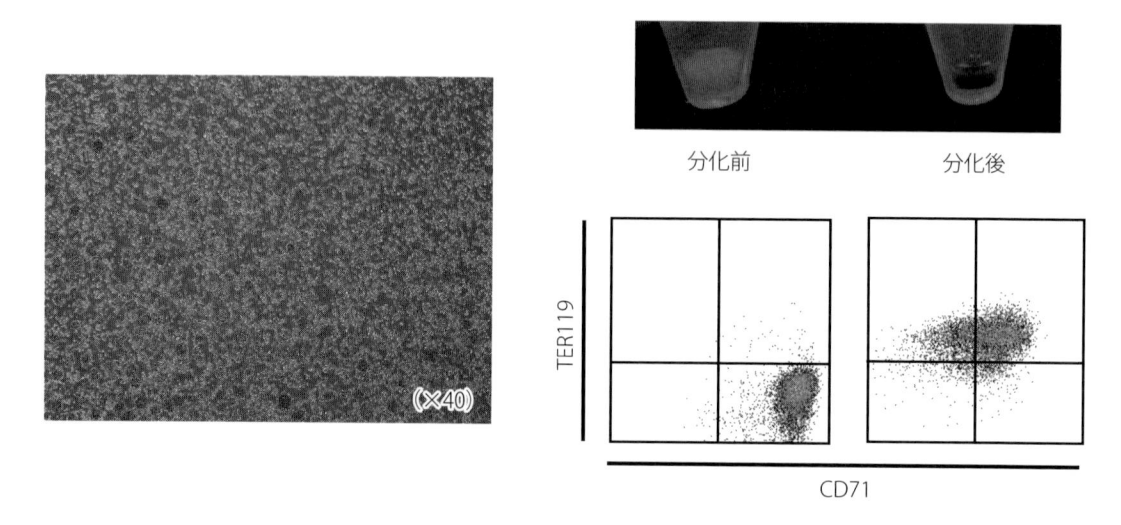

図5 マウスES細胞から誘導した赤血球前駆細胞株（MEDEP）
CD71：トランスフェリン受容体，TER119：赤血球マーカー．分化誘導することによりマウス赤血球マーカーTER119の発現が認められ，ヘモグロビンを産生し，赤くなっていることがわかる［→巻頭カラー図8参照］

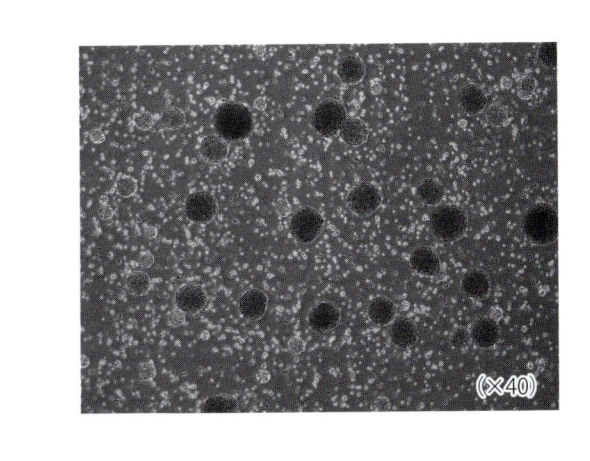

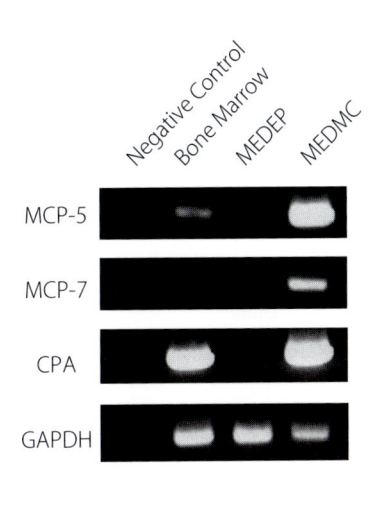

図6 マウスES細胞から誘導した肥満細胞株（MEDMC）

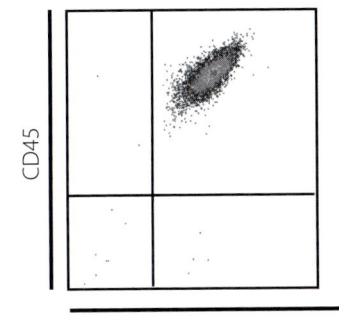

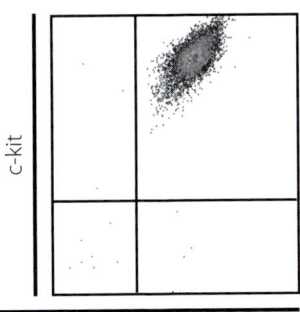

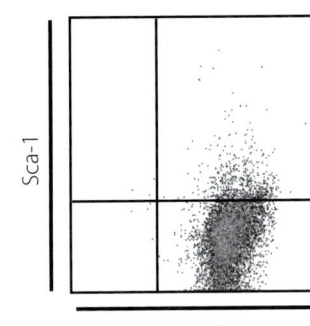

MCP-5, 7, CPA, FcεRα：肥満細胞マーカー，CD34, c-kit, Sca-1：マウス造血幹細胞マーカー．MEDMCはCD34，c-kit，CD45陽性であり，肥満細胞のマーカーであるFcεRαを発現している．また，肥満細胞で特異的に発現している酵素（MCP-5，MCP-7）を発現していることから，肥満細胞であることがわかる

　　この方法を用いることでヒトES細胞の場合，誘導開始後1カ月程度は誘導した血液細胞を培養することが可能である（図4）．マウスES細胞を用いた場合では長期間にわたり培養可能であり，成熟赤血球に分化可能な赤血球前駆細胞株を樹立することも可能である（図5）．またDexを加えずにインターロイキン3（IL-3）を添加することで肥満細胞株を樹立することができる（図6）．この細胞株はFcε受容体を刺激することで脱顆粒させることも可能である．

準備するもの

＜培地＞分化誘導培地（DM）

IMDM（without glutamine）	415 mL	
FBS	75 mL	（15％）
ITS liquid media supplement（×100）	5 mL	
Penicillin-Streptomycin-Glutamine（×100）	5 mL	
Monothioglycerol（MTG）	20 μL	（0.45 mM）
L-Ascorbic Acid 2-phosphate	25 mg	（50 μg/mL）
Total	500 mL	

- IMDM，ITS liquid media supplement，L-Ascorbic Acid 2-phosphate，MTG…以上，シグマ・アルドリッチ社
- Penicillin-Streptomycin-Glutamine…Gibco BRL社

<細胞>
- マウスまたはヒトES細胞
- OP9または10T1/2

<試薬>
- サイトカイン類
  VEGF，IGF-II，SCF，TPO（以上，R＆Dシステムズ社）
  EPO（商品名エスポー，協和発酵キリン社）
  デキサメサゾン（Dex：Dexamethasone，シグマ・アルドリッチ社）

<器具・機器>
- 安全キャビネットまたはクリーンベンチ
- CO_2インキュベーター（37℃，5％CO_2）
- 放射線照射装置
- 低速遠心機
- 組織培養ディッシュ

プロトコール

❶ 分化誘導開始前日にフィーダー細胞として用いるOP9または10T1/2をゼラチンコートディッシュに播種する (a)

❷ 前日に用意したフィーダー細胞を放射線処理する（50Gy）(b)

❸ ES細胞をトリプシン処理でMEFから回収し，放射線処理したフィーダー細胞上に分化誘導培地（DM）10 mLを用いて播種し(c)，VEGF（20 ng/mL），IGF-II（200 ng/mL）を加え，分化誘導を開始する

❹ ヒトES細胞を用いる場合，3日目に培地交換を行う．培地交換は古い培地をすべて取り除き，新鮮なDMを加え，VEGF（20 ng/mL），IGF-II（200 ng/mL）も新たに加える(d)

❺ 6日目（マウス3日目）にOP9または10T1/2をゼラチンコートディッシュに播種する（1枚）

❻ 前日に用意したフィーダー細胞を放射線処理する（50Gy）

❼ 7日目（マウス4日目）に浮遊細胞を遠心して回収し，新鮮なDM10 mLにSCF（50 ng/mL），TPO（50 ng/mL），EPO（5 IU/mL），Dex（10^{-6} M）を加え，新たに用意したフィーダー細胞（放射線処理済）に播種する．残った付着細胞は廃棄する

(a) OP9：$2×10^5$細胞/100 mmディッシュ，10T1/2：$4×10^5$細胞/100 mmディッシュ．ヒトES細胞を使用するときは4枚，マウスES細胞の場合は2枚用意する．

(b) フィーダー細胞の増殖を抑制するため，放射線処理する．

(c) ヒトES細胞：$5×10^5$細胞/100 mmディッシュに4枚，マウスES細胞：$2.5×10^5$細胞/100 mmディッシュに2枚

(d) マウスES細胞の場合，この時点で培地交換は行わない．マウス細胞は分化が速く4日目に浮遊細胞を播き直すため．

❽以降3〜4日ごとに培地交換を行う．サイトカインはSCF（50 ng/mL），TPO（50 ng/mL），EPO（5 IU/mL），Dex（10^{-6} M）を培地交換のたびに加える[e]

❾長期に培養し細胞株の樹立をする場合には適宜，浮遊細胞を遠心して回収し，新たに用意したOP9または10T1/2に浮遊細胞を播種し培養を続ける

❿安定して増殖するようになったら，フィーダー細胞なしで浮遊培養をする[f]

⓫浮遊培養が可能になったらサイトカインの依存性の確認[g]などを行い，増殖能，細胞の表面抗原や細胞特性を解析する

⓬必要に応じて細胞を保存する．続けて継代培養をする場合は，増殖速度やサイトカインの依存性などを考慮し，一部をディッシュに残し，新しい培地，サイトカイン等を加えて培養を続ける

[e] 10日目前後（マウスでは7日目前後）で血液細胞が確認できるようになる．

[f] マウスであれば40〜50日前後．

[g] 加えているサイトカインを除くなどして依存性を確認する．

ONE POINT　血液細胞誘導と細胞株樹立のポイント

・培養段階で添加するサイトカインの組み合わせが異なるので注意する．
・マウスES細胞はほとんど問題ないが，ヒトES細胞から誘導する場合，前の継代からの日数が分化の効率に影響するので，条件検討をした方がよい．
・マウスES細胞を用いて長期に培養を行う場合，フィーダー細胞はOP9を使用する．10T1/2を用いて長期に培養すると，ほとんどが単球/マクロファージ系の細胞になってしまう．短期（14日程度）であれば10T1/2でも問題はない．ヒトES細胞を用いて行う場合はほとんど問題ないが，7日目以降はOP9または10T1/2を用いるかで得られる血液細胞の集団に多少の違いがみられる．赤血球系を優位にする場合にはOP9を，白血球系を優位にするためには10T1/2を用いるとよい．
・マウスの場合は増殖が速いので長期培養するときは，浮遊細胞を新しいフィーダー細胞に適宜，継代培養する必要があるが，そのタイミングが非常に重要である．血液細胞以外の付着細胞は増殖しフィーダー細胞を押しのけてしまうため，血液細胞がフィーダー細胞と接触できなくなり，長期に培養できなくなるので注意する．ヒトの場合は増殖が遅く接着性も悪いのであまりフィーダー細胞の交換を頻繁に行わない．
・細胞株は性質が安定するまで持続培養した方がよいが，細胞株は培養を続けることで性質が変化することが考えられる．また培養の期間が長くなるとコンタミネーションの危険性もあるので，細胞株が樹立できたと思われる場合にはこまめに凍結保存した方がよい．また凍結保存から確実に再培養できるかどうかも確認する．

参考文献

1) Miharada, K. et al.：Nat. Biotechnol., 24：1255-1256, 2006
2) Templin, C. et al.：Exp. Hematol., 36：204-215, 2008
3) Wong, S. et al.：Exp. Hematol., 38：994-1005, 2010
4) Pinto do O, P. et al.：EMBO J., 17：5744-5756, 1998
5) Hiroyama, T. et al.：Exp. Hematol., 34：760-769, 2006
6) Hiroyama, T. et al.：PLoS ONE, 3：e1544, 2008

3章 細胞培養プロトコール

4 Bリンパ芽球様細胞株（B-LCL）
—樹立培養方法および維持培養方法

檀上稲穂

特徴
- 効率よくヒト細胞株を樹立することができる
- 由来個体のゲノム情報をよく保持している
- 生体材料を採取しやすい
- 血液検体にしか適用できない
- ヒトに感染するウイルスを用いるので注意が必要

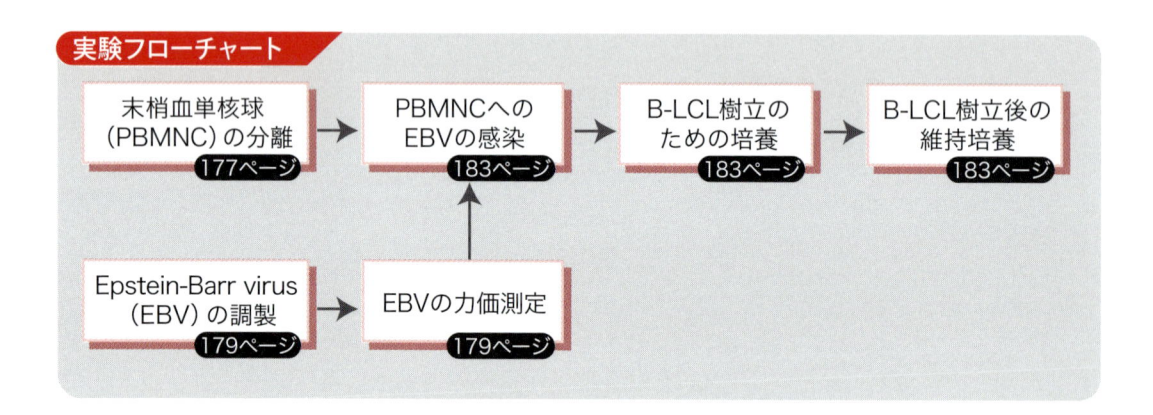

実験フローチャート

末梢血単核球（PBMNC）の分離（177ページ） → PBMNCへのEBVの感染（183ページ） → B-LCL樹立のための培養（183ページ） → B-LCL樹立後の維持培養（183ページ）

Epstein-Barr virus（EBV）の調製（179ページ） → EBVの力価測定（179ページ） → （PBMNCへのEBVの感染へ）

　高速シークエンシング法や網羅的SNPデータ取得法の飛躍的な進歩に伴い，全ゲノムを対象とした解析が可能になった．このような解析技術は多因子性疾患の病因遺伝子の特定・オーダーメード医療・人類遺伝学的解析などに応用される．個人や集団の遺伝的背景を明らかにするためには，由来個体のゲノム構造を保持した生体材料（細胞）が不可欠である（1章-4参照）．ゲノム試料の永続性の観点からも，被験者から採取した生体材料のままではなく培養して増幅することのできる細胞株の樹立が望ましいとわれわれは考えている．そのためには，樹立する細胞株に

- 生体材料を採取しやすい
- 由来個体のゲノム情報を正確に保持している
- 効率よく不死化することができる

などの特性が求められる．近年，多くのヒト細胞不死化方法が開発されるようになったが，現時点ではEpstein-Barr virus（EBV）感染により樹立した**Bリンパ芽球様細胞株**（B Lymphoblastoid Cell Line：**B-LCL**）がゲノム解析に用いられる代表例である．

　本節では**末梢血単核球**（Peripheral blood mononuclear cells：**PBMNC**）の分離からB-LCLの樹立までの実験方法について解説する．

❶ 血液検体からのPBMNCの分離

ヘパリン加採血した末梢血からPBMNCを分離する．このステップでの注意点は，**採血後の血液を凝固させないことと，各操作を迅速に行い血液細胞がフィコールにさらされる時間を極力短くすること**である．in vitroの抗凝固剤としてヘパリン・クエン酸・EDTA・ACD（Acid Citrate Dextrose Solution）などが用いられるが，B-LCL樹立用の採血の場合は抗凝固剤としてヘパリンを用いる．クエン酸やEDTAを添加した血液ではB-LCLの樹立効率が低くなるので注意が必要である．また生物種にかかわらず生体材料を扱う際には，未知の感染・汚染物質が含まれることを想定して手袋やゴーグルなどを着用する．廃棄物は滅菌したのち，所属機関の定める方法に従って廃棄する．

準備するもの

- ヘパリンナトリウム（商品名ノボ・ヘパリン注5,000 units/5 mL）…持田製薬
- Lymphoprep Tube…コスモ・バイオ社
  分注や血液を重層する際の手間を考え，ここでは分注済みでフィルター付きのLymphoprepを紹介するが，実験の頻度が低い場合はリンパ球分離用Ficoll（ナカライテスク社，GEヘルスケア社，シグマ・アルドリッチ社など各社から販売されている）も使用可能．
- PBS（−）
- RPMI1640培地
- ウシ胎仔血清（FBS）
- セルバンカー1…日本全薬工業

プロトコール

❶ ディスポーザブルシリンジにヘパリンを吸引し採血する．末梢血10 mLに対して50〜100 unitsのヘパリンを使用する．採血後は転倒混和し，血液とヘパリンをよく混合する[a]

❷ 血液を50 mL遠心チューブに移し，PBS（−）で2倍希釈する[b]

❸ 希釈した血液サンプルをLymphoprepに重層する[c]

❹ 卓上遠心機で2,000 rpm（800 G），20分間遠心する

❺ フィコールと血漿の境目に見えるPBMNCの層を回収する（図1）[d]

❻ 回収したPBMNCの倍量のPBS（−）を加え，ピペッティングにより穏やかに混合する

❼ 卓上遠心機で1,600 rpm（500 G），10分間遠心し，上清を除去する[e]

❽ 沈殿したPBMNCを10 mLのPBS（−）に懸濁し，卓上遠心機で1,500 rpm（450 G），5分間遠心する

[a] 健常人の新鮮血を使用する通常のB-LCL樹立であれば10 mL程度の血液量で十分．

[b] PBSで希釈すると赤血球の混入を防ぐことができるが，血液量が多くチューブ数が多くなる場合は希釈せずに次のステップに進むことも可能．

[c] 使用前にLymphoprepがフィルターの上に漏れ出ている場合は，数分間遠心して液をフィルターよりも下に落としておく．

[d] パスツールピペットや2 mLメスピペットなど小容量のピペットを使用すると回収しやすい．

[e] 回収したPBMNCに赤血球が多く含まれているとB-LCLの樹立効率が低下する．健常人では赤血球の混入は少ないが，重度の貧血や各種疾患の患者さんの血液などでは赤血球の混入が多いことがある．このステップで沈殿が赤く見える場合はRed Blood Cell Lysis Buffer（ロシュ・ダイアグノスティックス社）などで赤血球を溶解除去することもできる．

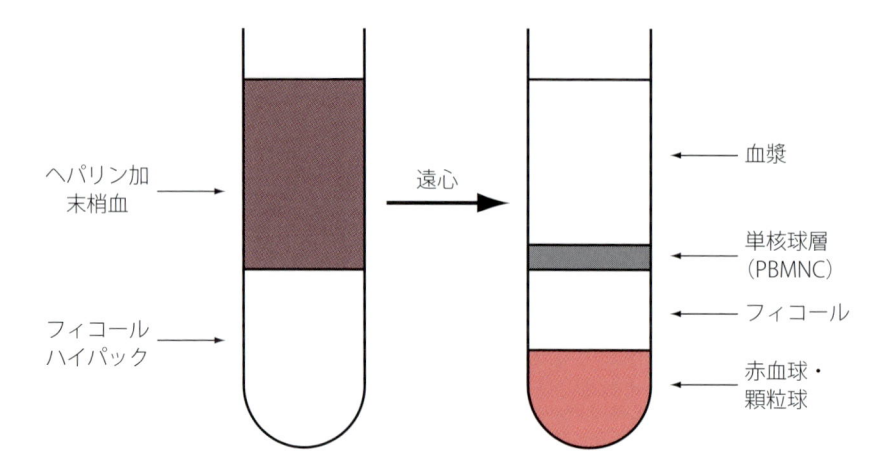

図1 フィコール密度勾配遠心により分画された PBMNC
遠心チューブの底に沈殿しているのは赤血球．PBMNCはフィコールと血漿の境目に細い層として確認できる

❾ 上清を除去し，沈殿した PBMNC を 5 mL の 5％FBS 添加 RPMI1640 に懸濁する[f]
❿ 細胞数を測定したのち，卓上遠心機で 1,000 rpm（200 G），3分間遠心し，上清を除去する
　→ただちに EBV 感染を行う場合はこのステップの PBMNC を使用し，凍結保存する場合は以下の手順で行う
⓫ $0.2～1.0×10^7$ 個/mL となるように PBMNC をセルバンカーに懸濁する[g]
⓬ 細胞懸濁液 0.5～1.0 mL を細胞凍結用プラスチックチューブに分注し，通常の培養細胞と同様の手順で凍結保存する

[f] 次のステップで細胞数を測定する間，氷上で静置しておく．

[g] 通常，健常人血液の場合は 1 mL から約 $1×10^6$ 個の PBMNC が回収できる．

トラブルシューティング — 血液検体からの PBMNC の分離

⚠ PBMNC の層が見えない

原因
① 血液をフィコールに重層する際に，血液とフィコールが混ざってしまった．
② 使用するフィコールの濃度が正しくない．
③ 血液量が少ない．
④ 遠心機ローターのブレーキが ON になっている．

原因の究明と対処法
❶ フィコールの層を乱さないよう，パスツールピペットなどを使用して血液をゆっくり重層する．
❷ 「細胞分離用」または「リンパ球分離用」と記載されたフィコールを購入する．
❸ Lymphoprep などフィルター付き分注済みのユニットを使用する場合は，血液量が少ない（5 mL 以下）と PBMNC の層がフィルター部分に重なってしまうことがある．このようなときは，フィルターよりも上の血漿を除去し数 mL の PBS（−）などでフィルターの上部と内部を数回洗浄することで PBMNC を回収できることもある．フィルターを使わずフィコールに末梢血を重

層した場合は，肉眼ではPBMNC層が見えなくてもごく少数の細胞が存在するので，フィコール層と血漿層の境界領域をパスツールピペットなどで注意深く回収する．
❹減速時に強いブレーキがかかると層が乱れ，PBMNCが層状にならないことがある．減速時のブレーキはOFFにしておくことが望ましい．

⚠ 分離したPBMNCの生存率が悪い

原因 操作に時間をかけすぎていた．

原因の究明と対処法

フィコールは細胞毒性があるので，各ステップの操作を手早く行う．

⚠ 分離したPBMNCの数が少ない

原因 ❶PBMNCの層を回収しきれていない．
❷健常人由来の血液ではない．

原因の究明と対処法

❶PBMNCの回収操作に慣れていないときには，まずPBMNC層上部の血漿部分を除去しPBMNCの層を含む領域を多めに回収する．
❷疾患の種類や治療薬の種類によってはPBMNCが変形したり回収しづらいことも多い．患者さんに負担をおかけするのは申し訳ないが，採血量を増やさざるを得ないこともある．

⚠ 分離したPBMNCが細胞塊を形成する

原因 回収したPBMNCに死細胞が多く含まれていた．

原因の究明と対処法

激しいピペッティングやボルテックスなどで死細胞が出ると，しばしばPBMNCが凝集して細胞塊を形成する．これは，死細胞から逸出した細胞内容物にPBMNCが結合するためと考えられている．このようなときには穏やかに5～6回ピペッティングして細胞塊をほぐすことを試みるが，ほぐれない場合はそれ以上ピペッティングせずに，ピペットやマイクロピペッターなどで塊を取り除く方がよい．細胞塊の形成を防ぐためにも，ボルテックスによる撹拌は避け，穏やかなピペッティング操作を心がける．

❷ EBV溶液の調製とウイルスの力価測定

培養上清中にEBVを産生する細胞株からウイルス液を調製する．このステップでの注意点は，**状態のよいB95-8細胞を使用することと，培養上清を回収する際にB95-8生細胞を完全に除去すること，必ず力価測定し力価の高いウイルス液を保存すること**である．EBVは文部科学省の定める実験分類では「クラス2 哺乳動物等に対する病原性が低いもの」に分類され，P2レベル以上の実験室で取り扱うことが定められている．ヒトに感染するウイルスであることを認識し手袋やゴーグルなどを着用するのはもちろんのこと，所属機関の定める方法に従って取り扱い廃棄する．保管管理の一環として，管理ノートなどの作成をお勧めする．

準備するもの

- B95-8細胞株（EBV産生細胞）…東北大学加齢医学研究所医用細胞資源センター
- RPMI1640培地
- ウシ胎仔血清（FBS）
- Millex GPフィルターメンブレン0.2μm…ミリポア社
  フィルターメンブレンは孔径0.2μmで低吸着性の親水性フィルターであれば，調べた限りではメーカーや種類による差は大きくない．
- サイクロスポリンA溶液（商品名サンディミュン注射液250 mg/5 mL）…ノバルティスファーマ社
  【サイクロスポリンAランニング液の調製】[a]
  ・①液（×10希釈液5 mg/mL；血清無添加RPMI1640で希釈）
  ・ランニング液（×500,000希釈液50 ng/mL；血清無添加RPMI1640で希釈）
- 24-well培養用プラスチックプレート

[a] サイクロスポリンAの原液は粘度が高いため，10倍希釈液を調製してストックとする．①液は4℃で1カ月程度は使用可能．ランニング液は用時調製し保存は避ける．調製するときには，①液から×100程度の段階希釈をする．一般的に使用されるサイクロスポリン濃度は100 ng/mL前後であるが，サイクロスポリン濃度が高いとB-LCLの増殖を阻害するので，健常人以外の血液を出発材料とするときには至適サイクロスポリン濃度をあらかじめ定量しておくことをお勧めする．

プロトコール

▶ 1) ウイルス液の調製

❶ B95-8細胞株をペトリディッシュに播種し[b]，5% FBS添加RPMI1640培地で細胞の集密度が80%程度まで増殖させる[c]

❷ 細胞数を測定し，ペトリディッシュあたり1～5×10^6個程度に継代する

❸ 細胞がコンフルエントになり培養上清が黄色くなるまで3～7日間培養する

❹ 細胞を含む培養液を卓上遠心機で1,000 rpm（200 G），5分間遠心し，上清を回収する

❺ 回収した上清をフィルターメンブレンで濾過し，微量遠心チューブに0.5 mLずつ分注する

❻ これをEBV溶液として−80℃にて保存する[d]

[b] B95-8細胞は浮遊増殖性だが培養用ディッシュで培養すると接着する細胞が出現し，細胞集団がヘテロになる可能性があるので，ペトリディッシュで培養した方がよい．

[c] **重要** EBVを調製する際には，オーバーグロースさせないように気を付ける．このときの細胞の状態がEBVの回収率に影響を与える傾向がある．

[d] EBV溶液は−80℃で少なくとも2年は保存可能である（それ以上の保存期間はわれわれの研究室ではチェックしていない）．

▶ 2) ウイルス液の力価測定

❶ 新鮮血より調製したPBMNCまたは凍結保存してあるPBMNCを通常の培養細胞と同様に解凍し，5 mLの20% FBS添加RPMI1640培地に懸濁する[e]

❷ 卓上遠心機で1,000 rpm（200 G），3分間遠心する

❸ 上清を除去し，5 mLの20% FBS添加RPMI1640培地に懸濁する

❹ 細胞数を測定する

[e] B-LCLの樹立効率には個体差や年齢差などがあることから，EBV力価測定用のPBMNCは同一個体から採取することが望ましい．

❺ $2 \sim 10 \times 10^6$ 個の細胞を新しい 15 mL 遠心チューブに取り，20 % FBS 添加 RPMI1640 培地を加えて全量 1.5 mL にする[f]

❻ −80 ℃ で凍結保存しておいたウイルス液を室温に静置し自然解凍させ，10 % FBS 添加 RPMI1640 培地で希釈しておく[g]

❼ 細胞数を調整した PBMNC にウイルス希釈液 $450 \sim 500\,\mu$L を加えて穏やかにピペッティングし，37 ℃，2 時間感染させる．この間，15 分おきにチューブをタッピングし細胞を撹拌する

❽ 卓上遠心機で 1,000 rpm（200 G），3 分間遠心し，上清を除去する

❾ 細胞を 5 mL の 20 % FBS 添加 RPMI1640 培地に懸濁し，再度遠心する

❿ 上清を除去し，細胞を 2 mL のランニング液に懸濁する

⓫ 24-well プレートに細胞を播種する（1 ウェルあたり 1 mL，duplicate[h] で播種する）

⓬ 週 2 回，培養上清の半分を新しいランニング液と交換する[i]

⓭ 健常人新鮮血由来の PBMNC を使用した場合は 3 週間ほどで B-LCL を樹立することができる．B-LCL は勾玉形の細胞が房状になった細胞塊として確認できる（図3C, D）．ウイルス感染後 3 週間ほど経った時点で，ウイルスの感染力を判定する[j]

[f] ここではウイルス感染した細胞を duplicate[h] で 24-well プレートに播種するために適した細胞数を表示した．triplicate[h] 以上で播種する場合には，$1 \sim 5 \times 10^6$ 個/well となるように細胞数を調整すること．

[g] 希釈倍率は×1, ×10, ×100, ×1000

[h] **duplicate, triplicate**：同時に行った実験の中での誤差を確認するために，同じ反応系を複数設定すること．2 つ設定した場合は duplicate，3 つ設定した場合は triplicate という．手順⓫での duplicate は，1 種類の細胞懸濁液を 1 ウェルあたり 1 mL ずつ，2 ウェルに播種するという意味である（図2）．培養細胞を用いた実験は誤差が大きくなりがちなので，最低でも duplicate，細胞数やその他の試薬に余裕があれば triplicate で実験を組むべきである．

[i] 交換のために吸引した培養上清には少数の B-LCL が含まれていることがあるので，取り出した培養上清は 25 cm² 培養フラスコなどに移し 37 ℃ で培養を続けておく．

[j] ×100 ウイルス希釈液で B-LCL が樹立できる程度の感染力があれば，安定に B-LCL を樹立することができる．

ONE POINT　オーバーグロース，コンフルエント，コンフルエンシー

オーバーグロース：一般的な細胞株の増殖は，細胞の活発な増殖が始まるまでの誘導期，細胞が対数的に増殖する対数増殖期，細胞の増殖が停止もしくは増殖速度が極端に遅くなる定常期，細胞死により細胞数が減少する死滅期に分類される（増殖曲線）．オーバーグロスは死滅期の状態である．一般に，対数増殖期後期になると乳酸などの代謝物が培地に蓄積し，培地の pH が低下する細胞が多い．培地の pH 変化を注意深く観察することでオーバーグロースのタイミングを推測することもできる．

コンフルエント：接着性の細胞の場合は，均一に播種した細胞が増殖し培養ディッシュ表面を隙間なく埋め尽くした状態．浮遊細胞では，播種した細胞が増殖して細胞密度が高くなり増殖停止する直前の状態．コンフルエントの 1 つの目安として，増殖曲線の変曲点（対数増殖期から定常期へと遷移する時点）と考えることができる．

細胞の種類によりコンフルエントに達したときの細胞密度が異なることから，培養細胞を使った実験に慣れるまでは，実験を開始する前に増殖曲線を描く習慣をつけるとよい．

コンフルエンシー：コンフルエントの状態の細胞密度に対してどの程度の集密度であるかを相対的に示した表現．「コンフルエンシー 50 %（または 50 % コンフルエント）」などといった言い方をする．例えば「コンフルエンシー 50 %」と言う場合は，コンフルエントになった細胞密度を 100 % とするとその半分の細胞密度である状態を指す．通常，コンフルエントになってしまうと細胞の増殖特性やその他の性質が変化することが多いので，コンフルエンシー $70 \sim 80$ % 程度になったところで継代することをお勧めする．

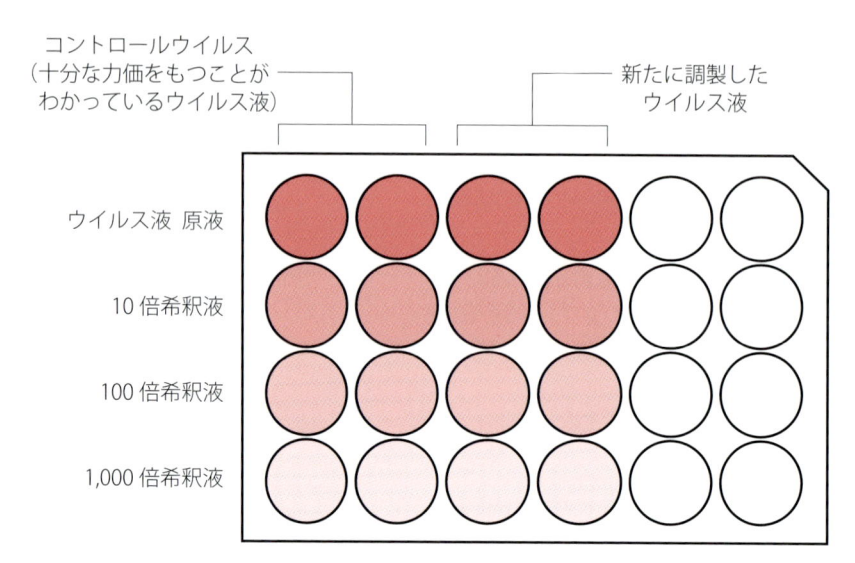

図2 ウイルス液の力価測定
重要 最初に100倍程度に希釈してもB-LCLを樹立できる力価の高いウイルス液を調製する（コントロールウイルス）．次回ウイルス液を調製した際には，それまで使っていたウイルス液と力価を比較し，B-LCLの樹立効率を把握しておくとよい

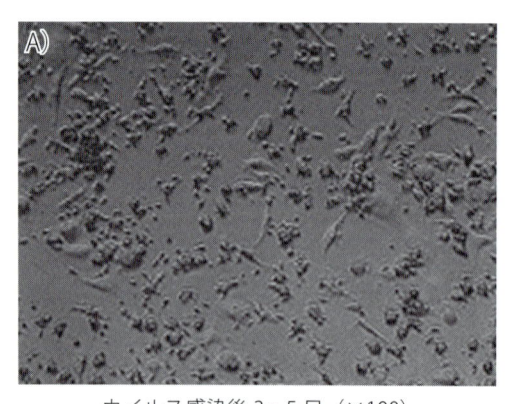

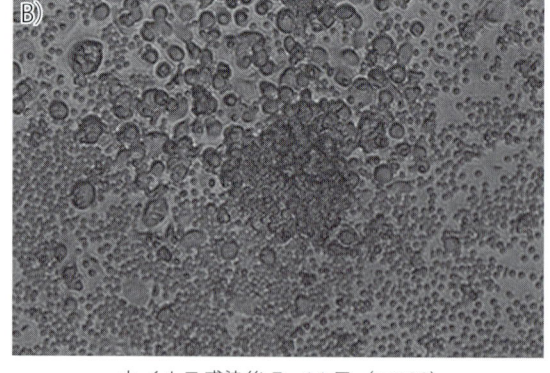

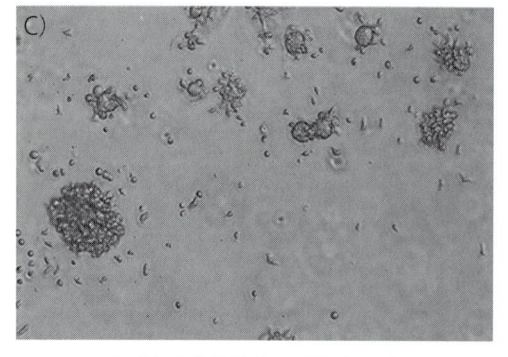

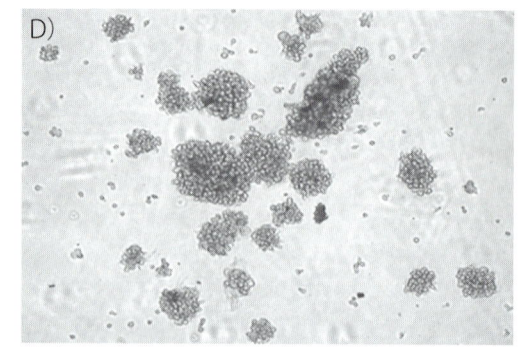

図3 EBV感染後の培養
EBV感染直後のPBMNCは大きさがほぼ同じの球状であるが，3〜5日で付着細胞などが出現する（A）．7〜14日後には盛り上がった細胞塊が認められる（B）．3〜4週間後には房状になって浮遊する細胞が出現し（C），安定に増殖するようになるのが2カ月後くらいである（D）．A, Bで示した細胞構成が認められない培養では樹立効率が低いことが多い

③ B-LCL の樹立

PBMNCからB-LCLを樹立する．このステップでの注意点は，**力価の高いEBV溶液を使用すること，EBV感染細胞を播種する際の細胞濃度，増殖を開始したB-LCLの細胞密度を高く保つこと**，などである．増殖を開始した初期のB-LCLは比較的結合力の強い房状で，ピペッティングなどの機械的な刺激に敏感である．培地交換などの際は細胞に刺激を与えないように注意する．また，高めのpHでは増殖がよくないようである．培地交換などの際にはpHの変化に留意した方がよい．

準備するもの

- PBS（−）
- RPMI1640培地
- ウシ胎仔血清（FBS）
- セルバンカー1…日本全薬工業
- EBVウイルス液
- サイクロスポリンA溶液（商品名サンディミュン注射液250 mg/5 mL）…ノバルティスファーマ社
    【サイクロスポリンAランニング液の調製】[a]
    - ①液（×10希釈液 5 mg/mL；血清無添加RPMI1640で希釈）
    - ランニング液（①液を50,000倍希釈したもの）
    (サイクロスポリンの最終濃度；20％FBS添加RPMI1640培地に100 ng/mL)

[a] サイクロスポリンAの原液は粘度が高いため，10倍希釈液を調製してストックとする．①液は4℃で1カ月程度は使用可能．ランニング液は用時調製し保存は避ける．調製するときには，①液から×100程度の段階希釈をする．一般的に使用されるサイクロスポリン濃度は100 ng/mL前後であるが，サイクロスポリン濃度が高いとB-LCLの増殖を阻害するので，健常人以外の血液を出発材料とするときには至適サイクロスポリン濃度をあらかじめ定量しておくことをお勧めする．

- 48-well培養用プラスチックプレート

PBMNC数が十分あればウイルス感染細胞を24-well培養用プレートに播種するが，PBMNC数が少ない場合は48-wellプレートに播種する．詳細はプロトコールの【補足事項[d]】を参照のこと．

- 24-well培養用プラスチックプレート
- 12-well培養用プラスチックプレート
- 6-well培養用プラスチックプレート
- 25 cm^{2}培養用フラスコ

プロトコール

❶ 新鮮血より調製したPBMNCまたは凍結保存してあるPBMNCを通常の培養細胞と同様に解凍し，5 mLの20％FBS添加RPMI1640培地に懸濁する

❷ 卓上遠心機で1,000 rpm（200 G），3分間遠心する

❸ 上清を除去し，5 mLの20％FBS添加RPMI1640培地に懸濁する

❹細胞数を測定する

❺卓上遠心機で1,000 rpm（200 G），3分間遠心したのち，上清を除去し，1.5 mLの20％FBS添加RPMI1640培地に懸濁する[b]

❻−80℃で凍結保存しておいたウイルス液を室温に静置し自然解凍させ，1.5 mLのPBMNC懸濁液あたりウイルス液450〜500 μLを加えて穏やかにピペッティングし，37℃，2時間感染させる．この間，15分おきにチューブをタッピングし，細胞を撹拌する

❼卓上遠心機で1,000 rpm（200 G），3分間遠心し，上清を除去する

❽細胞を5 mLの20％FBS添加RPMI1640培地に懸濁し，再度遠心する

❾上清を除去し，細胞をランニング液に懸濁する[c]

PBMNC数が

$2×10^6$以上のとき…ランニング液2 mL

$1×10^6$以上$2×10^6$以下のとき…ランニング液1 mL

$1×10^6$以下のとき…ランニング液0.5 mL

❿24-wellまたは48-wellプレートに細胞を播種する[d]

⓫週2回，培養上清の半分を新しいランニング液と交換する[e]

⓬B-LCLは勾玉形の細胞が房状になった細胞塊として確認できる（図3C, D）

⓭培地交換後2日ほどで培地が黄色くなる程度まで細胞が増殖したら，底面積の広いプレートに全培養をスケールアップする[f]

⓮6-wellプレートにコンフルエントになったら，25 cm²フラスコに5〜10 mLのランニング液培養でスケールアップし，フラスコを立てて（フラスコの口を上にして）培養を続ける（図5）

⓯培養用プラスチックプレートからのスケールアップを開始して1カ月ほど経過し，25 cm²フラスコで安定に増殖するようになったらB-LCLが樹立できたと判断する[g]

⓰細胞が安定して増殖するようになったら，20％FBS添加RPMI1640にて維持培養する[h]

[b] チューブ1本あたり，PBMNC数が$1×10^5$以上$1×10^7$以下であることが望ましい．細胞数が$1×10^5$以下ならばそのままステップを進め，$1×10^7$以上ある場合は希釈（またはチューブ数を増やして）作業を進める．

[c] **重要** ウイルス感染細胞を播種する際の細胞数と細胞密度が樹立効率に大きく影響する．細胞密度と樹立効率の関連は**表1**を参照のこと．B-LCLの樹立効率を上昇させるためにRaji細胞や別個体のPBMNCをフィーダーとして使用したという報告もあるが，われわれが調べた限りでは，フィーダー細胞による樹立効率の上昇効果は認められなかった．

[d] 24-wellプレートの1ウェルあたり1 mL，48-wellプレートの1ウェルあたり0.5 mLで播種する．

[e] 交換のために吸引した培養上清には少数のB-LCLが含まれていることがあるので，取り出した培養上清は25 cm²培養フラスコなどに移し37℃で培養を続けておく．

[f] スケールアップは，48-wellプレート（0.5 mL培養）→24-wellプレート（1 mL培養）→12-wellプレート（2 mL培養）→6-wellプレート（5 mL培養）の順でstep by stepで行う（図4）．樹立の初期段階のB-LCLは細胞密度が低くなると増殖を停止してしまうことから，希釈倍率が5倍を超えるようなスケールアップは避ける．この時期のB-LCLはコンフルエンシーを判断しづらいので，毎日の検鏡とpH変化で増殖速度を把握する．

[g] この時点で必要であればセルバンカー1で凍結保存が可能である．樹立初期（培養用プラスチックプレートでスケールアップ中）の細胞を凍結保存すると，融解後の生存率が極端に悪いことが多い．

[h] この段階まできたら，通常の培養細胞と同様の凍結法でストックを作製できる．

表1 細胞数・細胞密度と樹立効率の関係

細胞数（×10⁶）	播種スケール[a]	細胞密度（×10⁵/cm²）	処理検体数[b]	成功	失敗	樹立効率（%）
5＜	2 of 24	12.5	1	1	0	100
	1 of 24	25	0	0	0	—
1〜5	2 of 24	2.5〜12.5	26	18	8	69.2
	1 of 24	5〜25	19	19	0	100
0.5〜1	2 of 24	1.25〜2.5	5	4	1	80
	1 of 48	6.67〜13.3	11	11	0	100
0.1〜0.5	2 of 24	0.25〜1.25	7	2	5	28.6
	1 of 48	1.33〜6.67	6	4	2	66.7
＜0.1	2 of 24	＜0.25	3	0	3	0
	1 of 48	＜1.33	5	0	5	0

a) 播種したウェルの数と使用したプラスチックプレートの種類
　例："2 of 24" は24-wellプレートの2ウェルにウイルス感染細胞を播種したことを表す
b) 同時期に同一地域で採取された健常人の個体数

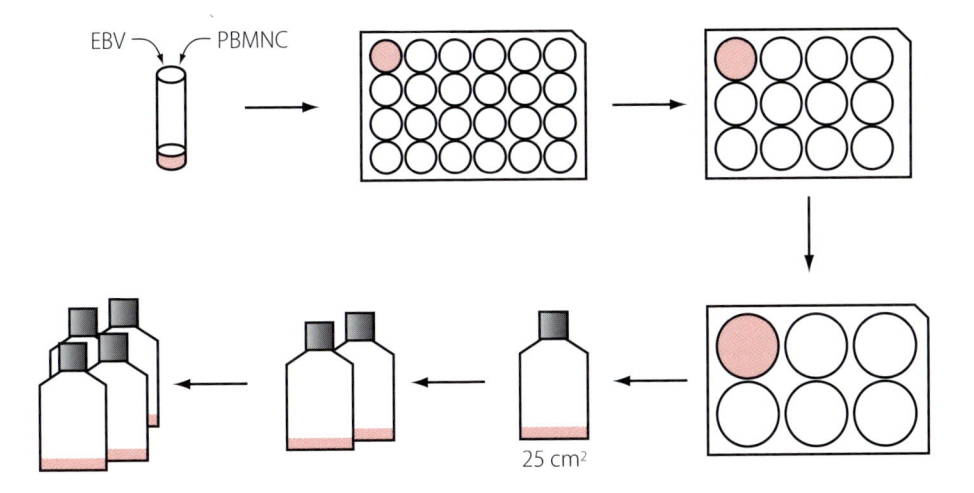

図4 培養用プラスチックプレートでのスケールアップの手順
ウイルス感染させるPBMNCの数と培養用プラスチックプレートへの播種密度は表1を参照のこと

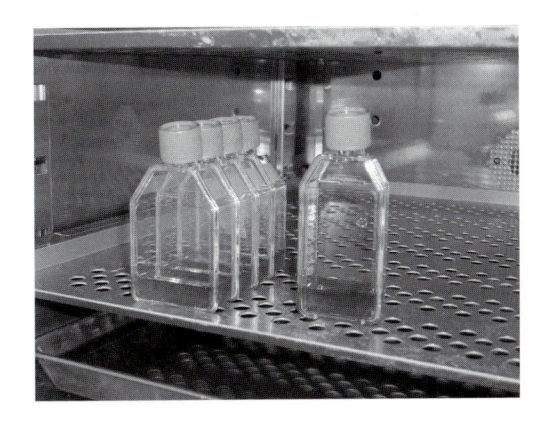

図5 B-LCLの維持培養の様子
細胞密度を上げるために，25 cm²フラスコを立てて培養するとよい

B-LCLの樹立 トラブルシューティング

⚠ B-LCLの樹立効率が悪い（健常人末梢血由来PBMNCで80％以下）

原因
1. EBVの力価が低い．
2. PBMNCがダメージを受けている．
3. 細胞密度が低い．
4. サイクロスポリンが失活している．
5. サイクロスポリン濃度が高い．

原因の究明と対処法

1. EBVのストックを作製した際には必ず力価測定を行い，十分な力価をもつことを確認しておくこと．

2. 凍結保存しておいたPBMNCを使用する場合は通常の培養細胞と同様に融解する（2章-4参照）が，37℃での保温時間が長いと樹立効率が低くなる傾向がある．液体窒素タンクから出した細胞を37℃ウォーターバスで保温する際には，頻繁に振盪し氷が溶けたらただちに洗浄用培地に懸濁する．

3. B-LCLは，低密度で培養すると増殖を停止しアポトーシスを起こすものが多い．特に樹立初期の培養は細胞密度を高く保つように注意する．至適細胞密度は細胞により異なっているので，培地のpHを目安にするとよい．培地半交換または全交換してから2日ほどで交換した培地が黄色くなり，目視で少なくとも2～3倍以上に増えるようになっていればスケールアップ後の状態がよい．

4. ウイルス感染7～14日後に細胞塊は確認できるがその後増殖する細胞が認められない場合は，サイクロスポリンが失活している可能性が考えられる．希釈倍率の高い溶液を保存することは避け，①液を4℃保存する．また，調製して1カ月以上経過した①液はなるべく使わないようにする．

5. 本プロトコールは健常人由来PBMNCを不死化するのに最適な条件を述べている．各種疾患，薬剤や放射線などによる加療はしばしばB-LCLの樹立効率に影響を及ぼす．サイクロスポリン濃度が高いと細胞の増殖が抑えられることから，健常人由来ではないPBMNCを用いてB-LCLを樹立する場合には，あらかじめ至適サイクロスポリン濃度を求めておくことをお勧めする．

謝辞
本節で解説した用語には，明確な定義が定まっていないものや辞書などに説明のないものが多いのが現状です．このような用語の定義や解説などについて，理研細胞バンクのスタッフにたくさんの有用なご意見をいただきました．この場をお借りしてお礼申し上げます．

参考文献
EBVおよびB-LCLの特性や樹立方法に関しては，以下の文献も参照されたい．

1) 今井章介：Epstein–Barr virus（EBV），『ウイルス実験プロトコール』（永井美之 他/監），pp52-59，メディカル・ビュー社，1995
2) 松尾良信：末梢血細胞培養法，『組織培養の技術』（日本組織培養学会/編），pp156-158，朝倉書店，1996
3) 下竹孝志：EBウイルス感染によるリンパ球の芽球化，『臨床FISHプロトコール』（阿部達生/監），pp57-62，秀潤社，1997
4) 『EBウイルス』（高田賢蔵/監），診断と治療社，2003
5) 檀上稲穂：ヒト不死化細胞，『バイオテクノロジージャーナル』6巻11/12号，pp688-692，羊土社，2006

3章 細胞培養プロトコール

5 マウスES細胞
―樹立培養方法および維持培養方法

廣瀬美智子，小倉淳郎

特徴
- 受精卵から樹立する
- 無血清培養系が利用可能
- 樹立効率にマウスの系統間差がある
- きわめて増殖能が高いので，細胞株間のコンタミネーションに注意が必要

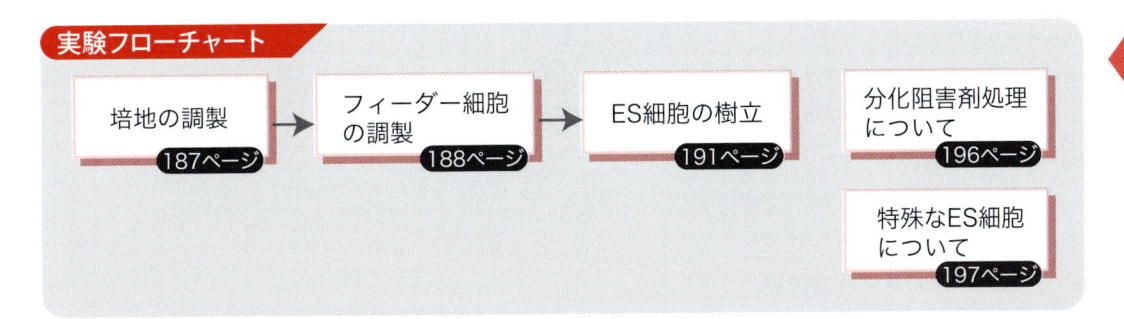

実験フローチャート

培地の調製（187ページ） → フィーダー細胞の調製（188ページ） → ES細胞の樹立（191ページ） → 分化阻害剤処理について（196ページ）

特殊なES細胞について（197ページ）

① 培地の調製

　従来の標準的なマウスES細胞の樹立・培養には，10〜20％ウシ胎仔血清（FBS）を添加した培地が用いられてきた．しかし，FBSにはさまざまな分化誘導因子が含まれているので，ロットチェックが必須である．そこで最近はFBSの代わりに，ライフテクノロジーズ社（旧インビトロジェン社）より発売されているKNOCKOUT serum replacement（KSR）が使用されることが多い．これにより，血清のロット差による実験結果のばらつきを防ぐことができ，また樹立の際のコロニーの取り扱いも容易になる．ただし，フィーダー細胞の準備にはFBS入りの培地を用いるので，一般的な初代培養に使える品質のFBSは確保しておく．

準備するもの

- DMEM（Dulbecco's Modified Eagle Medium）…ライフテクノロジーズ社，#10313-021
- NEAA（Non-essential amino acid）…ライフテクノロジーズ社，#11140-050
- 2-ME（2-mercaptoethanol）…シグマ・アルドリッチ社，#7522
- LIF（Leukemia inhibitor factor）…ESGRO，ライフテクノロジーズ社，#ESG1106または1107
- KSR（KNOCKOUT serum replacement）…ライフテクノロジーズ社，#10828-028
- GlutaMAX Supplement…ライフテクノロジーズ社，#35050-061

通常のL-Glutamineでもよい．L-Glutamineが入っていないDMEMなので必ず添加すること．L-Glutamineが入っているDMEMでも，購入してから時間が経過しているものには添加すること．GlutaMAXは細胞の代謝に不可欠なL-Glutamineを含んだジペプチドで，分解の速いL-Glutamineと違い，GlutaMAXは分解されにくい．

- ウシ胎仔血清（Fetal bovine serum：FBS）
  メーカーは特に問わないが，ロットチェックが必要．
- PBS（−）…DULBECCO'S PBS tablet, DSファーマバイオメディカル社，#DSBN200
- ゼラチン…シグマ・アルドリッチ社，#G1890
- 2.5％Trypsin…ライフテクノロジーズ社，#15090-046

プロトコール

❶ 2-ME液の作製

2-MEの原液100 μLを14.2 mLのPBS溶液で希釈した後，0.22 μm滅菌フィルターで滅菌したものを1,000×ストック溶液として用いる．4℃保存

❷ PBS（−）の調製

5粒を500 mLの超純水で溶解し，オートクレーブで滅菌する

❸ Trypsin-EDTA溶液の調製

2.5％TrypsinをPBS-EDTA（最終濃度0.5 mM）で各操作において必要な％になるように希釈する[a]

[a] 多くは0.25％で使用することが多いので，1 mLずつ分注して凍結保存しておくと便利である．

❹ ゼラチン溶液の調製

ゼラチンを0.1％になるように超純水で溶解して，オートクレーブで融解・滅菌する．

ゼラチン：500 mg ＋ 超純水：500 mL．室温保存

❺ マウスES細胞用KSR培地の調製（100 mL）

　　　　　　　　（最終濃度）
DMEM	82 mL
KSR	15 mL（15％）
NEAA	1 mL（1×）
2-ME	10 μL（0.1 mM）
GlutaMAX	1 mL（1×）
LIF	10 μL（1,000 U/mL）

（#ESG1107を使用した場合）[b]

[b] ESG1106を使用した場合は，100 μL加える．培地は，1週間程度で使い切る量をつくる．❻も同じ．

❻ マウスES細胞用血清培地

KSR培地のKSRの代わりにFBSを加える

❷ フィーダー細胞の調製

フィーダー細胞として一般に利用されているものは**マウス胎仔線維芽細胞（MEF：mouse embryonic fibroblast）**の初代培養である．ES細胞の培養を安定させるためには，フィー

ダー細胞の品質維持が重要になるため，フィーダー細胞の調製や管理に注意が必要である．MEFは一度に大量調製し，マイトマイシンC処理をして凍結保存しておけば，必要時にフィーダー細胞としてすぐに使えるので便利である．また，ES細胞に遺伝子導入する際の選択培養に利用する場合は，neo（ハイグロマイシン，ピューロマイシンなど）耐性遺伝子導入マウスの胎仔からMEFを調製するか，市販されているものを購入して，フィーダー細胞として用いる必要がある．MEFの培養・凍結法については3章-8も参照いただきたい．

準備するもの

- 妊娠マウス…BALB/c系統，妊娠13.5または14.5日齢
  飼育施設に余裕がない場合は，交配日指定で妊娠マウスを購入するのも便利である．
- 初代線維芽細胞用培地（PM）
  DMEM + 10 % FBS
- 0.1 % Trypsin-EDTA溶液…①を参照
- Penicillin-Streptomycin溶液…ライフテクノロジーズ社，#15140-122
- ゼラチン溶液…①を参照
- マイトマイシンC（MMC）…シグマ・アルドリッチ社，#M0503
  1 mg/mLになるようにPBS（−）で希釈し，100 μL/vial（100 mmディッシュ2枚分）で分注し，−80 ℃保存．
- セルバンカー…十慈フィールド社，#BLC-1
  血清タイプの細胞凍結保存液．10 % DMSO-PMでもよい．ただし，セルバンカーの方が，細胞を融解した後の生存率がよいようである．
- PBS（−）…①を参照
- DNase（Deoxyribonuclease I from bovine pancreas）…シグマ・アルドリッチ社，#DN25-100MG
- 解剖用ハサミ・ピンセット
  あらかじめオートクレーブ滅菌しておくか，アルコールに浸漬しておき，使用時にガスバーナーで滅菌する．

プロトコール

▶ 1）マウス胎仔線維芽細胞（MEF）の培養・凍結

❶ あらかじめ，洗い用の100 mmディッシュにPBS（−）を5 mL程度入れて3〜4枚用意しておく

❷ 妊娠マウスを頸椎脱臼して，腹部をエタノールで消毒する．腹部を切開し子宮を全摘出する

❸ 子宮から胎仔を取り出し，PBS（−）を加えた100 mmディッシュに移す．内臓と脳を除去した後，新しいPBS（−）入りのディッシュに移し洗浄する ⓐ

❹ 別のディッシュに5〜6匹ずつに分けてハサミで切り刻む ⓑ

❺ ディッシュ内に0.1 % Trypsin-EDTAを10 mL加え，

ⓐ ここからクリーンベンチ内で作業する．ディッシュを揺する感じで，血液などを除去するように2，3回洗浄する．

ⓑ ここで細かく剪断しておくとトリプシンでよりほぐれやすい．このときに，ディッシュにPBS（−）を入れなくてよい．

50 mLのチューブに移す．さらに10 mLの0.1％Trypsin-EDTAを加え，20分間室温でゆっくり回転撹拌する

❻ 25 mLピペットでピペッティングし，さらに0.1％Trypsin-EDTAを20 mL加える．20分間室温でゆっくり回転撹拌する ⓒ

❼ 50 mLチューブ2本に20 mLずつ分け，各チューブに20 mLのPMを加えてトリプシンの反応を止めた後，ピペッティングする ⓓ

❽ 5分ほど静置し，残渣が沈んだら上清を新しい50 mLチューブに移す ⓔ

❾ 血球計算盤を用いて細胞数を数える ⓕ

❿ 遠心〔1,000 rpm（190 G），3分〕した後，上清を除去する

⓫ 100 mmディッシュに1.0～1.5×10⁷ cells/dish（10 mL）になるようにPMで懸濁し，ピペッティング後ディッシュに播き，培養する ⓖ

⓬ 翌日，血球や非付着細胞を除去するため培地交換をする

⓭ 1～2日後，70～80％コンフルエントになったら凍結保存し，一部は継代をしてそれが80％コンフルエントになったらMMC処理（次項）をする ⓗ

▶ 2) MEFのマイトマイシンC処理および凍結

❶ 凍結したMEFを融解し，100 mmディッシュ1～2枚に播いて培養する ⓘ

❷ 2～3日後70～80％コンフルエントになったら，ディッシュをPBS（－）で洗い，0.25％Trypsin-EDTAで細胞を剥がす

❸ 遠心〔1,000 rpm（190 G），3分〕後，上清を除去し，1 mL×（継代する枚数）のPMで懸濁する

❹ 1枚につき100 mmディッシュ4～5枚に継代するので，PMを9 mL/dish×（継代する枚数）分入れておく

❺ 細胞懸濁液を各ディッシュに1 mLずつ播き，培養する

❻ 3～4日後，80％コンフルエントになったら，マイトマイシンCを10 μg/mLになるように培地に添加し，2時間以上（5時間まで）インキュベーターで培養する ⓙ

❼ マイトマイシンC処理後，PBS（－）で3回洗う

❽ PMを10 mL入れ，一晩培養後，トリプシンで細胞を剥がし，2×10⁶ cells/vialで凍結する ⓚ

ⓒ **重要** ピペッティングするときは，泡立たないようにする．

ⓓ このときに，死細胞に由来するゲノムDNAにより，ドロッと強い粘性を帯びた状態なら10 mg/mL DNaseを100 μL程度（もっと多くてもかまわない）を加えて30分間インキュベーターに入れる．5分おきに揺する．

ⓔ 残渣が混入しないようにする．

ⓕ 細胞数が多い場合は，さらに希釈してカウントする．

ⓖ このときのPMにはPenicillin-Streptomycin溶液を添加する．

ⓗ **重要** 増やしすぎてしまうとフィーダー細胞作製時に増えが悪くなる可能性があるので，増やしすぎないこと．2×10⁶ cells/vial程度で凍結すると，MMC処理をするために起こすとき，100 mmディッシュ1枚に起こして2～3日でコンフルエントになる．

ⓘ MEF凍結時の細胞数によって融解時のディッシュの枚数を変える（目安：2×10⁶ cells/100 mm dish）．

ⓙ 培地5 mLにつきマイトマイシンC液を50 μLずつ入れるので，マイトマイシンCストック1vialで2枚処理できる．オーバーコンフルエントになると，MMC処理後，PBS（－）で洗っているときに剥がれてしまうし，剥がれると収量が減ってしまう．

ⓚ MMCを除去するために一晩培養する．やむをえない場合でも，少なくとも3～4時間は培養すること．2×10⁶ cells/100 mm dishでフィーダーを播くので，この細胞数を基準に凍結している．

▶ 3) フィーダーの準備

❶ 0.1％ゼラチン液を必要なディッシュに完全に覆われるようにコートする．室温で1時間以上放置した後，ゼラチン液を捨てる ⓛ

❷ 凍結したマイトマイシンC処理済みMEFを融解し，10 mL程度のPMに懸濁する

❸ 遠心〔1,000 rpm（190 G），3分〕後，上清を除去し，PMで懸濁する

❹ ゼラチンコートしたディッシュに細胞を播き，フィーダーとする ⓜ

❺ 作製したフィーダーは3～4日以内に使用する ⓝ

ⓛ 完全に乾いている必要はない．

ⓜ 100 mmディッシュに 2×10^6 cells をフィーダーとして播くので，60 mm，35 mmディッシュ，4-，6-，12-wellプレートでは，100 mmディッシュとの面積比によって播く細胞数を決める．

ⓝ 重要 半日後から使用可能になる（例：午前中に作製→夕方使用）．培地交換する必要はない．フィーダーは急速に活性が低下するので，早く使用すること．このプロトコールではES細胞の培地にKSRを使用するため，さらにその傾向が強い．必ず樹立時には新しく播いたフィーダーを使用する．

③ ES細胞の樹立

ES細胞は，交配から3.5日の胚盤胞から分離した **ICM**（inner cell mass：**内部細胞塊**）をフィーダー細胞上で培養することにより樹立される．方法は単純であるが，樹立過程の操作はある程度の慣れを要する（特に胚操作の部分は練習が必要）ため，何回かの試行錯誤が必要になるだろう．ES細胞の分離には，胚盤胞がフィーダー細胞に接着して栄養膜外胚葉が伸張し，ICMが増殖して大きな細胞塊を形成することが必要となる．この際に，本節で紹介する方法ではKSRを使うことで，ICMが栄養膜外胚葉とともに分化していくのを抑え，より大きな細胞塊を形成するようにしている．この細胞塊を分散してフィーダー細胞に播いた後，ES細胞コロニーが出現して急速に増殖してくる．

準備するもの

- 胚盤胞期胚
  自然交配由来の胚の方が質がよいが，体外受精由来胚でも樹立は可能である．
- フィーダー細胞 … ❷ を参照
- マウスES細胞用KSR培地（ES/KSR）… ❶ を参照
- マウスES細胞用FBS培地（ES/FBS）… ❶ を参照
- 初代線維芽細胞用培地（PM）… ❷ を参照
- 酸性タイロード（Tyrode's Solution, Acidic）… シグマ・アルドリッチ社，#T1788
  透明帯を外すために用いる．
- PBS（−）… ❶ を参照
- 0.25％ Trypsin-EDTA溶液 … ❶ を参照
- 4-well plate（NUNC）… サーモフィッシャーサイエンティフィック社，#176740
  24-wellプレートが同じサイズだが，操作性を考慮すると4-wellプレートがよい．
- 96-wellテラサキプレート（NUNC）… サーモフィッシャーサイエンティフィック社，#136528
- マウスピペット（毛細管マイクロピペット）… ドラモンド サイエンティフィック社，#2-000-100
  これは100 μLサイズだが，自分の使いやすいサイズのものを選ぶ．

- ミネラルオイル
  embryo-tested のオイルを用いる.
- セルバンカー…十慈フィールド社,#BLC-2
  無血清タイプの細胞凍結保存液.

プロトコール

▶ 1) 胚盤胞期胚の培養開始

❶ MMC 処理済みの MEF を 4-well plate に必要分播いてフィーダー細胞を用意しておく⒜

❷ 4-well plate の PM を ES/KSR 培地に交換する

❸ 60 mm のディッシュに 50 μL の酸性タイロード（×1）と ES/KSR 培地（洗い用,×4）のドロップをつくり,オイルをはる⒝

❹ 実体顕微鏡下で胚盤胞を酸性タイロードのドロップに入れ,透明帯を外す⒞

❺ ES/KSR 培地で 4 回洗う⒟

❻ 4-well plate の 1 ウェルにつき 1 個の胚盤胞期胚をフィーダー上に置く（図1-①）⒠

❼ 37℃,5% CO_2 インキュベーターで培養する

❽ 1〜2日後,接着したウェルをマーキングし,培地交換する⒡

❾ ICM コロニーが大きく成長するまで1週間〜10日待つ（図2）

▶ 2) ICM コロニーのピックアップ

❶ 4-well plate にフィーダーを播いておく

❷ フィーダー細胞の培地を ES/KSR 培地に交換する

❸ 実体顕微鏡下で,マウスピペットを使い,ICM の細胞塊をかきとる（図1-②）⒢

❹ 新しいフィーダーに採取した細胞塊を播く（図1-③）⒣

❺ 37℃,5% CO_2 インキュベーターで培養する

❻ 翌日,培地交換をする

⒜ 胚盤胞期胚1個につき1ウェルを用意する.

⒝ 胚盤胞期胚4個につき1ディッシュを用意する.

⒞ **重要** ドロップに入れる時間は十数秒,長くても1分くらい.透明帯がだんだんとなくなっていく様子がみられる.わかりにくい場合は,胚盤胞前に発生が止まった胚など,透明帯が明瞭に見える胚を一緒に処理すると見やすい.実体顕微鏡はクリーンベンチの中に入れる.もし入れることができない場合でも,ファン付の簡易クリーンベンチ（ビニール製）の中へ実体顕微鏡を入れて作業を行うことが望ましい.

⒟ 泡をつくらないように.ピペット内の液層も置換する感じで洗う.

⒠ ICM のみを効率的に取り出すために,免疫手術（栄養膜外胚葉の除去）をする方法もあるが[2],省略しても問題はない.

⒡ **重要** 接着しはじめは外れやすいので,注意しながら培地交換する.ES 細胞の取り扱いにおいて,培地の吸引・廃棄に陰圧ポンプに接続したアスピレーターを使用すると,空気の撹拌や逆流による微生物（特にマイコプラズマ）感染の可能性が高くなるので,ピペッターまたはメスピペットで培地を吸引する.これらのピペットは株ごと交換する.また,この操作により,別株の混入によるコンタミネーションを防ぐこともできる.

⒢ 胚を操作するときと同様に,エアーをつくって操作しやすいようにする（図3）.軽く突いて吸うと,ポロポロと小さな細胞の塊がとれてくる.フィーダー細胞や広がった栄養膜外胚葉などを含まないようにして,7〜8個くらいの塊に分けられるとよい.

⒣ 1カ所にかたまらないように分けて播く.大きな塊でしか取れなかった場合は,新しいフィーダーのウェルの中で何回かピペッティングして細胞をバラバラにしてから播くとよい.

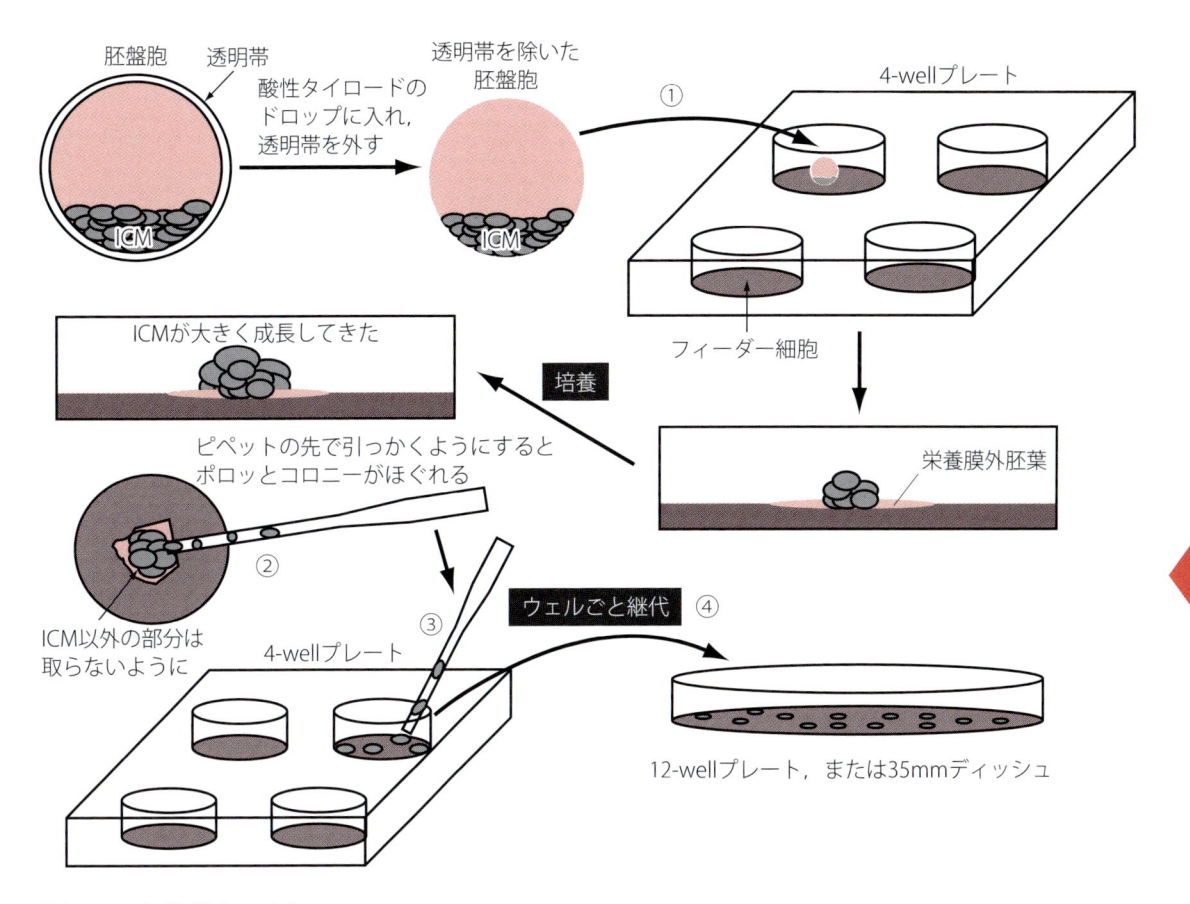

図1　ES細胞樹立の流れ

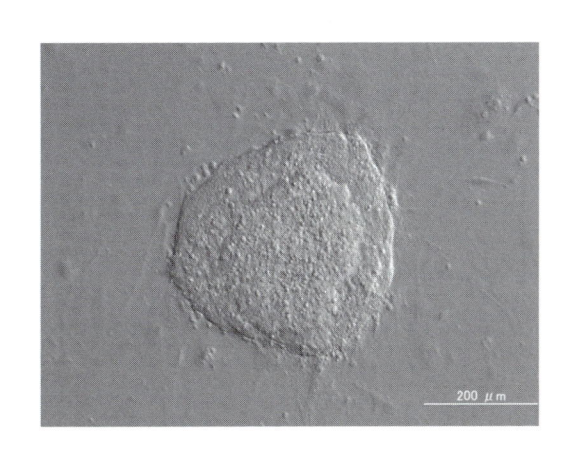

図2　フィーダーに移してから12日後の胚盤胞由来コロニー

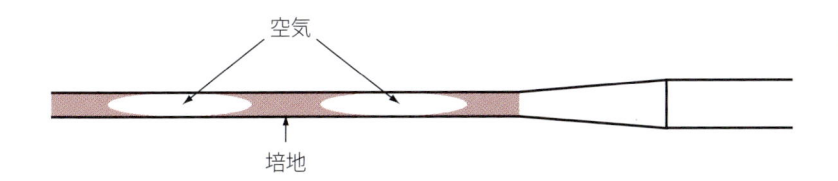

図3　マウスピペット
空気でクッションをつくることにより，急激な培地の吸い上げやはき出しを防ぎ，ドロップが泡で覆われることがない

※ICMコロニーのピックアップ（代用法）

　コロニーをピックアップするとき，ES/FBS培地で培養したコロニーは，細胞間の接着が強いためES/KSR培地で培養したときのようにポロポロとかきとれない．そこでトリプシンを使用する．また，ES/KSR培地で培養したときでも図1-②の方法でピックアップできない場合は，この方法を用いる．

❶ 96-wellテラサキプレートにPBS（－），0.25％ Trypsin-EDTA，ES/FBS培地を10 μLずつ分注してオイルをはる ⓘ
❷ コロニー全体をピックアップして ⓙ，一度PBS（－）で洗った後，トリプシンのドロップに落として，2〜3分様子をみる ⓚ
❸ 径の小さいピペットに交換し，コロニーをES/FBS培地のドロップに移してトリプシンを失活させ，ピペッティングする ⓛ
❹ 同じピペットで細胞をES培地ごと吸い上げて，新しいフィーダーに移す ⓜ

▶ 3）ES細胞の継代

ICMをピックアップして播いた後，2日くらいでES細胞コロニーが出現して増殖する．3〜4日で次の継代ができるようになる ⓝ

❶ ウェルをPBS（－）で洗い，0.25％ Trypsin-EDTAを加えて，コロニーを剥がす
❷ FBS入りの培地で懸濁し，トリプシンの反応を止める ⓞ
❸ 遠心〔1,000 rpm（190 G），3分〕後，ES/KSR培地で懸濁し，新しいフィーダーに播く ⓟ
❹ 次の継代時に12-wellプレート，35 mmディッシュまたは6-wellプレートに播き（図1-④），できるだけ早い時期に一部を凍結保存する（図4）ⓠ

ⓘ コロニー分を分注する．
ⓙ このときは，コロニー全部が1つの塊としてとれてしまうので，そこで無理して小さくせず次の操作に移る．
ⓚ インキュベーターに入れる必要なし．明らかにコロニーの形態が変わってくる．トリプシンには長時間漬けすぎないようにする．
ⓛ 重要 継代時のトリプシン処理後，必ず血清などトリプシンインヒビターを加えて酵素活性を失活させること．これをやらないと，細胞がフィーダー細胞に接着せず，そのうちに消えてしまう．細胞がバラバラになるまで，コロニーを下に押し付ける感じでピペッティングするとよい．
ⓜ 1カ所にかたまらないように．インキュベーターに入れたときなど，ディッシュを縦横斜めに揺するとよい．
ⓝ このときに，出現したコロニーが2〜3個または4〜5個だった場合は，もう一度マウスピペットで各コロニーを1回目と同じ方法で分散して新しいフィーダーに移す．10個弱くらいのコロニーが出たときは，ウェルごとトリプシンで処理してよい．1つだけ大きなコロニーに成長してしまうことがある．そのときは，そのコロニーだけを1回目と同じ方法で分散して，元のところにまた播く．その後，最初に分散したコロニーとともに継代する．
ⓞ PMでもよい．
ⓟ ここでもう一度4-wellに播く．細胞数が多い場合に備えて35 mmディッシュにもフィーダーを播いておくとよい．
ⓠ ここまでくると，細胞は安定して増殖する．

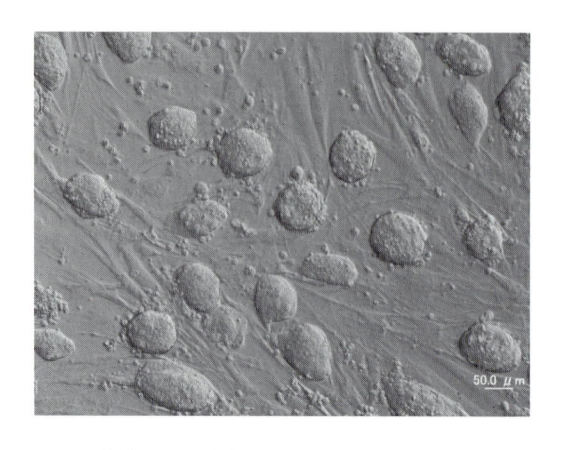

図4　安定して増殖してきたES細胞様コロニー

マウスES細胞 トラブルシューティング

⚠ 樹立時にICMの増殖が悪い

原因
❶ 胚盤胞の質が悪い．
❷ フィーダー細胞が古い．

▶ 原因の究明と対処法

❶ 発生が進みすぎた（ハッチング気味の）胚は使用しない．胚盤胞前の胚からでもES細胞が樹立できることが報告されているので，胚採取のタイミングが遅すぎないように調整する．
❷ フィーダー細胞はできるだけ新鮮なものを用いる．

⚠ ICMをピックアップして培養を継続しても，ES細胞様コロニーが出現しない

原因
❶ ピックアップする時期が早い．
❷ トリプシンが完全に失活されず，細胞の接着が阻害された．

▶ 原因の究明と対処法

❶ ピックアップの時期の見極め，手技は経験が必要．なかなか大きくならなくても我慢強く待っているとコロニーが大きくなってくる．
❷ 無血清培地で培養した場合，トリプシン処理後に必ず十分量の血清を加えるか，血清入りの培地に懸濁しなおすこと．

⚠ 樹立したES細胞から生殖細胞系列キメラマウスが作製できない

原因
❶ 染色体異常．
❷ 未分化能の低下．

▶ 原因の究明と対処法

❶ 正常な染色体（2n = 40）をもつ細胞の比率が70％以下になると，生殖細胞系列キメラマウスは作製できないと言われている．染色体の検査により，この比率が70％以下であることが判明したら，継代の若い株を再検査するか，新しい株を樹立する．
❷ 次項の2i処理による継代を行い，コロニーの形態が改善することを確認してから，再度キメラ作製を試みる．

⚠ 予想外の，あるいはあり得ない結果が出る

原因 他のES細胞株の混入．

▶ 原因の究明と対処法

ES細胞はきわめて増殖能が高いので，特に連続的に多くの株を取り扱うときには，細胞間のコンタミネーションが生じないように厳重な注意が必要である．培地交換時には，必ず株ごとにチップやメスピペットを交換すること．

❹ 分化阻害剤処理について

近年，ES細胞の多能性にかかわる転写因子ネットワークが詳細に解析されている．細胞内シグナル伝達系のERKとGSK3の経路を阻害することにより，ES細胞の未分化状態を維持できることがわかった[3]．ここでは，広く用いられている以下の2つの阻害剤（inhibitor）を添加した培養方法（**2i処理**）を紹介する．この方法により，従来樹立が困難と言われていたNOD系マウスからもES細胞が樹立できるようになり[4]，また遺伝子改変時に安定した継代が難しかったC57BL/6系の株の取り扱いも容易になっている．

準備するもの

- マウスES細胞用KSR培地（ES/KSR）…❶を参照
- CHIR99021（GSK-3β阻害剤）…ステムジェント社，#04-0004
  最終濃度1μM　430μLのDMSOで溶解し，10,000×ストックを作製して−20℃保存
- PD0325901（MEK阻害剤）…ステムジェント社，#04-0006
  最終濃度1μM　415μLのDMSOで溶解し，10,000×ストックを作製して−20℃保存

プロトコール

❶ 樹立時に各阻害剤をES/KSR培地に添加（ともに10 mLに1μL）し，培養する

❷ 樹立時に添加することで，無添加時に比べ，ICMのみが大きく成長し，コロニーの形態も表面が平滑なドーム状になる（図5, 6）[a]

[a] ES細胞の樹立時に阻害剤を添加することにより，ICM由来細胞の細胞死が抑制されることが知られている[5]．なお，すでに樹立されている株に対しても，培地に添加することで未分化性の向上，高キメラ率マウスの作出，キメラマウス内での生殖系列への伝達率の向上が期待できる．

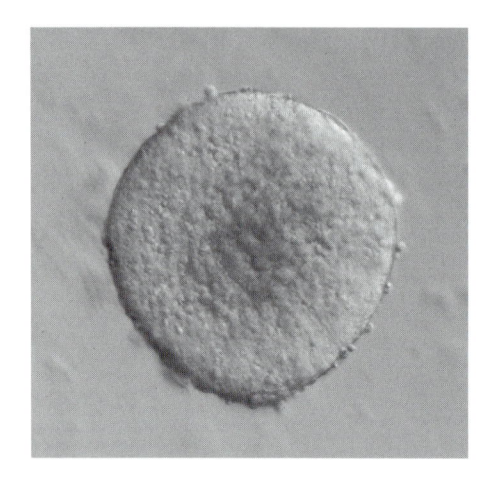

図5　2iを添加して培養したコロニー

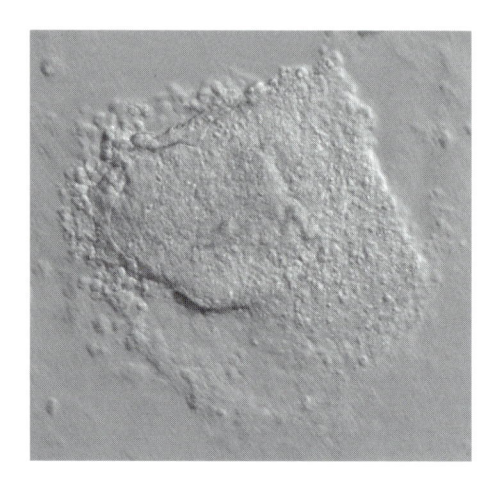

図6　2i無添加培地で培養したコロニー

5 特殊なES細胞について

ES細胞は，さまざまな特殊胚由来の胚盤胞からも作出が可能である．主に以下の特殊なES細胞がさまざまな目的で樹立されている．

- **核移植クローン由来ES細胞**[6]：再生医療のモデル実験，あるいは間接的な（2段階の）体細胞クローン個体の作出
- **雌性核発生胚（単為発生）**[7] または **雄性核発生胚由来ES細胞**[8]：ゲノム刷込みの解析実験など
- **(亜)種間受精由来ES細胞**[9]：両親の多型を利用したalleleの解析実験など

準備するもの

- 特殊胚由来の胚盤胞…これらの作出方法については，各々の文献[6]〜[9]を参照のこと
- 他は通常のES細胞の樹立と同様

プロトコール

通常のES細胞の樹立方法をそのまま応用可能である．マウスの核移植クローン胚由来ES細胞は，受精卵由来ES細胞と同様の高い効率で樹立できる．また，受精卵由来ES細胞は雄の比率が高くなることが多いが，核移植クローン由来の場合は，雌由来の体細胞でも雄由来のものと遜色なく樹立できる．

参考文献

1) Shimizukawa, R. et al.：Genesis, 42：47-52, 2005
2) 実験医学別冊　ポストゲノム時代の実験講座4『幹細胞・クローン研究プロトコール』（中辻憲夫/編），羊土社，2001
3) Ying, G. L. et al.：Nature, 22：519-523, 2008
4) Nichols, J. et al.：Nat. Med., 15：814-818, 2009
5) Yamagata, K. et al.：Dev. Biol., 346：90-101, 2010
6) Wakayama, T. et al.：Science, 292：740-743, 2001
7) Kim, K. et al.：Science, 315：482-486, 2007
8) Miki, H. et al.：Genesis, 47：155-160, 2009
9) Shinmen, A. et al.：Mol. Reprod. Dev., 74：1081-1088, 2007

3章 細胞培養プロトコール

6 ヒトES細胞
―維持培養方法

宮崎隆道，末盛博文

特徴
- 安定した未分化維持培養ができる
- 無フィーダー培養系の導入に適している
- 各処理時間はヒトES細胞株ごとに異なるため注意が必要

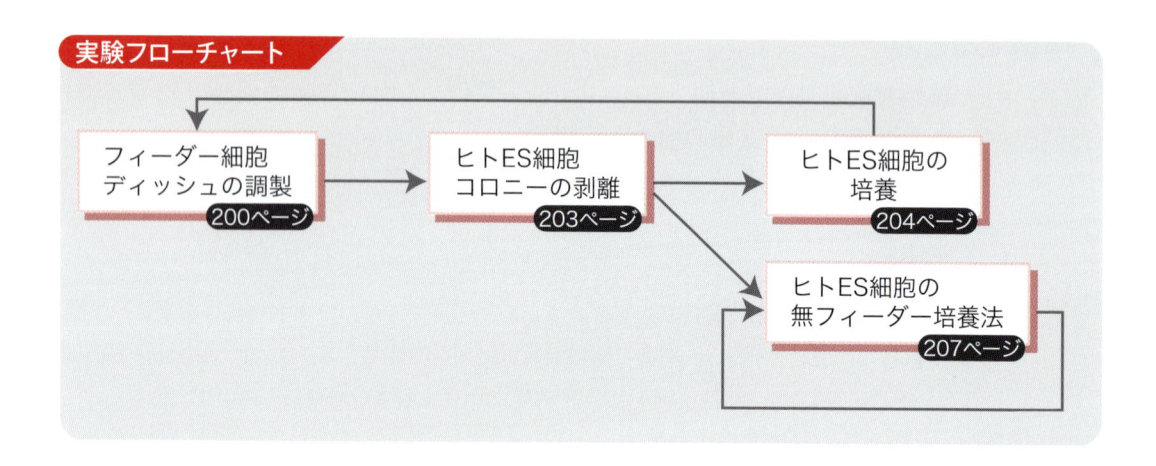

実験フローチャート

フィーダー細胞ディッシュの調製（200ページ）→ ヒトES細胞コロニーの剥離（203ページ）→ ヒトES細胞の培養（204ページ）→ ヒトES細胞の無フィーダー培養法（207ページ）

　ヒト胚性幹（ES）細胞は，身体を構成するすべての種類の細胞を創り出し，無制限に増殖する能力をもつことから，細胞移植による再生医療，薬剤開発のツール，あるいは発生学研究の疑似モデルとして，幅広い分野での利用が期待されている．1998年に初めてヒトES細胞が樹立されて以来，世界の80を超える研究機関で1,000以上のヒトES細胞株が作製された[1]．このうち使用（論文掲載）頻度の高いヒトES細胞株を表1にあげた．これらヒトES細胞は基本的に同様の性質（未分化指標の遺伝子や表面抗原の発現）を示すが，増殖速度や分化傾向の差など，いくつかの性質は株間で異なっていることが明らかにされている[2,3]．この株ごとの特徴は，供給源となった受精卵の遺伝的背景に由来するのみならず，日常的な継代培養の操作にも影響されていると考えられるため，一般的な株化細胞と比べ，実験者にはより高い培養技術が要求される．長期的に未分化状態を維持し，なおかつ細胞株個々の特性を維持するためにも，"安定した"継代培養を行わなければならない．

❶ 実験の概要

　ヒトES細胞は通常，分裂増殖を止めたマウス胎仔線維芽細胞（MEF）の初代培養細胞を支持（フィーダー）細胞として播種した培養ディッシュに，コロニー形状を保ちながら分散，播種して長期的に維持される（図1）．このため，ヒトES細胞の継代時に合わせ，フィーダー

表1　代表的なヒトES細胞株

細胞株	樹立機関
H1, H7, H9, H14	University of Wisconsin-Madison
HUES-1, -3, -5, -6, -7, -8, -9, -15	Harvard University
HES-1, -2 HES-3, -4	Monash University ES Cell International
BG01, BG02, BG03 BG01V	Novocell Inc National Institute on Drug Abuse, NIH
HSF-1, -6	University of California, San Francisco
KhES-1, -2, -3	京都大学再生医科学研究所
HS181, HS293, HS360, HS362, HS401	Karolinska Institutet
I3, I6	Technion-Israel Institute of Technology
CA1, CA2	Samuel Lunenfeld Research Institute
ENVY	Monash University
Shef1, Shef4	University of Sheffield
VUB03_DM1, VUB04_CF, VUB07	Vrije Universiteit
SA002	Cellartis AB

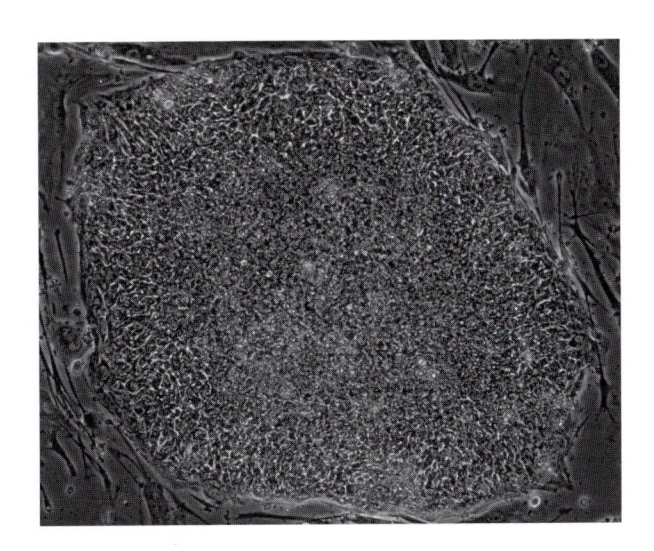

図1　典型的なヒトES細胞のコロニー（KhES-1株，倍率：×100）

細胞ディッシュを事前に準備しておく必要がある．継代操作の過程において**ヒトES細胞の品質に最も影響を与えるのが，コロニーを解離・分散する操作**である．解離に用いる手法は各研究機関によって異なっており[4]，これまで利用されてきた代表的な解離方法とその特徴を表2に示した．国内では取り扱いのよさからCTK溶液による剥離・分散が主流になっているが，近年はディスパーゼによる解離を主に行う研究機関が増えつつある．

　一方で，ヒトES細胞の継代培養は，**MEFの馴化培地あるいは合成培地を用いた無フィーダー培養においても可能**である．この場合はマトリゲル〔マウスEHS（Engelbreth–Holm–Swarm）腫瘍由来の基底膜成分〕を培養ディッシュにコートしたうえで継代維持する．フィーダー細胞ディッシュを用いた培養に比べると長期的な未分化維持能は劣るとされるが，無

表2　ヒトES細胞の代表的な解離方法（解離液の種類）

成分・方法	特徴
CTK	Ca^{2+}で活性を調整したトリプシンとコラゲナーゼの混合液．処理時間が短い．
ディスパーゼ	単一成分で，剥離効果が高い．処理時間は短め．
コラゲナーゼIV	ヒトES細胞コロニーへの作用が高い．コロニーの分割作用は弱い．長めの処理時間を必要とする．世界的には主流だが，細胞株によっては効果が薄い．
トリプシン	MEFへの作用が高い．ヒトES細胞株によってはダメージが大きい．
物理的剥離	操作時間が長いうえ，高い技術が必要とされる．大量培養には不向き．

フィーダーでの培養操作は分化誘導研究には欠かせない手法である．本節では，これら継代培養の代表的な手法について述べた．ヒトES細胞の凍結保存・解凍操作に関しては，2章-5を参考にされたい．

❷ フィーダー細胞ディッシュの調製

準備するもの

- 細胞（MEF）の凍結ストック
  国内メーカー（ミリポア社，ReproCELL社など）から，マイトマイシンC処理済みのCF-1，C57BL/B6，CD1（ICR）マウス由来のMEF製品が販売されている．自分で作製する場合は12.5〜13.5日齢のマウス胎仔を用いるとよい．MEFの作製方法に関しては3章-5，-8，文献5を参考にされたい．
- DMEM-10％FBS
- マイトマイシンC溶液　　　　　　　　　　　（最終濃度）
  マイトマイシンC　　　　　　0.5 mg　（0.5 mg/mL）
  超純水　　　　　　　　　　　1 mL
  適量ずつ分注し，-80℃で保存．
- 0.25％（w/v）トリプシン-0.05％EDTA/PBS
- 0.1％ゼラチン溶液　　　　　　　　　　　　（最終濃度）
  ゼラチン（シグマ・アルドリッチ社）　500 mg　（0.1％）
  超純水　　　　　　　　　　　　　　　500 mL
  オートクレーブで溶解・滅菌後，常温で保存する．
- PBS（-）

プロトコール

使用するMEFの処理状態により，各ステップを省略する．

▶細胞の解凍

❶ 凍結ストック（1 mL）を37℃の恒温槽を用いて素早く融解する
❷ 細胞懸濁液1 mLを9 mL（15 mLチューブ）のDMEM-10％FBSに懸濁する[a]

[a] マイトマイシンC処理済の凍結ストックを用いる場合は，「MEFの播種」⓭に進む．

❸ 200 G, 3分間の遠心により細胞を回収する

❹ 10 mLのDMEM-10％FBSに再懸濁し, 100 mm細胞培養ディッシュに播く[b]

❺ 37℃のCO_2インキュベーター内に静置して, 接着・増殖させる

❻ 1～2日間培養後, コンフルエント状態に達したらマイトマイシンC処理を行う[c]

▶マイトマイシンC処理

❼ マイトマイシンC溶液を, 最終濃度が10 μg/mLになるように培地10 mLあたり200 μL加え, 細胞全体に行き渡るようディッシュを十分に揺らす

❽ 37℃のCO_2インキュベーターで2時間静置する

❾ 培地を除き, PBS（-）で2回洗う

❿ 新たに10 mLのDMEM-10％FBSを添加し, 37℃のCO_2インキュベーターで一晩培養する[d]

▶ゼラチンコーティング

⓫ 60 mm細胞培養ディッシュ1枚あたりに0.1％ゼラチン溶液を2 mL加える[e]

⓬ 37℃のCO_2インキュベーターで30分間以上静置する

▶MEFの播種

⓭ マイトマイシンC処理したMEF培養ディッシュから培地を除き, PBS（-）5 mLで細胞を洗う

⓮ 0.25％トリプシン-EDTA 1 mLをディッシュに加え, 表面全体に液を行き渡らせた後, すぐに溶液を除く

⓯ 37℃のCO_2インキュベーターで1～2分間静置する[f]

⓰ ディッシュを軽く叩き, 細胞が剥離していることを確認する

⓱ DMEM-10％FBS 10 mLを加えてピペッティングし, 細胞を剥がして50 mLチューブに回収する

⓲ 細胞懸濁液10 μLを取り, 血球計算盤にて細胞数を数える. 細胞濃度が$0.8～1.0×10^5$個/mLになるように加える培地の量を計算する[g]

⓳ ⓱を200 G, 3分間の遠心により細胞を回収する

⓴ ⓲で計算した液量のDMEM-10％FBSで細胞懸濁液を加える

㉑ ⓬のゼラチン溶液を除く

---

[b] 凍結ストックのMEFの数が多い場合は, 1～2日培養後にコンフルエントになるぐらいに適宜希釈して播種する.

[c] **重要** MEFを過剰に分裂増殖させると, ヒトES細胞の未分化維持能が落ちる. 拡大培養は避ける.

[d] ⓾を省略して「MEFの播種」⓮に進んでもよい. その場合は「ゼラチンコーティング」⓫⓬を事前に用意しておく.

[e] 容器を変える場合は, 1 cm^2あたり0.1 mL加えることを目安にする.

[f] MEFに過剰なダメージを与えて品質を落とさないためにも, 37℃で短時間加温した方がよい.

[g] **重要** 細胞懸濁液の濃度は, MEFの接着具合をロットごとに判断して微調整する（図2）. ヒトES細胞株によっては播種密度が異なるため, 適した濃度に調整する必要がある（次頁「One Point」参照）.

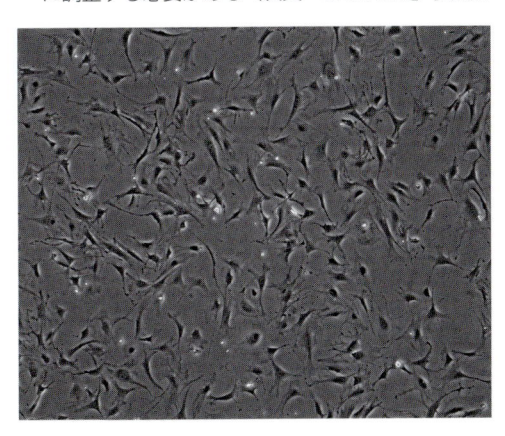

図2 MEFの播種密度の例（京都大学樹立株用）（倍率：×40）

㉒ ㉑に4 mLの細胞懸濁液を添加し，細胞が均一に分布するようにディッシュを十分に揺する
㉓ 37 ℃のCO₂インキュベーターで一晩培養する
㉔ 細胞密度をチェックし，良好であればフィーダー細胞ディッシュとして用いる⒣

⒣ 播種から6時間後から使用可能であるが，1〜2日で使用した方がヒトES細胞の状態がよい．すぐに使用できない場合は37 ℃のCO₂インキュベーター内で静置し，4日以内に使用するのが望ましい．

ONE POINT　フィーダー細胞ディッシュ調製のポイント

フィーダー細胞上でのヒトES細胞の培養では，MEFの播種密度がヒトES細胞の性能維持にきわめて重要となってくる．MEFの播種数が少なすぎると培養系への増殖因子や細胞外マトリックスの供給が不十分となり，ヒトES細胞を長期的に未分化維持することが困難になる．逆に播種数が多すぎると，培地中の栄養や酸素の消費が急速になるだけでなく，ヒトES細胞が十分に伸展できずにコロニー内の細胞密度が極端に高くなってしまい，自発的な分化を促してしまう．MEFの播種密度は細胞株ごと（あるいは樹立機関ごと）に至適な値が異なっているため，細胞株に合わせたフィーダー培養ディッシュの調製が必要である．MEF作製に用いたマウスの種類や，分裂増殖の抑制方法（マイトマイシンC処理あるいはガンマ線照射）の違いによっても未分化維持能力に差があると考えられているが，一番影響するのはMEFの継代回数と分裂増殖抑制後の日数であるので，鮮度の管理は十分注意する．

❸ ヒトES細胞の継代培養

準備するもの

- 継代するヒトES細胞
- フィーダー細胞ディッシュ
- ヒトES細胞用培地　　　　　　　　　　　　　　　　　　　　　　（最終濃度）
    DMEM/12（シグマ・アルドリッチ社）　　　　　　　　　500 mL　（80 %）
    Knockout Serum Replacement（KSR）（ライフテクノロジーズ社）　125 mL　（20 %）
    MEM Non-Essential Amino Acid（100×）（シグマ・アルドリッチ社）　5 mL　（1×）
    200 mM L-Glutamine（シグマ・アルドリッチ社）　　　　6.25 mL　（1 mM）
    2-メルカプトエタノール　　　　　　　　　　　　　　　4.4 μL　（0.1 mM）
- Fibroblast Growth Factor-2（FGF-2, FGF basic）溶液　　　　　　（最終濃度）
    Recombinant basic fibroblast growth factor, human（和光純薬工業）100 μg　（100 μg/mL）
    0.1 % Bovine Serum Albumin（BSA）/PBS　　　　　　　1 mL
    ストック溶液は−20 ℃以下で保存する．解凍後は4 ℃で保存する．使用時には0.1 % BSA/PBSで10 μg/mLに希釈した方が扱いやすい．
- ヒトES細胞用解離液…CTK溶液またはディスパーゼ溶液
    【CTK溶液】　　　　　　　　　　　　　　　　　　　　　　　　（最終濃度）
    2.5 % トリプシン　　　　　　　　　　　　　　　　　　10 mL　（0.25 %）
    10 mg/mL コラゲナーゼ IV型　　　　　　　　　　　　　10 mL　（1 mg/mL）
    KSR　　　　　　　　　　　　　　　　　　　　　　　　20 mL　（20 %）
    100 mM CaCl₂　　　　　　　　　　　　　　　　　　　　1 mL　（1 mM）
    1×PBS　　　　　　　　　　　　　　　　　　　　　　　59 mL
    分注後−20 ℃で保存する．解凍後は1週間程度，4 ℃で保存可能である．

【ディスパーゼ溶液】　　　　　　　　　　　　　　　　　　　　　（最終濃度）
ディスパーゼ（粉末）（ライフテクノロジーズ社）　　100 mg　　（1 mg/mL）
DMEM/F12　　　　　　　　　　　　　　　　　　　100 mL

分注後−20℃で保存する．解凍後は2週間程度，4℃で保存可能である．

プロトコール

▶ヒトES細胞コロニーの剥離（CTK溶液を用いる場合）

【60 mm培養ディッシュの場合】

❶ ヒトES細胞の培養ディッシュから培地を除き，CTK溶液を1 mL加える

❷ 37℃のインキュベーターで2〜5分間静置する[a]

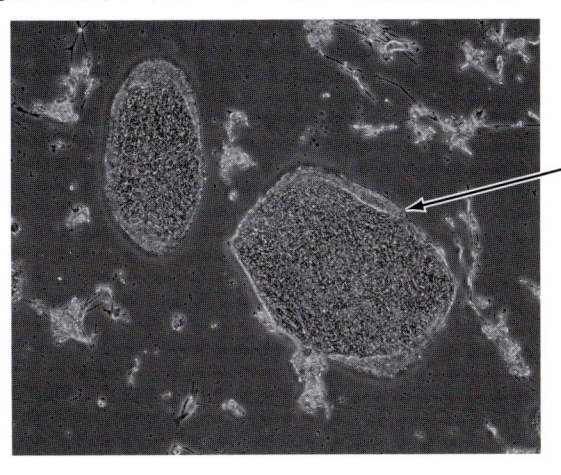

[a] 重要　顕微鏡下で随時観察し，コロニーの周辺部が剥がれてカールしていることを確認できるまで，処理時間を調整する（図3）．

図3　解離液で処理されたコロニー（倍率：×40）
［→巻頭カラー図9参照］

剥がれて
カールしている

❸ 解離液を除き，1.5 mLのヒトES細胞用培地を加える[b]

❹ P-1000ピペッターで注意深くピペッティングしながら，コロニーを剥がす[c][d]

[b] やや多めの培地を加えた方が，次のピペッティング時に適度な大きさにしやすい．

[c] 重要　コロニーを小さくしすぎないように，ピペッティングは二，三度コロニーが通過する程度に留める．コロニー片の大きさが約50〜100個で構成されるぐらいがちょうどよい（図4）．

[d] 大きめの口径のP-1000チップを用いると適度な大きさに分散しやすい．

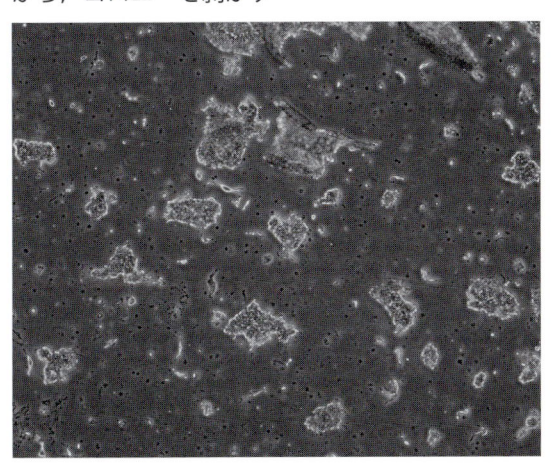

図4　分散させたコロニー（倍率：×40）

❺ 200 G，3分間遠心して細胞を回収する

▶ヒトES細胞コロニーの剝離（ディスパーゼ溶液を用いる場合）

❶' ヒトES細胞の培養ディッシュから培地を除き，ディスパーゼ溶液を1 mL加える

❷' 37℃のインキュベーターで3～5分間静置する[e]

❸' 解離液を除き，2 mLのヒトES細胞用培地を加え，すぐに除く[f]

❹' 5 mLのヒトES細胞用培地を加え，ピペットで培地を吹きかけてコロニーを剝がす[g]

❺' 200 G，3分間遠心して細胞を回収する

▶ヒトES細胞の播種

❻ フィーダー細胞ディッシュの培地を除き，PBSで洗浄する

❼ ヒトES細胞用培地を適量加えておく

❽ ❺（❺'）に培地を加え，細胞懸濁液を作製する

❾ ❼に適量を播種する（最終培地量は5 mL）[h]

❿ FGF-2溶液を，最終濃度が5 ng/mLになるように加える[i]

⓫ 37℃の3% CO_2 インキュベーターで培養する

▶ヒトES細胞の培養（継代後）

⓬ 継代翌日から毎日，培地の交換を行う[j][k]

⓭ 接着不良のコロニーがある場合は除く[l][m]

[e] CTK溶液を添加したときと比べると，コロニー周辺部位のカールが弱い場合があるが，コロニーは簡単に剝がれる状態になっている．

[f] 残存する解離液を除去するため，培地で洗い流す．

[g] ディスパーゼ溶液を使った場合はコロニーが砕かれ，細かくなりやすい．分散は5 mLあるいは10 mLのピペットで行い，ピペッティングは一，二度程度に留める方がよい．

[h] 後述「One Point」参照．

[i] ヒトES細胞の未分化性維持や細胞増殖はFGF-2の作用に依存する．高い活性を維持するためにも，直前に添加する方がよい．

[j] ヒトES細胞は栄養要求性が高いので，培地の交換は毎日行う．

[k] 培地：ヒトES細胞用培地＋5 ng/mL FGF-2

[l] 継代時の分散が不十分でコロニーサイズが大きすぎた場合，コロニー全体が接着せずに一部が盛り上がった構造をとる（図5）．このようなコロニーは分化を促進するので，顕微鏡下，チップ等でかきとるか，培地をフラッシュして取り除いた方がよい．

[m] 分化したコロニーが一部現れた場合も，同様にして顕微鏡下で取り除いた方がよい（図6）．高頻度で分化コロニーが現れる場合は，培養方法を見直す．

接着せず盛り上がっている

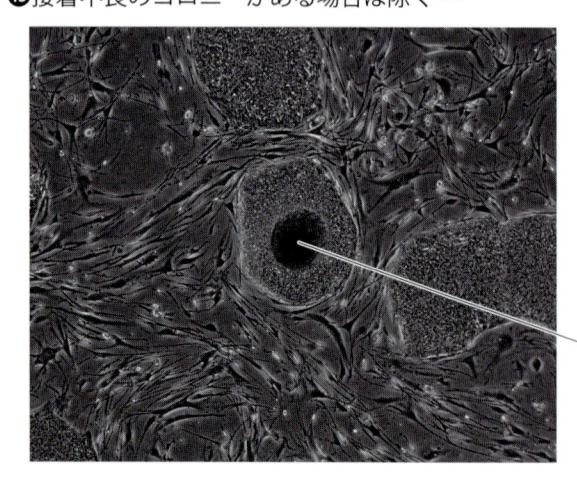

図5 接着不良のコロニーの例（倍率：×40）

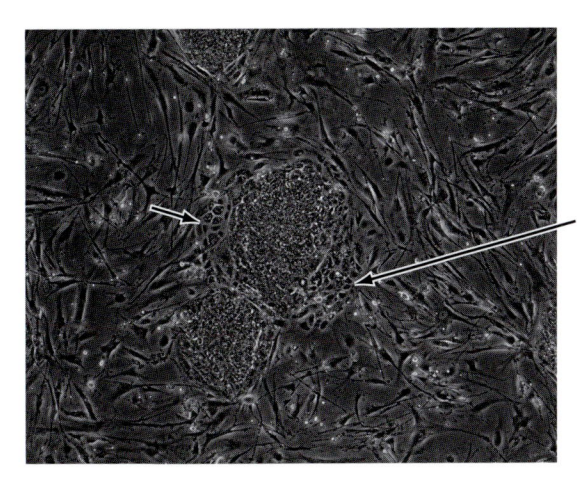

図6　分化コロニーの例（倍率：×40）

周辺部から分化が
始まっている

❶3～5日経過後，再度継代操作を行う⁽ⁿ⁾

⁽ⁿ⁾継代のタイミングは細胞株によって異なる．コロニーが大きくなりすぎ，内部が過密状態になると，中央部から多量の死細胞（濃黄色）が現れてくる（図7）．このような状態になる直前までには継代しておく方がよい．

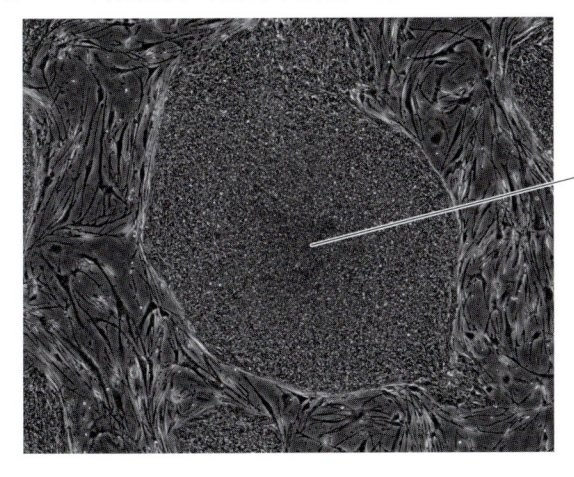

死細胞が黄色く
なって現れてくる

図7　培養しすぎたコロニーの例（倍率：×40）
　　　［→巻頭カラー図10参照］

ONE POINT　継代培養のポイント

1）継代時の希釈率
凍結ストックから起こした直後やヒトES細胞株によっては，1：2～1：3の割合で希釈して継代する．希釈率が高すぎてコロニーの接着数が少ないと，増殖速度が落ちる傾向にある．コロニー数が十分である場合や細胞株の種類によっては，1：3～1：6程度に分散することも可能である．

2）染色体異常
継代培養を重ねると核型異常の発生頻度が高くなる．培養を始めたときと比べ，接着するコロニー数が極端に増えたり，増殖速度が顕著に速くなったりした場合は，染色体に異常が起きている可能性が高い．細胞の挙動に何ら兆候がみられない場合でも，定期的あるいは研究の終了後には核型解析を行い，細胞の正常性を確認した方がよい．

ヒトES細胞の継代培養 トラブルシューティング

⚠ 継代翌日のコロニーが少ない

原因
❶ コロニーを小さく砕きすぎた．
❷ 希釈の割合が高すぎる．

原因の究明と対処法
❶ ピペッティングの回数を減らす（剥離後すべてのピペッティング操作に注意する）．
❷ 希釈率を低めにする．

⚠ 継代後にコロニーが盛り上がって接着する

原因
❶ コロニーを十分に砕いていない．
❷ MEFの数が多すぎる．

原因の究明と対処法
❶ 継代時にコロニーを小さめに砕く．接着異常のコロニーは除去する．
❷ MEFの播種数を少なくする．

⚠ コロニーがディッシュから剥がれない

原因
❶ 解離液の活性が落ちている．
❷ ゼラチンのコーティング時間が長すぎる．

原因の究明と対処法
❶ 解離液を新鮮なものに変える．特にCTK溶液は活性が落ちやすいので，解凍後は速やかに消費する．
❷ ゼラチンのコーティングを長時間行わない（何日もインキュベーターの中に入れない）．すぐに使用しない場合は，ゼラチン溶液を除去し，常温で保存する．乾燥させたものを使用する場合は，MEFが均等に播種されにくいので，注意する．

⚠ 分化しやすい

原因
❶ 継代のタイミングが遅い．
❷ コロニーサイズが大きい．
❸ MEFの品質が悪い．

原因の究明と対処法
❶ 希釈率を高くし，継代を早めに行う．また分化したコロニーを除いてから継代し，次の培養ディッシュに持ち越さないようにする．
❷ 播種時にコロニーを小さめに砕いておく．
❸ MEFのロットチェックを行う．またMEFの播種密度を見直す．

❹ ヒト ES 細胞の無フィーダー培養法

準備するもの

- 継代するヒト ES 細胞…フィーダー細胞上での培養細胞，または無フィーダーでの培養細胞
- マトリゲル（Growth Factor Reduced, BD）…ベクトン・ディッキンソン社
- DMEM-F12
- 細胞解離液：ディスパーゼ溶液，CTK 溶液
- 無フィーダー用ヒト ES 細胞用培地
  例：MEF の馴化培地，mTeSR1（ベリタス社）など
- セルスクレーパー（適宜）

プロトコール

▶ MEF の馴化培地（Conditioned Medium）の作製

❶ マイトマイシン C 処理したフィーダー細胞ディッシュを用意する ⓐ

❷ MEF 培養培地を除き，ヒト ES 細胞用培地で洗浄する

❸ ヒト ES 細胞用培地に置き換えて，37 ℃の 3 % CO_2 インキュベーター内で培養する ⓑ

❹ 24 時間後に培養上清を回収し，馴化培地として用いる ⓒⓓ

ⓐ MEF の播種数は ❷ の「MEF の播種」と同じ．

ⓑ MEF からのタンパク質分泌を促すため，5 ng/mL の FGF-2 を添加してインキュベーションする．

ⓒ 4 ℃で 1 週間ほど保存可能．− 20 ℃で長期保存可能（ただし，融解後はすぐに使い切る）．

ⓓ ❸❹ を繰り返して 1 枚のディッシュから三度ほど，回収可能である．この場合は，回収ごとに凍結し，全量をまとめて融解，混ぜ合わせてから使用（または − 20 ℃凍結ストックを作製）する．

▶ 培養ディッシュのコーティング

❶ マトリゲルを 4 ℃で融解する ⓔ

❷ DMEM-F12（低温）で 20 〜 50 倍に希釈し，十分に懸濁させる ⓕ

❸ マトリゲル希釈液 2 mL を 60 mm 培養ディッシュに加える ⓖ

❹ 室温に 1 時間，静置する ⓗ

❺ 使用直前にマトリゲル希釈液を除く ⓘ

ⓔ マトリゲルは 8 ℃付近から一部ゲル化が始まり，22 〜 35 ℃では急速にゲル化するため，ストックの融解は 4 ℃で一晩かけて行う．

ⓕ 培地が十分に冷えていないと，マトリゲルを加えた時点でゲル化が起きて，培養ディッシュに均一に薄層コーティングされない．

ⓖ 培養器を変更する場合は，1 cm^2 あたり 0.1 mL の添加が目安．

ⓗ 4 ℃で一晩静置でも可能．使用前には室温に戻す．

ⓘ すぐに使わないときは乾燥に注意しながら 4 ℃にて 1 週間ほど保存可能．使用前には室温まで戻す．

▶フィーダー細胞上から無フィーダー培養への移行

❶ 継代時と同じ方法でヒトES細胞のコロニーを剥がす ⓙ

❷ 細胞懸濁液を15 mLチューブに回収する

❸ 計10 mLになるようにヒトES細胞用培地を加える

❹ チューブを5分間静置し，コロニーを沈降させる ⓚ

❺ 上清を除く

❻ ヒトES細胞用培地を10 mL加える

❼ チューブを5分間静置し，コロニーを沈降させる

❽ 上清を除く

❾ ❻〜❽を計3回以上行う

❿ 無フィーダー用ヒトES細胞用培地を加え，P-1000ピペッターでピペッティングすることによりコロニーを砕く ⓛ

⓫ 200 G，3分間遠心することで細胞を回収する

⓬ 無フィーダー用ヒトES細胞用培地に再懸濁し，マトリゲルでコーティングした細胞培養ディッシュに播種する ⓜ

⓭ 37℃のCO₂インキュベーターで培養する

ⓙ 通常より解離液の処理時間を少し長めにしてコロニーを壊さないようにすると，後の工程でMEFとの分離がしやすい．CTK溶液やコラゲナーゼIV溶液を使用するとよい．

ⓚ 沈降速度の差でMEFを分ける以外に，MEFの接着の早さを利用する方法も利用できる．その場合は，ゼラチンコーティングのディッシュに細胞懸濁液を播種し，2時間後に非接着の細胞を含んだ上清を回収する．

ⓛ この時点では大きめのコロニーが残っているはずである．コロニーの分散は最後に行った方が，途中の沈降操作で，MEFと分離しやすい．コロニーが大きいと接着時に平坦な形状にならないので，継代時と同じぐらいのサイズまで砕いておく．

ⓜ MEFの馴化培地を使う場合は，FGF-2を新たに5 ng/mLになるように加える．

▶無フィーダー培養での継代

【60 mm培養ディッシュの場合】

❶ 培地を除き，4 mLのDMEM-F12でディッシュを洗う

❷ 1 mLの解離液（ディスパーゼ溶液またはCTK溶液）を加える

❸ 37℃のインキュベーターで3〜5分間静置する ⓝ

❹ 解離液を除き，4 mLのDMEM-F12でディッシュを軽く洗う（2回）ⓞ

❺ 4 mLの無フィーダー用ヒトES細胞用培地を添加し，コロニーをセルスクレーパーで剥がす ⓟⓠ

❻ 15 mLチューブに回収し，200 Gで3分間遠心する

❼ 遠心後の細胞を4 mLの無フィーダー用ヒトES細胞用培地に懸濁し，ピペッティングする

❽ 培養ディッシュからマトリゲル溶液を除く

❾ 適切な希釈量と無フィーダー用ヒトES細胞用培地を加え，計4 mLにする

❿ 37℃のCO₂インキュベーターで培養する

ⓝ 顕微鏡下で随時観察し，コロニーの周辺部位がカールして剥がれかけていることを確認する．

ⓞ 培養面に直接吹きかけず，ディッシュの壁面から伝うようにDMEM-F12を加える．

ⓟ 培地の吹き付けのみでコロニーが簡単に剥がれる場合，セルスクレーパーは不要．

ⓠ 解離液，セルスクレーパーのそれぞれの単独処理よりは，両方を併用した方が細胞生存率はよい．

ヒトES細胞の無フィーダー培養法　トラブルシューティング

⚠️ 播種後の接着数が極端に少ない

原因
1. コロニーを細かくしすぎている．
2. 解離液の処理が不十分な状態で，物理的処理（ピペッティングやセルスクレーパー使用）を行った．
3. マトリゲルのコーティング不良．

原因の究明と対処法
1. ピペッティングの回数を減らす（剥離後すべてのピペッティング操作に注意する）．
2. 物理的処置に加える力が小さくてすむように，解離液を新鮮なものに変え，十分に酵素処理する．
3. マトリゲルはロットごとに濃度が異なるため，最終コーティング濃度を確認する．最終コーティング濃度はプロトコールごとに15〜34 μg/cm^{2}と異なるが，われわれは20 μg/cm^{2}を目安にしている．

⚠️ コロニーの伸展が悪い

原因
1. マトリゲルのコーティング不良．
2. 培地の劣化．

原因の究明と対処法
1. マトリゲルの希釈，懸濁を低温で行い，ディッシュに均一にコーティングする．また，高濃度で過剰に加温しない．ゲル化してコーティング層が厚くなると，コロニーが伸展しなくなる．
2. 新鮮な培地に変える．培地の凍結解凍の繰り返しは避け，解凍後は速やかに使い切る．

参考文献
1) Löser, P. et al.：Stem Cells, 28：240-246, 2010
2) Ware, C. B. et al.：Stem Cells, 24：2677-2684, 2006
3) Osafune, K. et al.：Nat. Biotechnol., 26：313-315, 2008
4) The International Stem Cell Initiative：Nat. Biotechnol., 25：803-816, 2007
5) Nagy, A. et al.："Manipulating the Mouse Embryo, a laboratory manual, third edition", Cold Spring Harbor Press, 2003

3章 細胞培養プロトコール

7 iPS細胞
—樹立培養方法

青井貴之，大貫茉里，沖田圭介

特徴
- マウスおよびヒト線維芽細胞より高効率にiPS細胞誘導が可能
- 遺伝的背景や個性が明らかな個体からの多能性幹細胞樹立が可能
- ウイルスベクターを用いる際は適切な環境下に行うこと

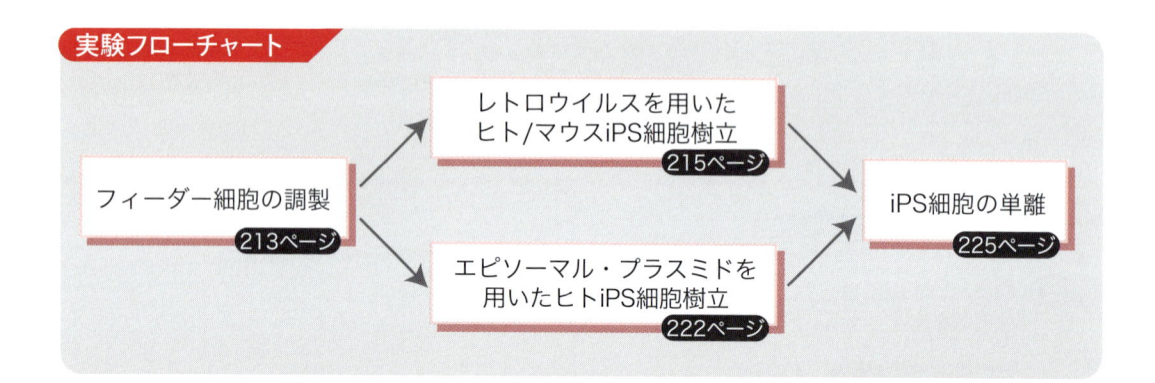

実験フローチャート

フィーダー細胞の調製（213ページ）
→ レトロウイルスを用いたヒト/マウスiPS細胞樹立（215ページ）
→ エピソーマル・プラスミドを用いたヒトiPS細胞樹立（222ページ）
→ iPS細胞の単離（225ページ）

❶ iPS細胞の樹立から単離までの流れ

　人工多能性幹（induced Pluripotent Stem：iPS）細胞は体細胞に少数の因子を導入することで得られる多能性幹細胞である．胚性幹（Embryonic Stem：ES）細胞と同様，さまざまな細胞へ分化することができる「多能性」（多分化能ともいう）と，そのような性質を保ったままほぼ無限に増殖する「自己複製能」を有している．また，個性の判明した個体に由来するiPS細胞を樹立できるという，ES細胞にはみられない特徴があることから，さまざまな用途への応用が期待されている．一方，既知の因子によって体細胞が初期化されるメカニズムなどは，生物学上の大きな興味となっている．

　現在までに，iPS細胞樹立のためにさまざまな方法が報告されている．この方法の多様性は，①由来細胞種，②初期化因子，③因子導入法，④培養条件，などの因子からなる（表1）．本節では，ヒトおよびマウス線維芽細胞からレトロウイルスを用いてiPS細胞を樹立する方法に加え，エピソーマル・プラスミドを用いた方法について解説する．

　実験全体の流れを図1に示した．まず，いずれの方法でも共通に用いられる，フィーダー細胞の調製について述べる（後述❷プロトコールⅠ）．フィーダー細胞を要しない種々の足場材料の開発も進んでいるが，現時点では最も広く用いられていると思われる，フィーダー細胞を用いた方法を本節では採用する．

　次に，線維芽細胞からレトロウイルスを用いてiPS細胞を樹立する方法について，マウスとヒトで並行して解説する（後述❸プロトコールⅡ）．ここでは，マウス細胞にのみ感染す

表1　iPS細胞のさまざまな樹立方法（これまでに報告されている主なもの）

由来細胞種	初期化因子*	因子導入法	培養条件
線維芽細胞	OSKM	レトロウイルス	SNLフィーダー細胞
肝細胞	OSNL	レンチウイルス	MEFフィーダー細胞
胃上皮細胞	OSK	アデノウイルス	LIF（マウス）
末梢血細胞	OSK+L-Myc	センダイウイルス	bFGF（ヒト）
臍帯血細胞	OSMNL+SV40-largeT抗原	エピソーマルプラスミド	血清由来成分あり/なし
歯芽細胞	OSKL+L-Myc+p53-shRNA	ミニサークルプラスミド	低酸素
口腔粘膜細胞	OSK+Glis1（+M）	トランスポゾン	GSK3β阻害剤
角化上皮細胞		mRNA	DNAメチル化酵素阻害剤
脂肪由来間葉系細胞		タンパク質	HDAC阻害剤

*O：OCT3/4，S：SOX2，K：KLF4，M：C-MYC，N：NANOG，L：LIN28

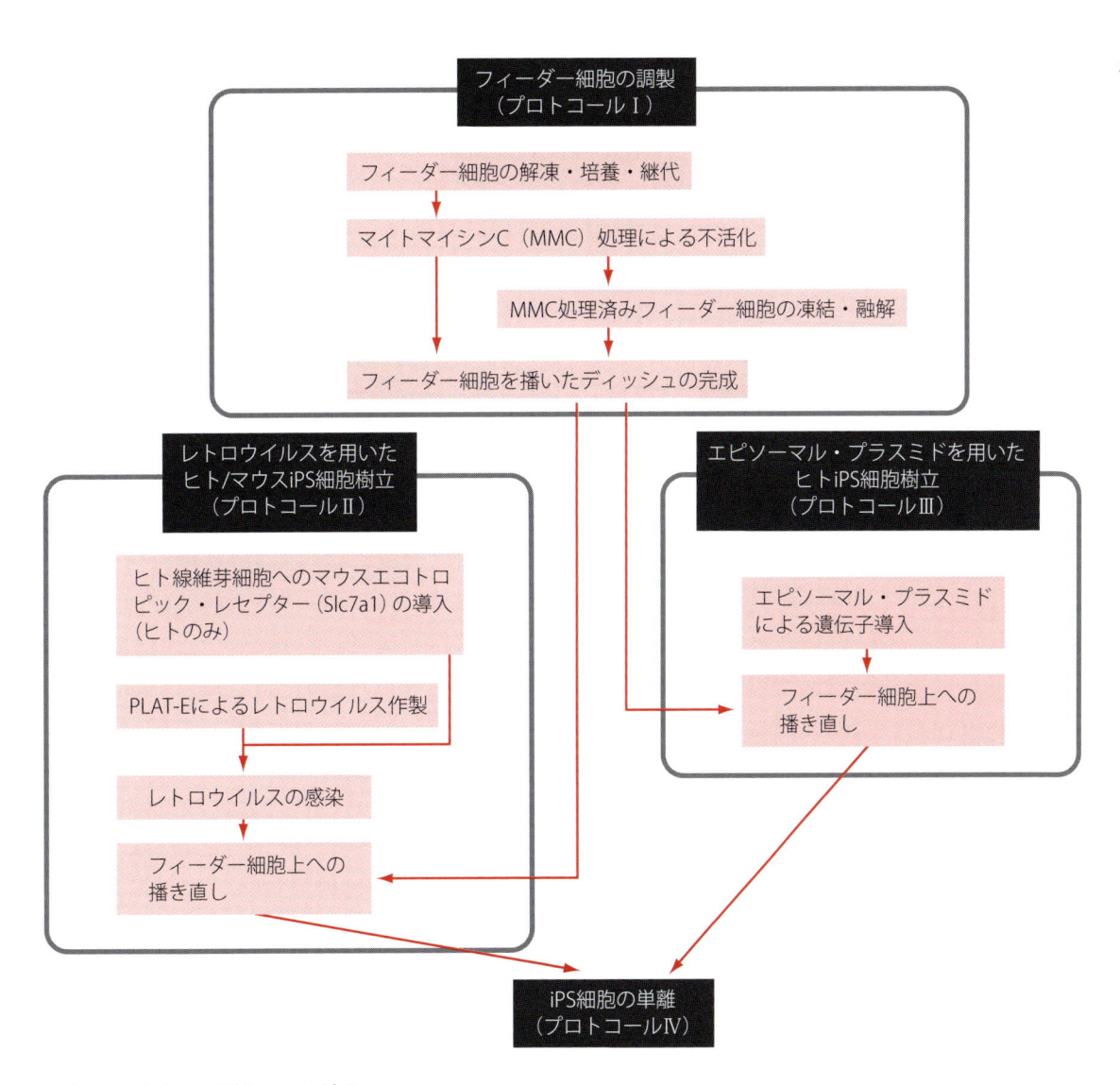

図1　iPS細胞の単離までの流れ

る**エコトロピック**（ecotropic, 狭宿主性）**レトロウイルス**による方法を紹介する．したがって，ヒトiPS細胞の樹立においては，あらかじめマウス-エコトロピック・レセプターをヒト線維芽細胞に導入するという手順が，マウスiPS細胞樹立のと同様の操作に加えて必要となる．この方法を用いることで，ヒト細胞に感染し得るウイルスにより初期化因子を導入するのに比べて，実験者の感染のリスクを減じることができると考えられる．それ以外の工程は，マウスiPS細胞とヒトiPS細胞で，大枠においては同様であるが，樹立にかかる日数や培地，細胞密度など，相違がある点については両者を対比しながら解説する．

次に，宿主細胞の染色体には挿入されずにその細胞内で複製する機能をもつ，**エピソーマル・プラスミド**を用いて，ヒト線維芽細胞からiPS細胞を樹立する方法について解説する（後述④プロトコールⅢ）．これは，初期化因子を搭載したエピソーマル・プラスミドベクターを，**エレクトロポレーション法により線維芽細胞に導入する**方法である．

これまでに，多様な方法でiPS細胞が樹立可能であることは明らかになっているが（参考文献参照），そのなかでどの方法を選択するのが最善なのかについては，本節執筆時点では結論に至っていない．本書の目的から逸脱するためにここでは詳述しないが，各方法それぞれの利点・欠点を考慮し，実験の目的に照らして方法の選択を行うことが重要である．

いずれの遺伝子導入法を用いる場合でも，遺伝子導入は通常のディッシュの上で行い，**数日の後にフィーダー細胞上に播き直す（再播種）**という手順を踏んでいる．これは，細胞密度が線維芽細胞に与える影響を考慮してのものである．線維芽細胞は低密度で培養すると，細胞が広がり増殖を停止してしまう．特に，**レトロウイルスは増殖中の細胞の染色体に取り込まれるので，増殖活性が高い状態で感染させることが，初期化因子の十分な発現のためにも重要**である．そこで，遺伝子導入から数日間は比較的高密度で培養する．一方，初期化が起こる過程においては，過剰な細胞は目的とするiPS細胞コロニーの生育を阻害し，その単離を困難もしくは不可能にする．そこで，低密度に播き直すことでこれを回避しているのである．

最後に，ヒトおよびマウスiPS細胞の単離について解説する（後述⑤プロトコールⅣ）．これは，初期化因子導入法いかにかかわらず，共通の工程である．出現したiPS細胞コロニーの選抜（どのコロニーを単離するか）については，iPS細胞の質の多様性とその評価の問題と関連づければ重大な課題となる．しかしここでは，「iPS細胞と称して問題ない」ものを選ぶという立場で，形態に加え，マウスiPS細胞においては未分化状態を示すレポーター（Nanog-GFP）やレトロウイルスのサイレンシングの確認による方法について若干の言及をするにとどめた．単離したiPS細胞株の特性を種々の方法で十分に解析することで，各々の研究の目的に適したiPS細胞株を選抜することが現時点での妥当な方策であろう．

樹立されたiPS細胞の維持培養，継代培養，凍結および解凍方法については，ヒト/マウスES細胞と同様である．したがって，それについては，3章-5, -6, および文献1, 2を参照されたい（ヒトiPS細胞の培養，継代および凍結方法について，iPS細胞研究所では，京都大学再生医科学研究所附属幹細胞医学研究センターの末盛博文博士らによって開発された方法に則って行っている）．

❷ プロトコールⅠ：フィーダー細胞の調製

▌準備するもの

1) 細胞

- SNLフィーダー細胞[a]
  European Collection of Cell Cultures (ECACC http://www.hpacultures.org.uk/) が供給するSNL 76/7を，DSファーマバイオメディカル社を通じて入手できる（http://www.saibou.jp/service/kensaku/detail.php?catalogno=EC07032801）.

[a] SNL細胞の代わりに，マウス胎仔線維芽細胞（Mouse Embryonic Fibroblast：MEF，13.5日胚から採取する）を用いてもよい．その場合も以下の手順は同様である．
iPS細胞の由来とする細胞によって，SNLをフィーダーとした方が樹立効率や未分化維持培養が良好である場合と，MEFを用いた方が良好な場合がある．どちらか一方でうまくいかない場合は，もう一方も試みるとよい．

2) 試薬など

- SNL培地

Fetal bovine serum（FBS）	38.5 mL
L-glutamine（ライフテクノロジーズ社，#25030-081）	5.5 mL
penicillin/streptomycin（ライフテクノロジーズ社，#15140-122）	3 mL
DMEM（ナカライテスク社，#14247-15）	500 mL

  0.22 μmフィルターに通して滅菌する．4℃で1週間保存可能.

- PBS（−）…ナカライテスク社，#14249-95

- 0.25% Trypsin / 1 mM EDTA…ライフテクノロジーズ社，#25200-056

- mitomycin C 溶液（0.4 mg/mL）

マイトマイシン注用（協和発酵キリン社）	2 mg
PBS（−）	5 mL

  用時調製，もしくは−20℃で保存する．

- 10×ゼラチンストック溶液（1%）

ゼラチン（Gelatin：シグマ・アルドリッチ社，#G1890）	5 g
超純水	500 mL

  オートクレーブ滅菌し，4℃で保存する．

- ゼラチンワーキング溶液（0.1%）

10×ゼラチンストック溶液	50 mL
オートクレーブ処理超純水	450 mL

  0.22 μmフィルターに通し，分注して−20℃で保存する．

- 2×Freezing medium

DMSO（シグマ・アルドリッチ社，#D2650）	2 mL
FBS	2 mL
DMEM（ナカライテスク社，#14247-15）	6 mL

  0.22 μmのフィルターを通して滅菌する．用時調製．

3) 器具・機材

- 細胞培養ディッシュ
  100 mm接着性細胞培養ディッシュ（GREINER社，#664160），60 mm細胞培養用ディッシュ（AGC社 IWAKI製品，#3010-060），6-well，24-well培養プレート（ベクトン・ディッキンソン社 FALCON製品，#353046，#353047）など[b]．

[b] ここでは，われわれの研究室で通常用いているものをあげた．これ以外でも各研究室で入手しやすいものを用いればよいが，製品によっては細胞接着等に違いがある場合もあることには留意が必要．

- 0.22 μmフィルター（Millex GP）…ミリポア社，#SLGP033RS

- 0.22 μmフィルターボトル（Rapid Filter MAX）…TPP社，#99500

プロトコール

【a）SNL 細胞の解凍】

❶ 9 mL の SNL 培地を 15 mL チューブに用意する

❷ 凍結させた SNL 細胞のバイアルを液体窒素から出し，37 ℃の恒温槽でほぼ解けた状態まで温める ⓒ

❸ バイアルをエタノールで拭き，キャップを開けて中の細胞懸濁液を❶で培地を入れた 15 mL チューブへ移す ⓓ

❹ 160 G で 5 分間遠心し，培地を除去する

❺ 新たな SNL 培地 10 mL に再懸濁し，ゼラチンコートディッシュ（100 mm）に播く．37 ℃，5 % CO_2 で 80〜90 %コンフルエントに達するまで培養する

【b）SNL 細胞の継代】

❻ 培地を吸引除去し，細胞を PBS（−）で洗う

❼ 0.5 mL の 0.25 % Trypsin/1 mM EDTA を加え，室温で 1 分間インキュベートする

❽ 4.5 mL の SNL 培地を加え，ピペッティング（数回程度）によりシングルセルの状態になるまでバラバラにする

❾ 160 mL となるよう SNL 培地で希釈し，ゼラチンコートした 100 mm ディッシュあたり 10 mL の懸濁液を播く ⓔ．37 ℃，5 % CO_2 で 80〜90 %コンフルエントに達するまで培養する（約 3〜4 日間）ⓕⓖ

【c）mitomycin C 処理による SNL 細胞の不活化】

❿ 0.3 mL の 0.4 mg/mL mitomycin C 溶液を SNL 細胞培養上清に直接添加し，緩やかに揺らして薬剤を全体に行き渡らせる．37 ℃，5 % CO_2 で 2.25 時間培養する ⓗⓘ

⓫ 培養後，mitomycin C を含む培養上清を完全に除去し，細胞を 10 mL の PBS（−）で 2 回洗う

⓬ 0.5 mL の 0.25 % Trypsin/1 mM EDTA を加え，表面全体を覆うように揺する．室温で 1 分間インキュベートする

⓭ 5 mL の SNL 培地を加えて Trypsin を中和し，ピペッティングによりシングルセルの状態になるまでバラバラにする

⓮ 細胞懸濁液を回収し，細胞数を計測する

⓯ ゼラチンコートしたディッシュに，以下の細胞数を播く ⓙ

ⓒ **重要** 完全には溶かさない．凍結液に含まれる DMSO は細胞毒性があるため，凍結液中に懸濁した状態を可能な限り短時間にするため．

ⓓ 恒温槽内の水を介した感染を避けるため，付着した水が細胞懸濁液や，操作を行う器具（チップなど）に触れないよう注意する．

ⓔ 希釈割合は 1：16 となる．

ⓕ **重要** オーバーコンフルエントの状態にしないこと．フィーダー細胞としての能力が低下する恐れがある．

ⓖ この後，（1）凍結ストック作製（左記❻〜❽の後，160 G で 5 分間遠心し，培地除去，新たな SNL 培地で再懸濁し，懸濁液と等量の 2 × Freezing medium を混ぜ，凍結），（2）さらに継代，または（3）mitomycin C 処理，のいずれかに進む．

ⓗ mitomycin C の最終濃度は 12 μg/mL となる．

ⓘ mitomycin C は DNA の架橋形成などにより DNA の複製を阻害し，細胞分裂を停止させる．

ⓙ ヒト iPS 細胞用とマウス iPS 細胞用では細胞数が異なるので注意する．われわれの経験から，ヒト iPS 細胞では，マウス iPS 細胞と比べ，高密度の SNL をフィーダーとする方が樹立や維持に有利と考えている．

培養皿の直径（mm）	ヒト用細胞数	マウス用細胞数
100 mm ディッシュ	1.5×10^6	1×10^6
60 mm ディッシュ	5×10^5	3.3×10^5
35 mm（6-well plate）	2.5×10^5	1.7×10^5
20 mm（24-well plate）	6.3×10^4	4.1×10^4

＊ここで使用しないものは，8×10^6個/バイアルで凍結保存する（$2 \times$ Freezing medium使用）

❶ 播いた細胞は，翌日には使用可能となる ⓚ

ⓚ ヒトiPS細胞に用いるSNLフィーダー細胞はmitomycin C 処理より3日以内，マウスiPS細胞用は7日以内に使用する．

【d）凍結した mitomycin C 処理 SNL 細胞の使用】

❶ a）❶〜❹と同様に凍結バイアルを解凍し，洗浄後再懸濁する

❶ 8×10^6個/バイアルで凍結したバイアルからは，ヒト細胞用に用いる場合は100 mmディッシュ3枚に播く．60 mmディッシュに播くときは，100 mmディッシュの3分の1量を播く ⓛ

ⓛ 同じ凍結バイアルから，60 mmディッシュ9枚，あるいは100 mm 2枚＋60 mm 3枚，100 mm 1枚＋60 mm 6枚とすることも可．また，マウス細胞用に用いる場合は同じ凍結ストックから，100 mm 4枚に播く．

③ プロトコールⅡ：レトロウイルスを用いたヒト/マウスiPS細胞樹立

準備するもの　（既出のものは略）

1）細胞，プラスミド

- PLAT-Eパッケージング細胞…Cell biolabs社
  GFP遺伝子をコードするpMXsプラスミドも同社より購入できる．

- ヒトおよびマウスOct3/4, Sox2, Klf4, c-MycおよびL-Myc発現用レトロウイルス…米国NPO Addgene（http://www.addgene.org/Shinya_Yamanaka）

- マウスSlc7a1発現用レンチウイルス…米国NPO Addgene（http://www.addgene.org/Shinya_Yamanaka）

- 線維芽細胞
  マウスの場合，Nanog-GFP-IRES-Puro Tgマウス（以下Nanog-GFPマウス：理化学研究所バイオリソースセンターより入手可能）を用いると，未分化細胞のマーカー遺伝子であるNanogの発現に伴い，Puromycin耐性，GFP陽性となるレポーターによってiPS細胞コロニーを選択する際の指標となる．このような初期化のレポーターを有さないマウスの細胞を用いる場合やヒトの細胞を用いる場合は，形態とともに，レトロウイルスで導入した遺伝子のサイレンシングが初期化の指標となる．
  ヒト皮膚線維芽細胞は下記の企業および機関から入手することが可能である．
  ・Cell applications社（http://www.cellapplications.com/）
  ・Lonza社（http://www.lonza.co.jp/）
  ・American Type Culture Collection（ATCC：http://www.atcc.org/）
  ・理研バイオリソースセンター（http://www.brc.riken.jp/）
  ・医薬基盤研究所（http://www.nibio.go.jp/index.html）

- 293FT細胞…ライフテクノロジーズ社

2）試薬・培地

- **Collagenase IV 溶液（1 mg/mL）**

  | collagenase IV（ライフテクノロジーズ社，#17104-019） | 10 mg |
  | オートクレーブ処理超純水 | 10 mL |

  0.22 μm フィルターを通して滅菌する．分注して−20℃で保存する．

- **CaCl₂ 溶液 （0.1 M）**

  | CaCl₂ | 110 g |
  | オートクレーブ処理超純水 | 10 mL |

  0.22 μm フィルターを通す．分注して4℃保存する．

- **CTK 溶液**

2.5% Trypsin（ライフテクノロジーズ社，#15090-046）	5 mL
Collagenase IV 溶液（1 mg/mL）	5 mL
CaCl₂ 溶液（0.1 M）	0.5 mL
Knockout Serum Replacement（KSR） 　（ライフテクノロジーズ社，#10828028）	10 mL
PBS（−）	30 mL

  0.22 μm フィルターを通して滅菌する．分注して−20℃で保存する．凍結融解を繰り返さない．

- **0.05% Trypsin/0.53 mM EDTA**

  | 0.5% Trypsin/5.3 mM EDTA solution
　（ライフテクノロジーズ社，#25300-054） | 10 mL |
  | PBS（−） | 90 mL |

  分注して−20℃で保存する．

- **bFGF 溶液 （10 μg/mL）**

  | Recombinant basic fibroblast growth factor, human
　（和光純薬工業，#064-04541）[a] | 50 μg |
  | 0.1% bovine serum albumin（BSA）/PBS（−）溶液 | 5 mL |

  分注して−20℃で保存する．

- **puromycin 溶液 （10 mg/mL）**

  | Puromycin（シグマ・アルドリッチ社，#P7255） | 10 mg |
  | オートクレーブ処理超純水 | 1 mL |

  0.22 μm フィルターを通して滅菌する．分注して−20℃で保存する．

- **blasticidin S 溶液 （10 mg/mL）**

  | Blasticidin S hydrochloride（フナコシ社，#KK-400） | 10 mg |
  | オートクレーブ処理超純水 | 1 mL |

  0.22 μm フィルターを通して滅菌する．分注して−20℃で保存する．

- **Virapower Lentiviral expression system**…ライフテクノロジーズ社，#K4990-00

- **Fugene6 transfection reagent**…プロメガ社，#E2691

- **Lipofectamine 2000**…ライフテクノロジーズ社，#11668-019

- **Opti-MEM I**…ライフテクノロジーズ社，#31985-062

- **ポリブレン溶液 （8 mg/mL）**

  | Hexadimethrine Bromide（ナカライテスク社，#17736-44） | 5.9 g |
  | オートクレーブ処理超純水 | 10 mL |

  0.22 μm フィルターを通して滅菌する．4℃で保存する．

- **Primate ES 培地（ヒト iPS 細胞用）**

Primate ES 培地（ReproCELL 社，#RCHEMD001）	500 mL
bFGF 溶液（10 μg/mL）	0.2 mL
penicillin/streptomycin（ライフテクノロジーズ社，#15140-122）	2.5 mL

  4℃で1週間保存可能．

[a] 他のメーカーの製品でも可能．ただし，メーカーによって，活性やロット間の安定性に違いがあると言われていることに留意すること．ここであげたもの以外では，R&D systems 社の Recombinant Human FGF basic 146 aa（#233-FB）はロット間の安定性に優れているようである（ただし，筆者自身は各社製品の比較検討は行っていない）．

- マウスES培地

FBS（マウスES細胞培養用にロットチェックしたもの）	75 mL
L-glutamine（ライフテクノロジーズ社，#25030-081）	5 mL
penicillin/streptomycin（ライフテクノロジーズ社，#15140-122）	2.5 mL
Non-essential amino acids solution（ライフテクノロジーズ社，#11140-050）	5 mL
2-mercaptoethanol	1 mL
DMEM	411.5 mL

  0.22 μmフィルターを通して滅菌する．4℃で1週間保存可能．

- 293FT培地

FBS	50 mL
L-glutamine	5 mL
Non-essential amino acids solution	5 mL
sodium pyruvate（シグマ・アルドリッチ社，#S8636）	5 mL
penicillin/streptomycin	2.5 mL
DMEM	432.5 mL

  0.22 μmフィルターを通して滅菌する．4℃で1週間保存可能．
  293FT培地10 mLあたり0.1 mLの50 mg/mL G418（Geneticin；ライフテクノロジーズ社，#10131-035）を加えて使用する．

- 10% FBS培地（線維芽細胞，PLAT-E用）

FBS	50 mL
penicillin/streptomycin	2.5 mL
DMEM	447.5 mL

  0.22 μmフィルターを通して滅菌する．4℃で保存．
  PLAT-Eの培養に用いる際は，10% FBS培地10 mLあたり，1 μLのpuromycin溶液（10 mg/mL）と10 μLのblasticidin S溶液（10 g/mL）を加えて使用する．

3) 器具・機材

- 0.45 μmセルロースアセテートフィルター…Schleicher & Schuell社，#FP30/0.45 CA-S

プロトコール

▶ 1) レンチウイルスによるエコトロピック・レセプター（Slc7a1）遺伝子導入（ヒトiPS細胞誘導のみ）[b]

[b] 重要 レンチウイルスはヒトへの感染力があり，染色体へ挿入される．安全キャビネット使用や手袋着用などの安全対策を十分に徹底して行うこと．

【a）293FT細胞の継代】

❶ 培地を吸引除去し，293FT細胞をPBS（−）で洗う

❷ 1 mLの0.25% Trypsin/1 mM EDTAを加え，室温で2分間インキュベートする

❸ 10 mLの293FT培地を加え，ピペッティング（10回程度）によりシングルセルの状態になるまでバラバラにする

❹ 細胞懸濁液を15 mLチューブに回収し，細胞数を計測する

❺ 4×10^5個/mLとなるよう，G418を含まない293FT培地で希釈する．100 mmディッシュあたり4×10^6個（10 mL）となるよう播き，37℃，5% CO_2で一晩培養する

【b）293FT 細胞への遺伝子導入とウイルス液の作製】

❻ 1.5 mL の Opti-MEM I 培地で 9 μg の Virapower packaging mix[c]と 3 μg の pLenti6/UbC/mSlc7a1[d]を希釈し，穏やかに混合する

❼ 別のチューブで，1.5 mL の Opti-MEM I 培地と 36 μL の Lipofectamine 2000 を穏やかに混合し，室温で 5 分間静置する

❽ 希釈した DNA（❻）と Lipofectamine 2000（❼）を穏やかに混合し，室温で 20 分間静置する[e]

❾ 293FT 細胞のディッシュから培地を除去し，9 mL の新たな 10％ FBS 培地と交換する

❿ 3 mL の Lipofectamine 2000 溶液（❽）をディッシュに加える．ディッシュを前後に揺すって穏やかに混合し，37℃，5％ CO_2 で培養する[f]

⓫ 遺伝子導入の 24 時間後に培地を除去し，新たな 10％ FBS 培地 10 mL と交換する[g]．37℃，5％ CO_2 でさらに一晩培養する

⓬ 293FT 細胞の培養上清をシリンジで回収し，0.45 μm セルロースアセテートフィルターで濾過する．得られたウイルス液はただちに使用するか，分注して −80℃ で保存する

【c）ヒト線維芽細胞の播種】

⓭ 100 mm ディッシュのヒト線維芽細胞を用意する

⓮ 培地を除去し，細胞は PBS（−）で 1 回洗う

⓯ PBS を除去し，1 mL の 0.25％ Trypsin/1 mM EDTA を加え，37℃ で 10 分間[h]インキュベートする

⓰ 9 mL の 10％ FBS 培地を加え，ピペッティングによりシングルセルの状態になるまでバラバラにする

⓱ 細胞懸濁液をチューブに回収し，細胞数を計測する

⓲ 100 mm ディッシュあたり 8×10^5 個となるように播き，37℃，5％ CO_2 で一晩培養する

【d）ヒト線維芽細胞への感染】

⓳ ウイルス液に 4 μg/mL のポリブレン[i]を加えたものを線維芽細胞の培地と交換する．37℃，5％ CO_2 で 5 時間〜一晩培養する

⓴ ウイルス液の培養上清を除去し，10 mL の新たな培地と交換する[j]

[c] pLP1，pLP2 および pLP/VSVG（パッケージプラスミド）．Virapower Lentiviral expression system に付属．
[d] マウス Slc7a1 遺伝子を含むレンチウイルス発現ベクター

[e] 内部に DNA が封入されたリン脂質二重膜小胞（リポソーム）が形成される．

[f] この手順⓰により，エンドサイトーシスによって 293FT 細胞への遺伝子導入が起こる．
[g] このとき，同時にヒト線維芽細胞を播種（手順⓭〜⓲）しておくとすぐに感染に移行できてよい．

[h] 細胞種によりトリプシン感受性が異なる．SNL 細胞や，293FT 細胞に比べヒト線維芽細胞は剥がれにくい．

[i] ポリブレンはポリカチオンであり，ウイルスと細胞膜の電荷的反発を減少させることでウイルス感染を促進する．
[j] 重要 ここでレンチウイルスが正しく感染し，線維芽細胞がマウス Slc7a1 遺伝子を発現することが以後の実験のカギとなる．EGFP や DsRed 等をコントロールとして用い，その発現を確認すること．また，pLenti6/UbC/mSlc7a1 には Blasticidin S 耐性遺伝子が含まれているので，Blasticidin S を含む培地で培養し，レンチウイルスが導入されていることを確認することもできる．

▶ 2) PLAT-Eパッケージング細胞の調製（ヒト/マウスiPS細胞共通）

【a) PLAT-E細胞の解凍】

❶ 9 mLの10％FBS培地を15 mLチューブに用意する

❷ 凍結させたPLAT-E細胞のバイアルを液体窒素から出し，37℃の恒温槽でほぼ解けた状態まで温める ⓚ

❸ バイアルをエタノールで拭き，キャップを開けて中の細胞懸濁液を❶で培地を入れた15 mLチューブへ移す

❹ 180 Gで5分間遠心し，培地を除去する

❺ 新たな10％FBS培地10 mLに再懸濁し，ゼラチンコートディッシュ（100 mm）に播く．37℃，5％ CO_2 で一晩培養する

❻ 翌日培養上清を除去し，puromycin（最終濃度1 μg/mL）とblasticidin S（同10 μg/mL）を添加した10％FBS培地10 mLと交換する．37℃，5％ CO_2 で80〜90％コンフルエントに達するまで培養する ⓛ

ⓚ 完全に溶かしてしまうと，生存率が低下する．❸の操作の際，溶け残った部分を，培地を加えることで溶かしきる，というぐらいが適切である．

ⓛ オーバーコンフルエントの状態にしないこと．パッケージング細胞としての能力が低下する恐れがある．

【b) PLAT-E細胞の継代】

❼ 培地を吸引除去し，細胞をPBS（−）で洗う

❽ 4 mLの0.05％Trypsin/0.53 mM EDTAを加え，室温で1分間インキュベートする．タッピングして細胞をディッシュから剥がす

❾ 6 mLの10％FBS培地を加え，ピペッティング（数回程度）によりシングルセルの状態になるまでバラバラにした後15 mLチューブに移す

❿ 180 Gで5分間遠心し，上清を除去する

⓫ 希釈倍率が1:4〜1:6となるよう，100 mmディッシュに播く．細胞は2〜3日でコンフルエントに達する

▶ 3) レトロウイルスによる遺伝子導入（ヒト/マウスiPS細胞共通）

【a) レトロウイルス作製：PLAT-E細胞の準備（Day −3）】

❶ 2)-b)で述べた方法に則ってPLAT-E細胞を継代する ⓜ．用いる培養皿は必要なウイルス液量に応じて適宜選択する．播種する細胞数は下表のとおりとする ⓝ

培養皿	PLAT-E細胞数
100 mmディッシュ	3.6×10^6
60 mmディッシュ	1.2×10^6
35 mm（6-well plate）	2.5×10^5

ⓜ ただし，puromycinとblasticidin Sは加えない．

ⓝ 1枚のPLAT-E細胞ディッシュに1種類のプラスミドを導入するため，例えばOct3/4, Sox2, Klf4, L-Mycの4因子によるiPS細胞誘導を行い，ネガティブコントロールとしてGFPまたはDsRedを用いる場合には，培養皿5枚（または5ウェル）分のPLAT-Eを準備する必要がある．

【b）レトロウイルス作製：PLAT-E細胞への遺伝子導入（Day -2）】

以下は100 mmディッシュを用いる場合の量を示す❍

❷ 導入したい遺伝子の種類と同数の1.5 mLチューブに，それぞれ0.3 mLのOpti-MEM I を分注する

❸ 27 μLのFugene 6 transfection reagentを加え❾，タッピングにより穏やかに混合し，室温に5分間静置する

❹ 9 μLのpMXsプラスミドDNAを，❸の各チューブに加え，タッピングにより混合し，室温に15分間静置する

❺ ❹の溶液を，それぞれ1枚のPLAT-E細胞に全量滴下し，37℃，5％CO_2で一晩培養する

❻ 翌日（Day -1），10 mLの10％FBS培地に交換し，インキュベーターに戻す❾

❍ 60 mmディッシュに播いたPLAT-E細胞を用いる場合には，各試薬の量を3分の1に，35 mm（6-well plate）を用いる場合には6分の1にして行う．

❾ **重要** このとき，チップの先端を液の中に浸しながら加える．チューブの壁面に吸着することを避けるためFugene 6 transfection reagentを壁面に伝わらせて入れてはならない．

❾ 当研究室では，EGFPまたはDsRedをコードするpMXsベクターを用いてコントロール実験および遺伝子導入系のモニターとしており，常に60％以上の遺伝子導入効率を確認している．iPS細胞誘導のためには，高い遺伝子導入効率が不可欠である．

【c）線維芽細胞の準備（Day -1）】

❼ 増殖能力のある線維芽細胞❾を準備する

❽ 線維芽細胞をシングルセルの状態にして10％FBS培地に懸濁し，下記のとおり播く

　ヒト細胞：8×10^5個を100 mmディッシュに播く

　マウス細胞：1×10^5個を6-well plateの1ウェルに播く

❾ 37℃，5％CO_2で一晩培養する

❾ ヒト細胞の場合は，マウスSlc7a1遺伝子を発現しているもの．

【d）レトロウイルスの感染（Day 0）】

❿ PLAT-E細胞の培養上清を10 mLのシリンジで回収し，0.45 μmセルロースアセテートフィルターに通す

⓫ ❿に1/1000量のポリブレン溶液（8 mg/mL）を加え，穏やかにピペッティングし，感染用のウイルス液とする

⓬ ウイルス液を混合する❾

⓭ 線維芽細胞の培地を⓬で混合したウイルス液❾と交換する．37℃，5％CO_2で数時間〜一晩培養する

⓮ 24時間後（Day 1），培養上清（ウイルス液）を吸引除去し10 mLの10％FBS培地と交換する．以後，フィーダー細胞上へ再播種をするまで，2日に1回培地交換を行う

❾ ウイルス液の組み合わせは，Oct3/4, Sox2, Klf4, c-Mycの4因子の他，このうちc-MycをL-Mycに換える，もしくはc-Mycを除いた3因子にする，などが考えられる．基本的には，これらを等量混合すればよい．Nanog-GFPなどの初期化のレポーターをもたないマウス細胞から樹立する際，レトロウイルスのサイレンシングを指標としたコロニーの選抜を行うためには，DsRedまたはEGFPを加える（ウイルス混合液の半量をこれらの因子とする）．因子の組み合わせとその特徴については，文献3，4等を参照のこと．

❾ またはネガティブコントロールのウイルス液

❾ この工程は，線維芽細胞に感染後適当なタイミングで行う．なお当研究室においてはヒト細胞ではレトロウイルス感染後6日目に，マウス細胞では4日目に行っている．

❾ 線維芽細胞によっては剥がれにくいので，0.25％Trypsin/1 mM EDTAを用いてもよい．

▶ 4）フィーダー細胞上への再播種（re-seed）❾

❶ 線維芽細胞の継代方法に則り，感染済み線維芽細胞を，1 mLの0.05％Trypsin/0.53 mM EDTA❾を用いてバラバラにする

❷ **ヒト細胞の場合**：5×10^4 もしくは 5×10^5 個を 100 mm ディッシュのフィーダー細胞上に播く

マウス細胞・4因子の場合：5×10^3 もしくは 5×10^4 個を 100 mm ディッシュのフィーダー細胞上に播く

マウス細胞・Mycを除く3因子の場合：1×10^5 〜 を 100 mm ディッシュのフィーダー細胞上に播く(w)

❸ 37℃，5% CO_2 で一晩培養する

❹ 翌日(x)，培地を 10 mL の ES 培地(y) に換え，以後，2日に1回培地交換を行う

❺ Nanog-GFP マウスの細胞を用いる場合は，4因子では7日目，Mycを除く3因子では14日目以降にpuromycin（最終濃度 1.5 μg/mL）による薬剤選択を開始する(z)

(w) ここでは 100 mm ディッシュを用いる際の数を示したが，60 mm ディッシュや 35 mm ディッシュ（6-well plate）を用いる場合は，それぞれ面積比に応じた数に調整する．

(x) ヒト細胞：Day 7，マウス細胞：Day 5

(y) ヒト：Primate ES 培地，マウス：マウス ES 培地．以下同じ．

(z) 3因子では，4因子と比べ，iPS 細胞への変化により多くの時間を要する．

iPS細胞：プロトコールⅡ トラブルシューティング

（プロトコールⅢと重複するものも含む）

⚠ レンチウイルスを感染している線維芽細胞が，翌日になると死んでしまう

原因 レンチウイルスの毒性による．

原因の究明と対処法

細胞によっては，一晩の感染に耐えられない場合がある．その場合はウイルス液を2倍程度に希釈するか，または感染時間を5時間程度まで短縮することで解決する．

⚠ iPS細胞コロニーが出現しない

原因
❶ 初期化因子が十分に発現していない．
❷ 再播種後の細胞密度が不適切．
❸ iPS細胞樹立に負の効果がある遺伝子異常．

原因の究明と対処法

❶ a) **PLAT-Eの維持培養が不良**：培養の過程でオーバーコンフルエントになっている．あるいは，冷たい培地や PBS（−），Trypsin/EDTA（4℃の冷蔵庫から出してすぐ）で細胞を処理していないか確認．このような場合，適切な細胞密度で継代した後でも細胞形態が変化するなどしており，回復しない．若い継代数で作製したストックを起こし直して使用する．

b) **線維芽細胞の増殖が不良**：継代数が多すぎる，あるいは，低密度に継代してしまったことが過去にあると，線維芽細胞の増殖が不良となり，レトロウイルスの導入効率が下がり，初期化因子の発現量が減る．線維芽細胞の培養には十分注意する．継代数の若い細胞を用いる，あるいは，可能であれば線維芽細胞を新たに採取する．

c) **プラスミドのコンタミネーション**：使用しているのが，本当に目的とするプラスミドか，制限酵素処理やシークエンスを読むことにより確認する．また，自作し，初めて用いるプラスミドの場合は特に，ウエスタンブロットにより目的タンパク質の発現も確かめるべきである．

＊なお，初期化因子の十分な発現のためには，各初期化因子をコードするレトロウイルスは，複数コピーずつ導入される必要がある．したがって，例えばiPS細胞誘導のネガティブコントロールとしてpMXs-EGFPを導入した線維芽細胞をフローサイトメトリーで調べて，高い陽性率を示した場合でも，それが1コピーずつしか入っていないような場合にはタンパク質量が少ない可能性がある（シグナル強度が全体に低い）．つまり，GFPでみた感染"効率"（＝1コピーでも感染している細胞の率）はあまり変わらなくても，4因子のすべてのタンパク質が十分量発現している細胞の比率は大きく変わることがあることに留意すべきである．

❷ iPS細胞のコロニー出現頻度は用いる細胞ごとに，あるいは導入因子の組み合わせや培養条件ごとに大きく異なる．再播種する細胞数が少なすぎるとコロニーが1つも得られない恐れがある．しかし多すぎると，iPS細胞の生育が阻害され，適切なコロニーの単離が困難になる．1枚（または1ウェル）あたりに播く細胞数を何段階かに振り分け，最適な細胞数を検討するとよい．

❸ 遺伝性疾患等の患者さんの細胞からiPS細胞の樹立をめざす場合などに注意が必要である．ある種の遺伝子異常があると，iPS細胞樹立が困難な場合がある．必ず健常者の細胞からも同時にiPS細胞誘導を行う．なお，健常者に由来するものとして販売されている線維芽細胞でも，iPS細胞誘導効率が非常に低いものもある．複数の提供者に由来する細胞を入手し，用いるのが好ましい．

❹ プロトコールⅢ：エピソーマル・プラスミドを用いたヒトiPS細胞樹立

準備するもの （既出のものは略）

1）プラスミド

● ヒトOCT3/4, SOX2, KLF4, L-MYC, LIN28, p53-shRNA発現用エピソーマル・プラスミド

米国NPO Addgene（http://www.addgene.org/Shinya_Yamanaka）より入手可能．pCXLE-hOCT3/4-shp53-F, pCXLE-hSK, pCXLE-hULの3種類を混ぜて使用する．遺伝子導入効率の評価にはpCXLE-EGFP等を利用するとよい．

ONE POINT　iPS細胞の作製方法の選択について

これまでに，さまざまな由来細胞種，導入因子，因子導入法によるiPS細胞作製が報告されてきた．このなかでどれを選択するかは，目的等に応じて検討されるべきものである．

細胞移植治療の開発をめざす際には，本節で紹介したエピソーマル・プラスミドなど，ゲノムへの因子挿入を伴わない方法が好まれるだろう．一方，レトロウイルスを用いてiPS細胞を樹立すると，導入因子のゲノム上の挿入位置をサザンブロットなどで調べることで同一ドナーから樹立された複数の株を区別することが可能になるという利点がある．

また，因子導入法や導入因子の違いが樹立効率などに与える影響は，由来細胞種によっても異なることにも注意すべきである．さらに，例えば線維芽細胞であっても，そのラインによって導入因子の効果が異なる場合もある．既報を参考にしつつ，各研究室での条件検討が必要である．

目標とすべき樹立効率の設定も検討しなければならない．iPS細胞誘導の途中段階を解析しそのメカニズムを解明する研究などを行う場合には樹立効率の向上をめざす必要があるだろう．一方で，いくつかの株を樹立できれば目的を達することができることもあるだろう．ただしこの場合でも，株間の性質のばらつきがあるので，適切な数のiPS細胞株（少なくとも数株以上）を樹立し解析すべきである．

今後もiPS細胞の新たな作製法が報告されてゆくものと考えられるが，それぞれ方法の意義を十分に吟味し，各々の研究において採用するか否かを吟味することが重要である．

2) 試薬
- Neon Transfection System Kit（100 μL）…ライフテクノロジーズ社，#MPK10096

3) 器具・機材
- 遺伝子導入装置 Neon Transfection System…ライフテクノロジーズ社
  Nucleofector（Lonza社）などでも代用可能．

プロトコール

【a）エレクトロポレーションによるプラスミド導入（Day 1）】

❶ 6-well plate に 10％FBS 培地を 3 mL 入れ，CO_2 インキュベーターで 37℃に温めておく

❷ 100 mm ディッシュにコンフルエントになった線維芽細胞の培養上清を吸引除去し，PBS（−）10 mL を加える

❸ PBS を吸引除去し，ディッシュあたり 1 mL の 0.25％Trypsin/1 mM EDTA を加える．37℃で 3 分間インキュベートする[a]

❹ 10％FBS 培地を 4 mL 加え，ピペッティングによりシングルセルの状態になるまでバラバラにする

❺ チューブに回収し，細胞数を測る[b]

❻ $6×10^5$ 個を 15 mL チューブに入れ，PBS（−）を加えて 10 mL にした後，200 G で 5 分間遠心する

❼ この間に，以下のプラスミド溶液を作製する
Buffer R：100 μL[c]
Plasmid：3 μg[d]

❽ Neon チューブ[e]に Buffer E2 を 3 mL 入れる

❾ ❻の遠心終了後，細胞の上清を約 100 μL 程度残してアスピレーターで吸い取る

❿ その後，P200 のピペッターを用いて，しっかりと上清を取り除く

⓫ ❼のプラスミド溶液に細胞を懸濁して，1.5 mL チューブに移す

⓬ Neon 100 μL tip で細胞懸濁液を吸い上げ，遺伝子導入装置にセットする[f]

⓭ 以下の条件でエレクトロポレーションを行う
Voltage：1,650 V，Width：10 ms，Pulse Number：3

⓮ 温めておいた 6-well plate にすばやく播く[g]

【b）培地交換（Day 1～）】

⓯ プラスミドを導入した線維芽細胞の培養上清を吸引除去し，2 mL の新たな 10％FBS 培地と交換する．

[a] **重要** 長時間のトリプシン処理はエレクトロポレーション後の生存率を低下させるため避ける．

[b] 100 mm ディッシュ 1 枚から $1～2×10^6$ 個を回収できる．

[c] Neon キットに含まれている．
[d] pCXLE-hOCT3/4-shp53-F，pCXLE-hSK，pCXLE-hUL を各 1 μg
[e] Neon キットに含まれている．

[f] 泡が入るとアーク放電が起こり，細胞の多くが死滅してしまうため，泡を入れないこと．

[g] 細胞のプラスミド溶液への懸濁から播種までは 1 サンプルずつ処理すること．

以降，培地の交換は2日に1回行う

【(c) フィーダー細胞上への再播種（Day 6）】

⓰ 培地を吸引除去し，PBS（−）で1回洗浄する

⓱ 1ウェルあたり0.3 mLの0.25％ Trypsin/1 mM EDTAを加え，37℃で3分間インキュベートする

⓲ 10％ FBS培地を2 mL加え，ピペッティングにより細胞塊をバラバラにする

⓳ チューブに回収し，細胞数を計測する (h)

⓴ 1×10^4 個/mLとなるよう調製する．10 mLの細胞懸濁液（1×10^5 個）を100 mmディッシュのフィーダー細胞上に播く

㉑ 37℃，5％ CO_2 で一晩培養する

㉒ 翌日（Day 7），培地を10 mLのPrimate ES培地に換える．以後，2日に1回培地交換を行う

〈補足〉

導入したエピソーマル・プラスミドはiPS細胞の継代により，やがて失われていくが，まれにゲノム内に挿入されていることがある．iPS細胞株として樹立し，種々の解析に用いる前に，ゲノムPCRによりゲノム挿入の有無を確認する．
プライマー，PCR条件などは右のとおり（文献5を参照）

(h) この時点で1〜0.5×10^6 個になっている．

● プライマー
pEP4-SF1 ： TTC CAC GAG GGT AGT GAA CC
pEP4-SR1 ： TCG GGG GTG TTA GAG ACA AC

● PCR条件
94℃	2分
94℃	20秒
64℃	20秒
72℃	40秒
72℃	2分

（94℃ 20秒／64℃ 20秒／72℃ 40秒　30サイクル）

iPS細胞：プロトコールⅢ　トラブルシューティング

（プロトコールⅡと重複するものは除く）

⚠ iPS細胞コロニーが出現しない

原因
❶ 初期化因子が十分に発現していない．
❷ エレクトロポレーション後の生存率が低い．

原因の究明と対処法
❶ エレクトロポレーションの条件が，用いている細胞に適合していない可能性に対して，Voltage, Width, Pulse Numberなどの条件検討を行う．
❷ トリプシン処理の時間を短くする．エレクトロポレーションの条件検討を行う．

5 プロトコールⅣ：iPS細胞コロニーの単離

プロトコール

▶ 1) ヒトiPS細胞の単離

レトロウイルスの感染からおよそ2～3週間でコロニーが現われる．コロニーが単離できる大きさになるまでには30日ほどかかる[a]

① 96-well plateに1ウェルあたり20 μLのPrimate ES培地を入れておく[b]

② iPS細胞のコロニーが生じたディッシュから培地を吸引除去し，PBS（−）で1回洗浄した後，5 mLのPBS（−）を加える

③ 2 μLにセットしたP2もしくはP10のピペッターを用い，フィーダー細胞からコロニーを切り離し，①で準備した96-well plateの培地に移す

④ 180 μLのPrimate ES培地を加え，ピペッティングによって，コロニーが小塊となるまで崩す[c]

[a] **重要** コロニー出現のタイミングは，用いる線維芽細胞や導入因子ごとに異なる．また，1つのディッシュの中でも，早く出現するものと，遅れて現れてくるものがある．培地交換の度にしっかり観察することが大切である．出現するコロニーの中にはヒトES細胞様ではない，エッジの不明瞭なコロニー（図2A）と，エッジの明瞭なコロニー（図2B）があるが，後者が目的のiPS細胞コロニーなので注意する．コロニーは小さすぎると単離が難しいが，大きくなりすぎると分化してくるので，分化する前に単離しなければならない．

[b] 単離したいコロニーの数だけのウェルを準備する．手技に慣れていないうちは，必要とするクローン数よりも多めにコロニーを拾った方がよい．

[c] **重要** シングルセルの状態になるまでバラバラにしてはいけない．細胞が死んでしまう．

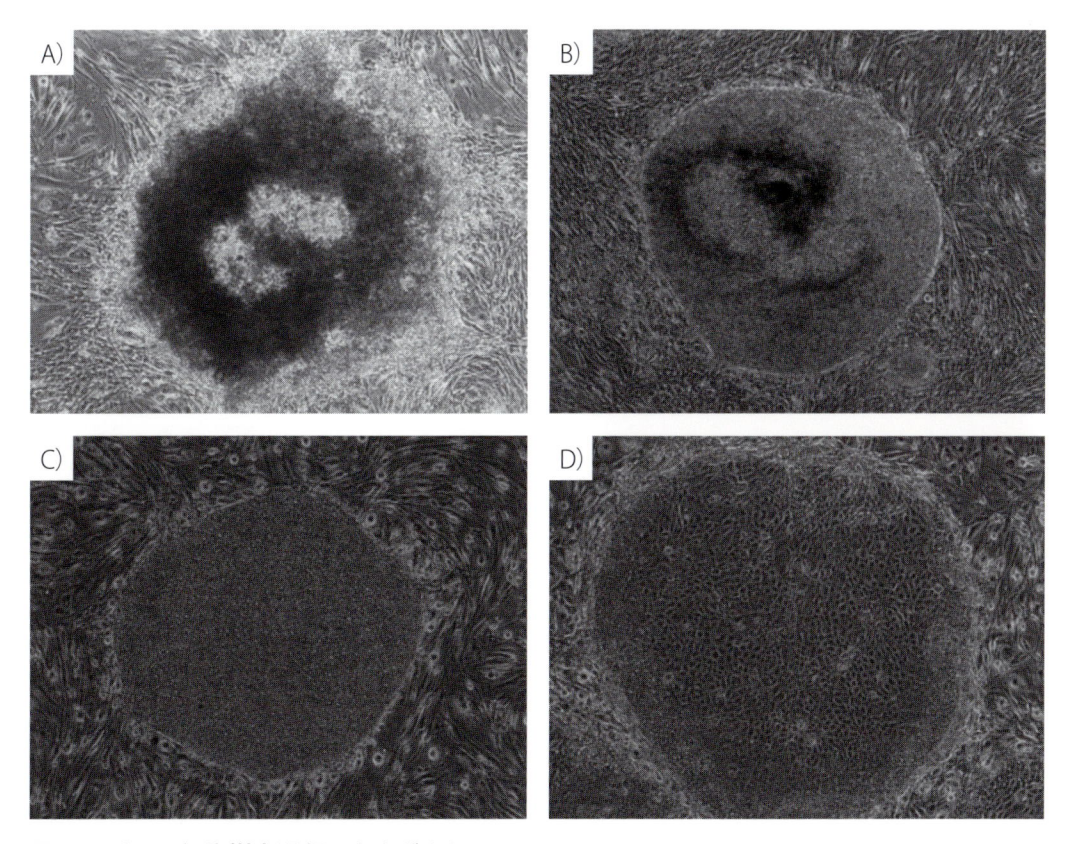

図2 ヒトiPS細胞樹立過程のさまざまなコロニー
A) 樹立過程でみられるES細胞様でないコロニー．B) 単離に適したiPS細胞のコロニー．C) 樹立されたiPS細胞．D) コロニー中心部に分化が生じてしまったコロニー（写真提供：京都大学iPS細胞研究所　高橋和利氏，田中孝之氏）［→巻頭カラー図11参照］

❺ 24-well plateのフィーダー細胞上に播き，300 μLのPrimate ES培地を加え，37℃，5% CO₂で80〜90%コンフルエントとなるまで培養する．次に継代する際は6-well plateにスケール・アップする

▶ 2）マウスiPS細胞の単離

レトロウイルスの感染からおよそ1〜2週間でコロニーが現われる．コロニーが単離できる大きさになるまでには20日ほどかかる[d]

❶ 96-well plateに1ウェルあたり20 μLの0.25% Trypsin/1 mM EDTAを入れておく[e]

❷ 単離したいコロニーには，あらかじめディッシュの裏に目印をつけておく

❸ 培地を吸引除去し，PBS（−）で1回洗浄した後，5 mLのPBS（−）を加える

❹ 2 μLにセットしたP2もしくはP10のピペッターを用い，フィーダー細胞からコロニーを切り離し，❶で準備した96-well plateの培地に移す．15分以内で可能な数だけ作業を行い[f]，37℃で15分間インキュベートする

❺ 180 μLのマウスES培地を加え，ピペッティングによって，コロニーがシングルセルの状態となるまでバラバラにする[g]

❻ 24-well plateのフィーダー細胞上に播き，300 μLのPrimate ES培地を加え，37℃，5% CO₂で80〜90%コンフルエントとなるまで培養する．次に継代する際は6-well plateにスケール・アップする

[d] マウスiPS細胞の質を形態のみで判断するのは難しい．Nanog-GFPなど未分化細胞のレポーターを有さない細胞からレトロウイルスを用いてiPS細胞を樹立する際は，初期化因子と同時にDsRedやEGFPなど，発現が視認できる遺伝子を導入しておくことでレトロウイルスのサイレンシングが確認できる（図3）．この場合，DsRed（あるいはEGFP）陰性のコロニーは（少なくとも陽性のコロニーに比べ相対的に）質の高いiPS細胞である可能性が高い．

[e] 単離したいコロニーの数だけのウェルを準備する．

[f] 細胞にストレスをかけないように，できるだけ手早く作業する（後述「トラブルシューティング」参照）．

[g] **重要** 細胞が塊をなしたまま継代すると，分化してしまう恐れがある．

---

iPS細胞：プロトコールⅣ　トラブルシューティング ⚠

⚠ コロニー単離後，細胞が生育しない

原因 ❶ピペッティングでバラバラにしすぎ（ヒトiPS細胞の場合）．
❷作業時間が長くかかりすぎ．

原因の究明と対処法

❶ピペッティングの回数を減らす．

❷長時間PBS中にあるのは細胞のストレスになる．また，マウスではTrypsin/EDTAへの暴露も細胞障害の原因となる．コロニーを拾う作業を行う際は，手元にタイマー等を置き15分以内に完了するようにする．なお，コロニーの単離は，iPS細胞樹立の中で唯一，若干のテクニカルな慣れを要する．初心者には，すでに樹立されたクローンを薄めに播いて生じたコロニーを用いると十分な練習を積むことができる．

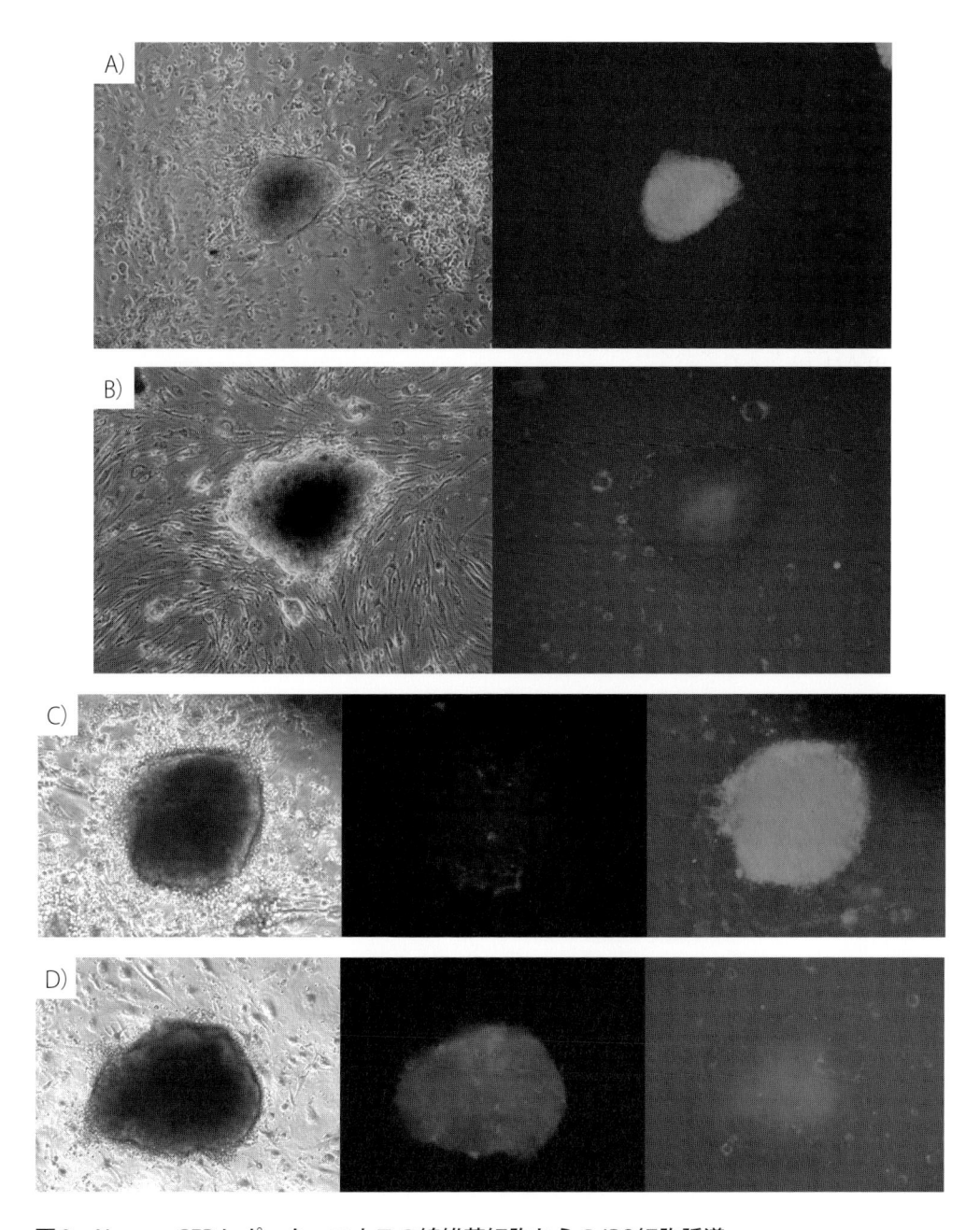

図3 Nanog-GFPレポーターマウスの線維芽細胞からのiPS細胞誘導
A) B) 2つのコロニーは位相差顕微鏡で観察される形態的特徴は同様であるが，AはNanog-GFP陽性であるのに対し，BではNanog-GFP陰性である．C) D) 4つの初期化因子とともに，DsRedをレトロウイルスを用いて導入した．CのコロニーはDsRedがサイレンシングされており，このようなコロニーでは，Nanog-GFP陽性となる．一方，DではDsRedは発現を続けており，Nanog-GFPは陰性である［→巻頭カラー図12参照］

⚠ 単離し，樹立したiPS細胞株の質（分化能力，遺伝子発現，DNAメチル化パターンなど）が悪い

原因 ❶ iPS細胞としての要件を満たしていない（未分化維持培養ができない，胚様体形成法や奇形腫形成実験で三胚葉への分化能力が確認できない）．
❷ 目的の細胞への分化能力が，他のiPS細胞やES細胞クローンと比べて低い．

原因の究明と対処法

❶ マウスでは，Nanog-GFPなど，未分化状態のレポーター（薬剤選択）を行うか，DsRed等を初期化因子と同時に導入し，そのサイレンシングが確認されたコロニーを拾う．

ヒトiPS細胞は，慎重な形態観察を行う．弱拡大の観察だけでなく，常に強拡大でも観察し，iPS細胞に特徴的な高い"核/細胞質比"，均一な類円形の細胞形態，細胞境界の不明瞭さ，などを確認する．

❷ 分化特性を反映するマーカーとして決定的なものは，本節執筆時点では明らかになっていない（マウスiPS細胞の生殖系列を含むキメラマウスへの寄与については，ある遺伝子の発現およびその領域のDNAメチル化状態と相関が高いことが報告されているが）．複数（なるべく多く）のクローンを単離し，研究の目的に適うか否かの特性解析を行って好ましい株を選んで使用する．

参考文献

1) Fujioka, T. et al. : Int. J. Dev. Biol., 48 : 1149-1154, 2004（霊長類ES細胞の培養・凍結法）
2) Takahashi, K. et al. : Nat. Protoc., 2 : 3081-3089, 2007（マウス線維芽細胞からのiPS細胞樹立）
3) Nakagawa, M., Koyanagi, M. et al. : Nat. Biotechnol., 26 : 101-106, 2008（c-Mycを用いないiPS細胞樹立）
4) Nakagawa, M. et al. : Proc. Natl. Acad. Sci. USA, 107 : 14152-14157, 2010（L-MycによるiPS細胞樹立）
5) Okita, K. et al. : Nat. Methods, 8 : 409-412, 2011（エピソーマルプラスミドによるiPS細胞樹立）
6) Takahashi, K. et al. : Cell, 131 : 861-872, 2007（ヒト線維芽細胞からのiPS細胞樹立）
7) Yu, J. et al. : Science, 318 : 1917-1920, 2007（ヒト線維芽細胞からのiPS細胞樹立．NANOGとLIN28を使用）
8) Zhou, W. & Freed, C. R. : Stem Cells, 27 : 2667-2674, 2009（アデノウイルスベクターによるヒトiPS細胞樹立）
9) Fusaki, N. et al. : Proc. Jpn. Acad. B Phys. Biol. Sci., 85 : 348-362, 2009（センダイウイルスによるヒトiPS細胞樹立）
10) Woltjen, K. et al. : Nature, 458 : 766-770, 2009（piggy BacによるヒトiPS細胞樹立）
11) Kaji, K. et al. : Nature, 458 : 771-775, 2009（導入因子を染色体に残さないiPS細胞樹立）
12) Jia, F. et al. : Nat. Methods, 7 : 197-199, 2010（ミニ・サークルベクターによるヒトiPS細胞樹立）
13) Yu, J. et al. : Science, 324 : 797-801, 2009（エピソーマルプラスミドによるiPS細胞樹立）
14) Warren, L. et al. : Cell Stem Cell, 7 : 1-13, 2010（合成mRNA導入によるヒトiPS細胞樹立）
15) Kim, D. et al. : Cell Stem Cell, 4 : 472-476, 2009（タンパク質導入によるヒトiPS細胞樹立）
16) Tsubooka, N. et al. : Genes Cells, 14 : 683-694, 2009（Sall4を用いたiPS細胞樹立）
17) Hong, H. et al. : Nature, 460 : 1132-1135, 2009（p53抑制によるヒトおよびマウスiPS細胞樹立効率の上昇）
18) Aoi, T. et al. : Science, 321 : 699-702, 2008（マウス肝および胃上皮細胞からのiPS細胞樹立）
19) Maekawa, M. et al. : Nature, 474 : 225-229, 2011（Glis1を用いたiPS細胞樹立）

3章 細胞培養プロトコール

8 マウス胎仔線維芽細胞
―作製方法

藤岡 剛

特徴
- 妊娠マウスを解剖し，マウス胚から初代培養細胞を調製する
- 胚の細胞から調製するため，成体由来の線維芽細胞より増殖能力が高い
- 調製の手法が安定しないとロット間誤差が大きくなるため，注意を要す
- マウス生体を取り扱うので，動物愛護を十分考慮して作業すること

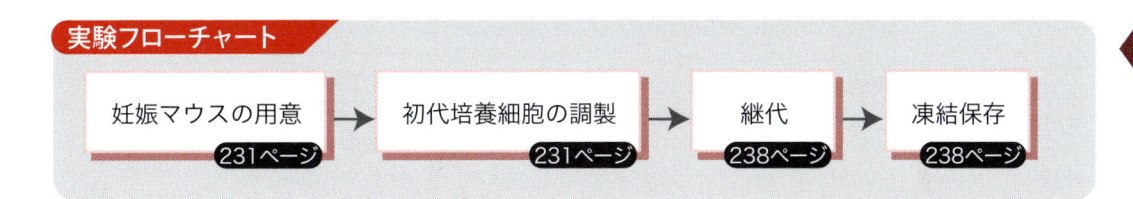

実験フローチャート

妊娠マウスの用意（231ページ）→ 初代培養細胞の調製（231ページ）→ 継代（238ページ）→ 凍結保存（238ページ）

❶ 実験の概要

　マウス胎仔線維芽細胞（Mouse Embryonic Fibroblast：MEF）は哺乳動物の培養細胞として，最もよく利用される細胞の1つである．**胎仔由来の細胞を用いることで，増殖能力が高い大量の細胞を，比較的簡便に調製することが可能**である．その特性を利用して，各種遺伝子改変マウスの細胞学的特性を調べる研究から，増殖が難しい細胞の培養をサポートするフィーダー細胞としての利用まで，さまざまな研究に用いられている．しかしながら，**マウス胚由来線維芽細胞は不死化した細胞株ではないため，細胞分裂できる回数は有限であり，その都度，マウス胚から調製を行う必要がある**．マウス胚からの調製方法は，使用目的によって，必要となる分量や細胞の均一性などが異なるため，研究室ごとに目的に応じて最適化されたプロトコールが用いられ，完全に統一されたプロトコールが存在していないのが現状である．

　本節ではマウスおよびヒト多能性幹細胞のフィーダー細胞として使用することを念頭とした，マウス胎仔線維芽細胞の大量調製から凍結保存までの方法について解説する．

準備するもの

1）器具
- 70％消毒用アルコール
- グローブ
  作業の間は常に着用し，マウス生体を扱う操作が終わった時点で，新たなグローブに取り換えて作業する．

- ウォーターバス…37℃に温めておく
- 解剖用具…オートクレーブまたは乾熱滅菌機で滅菌しておく

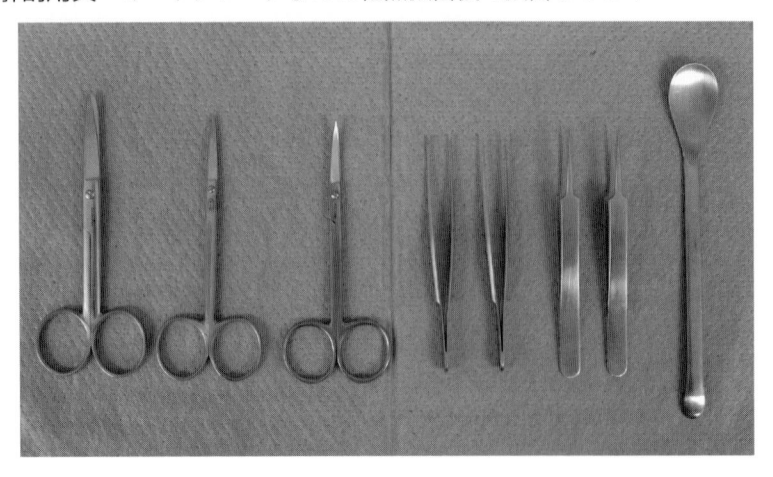

図1　解剖用具
左から，表皮切開用ハサミ，腹膜切開用ハサミ，先曲がりハサミ（小型で，先端部がカーブしているものが使いやすい），かぎ付きピンセット2本（先端に，つまんだ際に滑り止めとなる突起が付いているものが使いやすい），精密ピンセット2本（胚から不要部位を除去するのに使用），薬さじ（胚を傷つけずに移すのに便利）

- 培養ディッシュ各種
- 遠心チューブ
- 各種ピペット（2, 5, 10, 30 mL）
- 10 mL先太ピペット…BD Falcon，ベクトン・ディッキンソン社，#357504など
  組織片を吸い取る際に，先端径が太いピペットが必要となる．
- 100 μmセルストレーナー…BD Falcon，ベクトン・ディッキンソン社，#352340
- 5 mLシリンジ…押し出すハンドル部分のみを使用する
- 凍結保存容器…Nalge Nunc社，#5100-0001など
  他の培養細胞の凍結に用いているものがあれば，マウス胚線維芽細胞の凍結でも問題なく利用できる．
- 2 mLクライオチューブ

2) 試薬など

- 妊娠マウス…ICR系統．深夜から朝までを0.5日と換算して，妊娠後14.5日目のもの
- MEF培養液
  DMEM（High Glucoseタイプ）
  10 % FBS
  ペニシリン-ストレプトマイシン（初代培養細胞を継代した後は，コンタミネーションの有無を早期に発見するため，できれば添加しない方がよい）
- PBS（−）
- 0.25 %トリプシン-EDTA
- FBS
- 2×凍結保存培地…培養液に20 %のDMSOを加えたもの．調製方法は2章-4, -5を参照

② 妊娠マウスからの初代培養細胞の調製

プロトコール

❶ 妊娠後 14.5 日目の ICR 系統のマウスを用意する[a]

❷ 作業に必要な器具をクリーンベンチ内に準備する[b]

❸ 妊娠マウスを頸椎脱臼後，消毒用アルコールで滅菌し，クリーンベンチ内に入れる[c]

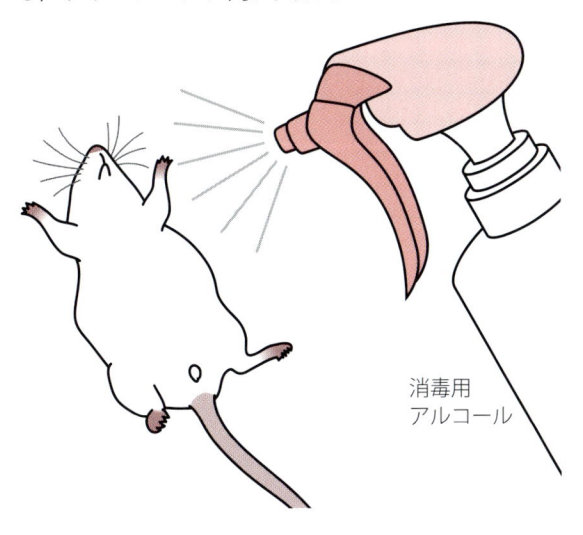

消毒用アルコール

❹ マウスの腹部の表皮をつまみ，表皮切開用のハサミで横方向に 2〜3 cm 前後の切れ目を入れる[d]

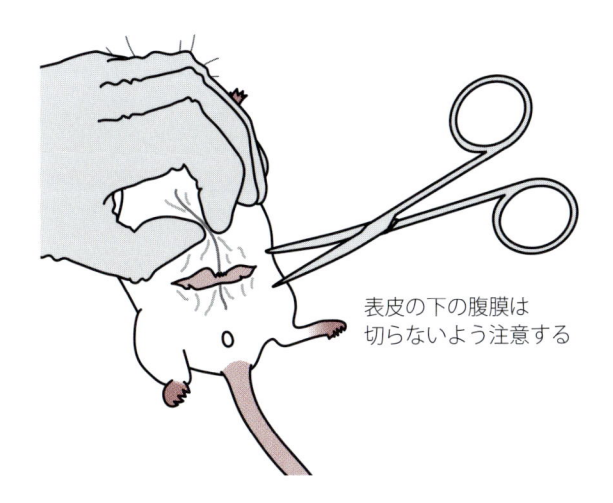

表皮の下の腹膜は切らないよう注意する

[a] **入手方法**：日本チャールスリバー社，日本クレア社等より入手できる．妊娠日齢を指定して購入可能かどうかは事業者および，取り扱い代理店に問い合わせるとよい．コンスタントな入手が難しい系統のマウスを用いる場合は，自ら飼育施設で飼育および交配を行って，胎仔を得る必要がある．マウスの飼育管理，交配の方法については，参考文献を参照．

マウス系統の選択：一般的なフィーダー細胞としての用途であれば，多産（12〜14 匹前後）で大量調製しやすく，比較的入手が容易な ICR 系統のマウスが利用しやすい．また，ネオマイシン等の薬剤耐性をもつフィーダー細胞が必要であれば，目的の耐性遺伝子をもつトランスジェニックマウス系統を利用するとよい．

使用する胎仔の日齢について：13.5〜15.5 日前後の胎仔からも線維芽細胞の調製は可能であるが，この時期の胎仔の成長は非常に速いため，日齢が 1 日異なるだけで，胚の大きさや組織の発達度合いが大きく異なる．線維芽細胞の調製のやりやすさや作製できる細胞の収量，調製するロットごとのばらつきにも大きな影響を与えるため，毎回，できる限り，胎仔の日齢を揃えて使用すべきである．

[b] 解剖用具は滅菌しておき，ハサミやピンセットは無菌操作の区切りごとに交換することが望ましいため，可能であれば予備として複数本を用意しておく．無菌操作のミスで数が足りなくなった場合は，バーナーで十分滅菌してから使用する．

バーナーで赤熱するまであぶる

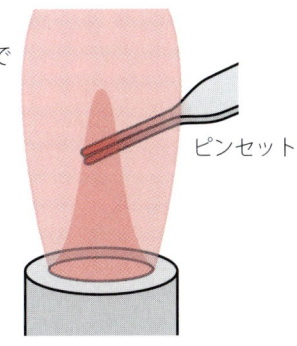

ピンセット

[c] 消毒用アルコールでひたひたになるように，十分に滅菌しておく．

[d] **重要** コンタミネーションの防止のため，表皮の下にある腹膜まで切ってしまわないように，浅めに切るとよい．表皮上は雑菌が非常に多い環境なので，以降の操作にできるだけ雑菌を持ち込まないように，十分注意して作業する．

❺切れ目を入れた表皮の上下を指でつまんで大きく剥がし，腹膜を露出させる⒠

⒠ ハサミを用いて切り取るのではなく，表皮を剥ぎ取るように作業することで，飛散した毛によるコンタミネーションの危険性を抑えることができる．

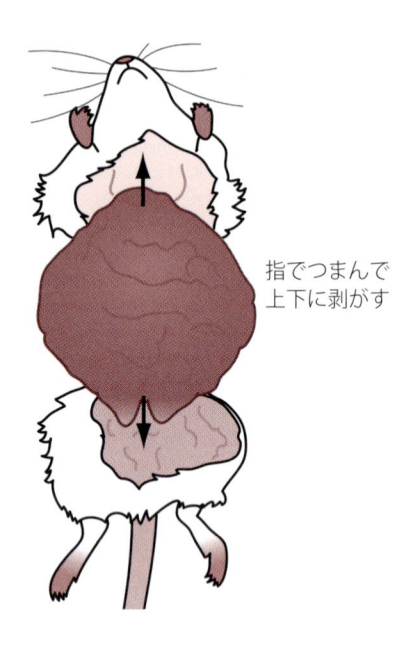

指でつまんで上下に剥がす

❻かぎ付きピンセットと腹膜切開用のハサミを用いて開腹する⒡

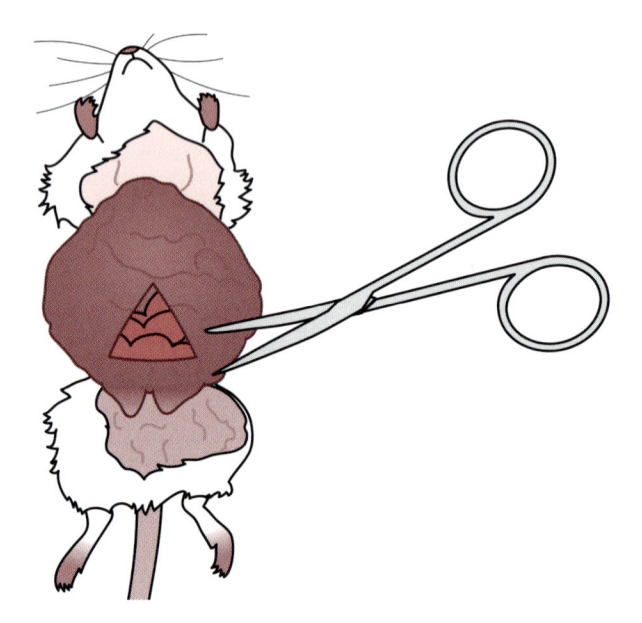

⒡ あまり大きく開腹すると子宮が腹腔内から露出して，作業台に触れてコンタミネーションしてしまう恐れがあるため，子宮がピンセットで引き出せる程度のやや小さめの切れ目でよい．

❼子宮をピンセットで引き上げ，子宮付根部分と卵巣部2カ所（図中の①，②）をハサミで切断して，100 mmディッシュに回収する[g]

ⓖコンタミネーションを防ぐため，子宮が床につかないように作業する．

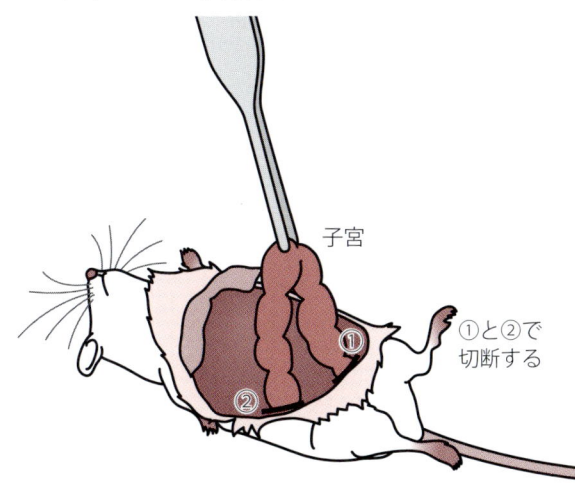

子宮

①と②で切断する

❽回収した子宮をPBS（−）15 mL入りの100 mmディッシュに移し，軽く洗浄する

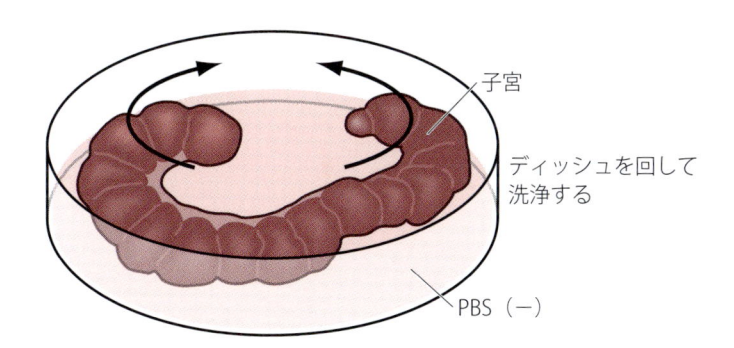

子宮

ディッシュを回して洗浄する

PBS（−）

❾子宮を新しい15 mL PBS（−）入りの100 mmディッシュに移し，解剖用のハサミとピンセットを用いて胎仔を取り出す[h]

ⓗ胎仔を傷つけてしまうと，いらない組織の除去作業がしづらくなってしまうため，できるだけ胎仔を傷つけないように作業する．

❿ 胎仔を新しい15 mL PBS（−）入りの100 mm ディッシュに移す ⓘ

ⓘ 薬さじを用いると胚を傷つけずに移動しやすい．

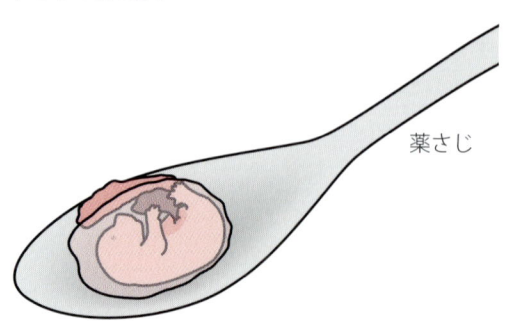

⓫ 胎盤，羊膜等の胚体外組織を取り除き，胚本体のみの状態にする

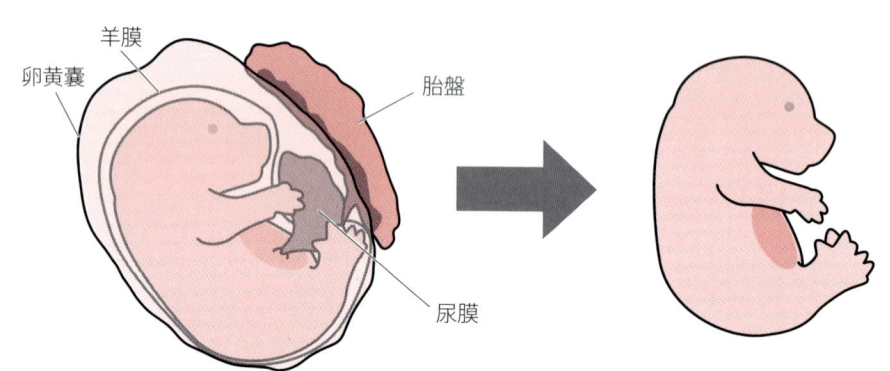

⓬ 胚本体を新しい15 mL PBS（−）入りの100 mm ディッシュに移して洗浄する

⓭ 精密ピンセットを用いて，内臓，頭，手足の先端部を取り除き，体幹のみにする ⓙ

ⓙ 胚の頭部を保持して，内臓，手足の先，頭部の順に除去すると作業がやりやすい．赤く見える肝臓部分は血球細胞，頭部は神経細胞が多量に含まれるため，できるだけ取り除く必要がある．

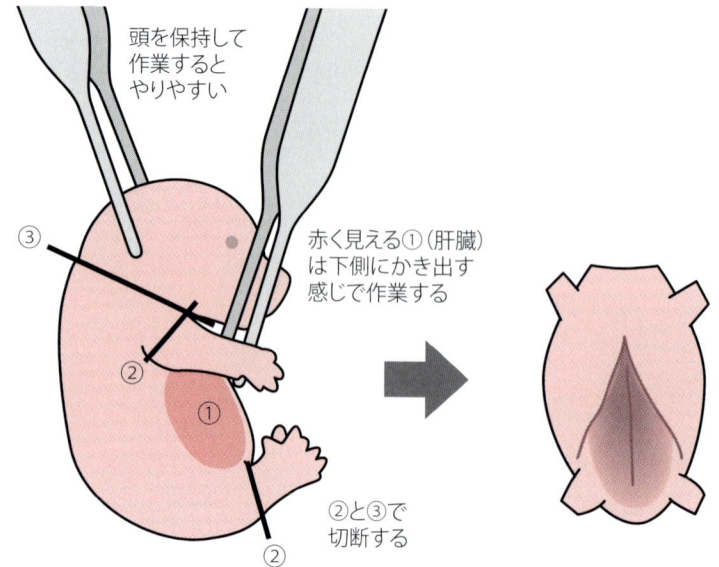

⓮ 15 mL PBS（−）入りの100 mmディッシュに移し，洗浄する

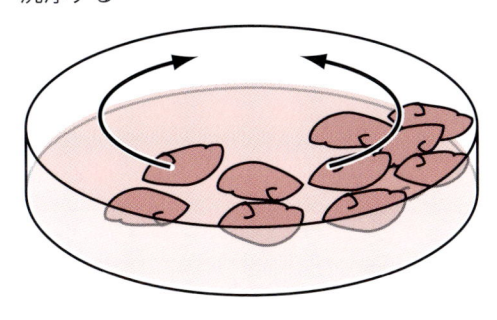

⓯ 空の60 mmディッシュに体幹を移し，先曲がりハサミでできるだけ細かくばらばらにする⃝k

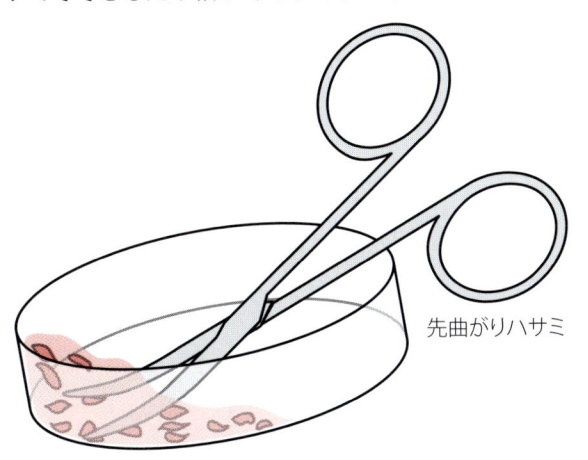

先曲がりハサミ

⃝k 重要 回収できる細胞の収量に大きくかかわるため，できる限り細かくすること．

⓰ 10 mL先太ピペットを用いて，組織片に5 mLのPBS（−）を加え，50 mL遠心チューブに回収する．取り残しの組織片がないように，何度か繰り返す⃝l

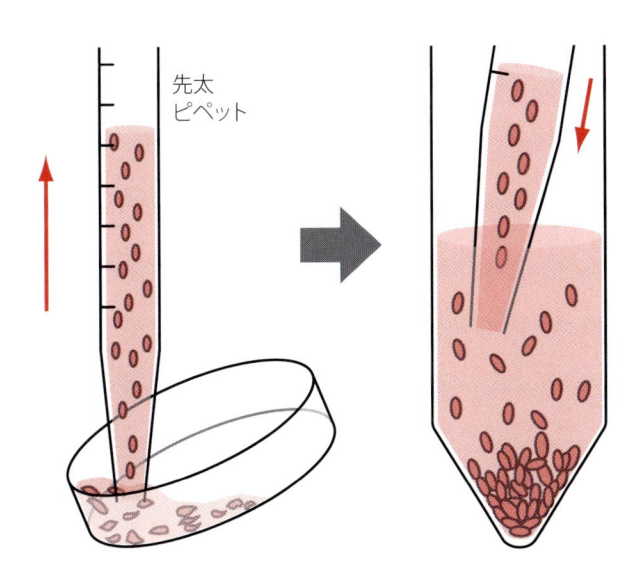

先太ピペット

⃝l 組織片が大きくてピペットの先に詰まりやすいため，先端径が大きなピペットを用いると作業しやすい．

3章 8 マウス胎仔線維芽細胞

235

❼ 1,000 rpm（180 G）で3分間遠心し，上清を除去する

❽ 胚1匹あたり1 mLの0.25％トリプシン–EDTAを加え，37℃のウォーターバス中で，15分反応させる ⓜ

ⓜ 37℃で処理している間は，定期的に撹拌するとよい．切断された細胞の細胞外マトリックスやDNAによって，ドロドロの塊状になってしまうが，問題はない．

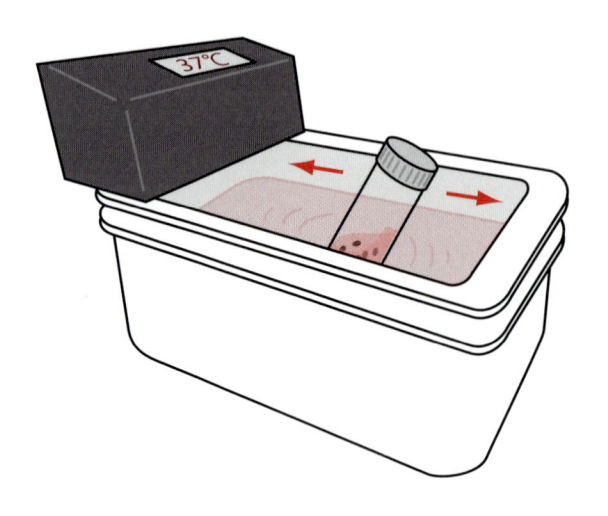

❾ 使用した0.25％トリプシン–EDTAと等量のFBSを加え，トリプシンの活性を止める

❿ 細胞塊が自然に沈下するのを待ち，上清部分を100 μm径のセルストレーナーを用いて濾過する ⓝ

ⓝ 重要 この工程ではまず，溶液中に浮遊しているsingle cellを回収する．この時点で沈殿している組織片をセルストレーナーにのせると，すぐに詰まってしまうため，この工程では上清部分のみを回収して濾過を行う．

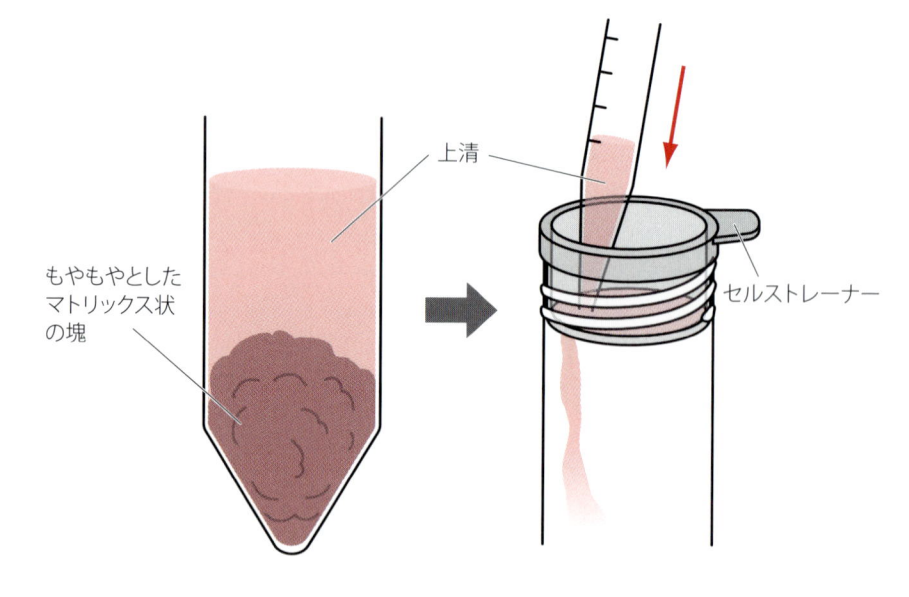

上清

もやもやとしたマトリックス状の塊

セルストレーナー

㉑ 沈殿している組織片をセルストレーナーにのせ，シリンジのハンドル部分で押し出して濾し取り，新しい培養液ですすぐ⃝ᵒ

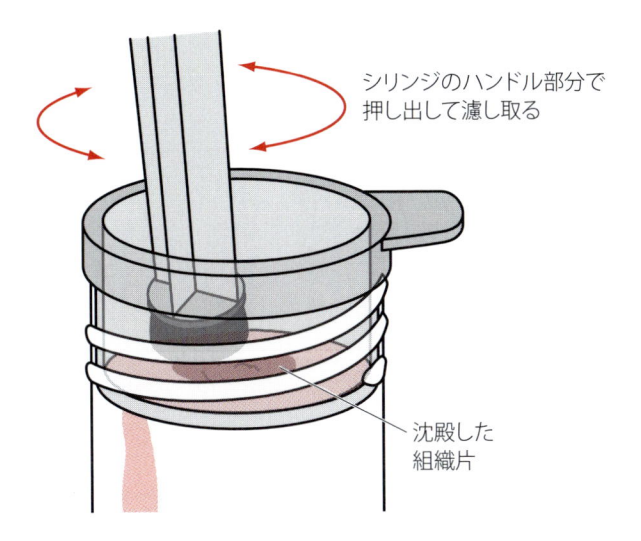

シリンジのハンドル部分で押し出して濾し取る

沈殿した組織片

㉒ 1,000 rpm（180 G）で5分間遠心後，上清を除去する

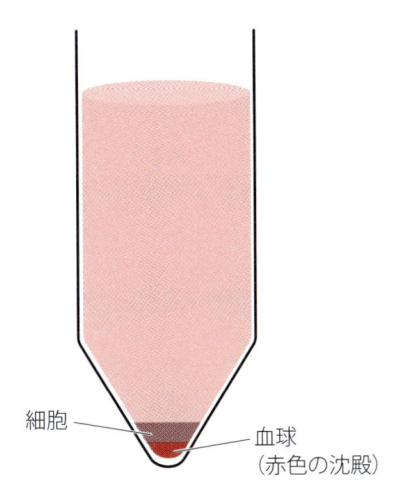

細胞
血球（赤色の沈殿）

㉓ 細胞を胚1匹あたり10 mLの培養液に希釈し，100 mmディッシュ1枚あたり10 mLの細胞懸濁液を添加して，細胞を播種する⃝ᵖ

㉔ インキュベーターに入れ，37 ℃，5 % CO_2の条件で培養を行う⃝ᑫ

⃝ᵒ **重要** この工程を行うことで，ドロドロになったマトリックス中に取り込まれている細胞を回収することができる．セルストレーナーが完全に詰まってしまったら，新しいセルストレーナーに交換して，何度か作業を行うとよい．

⃝ᵖ 細胞を播種する際に，血球も多少混入するがそれほど問題はない．使用した胚の日齢が同一であれば，毎回同程度の細胞数が回収できるため，この時点で細胞数が極端に少ない場合は，本操作以前の工程で細胞をロスしてしまっている．妊娠ICRマウス1匹から得られる胎仔数は12〜14匹前後なので，この時点で十数枚のディッシュが作製できることになる．

⃝ᑫ **重要** 通常，播種後3日前後でコンフルエントになる．4日以上要する場合は，何らかのトラブルが考えられるため，後述「トラブルシューティング」の項を参照する．

3章
8 マウス胎仔線維芽細胞

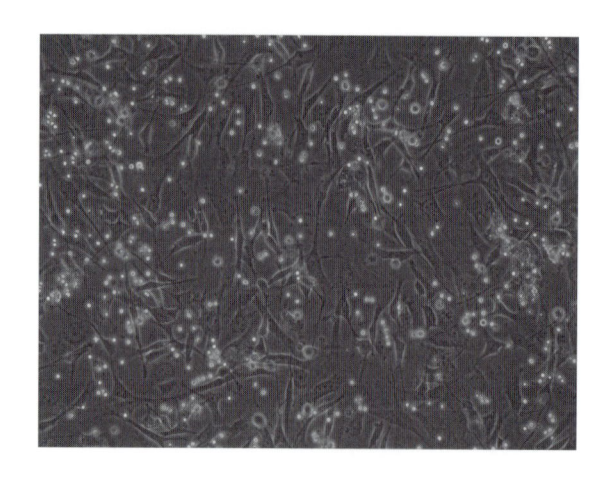

図2　播種翌日のマウス胚線維芽細胞

③ 継代

プロトコール

❶ 線維芽細胞が十分に増え，コンフルエントになっていることを確認する ⓐ
❷ 100 mm ディッシュ1枚あたり4 mLのPBS（−）で2回洗浄する
❸ 100 mm ディッシュ1枚あたり1 mLの0.25％トリプシン-EDTAを加え，よくなじませた後，吸い取る
❹ 37℃で1〜2分間インキュベートする ⓑ
❺ 100 mm ディッシュ1枚あたり5 mLの培養液を加え，トリプシンの活性を止める
❻ 50 mL遠心チューブに回収し，1,000 rpm（180 G）で3分間遠心する
❼ 上清を除去し，新しい培地にサスペンドする
❽ 新しい100 mmディッシュに3倍希釈となるように播種する ⓒ
❾ インキュベーターに入れ，37℃，5％ CO_2 の条件で培養を行う ⓓ

ⓐ 対数増殖期で活発に増殖している状態の細胞を用意する．

ⓑ 細胞がダメージを受けてしまうため，長時間処理しすぎないように注意する．
ⓒ 重要 マウス胚線維芽細胞は継代時の播種密度が少ないと増殖が落ちてしまうため，3倍希釈を基本として継代する．継代前の細胞数が非常に多い場合のみ，4倍希釈で播種する．また，培養面積の比率さえ守れば，100 mmディッシュ以外の培養容器（T175フラスコ等）で培養することも可能である．
ⓓ 重要 複数回継代して線維芽細胞を増やした後，凍結することも可能であるが，継代数を重ねるほど細胞の老化が進み，フィーダー細胞としての効果が低下してしまう場合があるため，継代の回数は1〜3回までにとどめる方がよい〔妊娠ICRマウス1匹分の胎仔（12〜14匹）から調製し，継代を1回行った時点で，100 mmディッシュ40枚前後の細胞が作製できることになる〕．

④ 凍結保存

プロトコール

❶ 線維芽細胞が十分に増え，コンフルエントになっていることを確認する ⓐ

ⓐ 対数増殖期で活発に増殖している状態の細胞を用意する．通常，100 mmディッシュ1枚あたり，5×10^6個以上の細胞が得られるはずである．

❷ 100 mmディッシュ1枚あたり4 mLのPBS（−）で2回洗浄する
❸ 100 mmディッシュ1枚あたり1 mLの0.25％トリプシン-EDTAを加え，よくなじませた後，吸い取る
❹ 37℃で1〜2分間インキュベートする[b]
❺ 100 mmディッシュ1枚あたり5 mLの培養液を加え，トリプシンの活性を止める
❻ 50 mL遠心チューブに回収する
❼ トリパンブルー染色を行い，血球計算盤を用いて細胞数をカウントする
❽ 1,000 rpm（180 G）で3分間遠心する
❾ 上清を除去し，$1×10^7$個/mLとなるように希釈する
❿ 細胞懸濁液と等量の2×凍結保存培地を加える[c]
⓫ 細胞名，細胞数，日付等の必要事項を記入したクライオチューブに，1 mLずつ分注する[d]
⓬ 凍結保存容器にクライオチューブを入れて，凍結保存容器ごと−80℃フリーザーに移して凍結させる[e]
⓭ 翌日，フリーザーから液体窒素タンクもしくは−150℃以下の超低温フリーザーに移して保管する[f]

[b] 細胞がダメージを受けてしまうため，長時間処理しすぎないように注意する．

[c] 20％DMSO入りの2×凍結保存培地を等量加えることで，DMSOの最終濃度は10％となる．
[d] この時点で$5×10^6$個/チューブとなり，クライオチューブ1本分を融解後，100 mmディッシュ1〜2枚に播種してちょうどよい程度の量となる．使用上，都合のよい細胞数に変更してもよいが，最低$1×10^6$個/チューブ以上の量で凍結することが望ましい．
[e] **重要** 事前に他の細胞を同様の方法で凍結し，凍結保存の条件に問題がないことを確認しておく．
[f] **重要** 長期間安定して保存するためには，−150℃以下の安定した状態を保持する必要がある．

マウス胎仔線維芽細胞　トラブルシューティング

⚠ 胚から採取できた細胞数が少ない

原因
❶ 胚から内臓，頭部，手足を除去する際に，大きく除去しすぎて，回収すべき体幹部分をロスしてしまっている．
❷ トリプシン処理後のドロドロした塊（DNAやマトリックス）に細胞が取り込まれて回収できなかった．

原因の究明と対処法
❶ 内臓，頭，手足が一切残らないように処理する必要はなく，大部分を除くくらいのつもりでよい．むしろ，できるだけきれいに取り除こうとするあまり，回収できた細胞数が少なくなってしまった場合の方が，作製した線維芽細胞の品質に悪影響を及ぼしやすい．
❷ ドロドロとした塊に細胞が取り込まれている状態なので，セルストレーナーで細胞塊を濾過する工程で，ゴリゴリと押し出してできるだけ回収する．トリプシン処理後の回収操作がどうしても安定して行えない場合は，手順⓱〜㉑までのトリプシン処理の工程を飛ばして，ハサミでばらばらに細断した組織片の状態のまま，培養ディッシュに播種しても線維芽細胞を得ることは可能である．ただし，組織片から線維芽細胞が伸び出して増殖するのに時間を要するため，1〜2日程度，余計に時間を要する．また，筋線維や神経組織，内胚葉系の上皮等の線維芽細胞以外の細胞もある程度増えてくるため，使用する目的によっては注意を要する．しかしながら，これらの細胞は継代操作に比較的弱いため，継代後は線維芽細胞の増殖が優勢となり，徐々に失われていくことが多い．

⚠ 胚から調製後に播種した細胞が付着しない

原因 ❶細胞がダメージを受けている．
❷赤血球や細胞外マトリックスがディッシュの底面を覆ってしまっており，細胞が底に接触できないため，張り付けない．
❸培養液の組成が間違っている．

原因の究明と対処法
❶胚を回収してから，細胞を播種するまでに要する時間ができるだけ少なくなるように，迅速に作業する．トリプシン処理の時間を必要以上に長くしないことも重要である．
❷胚から内臓部分を取り除く際に，赤い部分（赤血球が多く含まれる胎仔肝の部分）が残らないようにできるだけきれいに取り除く．播種する際に，ドロドロしたマトリックスが混入しないように注意する．
❸培養液の組成に間違いがないか，再度確認する．

⚠ 細胞が増えない・増えるのが遅い

原因 ❶胚から調製後に播種できた細胞数が少なすぎる．
❷継代時の細胞の希釈率が高すぎる．
❸継代しすぎて細胞が老化している．

原因の究明と対処法
❶2つ前のトラブルシューティングを参照．
❷マウス胚線維芽細胞は，低密度培養では極端に増殖が落ちてしまうため，通常は3倍希釈，継代前の細胞数が非常に多い場合のみ4倍希釈とし，それ以上の希釈倍率で播種しない．
❸マウス胚線維芽細胞は不死化した細胞ではなく，細胞分裂できる回数は有限なので，継代数が増えるに従って老化が進み，増殖能が低下して細胞が大型化する．老化した細胞ではフィーダー細胞としての能力が低下してしまうため，フィーダー細胞として用いる場合は，継代の回数は3回以内にとどめる．

⚠ コンタミネーションしてしまった

原因 ❶無菌操作に失敗している．
❷培養液が汚染されている．

原因の究明と対処法
❶マウス生体から調製するため，通常の細胞培養に比べ，カビや菌がコンタミネーションするリスクが高い．いつも以上に正確で適切な無菌操作を心がける必要がある．
❷使用したすべての培養液のチェックを行い，確実に汚染されていない培養液を用いて作業する．

⚠ 凍結・融解後の生存率が悪い

原因 ❶凍結保存の条件が最適化されていない．
❷凍結保存中の環境が悪い．
❸凍結保存前の細胞の状態が悪い．

原因の究明と対処法

❶ 凍結保存の際に使用する凍結保存容器の検討や開け閉めがなく安定して冷却できるフリーザーを使用する等，凍結保存の条件を再検討する．また，凍結保存溶液中に含まれる血清（FBS）の濃度を50％前後まで高くしたり，市販の凍結保存液（セルバンカーⅠ，十慈フィールド社等）を用いたりすると，凍結保存の効率が上がることも多い．

❷ 保存容器の頻繁な開け閉めや，作業中の不注意によって，細胞保存中の温度変化が激しくなると，徐々に細胞の生存率が下がってしまう場合がある．細胞を取り出す際には，十分注意して作業を行う．

❸ 凍結保存に用いる細胞は，必ず対数増殖期の活発に増殖しているものを用いる．

⚠ マウスから調製するごとに，作製できた線維芽細胞の量や性質にばらつきが大きい

原因
❶ 使用したマウス胚の日齢が異なる．
❷ マウス胚から細胞を調製する手技や手法が安定していない．

原因の究明と対処法

❶ マウス胚の日齢は，毎回，できる限り揃える．
❷ 何度か練習を行うことで，必要な手技に十分慣れておく．また，マウス胚から細胞を調製する方法は各人ごとにやりやすいようにアレンジされる場合もあるが，毎回同じ手法に固定して，細胞を調製することが重要である．

参考文献
1）『Manipulating the Mouse Embryo：A Laboratory Manual third edition』（Andras Nagy et al./ed.），Cold Spring Harbor Laboratory Press, 2002
2）無敵のバイオテクニカルシリーズ『マウス・ラット実験ノート』（中釜 斉，他/編），羊土社，2009
3）『マウス・ラットなるほどQ&A』（中釜 斉，他/編），羊土社，2007

9 植物培養細胞株
―樹立培養方法および維持培養方法

小林俊弘

特徴
- 増殖が速く，安定に供給できる
- 細胞集団の均質性が高い
- 培養環境の制御が容易
- 脱分化した細胞である

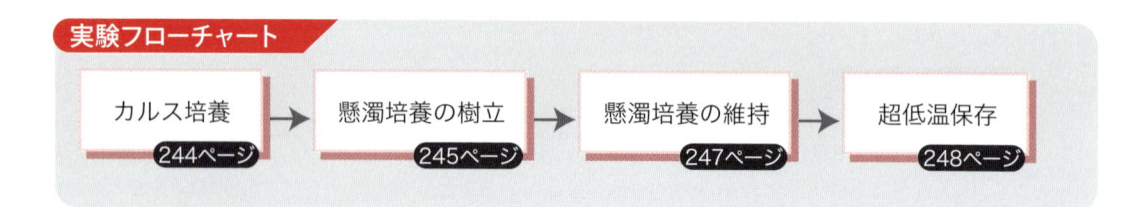

実験フローチャート

カルス培養（244ページ）→ 懸濁培養の樹立（245ページ）→ 懸濁培養の維持（247ページ）→ 超低温保存（248ページ）

① 懸濁培養細胞株の樹立方法および維持方法

　植物の外植片を植物ホルモンを含む培地で培養すると，不定形のカルスが形成される．そのカルスを液体培地に移植すると，懸濁培養が誘導される．懸濁培養は比較的均質な細胞集団を大量に得ることが可能であるため，さまざまな実験に利用されている．以下のような懸濁培養細胞株が望ましい．

- 増殖が速い
- 細胞塊が細かく，ほぼ均一である
- 安定して維持することができる

　多くの植物種の培養方法や条件はすでに報告されているので，参考にする．一方，同じ植物種でも品種によって培養特性が異なることがよくあるので，注意が必要である．主に以下の培養条件を考慮する．

① **材料**：外植片とする器官とその成長ステージ．生育の良好な個体の若い器官を用いる．どの器官も材料とすることができるが，本葉・根・茎などがよく用いられる．

② **培地**：Murashige and Skoog培地やGamborg's B5培地などの種類がある．一部の成分を改変した培地も用いられる．

③ **植物ホルモン**：細胞培養に不可欠である．特に，オーキシンとサイトカイニンが重要である．オーキシンとして2,4-ジクロロフェノキシ酢酸，ナフタレン酢酸，サイトカイニンとしてカイネチン，6-ベンジルアミノプリン，ゼアチンがよく用いられる．

④ **培養環境**：温度，光，振盪速度など．また，これらが一定に保たれるようにする．微生物による汚染を防ぐために，培養室や人工気象器を清潔に保つことも重要である．

ここではシロイヌナズナ懸濁培養細胞株の樹立方法を示す．

準備するもの

- **Gamborg's B5 培地（1 L）**…本葉を培養する場合に用いる．
  ガンボーグB5培地用混合塩類（和光純薬工業）　1袋（1 L用）
  ニコチン酸　　　　　　　　1 mg
  ピリドキシン塩酸塩　　　　1 mg
  チアミン塩酸塩　　　　　　10 mg
  myo-イノシトール　　　　100 mg
  2,4-ジクロロフェノキシ酢酸　1 mg
  ショ糖　　　　　　　　　　20 g
  以上を超純水に溶かして1 Lとした後，1 NのKOHでpHを5.7に調整する．

- **Murashige and Skoog（MS）培地（1 L）**…根を培養する場合に用いる．本葉と根では最適な培地の種類や植物ホルモン濃度が異なり，カルス形成の頻度や増殖に影響する．
  ムラシゲ・スクーグ培地用混合塩類（和光純薬工業）　1袋（1 L用）
  ニコチン酸　　　　　　　　1 mg
  ピリドキシン塩酸塩　　　　1 mg
  チアミン塩酸塩　　　　　　10 mg
  グリシン　　　　　　　　　2 mg
  myo-イノシトール　　　　100 mg
  2,4-ジクロロフェノキシ酢酸　1 mg
  カイネチン　　　　　　　　0.1 mg
  ショ糖　　　　　　　　　　30 g
  以上を超純水に溶かして1 Lとした後，1 NのKOHでpHを5.7に調整する．

- **寒天培地**
  上記の培地に8 g/Lの寒天を加えてオートクレーブで滅菌した後，シャーレに30 mLずつ分注する．室温保存．

- **液体培地**
  上記の培地を300 mL三角フラスコに90 mL[a]ずつ分注し，アルミホイルでフタをして[b]，オートクレーブで滅菌する．室温保存．

  [a] 培養量は最大100 mL程度である．細胞懸濁液を移植することを考慮する．
  [b] キャップタイプのシリコ栓でもよい．シリコ栓をした上からアルミホイルで包み，オートクレーブで滅菌する．

  シリコ栓

- **ステンレスふるい**
  直径5 cm，目開き1 mm・500 μm（野中理化器製作所，東京スクリーン社など）．200 mLトールビーカーまたは500 mLコニカルフラスコにのせ（図1），アルミホイルを被せてオートクレーブで滅菌する．

- **10 mLカルスピペット**（図2）

3章 9 植物培養細胞株

図1 ステンレスふるい（目開き500μm）
200 mLトールビーカーにのせた状態

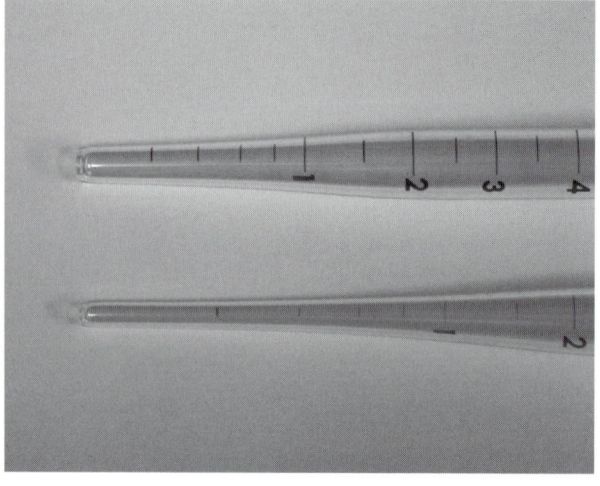

図2 カルスピペット（上）とピペット（下）
口径が異なる

👉 カルス培養および懸濁培養の樹立

本葉や根などの植物器官から切り出した外植片を植物ホルモンを含む固形培地で培養し，カルス形成を誘導する．そのカルスを液体培地に移植し，懸濁培養を樹立する．

プロトコール

▶ 1）カルス培養

❶ メスとピンセットを用いて，無菌栽培したシロイヌナズナの本葉または根から外植片[c]を切り出す

❷ 寒天培地上に，シャーレあたり4〜9個の外植片を置く

❸ シャーレをパラフィルムでシールし，22℃，明所または暗所[d]で培養する

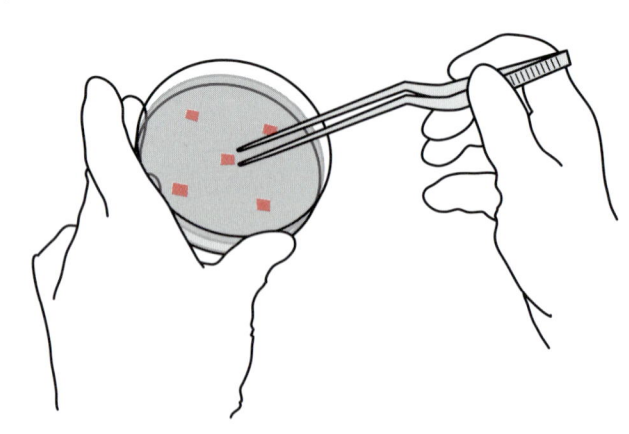

[c] 本葉から5 mm角，根から5 mmの長さの外植片を切り出す．

[d] シロイヌナズナの場合，光はカルス培養および懸濁培養に必須ではないと思われる．明所でも暗所でも培養可能である．

❹約1カ月後,ピンセットを用いてカルスを外植片から切り離し,新鮮培地に移植する
❺3週間〜1カ月ごとにカルスの一部 ⓔ を新鮮培地に継代する

図3 シロイヌナズナのカルス培養

▶ 2) 懸濁培養の樹立

❻カルスを液体培地 ⓕ に移植する
❼125 rpm(振幅20 mm) ⓖ で旋回培養する ⓗ
❽培養7日目にカルスピペットを用いて培養細胞を新鮮培地に移植する ⓘ

ピペットで吸い上げた後,しばらく置く.ピペット内で培養細胞が沈殿し,おおよその細胞量がわかる

沈殿した培養細胞

❾細胞塊が小さくなりはじめるまで ⓙ,7日ごとに継代を行う

ⓔ 継代ごとにカルスの同じような状態の部分を移植する.
　①1シャーレあたりダイズ大のカルス3〜4個にする.
　②増殖のよい部分を用いる.
　③白化した部分や褐変した部分を除く.

ⓕ 基本的にカルス培養と同じ組成(ゲル化剤を除く)の液体培地を用いる.その培地で増殖がみられない場合,植物ホルモンの種類や濃度の変更や一部の成分の改変が必要である.
ⓖ タイテック社NR-150の場合.
ⓗ 温度・光条件はカルス培養と同じ.
ⓘ 重要 細胞増殖が速くなるまで,培養細胞を多めに移植する.懸濁培養を静置し,沈殿した培養細胞をカルスピペットで吸い上げる.細胞塊が大きい場合,培養細胞を吸い上げにくいので注意する.90 mLの新鮮培地に1〜5 mLの細胞を移植する.ピペットの目盛りを用いておおよその細胞量を見積もるとよい.移植量は細胞増殖の速さに合わせて調整する.

ⓙ 最初に,増殖の遅い大きな細胞塊が形成される.その細胞塊から伸長した細胞が遊離するが,そのような細胞は分裂しない.その他に,死細胞の破片やゴミなども多い.6カ月から1年ほど培養すると,コンパクトな細胞から構成される小さい細胞塊が遊離しはじめる.このような小細胞塊は増殖が速い.

❿培養7日目の懸濁培養をステンレスふるい[k]に通す

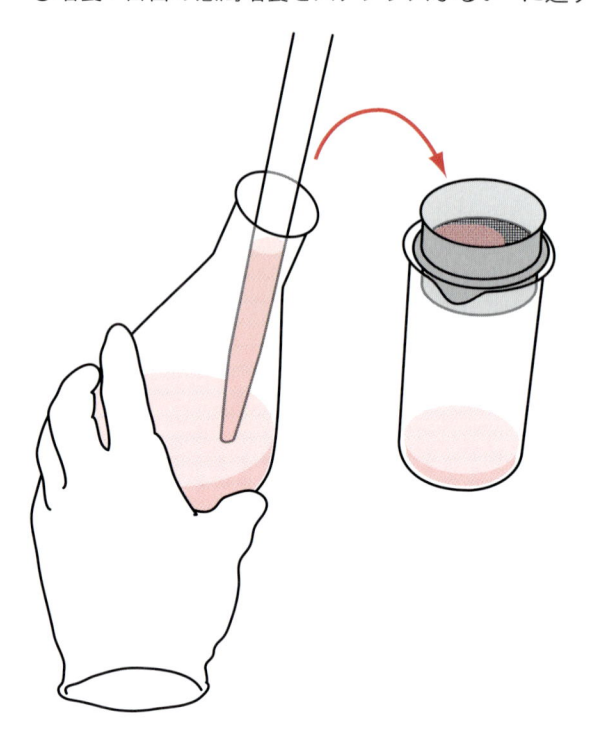

[k] 小さい細胞塊を選抜しながら継代を繰り返すことによって，細かく均一な懸濁培養にする．最初は目開き1mmのふるいを用い，小さい細胞塊が増えたら500μmのふるいを用いる．

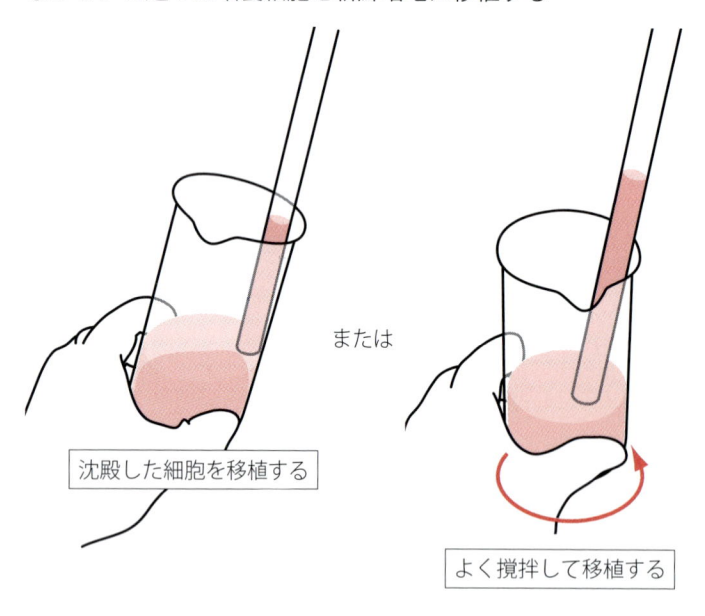

[l] 重要 細胞量が少なくならないように注意する．培養細胞が少ない場合，しばらく静置した後，沈殿した細胞を移植する．培養細胞が十分ある場合，細胞懸濁液をよく撹拌して移植する．

⓫ふるいを通った培養細胞を新鮮培地に移植する[l]

沈殿した細胞を移植する

または

よく撹拌して移植する

⓬細胞株が安定するまで，7日ごとに小細胞塊の選抜と継代を行う

懸濁培養の維持

培養細胞の優れた特性を発揮させるためには，安定した良好な状態で維持することが要求される．培養環境を一定に保つことはもちろんのこと，毎回同じ操作で継代作業を行う．また，培養細胞の変化を見過ごさないように，日頃から形態や状態を観察することも重要である．

プロトコール

❶ 培養7日目の懸濁培養をよく撹拌する

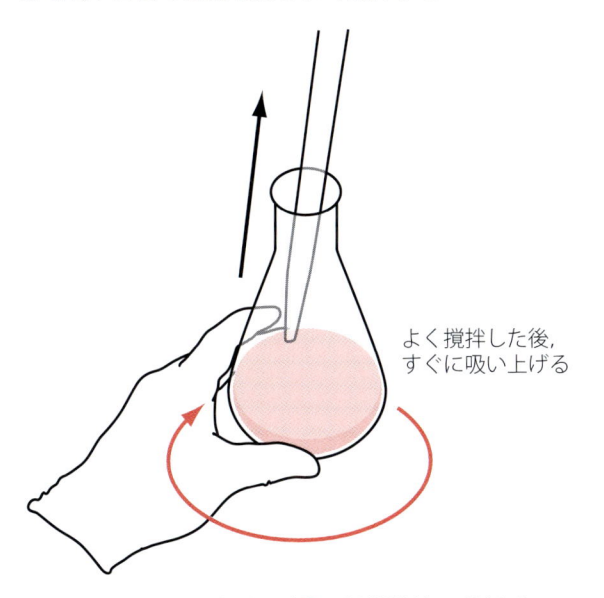

よく撹拌した後，すぐに吸い上げる

❷ 5〜15 mLの細胞懸濁液(m)を新鮮培地に移植する
❸ 125 rpm（振幅20 mm）で旋回培養する
❹ 7日ごとに継代を行う(n)

(m) **重要** 懸濁培養細胞の増殖には誘導期，対数増殖期，定常期の3ステージがある．1週間で定常期に至るように継代量を決定しておく．細胞株を安定に維持するためには，細胞懸濁液に含まれる増殖能をもつ細胞数がほぼ一定であることも重要である．

(n) 培養細胞は脱分化した状態で増殖を続ける．このようにして長期間維持した培養細胞は再分化能を失っていると考えられている．いまのところ，植物ホルモンの調整によって植物個体を再分化させることはできない．

懸濁培養細胞株の樹立方法および維持方法　トラブルシューティング

⚠ **懸濁培養の増殖が悪い**

原因
❶ 培養条件が変わった．
❷ 通気性が悪い．
❸ 微生物に汚染された．
❹ 継代時に移植する細胞が少ない．

原因の究明と対処法
❶ 培養温度の変化や培地調製の間違いなどが考えられる．特に，培地作製に注意する．植物ホルモンの入れ忘れは細胞増殖に重大な影響を与える．水質の変化にも気を配る．
❷ アルミホイルのフタをきつく閉めすぎないようにする．微生物の汚染を危惧するなら，シリコ

栓を用いる．
❸回復は困難なので，滅菌後に破棄する．無菌操作には十分に気をつける．常に複数のフラスコで維持する．
❹細胞密度が極端に低くなると細胞分裂が抑制される．そのため，継代時に一定量の細胞を移植することが必要である．懸濁培養には増殖能を失った細胞や死細胞も含まれていることを考慮する．

⚠ 懸濁培養の増殖が安定しない

原因 培養細胞の継代操作が安定していない．

原因の究明と対処法
増殖曲線を調べてみる．測定方法は参考文献1）を参照．継代ごとに移植する細胞量を一定にするためには，定常期に達した時点で継代を行う必要がある．

❷ 超低温保存

植物培養細胞は大きな液胞をもち，凍結傷害を受けやすい．そのため，液体窒素中での超低温保存は比較的難しい．最近，培養細胞の簡便な超低温保存法が報告された[2)3)]．培養細胞の安全な長期保存とともに日常の維持作業の省力化に有効であると考えられる．ただし，これらの方法ですべての細胞株を保存できるわけではない．

ここで紹介する超低温保存法は，**−30℃のフリーザーを用いた簡便な緩速予備凍結法とアルギン酸ゲルを用いた培養細胞のビーズカプセル化を組み合わせた方法**である[4)]．従来の緩速予備凍結法では，冷却速度を厳密に制御するプログラムフリーザーが必要であった．本方法では，試料の入ったバイアルを−30℃のフリーザー内に放置することによって，ほぼ一定の速度で冷却する．また，ビーズカプセル化によって培養細胞の操作が容易になるとともに，細胞が物理的傷害や浸透圧の急激な変化によるストレスなどから保護される．タバコBY-2細胞株[4)]の保存例を以下に示す．

準備するもの

● modified Linsmaier and Skoog（mLS）培地（1 L）
  ムラシゲ・スクーグ培地用混合塩類（和光純薬工業）　1袋（1 L用）
  KH_2PO_4　　　　　　　　　　200 mg
  チアミン塩酸塩　　　　　　　　1 mg
  myo-イノシトール　　　　　　　100 mg
  2,4-ジクロロフェノキシ酢酸　　0.2 mg
  ショ糖　　　　　　　　　　　　30 g
  以上を超純水に溶かして1 Lとした後，1 NのKOHでpHを5.8に調整する．

● アルギン酸溶液
  2％（w/v）アルギン酸ナトリウム300〜400 cP（和光純薬工業）を含むmLS培地[a]

● ゲル化液
  0.1 M塩化カルシウムを含むmLS培地

[a] まず，培地を約60℃に加温する．次に，スターラーで撹拌しながらアルギン酸ナトリウムを少しずつ加える．一部小さい固まりができても，オートクレーブすることによって完全に溶解する．

● 凍害防御剤液
　2 Mグリセロール，0.4 Mショ糖を含むmLS培地
● 1.2 M・0.5 M希釈液
　それぞれ1.2 M，0.5 Mショ糖を含むmLS培地
　以上の試薬はオートクレーブで滅菌しておく．室温保存．
● バイアルスタンド
　バイアルの底部が覆われないもの．

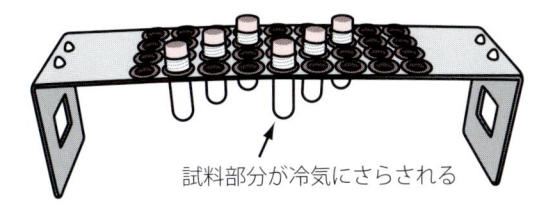

試料部分が冷気にさらされる

超低温保存方法

　培養細胞を懸濁したアルギン酸ナトリウム溶液を塩化カルシウムを含む培地に滴下すると，即座にビーズ状にゲル化する．このビーズカプセル化は培養細胞の増殖に大きな影響を与えない．ビーズを凍害防御剤液で前処理して，細胞に脱水耐性を付与する．次に，－30℃のフリーザーで予備凍結を行う．この間に1～2℃/分の速度で冷却されると同時に，細胞が適度に凍結脱水される．最後に，液体窒素で急速冷却することによって細胞がガラス化し，液体窒素中での保存が可能となる．

プロトコール

❶継代後3日目の懸濁培養[b]を15 mLコニカルチューブに移し，100 Gで5分間遠心した後，培地を除く
❷細胞体積の2～3倍量のアルギン酸溶液に懸濁する
❸パスツールピペットを用いて，懸濁液をゲル化液に一滴ずつ滴下する[c]

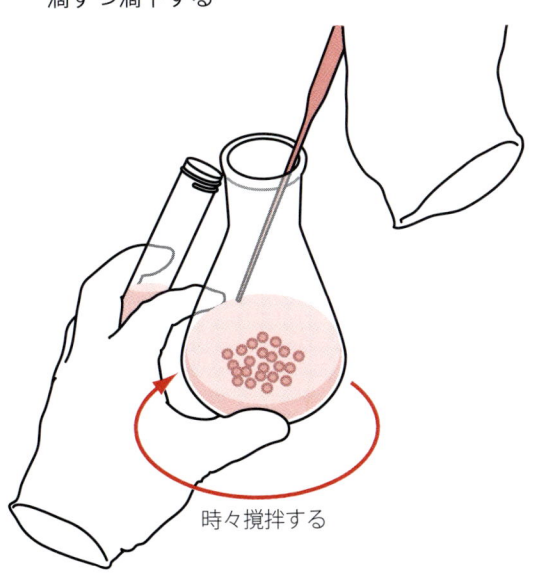

時々撹拌する

[b] 重要 培養細胞の状態は非常に重要である．培養3日目の対数増殖期の細胞を用いる．細胞の状態を顕微鏡下で観察し，以下のような細胞の多い懸濁培養を用いる．
①サイズが小さい．
②液胞が小さい．
③細胞生存率が高い．
④活発に増殖している．
[c] 深さ3～4 cm程度の培地を用意し，液面から2～3 cmの高さから滴下すると，形の整ったビーズができる．

3章 9 植物培養細胞株

❹ゲル化液を培地と交換し，10〜20分間振盪培養する

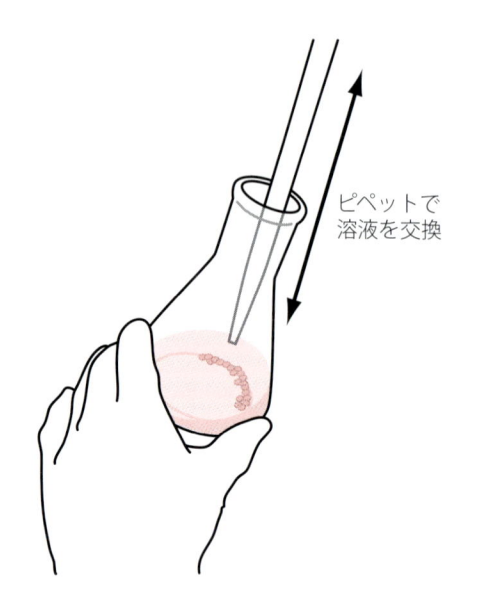

ピペットで
溶液を交換

❺培地を凍害防御剤液[d]と交換し，25℃で1時間振盪培養する
❻ビーズ3個を300μLの凍害防御剤液の入った2.0 mLクライオバイアルに移す[e]
❼バイアルをスタンドにセットし，−30℃のフリーザーで2時間冷却する[f]
❽バイアルをデュワー瓶の液体窒素に投入する
❾液体窒素タンクの気相に保存する[g]

[d] 凍害防御剤液はビーズ1個に対し1 mL以上を使用する．
[e] 全試料量を約400μLにする．ビーズと凍害防御剤液の比率を変更することは可能である．しかし，予備凍結の冷却速度に影響するため，全試料量を著しく増やすことはできないと考えられる．
[f] 試料はある一定の速度で冷却される．プログラムフリーザーのように冷却速度を制御できるわけではないので，なるべく保存ごとに同条件になるように気を配る．
　①フリーザー内に十分スペースを設ける．
　②バイアルを間隔を空けてスタンドに設置する．
　③バイアルの底がフリーザーの内壁などに触れないようにする．
[g] バイアル1本を用いて細胞が生存しているかどうか確認する．われわれの試験での細胞生存率は50〜70％である．保存が成功しているのであれば，残りのバイアルを長期保存に移行する．

👉 懸濁培養の再増殖方法

　　超低温保存した培養細胞を急速に加温し，脱ガラス化後の細胞内凍結を防ぐ．次に，浸透圧の急速な低下による傷害を抑制するために凍害防御剤を徐々に希釈する．細胞増殖能の回復には高い細胞密度を保持することが必要である．培養細胞をビーズカプセル化しているので，生き残った細胞を希釈過程で失うことなく回収し，液体培地中に分散して細胞密度を低下させることなく培養することができる．

プロトコール

❶クライオバイアルを40℃のウォーターバスに投入し，ゆっくりと撹拌しながら加温する[h]

[h] 重要 急速に加温すると同時に，温度が上昇しすぎないようにする．凍害防御剤液の周辺部から溶解しはじめる．全体が溶解する前に引き上げ，撹拌して全体を溶解する．その後，速やかにビーズを希釈液に移す．

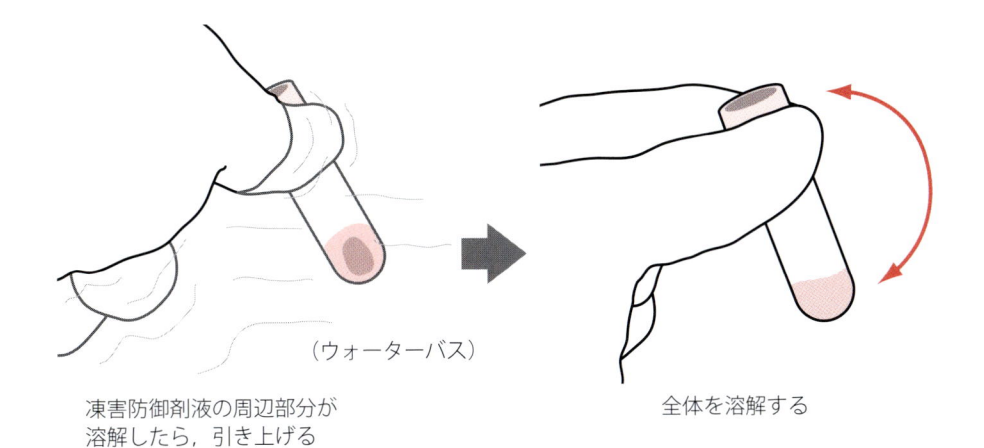

（ウォーターバス）

凍害防御剤液の周辺部分が溶解したら，引き上げる

全体を溶解する

❷ ビーズを 1.2 M 希釈液に入れ，25 ℃で 15 分間振盪培養する

振盪培養

50 mL コニカルチューブ
希釈液（20〜30 mL）

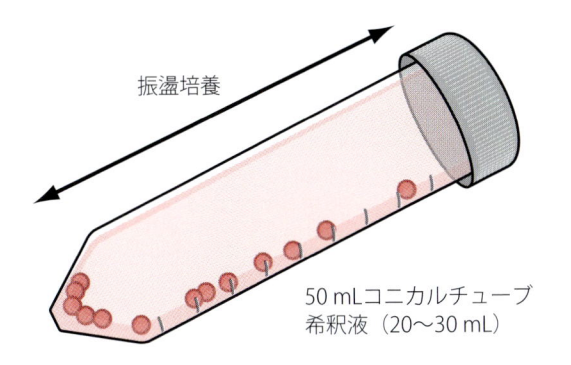

❸ 1.2 M 希釈液を 0.5 M 希釈液と交換し，15 分間振盪培養する
❹ 0.5 M 希釈液を培地と交換し，15 分間振盪培養する
❺ ビーズ 3 個[i]を 3 mL の培地で 3 日間[j]旋回培養（125 rpm，振幅 20 mm[k]）する

[i] 凍害防御剤液の希釈直後にビーズを壊すと，細胞にダメージを与える．
[j] 培養日数は細胞生存率に依存する．ビーズ内で細胞が増殖していることを確認した後，次に進む．
[k] タイテック社 NR-150 の場合．

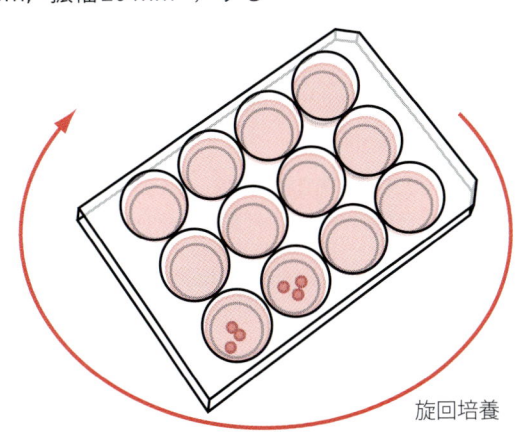

旋回培養

❻ ビーズをマイクロスパーテルで壊し[l]，さらに 4 日間培養する

[l] アルギン酸ゲルの表面積を大きくし，細胞の遊離を促す．ビーズが小さい破片になる程度で十分である．

3章 9 植物培養細胞株

マイクロスパーテルの平らな方
ウェルの壁で軽く押しつぶす

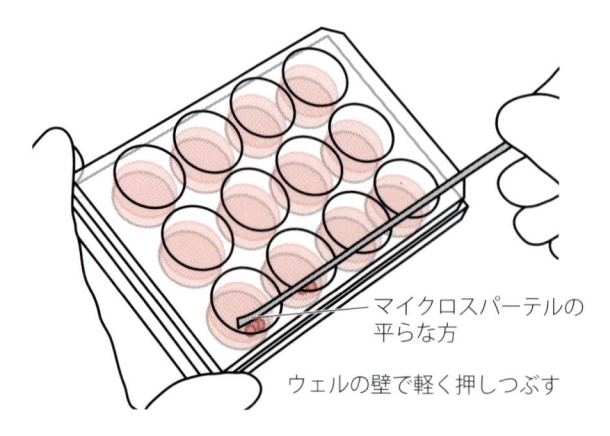

❼細胞が十分増殖した後，スケールアップする．

超低温保存　トラブルシューティング

⚠ 懸濁培養が回復しない

原因
❶培養細胞の状態が悪い．
❷再培養後の細胞生存率が低い．
❸保存過程ですべての細胞が死んでいる．

原因の究明と対処法

❶保存する前に必ず培養細胞の状態を顕微鏡で確認する．また，日頃から培養細胞の状態を観察しておく．
❷細胞生存率が高いほど，早く確実に懸濁培養を回復することができる．BY-2の場合，細胞生存率が10％以上であれば，再び増殖する可能性がある．その場合，プロトコールの手順❺と❻の培養日数を長くする．
❸各ステップの細胞生存率を調べ，どこに問題があるのか特定する．

⚠ BY-2以外の細胞株を保存できない

原因　保存条件が最適化されていない．

原因の究明と対処法

他の細胞株を保存する場合，前処理時間および予備凍結時間を検討する．例えばシロイヌナズナT87細胞株[5]の場合，前処理を40分，予備凍結を3時間行う[6]．凍害防御剤の種類や濃度を変える必要がある場合もある．

参考文献
1) Mustafa, N. R. et al.：Nat. Protocols, 6：715-742, 2011
2) Menges, M. & Murray, J. A. H.：Plant J., 37：635-644, 2004
3) Kobayashi, T. et al.：Plant Biotechnol., 22：105-112, 2005
4) Nagata, T. et al.：Int. Rev. Cytol., 132：1-30, 1992
5) Axelos, M. et al.：Plant Physiol. Biochem., 30：123-128, 1992
6) Kobayashi, T. & Kobayashi, M.：Jpn. J. Plant Sci., 1：7-11, 2007

4章 細胞の標準化

1 細胞の標準化の重要性

中村幸夫

● はじめに

　生物学に限らず，科学が科学たる所以は，その普遍性にある．すなわち，科学実験には，時を越え場所を越えて結果の再現性がなければならない．実験の再現性を担保するためには，研究材料と研究方法の双方の再現性確保が必要である．研究材料に再現性が担保されるためには材料が標準化されていることが重要であり，細胞材料も例外ではない．

❶ 微生物汚染

　微生物に汚染された細胞を使用した実験結果は生理的な細胞の状態を反映しているものではなく，微生物感染症そのもの等を研究する際には例外的に有用な場合もあるだろうが，ほとんどの研究には適さない材料となる．

1 細菌汚染および真菌汚染

　培養系において細菌汚染や真菌汚染が問題になることはまずない．なぜならば，細菌汚染や真菌汚染を起こした培養系は細菌や真菌に凌駕され培養を続けることが不可能となる．すなわち，研究を続けることが不可能となるからである．もちろん，研究を中断するという事態そのものは研究者にとっては一大事なのであるが，汚染に気付かずに実験結果を出し，それを論文として世の中に公表してしまうという事態を回避できるという意味において，問題が少ないのである．

　最近では，培養系に抗生物質や抗真菌剤を常に使用している研究室が多く，細菌汚染や真菌汚染を起こすことも少なくなっているように思う．しかし，細胞バンク機関では通常の培養に抗生物質や抗真菌剤を使用することはない．その理由は，抗生物質や抗真菌剤を使用しなければ細菌汚染や真菌汚染を起こしてしまうような実験手技を用いていたのでは，次項のマイコプラズマ汚染を起こす可能性が高まるからである．細胞培養の初心者は，**抗生物質や抗真菌剤を使用しなくても，細菌汚染や真菌汚染を起こさないようなスキルを身につける**ことを強く推奨する．また，可能ならば，習熟したのちであっても，特殊な場合を除いては，抗生物質や抗真菌剤を使用しない培養に慣れることを推奨する．

2 マイコプラズマ汚染

　マイコプラズマは細菌よりも小さい微生物であり，ウイルス同様に細胞内に侵入して増える微生物である．マイコプラズマが感染した細胞では細胞特性にさまざまな変化をきたすため，マイコプラズマ感染細胞を研究対象とすることは不適切である（マイコプラズマ感染症そのものの研究には必要な場合もあるが）．マイコプラズマ汚染が問題となる最大の理由は，**マイコプラズマ汚染が起きても細胞が死なずに生き続ける**ことにある．それどころか，マイコプラ

ズマ汚染によって増殖能が亢進する細胞すらある．これがマイコプラズマ汚染の怖いところである．注意深い培養に心がけることは言うまでもないが，どんなに注意を払っても，また，どんなに熟練した者が培養しても，マイコプラズマ汚染を起こす可能性はあるわけであり，定期的に検査を実施しない限り，マイコプラズマ汚染を起こしている細胞を実験に使用するという過ちを回避することはできない．理研細胞バンクで寄託を受けた細胞の実に約30％にマイコプラズマ汚染を検出する．マイコプラズマ除去剤と一緒に培養することで除去できるケースもあるが，除去不能なケースも多数ある．

3 ウイルス感染

　細胞のウイルス感染に関しては熟慮が必要となる．まず，当該感染が培養過程で発生したものであるか，そもそも提供者が保有していた感染であるかを見極めることが困難である．そして，場合によっては，その感染が研究対象となる疾患の根本原因や増強原因である可能性もあり得る．また，細胞バンク機関においては，ありとあらゆるウイルス感染の可能性に関して，膨大な種類の細胞材料を対象に検査を実施することも，物理的にかなり難しい．

　そこで，理研細胞バンクでは，ルーチン検査としてはバイオハザードとなるウイルスに関しての検査のみ実施している．肝臓細胞に関する肝炎ウイルス検査（HBV, HCV），血液細胞に関するHIV, HTLVの検査である．

　もちろん，培養中に発生した細胞へのウイルス感染が細胞の特性に大きな影響を及ぼすことはあり得る．最近の例として，AGSという胃癌由来の細胞株にparainfluenza virus type 5（PIV5）が感染していた事例がある[1]．AGSはインターフェロン（IFN）抵抗性を示す細胞であり，これはがんの発生から治療に至る経過の中で細胞そのものが取得した特性と考えられていた．ところが，AGS細胞にはPIV5が感染しており，PIV5の遺伝子産物によってIFNのシグナル伝達経路の下流に存在するSTAT1分子が分解されてしまうためにIFNへの抵抗性を示していることが判明した．そこで，理研細胞バンクは提供中の100株を超える細胞株に関して検査を実施したところ，幸い検査を実施したすべての細胞株に関してPIV5の感染は認めなかった[2]．このようなウイルス汚染の報告があった場合には，今後も同様な対応が必要であると考えている．

② 細胞誤認

　細胞誤認とは，「胃癌由来の細胞だと思って使っていた細胞が，実は子宮癌由来の細胞だった」というような事態のことである．この事態はさまざまな原因で起こり得る．1つには，2種類以上の異なる細胞を同時に培養していて，使用する培養液が同じ組成なので同じ培養ビンの培養液を使ったこと等が原因で，とある細胞集団に別の細胞が混じってしまうことである．**細胞のコンタミネーション**あるいは**カルチャー・クロス・コンタミネーション**などとよばれる．そして，大抵はどちらかの細胞の方が増殖速度が速いので，増殖速度が速い細胞が優勢になるが，後から混じった細胞の方が増殖速度が速ければ，細胞集団は後から混じった細胞に凌駕され置換されてしまう．もう1つは，単純に培養容器へのラベルを間違えるとか，他の研究室に細胞を分譲する際に（今後はこのようなことは避けるべきであることは先述したとおり）間違った伝言をするようなケースである．

　なぜそのような事態が発生しても気付かずに見過ごされるのかと言えば，研究者は一般的にルーチン作業として細胞の形態のみを観察しているからである．そして，多くの細胞は形態のみでは区別がつか

ない．線維芽細胞様細胞が突然上皮様細胞に変わったりした場合には変に思うこともあるかもしれないが，別の細胞が混じって，徐々に置き換わっていくような際には，元の細胞が継代培養の過程でそのように変化したのだと考えて納得してしまう研究者も多いと思われる．

誤認した細胞を使用した研究結果をそのまま論文等で公表した際には，研究者コミュニティーに多大な迷惑をかけることは必定であり，そのような細胞を実験に使用すべきでないことは当然である．そして，細胞誤認はかなり古くから指摘されていたが，これを検証するにはハイスループットな分子生物学的解析手法が必要であった．

ゲノム上に多数存在するマイクロサテライトの同じ塩基配列（1～7塩基）の繰り返し数には多型性がある．何カ所かのこの多型を解析し組み合わせることで，個人を識別できる（マイクロサテライト多型解析）．栃木県で起きた冤罪事件は，このマイクロサテライト多型解析の開発初期に発生した解析の未熟性によるものであった．現在では，ほぼ確実に個人を識別可能なマイクロサテライト多型解析が確立されている．そして，このマイクロサテライト多型解析が細胞の識別にも応用できないかが検討された．1章-1でも紹介したように，がん細胞株の核型はほとんどすべてのがん細胞株に関して正常とはかけ離れた状態であり，マイクロサテライト多型解析は適応できない可能性もあったのだが，結果として，がん細胞株を含む不死化細胞に関しても，マイクロサテライト多型解析により細胞を識別できることがわかった[3]．その後，世界中の主要な細胞バンクはマイクロサテライト多型解析を導入し，ヒト由来細胞株の検証を実施した[4]．結果として，どこの細胞バンクでも10％近い細胞が誤認細胞であることが判明した．具体的な解析方法は4章-3を参照していただきたい．

③ 遺伝子発現解析

細胞バンクでは，細胞株の由来組織については寄託者の登録内容をそのまま公開している．上記のような割合で細胞誤認が確認されたことを勘案すると，細胞株の由来組織に関する検証も必要であると考える．由来組織を確実に決定するような解析手法はないと思われるが，多数の細胞株を対象として遺伝子発現解析を網羅的に実施し，遺伝子発現パターンから hierarchical clustering のような解析を実施すれば，かなり有用な情報が得られるものと思われる．理研細胞バンクではそのような解析を開始し，なるべく早期に公開できるように解析作業を進めている．

④ 細胞の標準化

1 個々の細胞株の標準化と細胞集団の標準化

最近，「細胞の標準化」という言葉をよく聞くようになった．これは，iPS細胞の登場によってiPS細胞の標準化を念頭に置いて使われているものであるが，世界中の細胞バンクでは，ずっと昔から「細胞の標準化」に取り組んでいる．それは，本節の一番はじめに記載したとおり，**標準化された細胞材料を使用することで実験再現性が担保される**からである．

研究者が細胞株を樹立し，それを用いた論文を発

表すると，当該論文を読んだ他の研究者がその細胞株の使用を希望することが多い．その場合，使用希望者からの依頼があれば当該細胞株を提供することが研究者としての道義的な責任である．しかし，提供依頼が多い場合にはそれに対応することが困難となるため，それを代行するシステムとして細胞バンクが求められ世界各地に設立された．樹立研究者が細胞株を直接提供する場合であれ，細胞バンクを介して提供する場合であれ，提供する細胞には最初の論文で公表された細胞特性が維持されていなければならない．さもなければ実験再現性がないことになる．すなわち，細胞バンクが昔から取り組んでいる「細胞の標準化」とは，**細胞株が本来もっている細胞特性を維持した細胞を標準細胞として提供する**ということなのである．

1章-1にK562細胞の標準化のことを紹介したので参照していただきたい．ここでは別の例を紹介する．Ba/F3細胞は，Balb/c系統マウス由来のB細胞系の細胞株として樹立された．その後，Ba/F3細胞はヘモグロビン産生能等の赤血球系細胞の特性も有しているという報告があった．筆者もBa/F3細胞を使って赤血球系の研究を行い，論文を投稿したことがあるのだが，査読者から「あなたが観ている現象はあなたが使用しているBa/F3細胞に固有の現象であって，世の中のすべてのBa/F3細胞に普遍的に観察できるものとは思わない」という主旨の意見を受けた．愕然とした．そして，「細胞株を使った研究など，もう二度とするまい」と心に誓った．しかしその後，この査読者が指摘していたのは，世の中にはBa/F3細胞という名の多種多様な細胞株が出回っており，どこのどのBa/F3細胞が標準細胞なのか定まっていないということだと気付き，そのような細胞を使った自分が不勉強だったのだと反省した．

細胞バンクが昔から取り組んでいるのは，個々の細胞株の標準化であり，iPS細胞という**細胞集団が最大公約数的にどのような特性を有しているのかという標準化とは異なる**．iPS細胞の最大公約数的な標準化ということが実現されたとしても，その次には個々のiPS細胞株の標準化が重要なのである．なぜなら，細胞特性が100％寸分違わず同じ細胞株などというものは存在しないからである．例えば，同じ近交系マウス由来のES細胞群（遺伝的バックグラウンドが完全一致）ですら株間で細胞特性に差があるのである．

2 細胞特性の均一性

前項で個々の細胞株の標準化の重要性について述べたが，ひとたび標準化細胞となった細胞を維持することもそれほど容易なことではない．クローニングをして1個の細胞から細胞を増やした場合，しばらくは均一な細胞特性を維持してくれる．しかし，細胞を長期にわたって培養すると変異が蓄積することは不可避である．すなわち，やがて細胞集団の中に何らかの変異をもった細胞が現れることは不可避である．変異が生存や増殖に不利なものならば，そのような細胞はやがて駆逐される．しかし逆に，変異が生存や増殖に有利なものならば，当該細胞が優先的に増え，やがて細胞集団は当該細胞の集団となる．すなわち，後者の場合には細胞特性の異なる細胞へと変換してしまったことを意味する．こうした現象を回避するには，定期的にクローニングをして，当初の細胞特性を維持しているクローンを選択し続ける必要がある．しかし，一般的にこうした変異がそれほど頻繁に発生するわけではなく，培養期間をなるべく短くする努力により回避可能である．したがって，培養細胞使用の心得は以下である．

①ダラダラと培養を続けることなく，必要最小限な培養に留める．そのような実験計画を立てる．
②近隣の研究者などから安易に細胞を譲り受けるようなことは止め，継代数などをしっかりと管理している細胞バンクから細胞を入手して使用する．

❺ 技術研修～技術の標準化のために～

　細胞を用いた研究が総体として標準化されるためには，細胞材料の標準化のみでなく，培養技術の標準化も必須である．同じ細胞，同じ方法を用いても，技術が未熟ならば実験の再現性を得られない．すなわち，細胞バンクから標準化細胞を入手し，論文に記載されている方法を忠実に踏襲して実施したつもりでも，実施者の技術不足によって他者の実験結果を再現できないということはよくある事態である．同じ機関内において培養技術を習得するのが難しいような状況の場合には，外部機関で実施されている技術研修会などを受講することを推奨する．

　細胞培養に関する技術研修を行っている組織および該当ホームページを以下に紹介する．

- 日本組織培養学会　http://jtca.umin.jp/
- 理化学研究所バイオリソースセンター細胞材料開発室　http://www.brc.riken.jp/lab/cell/
- 理化学研究所発生・再生科学総合研究センター幹細胞研究支援・開発室　http://www.cdb.riken.go.jp/hsct/

● おわりに

　研究者は，市販会社から試薬を購入する際には当該試薬のQuality Check（QC）は製造会社によって万全に行われていると信じている（時として裏切られることもあるが）．細胞材料に関してはどうであろうか．かつては，研究者間で細胞材料を融通し合うことが多かったと思うが，QCが実施されていない細胞材料が研究者コミュニティーに蔓延する原因となったことは間違いない．研究者が，必ずQCを経た細胞材料を細胞バンク機関から入手して使用することで，誤認された細胞を使用する等の問題が解決に向かう．標準化された細胞を使用するということに研究者コミュニティー全体で真摯に取り組むべきときが来ている．さまざまな学術雑誌で，論文受理の条件に細胞材料の品質検証を求め始めたのはその表れであり，遅きに失した感もあるが，そうした慣習がなかった時代に比べれば大きな進歩であると言える．学術雑誌の取り組みということは，論文を査読する研究者自身の問題でもある点を認識し，査読をする際には使用している細胞材料の品質検証にも厳しい目を向けていただきたい．細胞を用いた研究が「科学」としてより洗練されたものとなるためには，研究者コミュニティーの意識改革が必要なのである．

参考文献

1) Young, D. F. et al.：Virology, 365：238-240, 2007
2) Danjoh, I. et al.：Hum. Cell, 22：81-84, 2009
3) Masters, J. R. et al.：Proc. Natl. Acad. Sci. USA, 98：8012-8017, 2001
4) Yoshino, K. et al.：Hum. Cell, 19：43-48, 2006

4章 細胞の標準化

2 マイコプラズマ汚染検査方法

西條 薫

> **特徴**
> ・マイコプラズマの検出には，DNA検出法とPCR法がある
> ・DNA検出法：判定に時間を要するが，検出感度が高い
> ・PCR法：短時間で検出できるが，検出できるマイコプラズマが限られる

実験フローチャート

マイコプラズマの検出
・DNA検出法（260ページ）
・PCR法（265ページ）
→ マイコプラズマの除去（271ページ）
→ マイコプラズマ汚染の予防（271ページ）

● はじめに

マイコプラズマは自己増殖能をもち，直径125〜250 nm，ゲノムサイズ$5〜10 \times 10^8$ Daの最小の微生物と言われている．細胞壁がないため，培養細胞がマイコプラズマに汚染されても培地も濁らず，顕微鏡によって観察できないので，気づかないことが多い．マイコプラズマには非常に多くの種類が存在するが，培養細胞を汚染するマイコプラズマの種類は限られており，以下の6種類が全汚染の96％を占めていると言われている[1]．

M. arginini（自然宿主：ヒト・ヤギ，生息部位：口腔咽頭・尿生殖器）

M. fermentans（自然宿主：ヒト，生息部位：尿生殖器）

M. hominis（自然宿主：ブタ，生息部位：鼻腔）

M. orale（自然宿主：ヒト，生息部位：口腔咽頭）

A. laidlawii（自然宿主：ウシ，生息部位：口腔咽頭・尿生殖器）

M. salivarium（自然宿主：ヒト，生息部位：口腔咽頭）

一方，初代培養細胞のマイコプラズマ汚染は低いことから，**マイコプラズマ汚染は継代培養中に発生している可能性が高く，ウシの血清，ブタ由来のトリプシン，実験者が汚染源の可能性が大きい**[2]．ただし，現在では，ウシ血清，トリプシン等もマイコプラズマ試験を行っているため，それらからマイコプラズマが混入する可能性はきわめて低い．理研細胞バンクに寄託される樹立時期が比較的新しい細胞にもマイコプラズマの汚染が確認されている．それらの汚染源は，ヒト，あるいは同時期に培養していた他の汚染細胞からの感染が考えられる．マイコプラズマ汚染の最大の問題点は，バクテリア等がコンタミネーションした場合と異なり，**感染しても細胞は死滅することなく増殖を続けることであり，培養者も気がつかない場合が多い点**である．理研細胞バンクに寄託される細胞の実に30％近くにマイコプラズ

表1 DNA 検出法・PCR 法の比較

	DNA 検出法	PCR 法
検出できるマイコプラズマの種類	マイコプラズマ以外のDNAを有するものも検出	限定
検体量*	1mL	1μL
検査中のマイコプラズマの増殖	有	無
検査期間	5〜6日	1〜2日
判定のしやすさ	やや難	易
擬陽性	有	ほとんど無

*抗生物質を添加せずに2〜3継代したもの

【DNA 検出法・PCR 法の感度の比較】

		Ⓐ: DNA 検出法	Ⓑ: PCR	Ⓒ (Ⓐの培養上清): PCR
培養上清	原液	+	+	+
	10倍希釈	+	+	+
	100倍希釈	+	+	+
	1,000倍希釈	+	+	+
	10,000倍希釈	+	−	+

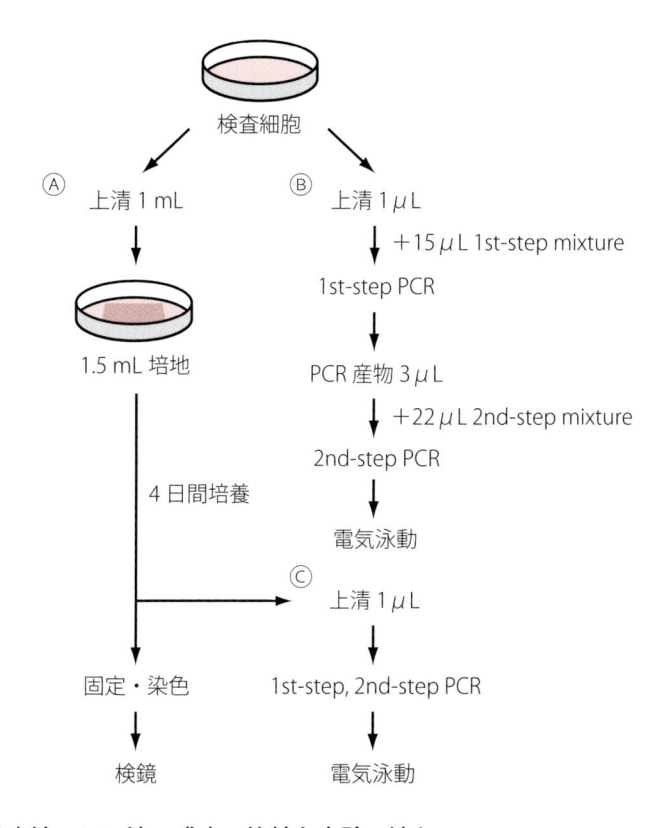

検査細胞

Ⓐ 上清 1 mL → 1.5 mL 培地 → 4日間培養 → 固定・染色 → 検鏡

Ⓑ 上清 1μL → +15μL 1st-step mixture → 1st-step PCR → PCR産物 3μL → +22μL 2nd-step mixture → 2nd-step PCR → 電気泳動

Ⓒ 上清 1μL → 1st-step, 2nd-step PCR → 電気泳動

図1 DNA 検出法，PCR 法の感度の比較と実験の流れ

マ汚染が確認される．

　マイコプラズマに汚染された細胞は，培地の栄養の消費による培養細胞の成長阻害の他，マイコプラズマの直接の作用による代謝経路への影響や，遺伝子発現への影響が確認されている．したがって，細胞を用いた実験には，マイコプラズマに汚染されていないことが重要である．

　現在では，培養細胞のマイコプラズマ汚染を検出するためのさまざまな検査キットが市販されているが，ここでは，キットを利用しないDNA検出法，PCR法について記載する（図1）．それぞれの方法には，長所，短所（表1）があり，正確な判定を得るためには，異なる検出方法を組み合わせて判定することが望ましい．

❶ DNA検出法

　Vero細胞への感染を指標とし，マイコプラズマDNAを蛍光色素によって検出する方法で，Vero細胞を用いてマイコプラズマを増殖させるため感度が高い方法である[3)4)]．判定は，Vero細胞の核以外の微小なDNA蛍光斑点を陽性とするため，**マイコプラズマ以外のDNAおよび検体（培養上清）に含まれる細胞由来のDNAでも陽性，擬陽性と判定される**．最終的な判定を下すためには，検査を繰り返し行う必要があり，時間がかかる．

準備するもの

1）指標細胞（Vero細胞）の播種
- Vero細胞…抗生物質を含まない培地で継代培養
- 培地…MEM＋10％FBS 抗生物質不含
- PBS（－）
- 0.25％トリプシン
- 35 mmディッシュ
- 22×22 mmのカバーガラス…松浪硝子工業，#C022221
  ビーカー等に入れて，必ず乾熱滅菌をしておくこと．オートクレーブによる滅菌では，カバーガラス同士が密着し扱いづらい．
- ピンセット

2）検体
- 培養上清…1 mL以上，4℃で保存
  抗生物質を含まない培地で少なくとも3週間以上継代培養した細胞で，継代後または培地交換後3日以上経った培養上清を検体とする．浮遊細胞の場合は，遠心後（1,000 rpm 3分）の培養上清を検体とする．また，細胞破片などのゴミが多いもの（浮遊細胞など）は，ゴミを除くために0.8 μmフィルターで無菌的に濾過する．すぐに検査を行わない場合は，4℃で保存する．
- 0.8 μmフィルター…日本ポール社，#4608
  細胞破片などのゴミが多いもの（浮遊細胞など）は，ゴミを除くために0.8 μmフィルターで無菌的に濾過する．ただし，メンブレンフィルターに付着しやすいマイコプラズマが微量に汚染している場合は，検査細胞をさらに継代し，2回以上検査を行うこと（図1）．

3）固定・染色

- **固定液**
  メタノール：酢酸 ＝ 3：1（用時調製）

- **希釈固定液**
  PBS（−）：固定液 ＝ 20：1（用時調製）

- **染色原液**
  ヘキスト 33258（American Hoechst, Co. 33217）　　5.0 mg
  PBS（−）　　　　　　　　　　　　　　　　　　　100 mL
  - 室温で30～40分間，スターラーを使ってよく撹拌する．
  - 1回に使う必要量を分注し，アルミホイルで完全に包み，−20℃で保存する．
  - 使用時に染色原液をPBS（−）で100倍に希釈する．

4）検鏡

- **Mounting solution**
  0.1 M クエン酸（2.101g/100 mL）　　　　　　　22.2 mL
  0.2 M Na_2HPO_4・$12H_2O$（7.162g/100 mL）　　27.8 mL
  Glycerol　　　　　　　　　　　　　　　　　　　50 mL
  - pH 5.5に調整，4℃で保存

- スライドガラス…松浪硝子工業，#S011110

- 正立蛍光顕微鏡

プロトコール

▶ 1）指標細胞（Vero細胞）の播種[a]

❶ 滅菌済みの22×22 mmのカバーガラスを35 mmディッシュに無菌的に置く[b]
❷ 培地を1 mL/dish加える[c]
❸ Vero細胞を 1×10^4 cells/0.5 mL になるように調整し，❷に0.5 mLずつ加える
❹ 一晩培養する[d]

[a] Vero細胞は，抗生物質を含まない培地で維持する．陰性対照として検体を加えない（Vero細胞のみ）ディッシュを最低2枚用意する．
[b] スライドチャンバー等を用いてもよい．その際は，検体を入れるときに飛沫による検体同士の混入に十分注意すること．
[c] カバーガラスが浮かないようにする．
[d] 播種後，6時間以上経過し，細胞が接着した状態でもよい．

▶ 2）検体の準備

❺ Vero細胞の状態を確認し，検体を1 mL加える
❻ 5～7日間培養する

▶ 3）固定・染色[e]

❼ 染色原液をPBS（−）で100倍に希釈し，アルミホイルで包んで30分スターラーで撹拌する[f]
❽ Vero細胞の培地を除く[g]
❾ 希釈固定液を2 mL加え，約1分固定し，液を捨てる
❿ 固定液を1 mL加え，1分固定し，液を捨てる[h]
⓫ 固定液を1 mL加え，10分固定し，液を捨てる
⓬ 10分以上乾燥する

[e] 無菌操作は不要．
[f] ヘキスト33258は，蛍光色素であり退色を避けるためにアルミホイルで包む．
[g] 培地を除く際に細胞を傷つけないようにする．
[h] 手順❾（希釈固定液），手順❿（1分間固定）と2回に分けるのは，固定液による細胞の脱水を徐々に行うため．細胞が急速に脱水されると核が壊れ，判定しづらくなる．

⓭ 染色液を2 mL加え，30分おく
⓮ 超純水で5回洗浄する
⓯ カバーガラスを割らないようにピンセットで外し⍰，ディッシュにたてかけ風乾する（図2）

ⓘ 乾燥してしまうと外すのが困難となる．

⓰ スライドガラスにMounting solutionを1滴たらし，この上に細胞面を下にしてカバーガラスをのせる

▶ 4）検鏡⍰

⓱ 蛍光顕微鏡を用い，UVまたはblueの励起光にて，Vero細胞以外のDNA蛍光斑点を丹念に観察する．接眼レンズを10倍，対物レンズを40倍にして，カバーガラス上に播種された細胞全体を観察する（図3）ⓚ

ⓙ 超純水での洗浄が不十分だと，検鏡の際，細胞質のバックグラウンドが高くなるときがある．その場合は，暗所に置き，翌日，検鏡する．

ⓚ 陽性：微小蛍光斑点が全視野に確認される場合，または，レース状の蛍光斑点が確認される場合
擬陽性：微小蛍光斑点が部分的に確認される場合
陰性：微小蛍光斑点がない場合

▶ 5）最終判定

⓲ 検査細胞を継代し，もう一度蛍光斑点の観察を行う⍰

ⓛ **重要** 検体細胞およびVero細胞由来のDNA等も蛍光斑点となり観察されるため，一度の検査ではなく，検査細胞をさらに継代し，2回以上検査を行い，判定する．

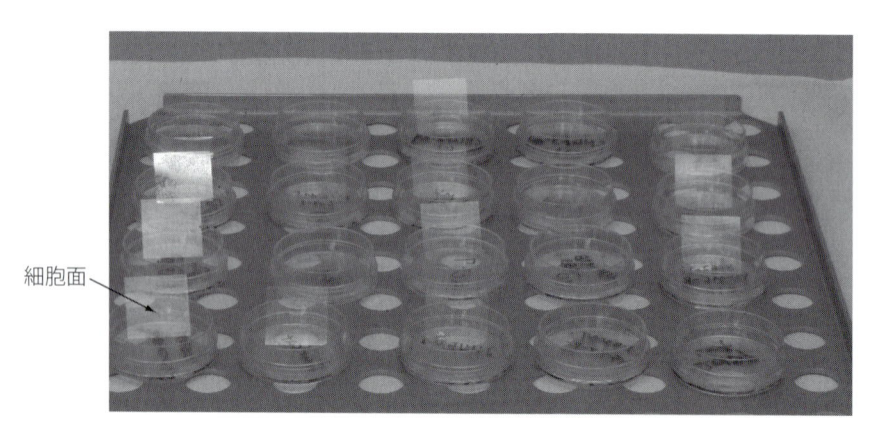

図2 DNA検出法（染色後の風乾）

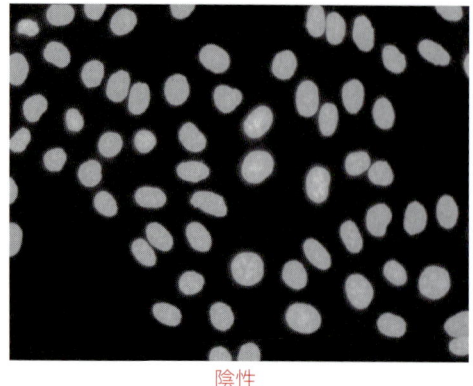

図3 DNA染色の結果の例

陰性
（Vero細胞の核以外に蛍光斑点はみられない）

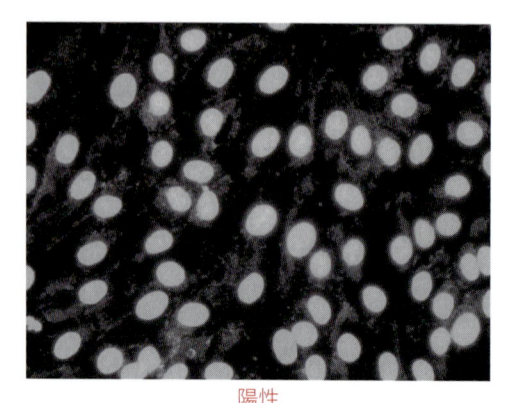

陽性
（Vero細胞の核以外に蛍光斑点がみられる）

トラブルシューティング DNA検出法

⚠ 陰性対照のVero細胞が汚い

原因
1. Vero細胞の状態が悪い．
2. Vero細胞がコンタミネーションしている．
3. Vero細胞が多すぎる．

原因の究明と対処法

指標細胞（Vero細胞）は，培養状態が良好なものを用い，トリプシン処理等にも細心の注意を払う．また，Vero細胞が多すぎると固定・染色までの間に細胞の状態が悪くなる．検体を加える前にVero細胞の状態を観察し，浮いている細胞が多い場合や1カ所に集中して付着している場合は使用しない．陰性対照のVero細胞が汚い場合は，正しく判定できない場合もあるので，すべての検体に対して，再度検査を行う．

⚠ 観察時にVero細胞が多すぎる

原因
1. 播種細胞数を間違えた．
2. 検体の培地に増殖因子が入っている．

原因の究明と対処法

Vero細胞が多すぎると細胞質が十分に広がらず，蛍光斑点が観察しにくくなる．検体の培地に増殖因子が入っている場合は，検体を2倍希釈する．または，Vero細胞に通常どおり検体を加え，3〜4日培養し，その上清を検体とする．

⚠ 観察時にVero細胞が存在しない，少なすぎる

原因
1. 播種細胞数を間違えた．
2. 検体の培地に成長を阻害する因子が入っている．

原因の究明と対処法

Vero細胞が少なすぎると細胞上に蛍光斑点がみられず判定しにくくなる．検体の培地に成長を阻害する因子が入っている場合は，検体を2倍希釈する．または，Vero細胞に通常どおり検体を加え，3〜4日培養し，その上清を検体として，再度検査（阻害因子の希釈，検査期間の延長）を行う．

⚠ Vero細胞以外の細胞が混入している

原因
1. 接着が弱い細胞で，検体回収時にその細胞が入ってしまった．
2. 浮遊細胞の検体回収時の遠心で細胞が十分に落ちていない．

原因の究明と対処法

接着が弱い付着細胞は培養上清を遠心するか，0.8 μmフィルターで濾過したものを検体とする．浮遊細胞の場合は，細胞が小さいと1,000 rpm 3分の遠心では，細胞が落ち切らないこともあるので，0.8 μmフィルターで濾過したものを検体とする．

⚠ 微小蛍光斑点とマイコプラズマが見分けにくい

原因 ❶検体細胞がコンタミネーションしている．
❷検体に細胞破片などのゴミが多い．

> **原因の究明と対処法**
>
> 検体細胞にマイコプラズマ以外の微生物がコンタミネーションしていた場合も微小蛍光斑点が観察される．検体を回収する前に細胞を検鏡し確認する．また，検査後の検体細胞のコンタミネーションの有無も確認する．細胞破片等と思われる場合は，次回の検査時に0.8μmフィルターで濾過したものと，濾過しないものの2検体を準備する．

⚠ Vero細胞が崩れている

原因 ❶Vero細胞の固定時にピペットで傷をつけた．
❷カバーガラスをスライドガラスにのせるときに傷をつけた．
❸固定がうまくいっていない．

> **原因の究明と対処法**
>
> Vero細胞の培養面は，できるだけ傷をつけないようにする．希釈固定液の処理を行わないで固定液を加えると細胞が急速に脱水され崩れる．

⚠ Vero細胞の細胞質が光る（バックグラウンドが高い）

原因 染色後の超純水の洗浄が不十分．

> **原因の究明と対処法**
>
> 染色後の洗浄は十分行うこと．細胞質が光っている場合は，一晩暗所に置くことにより，改善される．一晩暗所に置くと，細胞質の蛍光が退色し，判定しやすくなる．

⚠ ヘキストが光らない

原因 ❶染色原液の保存が悪い．
❷染色原液の凍結融解を繰り返した．
❸蛍光顕微鏡の設定（励起光の確認）が悪い．
❹染色後の検体を暗所に保管していない．

> **原因の究明と対処法**
>
> ヘキストの染色原液は，1回分ずつ分注し，必ず遮光，−20℃で保存し，凍結融解を繰り返さないようにする．検鏡は，UVまたはblueの励起光で行う．染色後，ただちに検鏡しない場合は，アルミホイル等をかけ，暗所で保管する．

⚠ 細胞がぼやける

原因 ❶Vero細胞がカバーガラスの両面に増殖している．
❷カバーガラスを逆さまにのせた．

> 原因の究明と対処法

カバーガラスを35 mmディッシュに置いた後，培地を加えたときにピペット等で軽く押し付けて，カバーガラスが浮かないようにする．スライドガラスにカバーガラスをのせる際は，細胞面を下にする．

⚠ 擬陽性が続き，判定が確定できない

原因
❶ 抗生物質を加えてしまった．
❷ 検体の細胞の状態が悪い．
❸ 検体の培地に成長を阻害する因子が入っている．
❹ 検体に細胞破片等が多い．

> 原因の究明と対処法

- Vero細胞，検体は，必ず抗生物質が入っていない状態で培養し，継代，培地交換後3～4日後の培養上清を用いること．カナマイシン，ゲンタマイシンは，マイコプラズマの増殖を阻害する．
- 検体細胞の状態が悪い場合，検体の培地に成長を阻害する因子が入っている場合は，Vero細胞に通常どおり検体を加え，3～4日培養し，その上清を検体として，再度検査（阻害因子の希釈，検査期間の延長）を行う．
- 他の検査法（PCR）等により検査を行う．

② PCRによる検出法

マイコプラズマの16S-23S rRNAのスペーサー領域に共通する塩基配列を標的としたプライマーを用いて，Nested-PCR法によって検出する方法である[5]．Nested-PCR法は，最初のPCR増幅領域の内側にプライマーを設定し，1回目のPCR産物を鋳型にして，2回目のPCRを行う方法である（図4）．**短時間で検出することができるが，すべてのマイコプラズマを検出できるわけではない**という問題点がある（表2）．

準備するもの

1）検体

- 培養上清…1 mL以上
- 陽性対照…マイコプラズマ汚染細胞の上清とマイコプラズマゲノムDNAの2通り
    - マイコプラズマ汚染細胞の上清は，長期保存は，500 μLずつ分注し，-80℃で保存する．融解後は，4℃で保存する．
    - マイコプラズマゲノムDNAは，超純水で10 pg/μLに調製する．
- 陰性対照…PCRサンプルの希釈に用いた超純水

2）1st-step，2nd-step PCR

- AmpliTaq DNA polymerase…ライフテクノロジーズ社，#N8080167
  PCR用のDNAポリメラーゼであれば他でも可．
- 10×PCR Buffer II…AmpliTaqに付属
- 25 mM MgCl$_2$…AmpliTaqに付属
- 10×dNTP Mix（2 mM each）…Idaho Technology社，#1774など

1st-step 用プライマー

MCGpF11
　5′-ACACCATGGGAG(C/T)TGGTAAT-3′
R23-1R
　5′-CTCCTAGTGCCAAG(C/G)CAT(C/T)C-3′

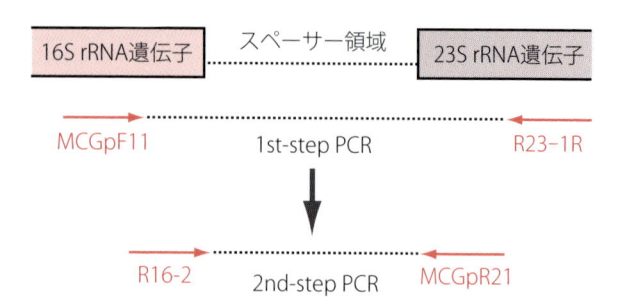

2nd-step 用プライマー

R16-2
　5′-GTG(C/G)GG(A/C)TGGATCACCTCCT-3′
MCGpR21
　5′-GCATCCACCA(A/T)A(A/T)AC(C/T)CTT-3′

図4　プライマーの塩基配列（左）とNested-PCR法の模式図（右）
文献5を参考に作成

表2　PCR法で検出可能なマイコプラズマ

Mycoplasma species	2nd-step PCR 産物（bp）
M. pirum	323
M. fermentans	365
M. orale	290
M. arginini	236
M. hominis	236
M. genitalium *	252
M. hyorhinis	315
M. pneumoniae *	280
M. salivarium *	269
A. laidlawii *	223, 430

＊ 理研細胞バンクでは未確認

- PCRプライマー4種（図4）
- TE Buffer…10 mM Tris-HCl（pH 8.0），1 mM EDTA（pH 8.0）
- 0.5 mL PCR tube…SSI社, #3320-00 など

3）電気泳動

- 2％アガロース
- TAE Buffer…0.04 M Tris, 0.04 M 氷酢酸, 0.5 M EDTA（pH 8.0）
- 10×Loading Buffer…タカラバイオ社，#9157 など
- DNAサイズマーカー…EZLoad Molecular Ladder 100 bp（バイオ・ラッド社，#170-8202）など
- 10 mg/mL エチジウムブロマイド溶液
　10 mg/mL エチジウムブロマイド5 μLをTAE Buffer 100 mLに加える．

プロトコル

▶ 1) 1st-step PCR mixtureの調製[a]

❶ 1st-stepプライマー，10×PCR BufferⅡ，25 mM MgCl₂，10×dNTP Mixをまず混合，撹拌し，軽く遠心後，下記のように1st-step PCR mixtureを1サンプル分余分に調製する

【1st-step PCR mixture】

超純水	7.68 μL
10×PCR BufferⅡ	2.5 μL
25 mM MgCl₂	2 μL
10×dNTP（2 mM each）	2.5 μL
1st-step primer（sense）	0.1 μL
1st-step primer（anti-sense）	0.1 μL
AmpliTaq DNA polymerase	0.125 μL
Total	15 μL

❷ 0.5 mL PCRチューブに❶で調製した1st-step PCR mixtureを15 μLずつ分注する

▶ 2) 検体の準備[b][c]

❸ 1.5 mLチューブに超純水を450 μLずつ分注し，検体および陽性対照（培養上清）[d]をそれぞれ50 μLずつ加え，撹拌後，軽く遠心する

❹ 陰性対照1[e]は，❷のPCRチューブに超純水10 μLを加える

❺ 検体および陽性対照（❸の培養上清）[f]は，❷のPCRチューブに10 μLずつ加える

❻ 陽性対照（ゲノムDNA）[f]は，マイコプラズマゲノムDNA 1 μLと超純水9 μLを❷のPCRチューブに加える

❼ 陰性対照2[e]として，❷のPCRチューブに超純水10 μLを加える

❽ ❹～❼それぞれを撹拌後，軽く遠心する

[a] クリーンベンチ内で手袋をして作業する．

[b] クリーンベンチ内で手袋をして作業する．
[c] 抗生物質を含まない培地で少なくとも3週間以上継代培養した細胞で，継代後または培地交換後3日以上経った培養上清を検体とする．すぐに検査を行わない場合は4℃で保存する．
[d] 以前の検査で陽性となった細胞の培養上清を用い，検査の有効性の確認を行う．
[e] 重要 検体の調製の最初（❹）と最後（❼）に陰性対照の調製を行い，試薬・器具等が汚染されていないことの確認を行う．
[f] 培養上清とゲノムDNAの2つを陽性対照とするのは，1) ゲノムDNA：マイコプラズマが検出できる（プライマー，PCRの条件が正しい），2) 培養上清：検体と同じ条件（DNA抽出をしていない）でも検出できる，の2点を確認するため．ただし，入手困難であれば，ゲノムDNAのみでもよい．

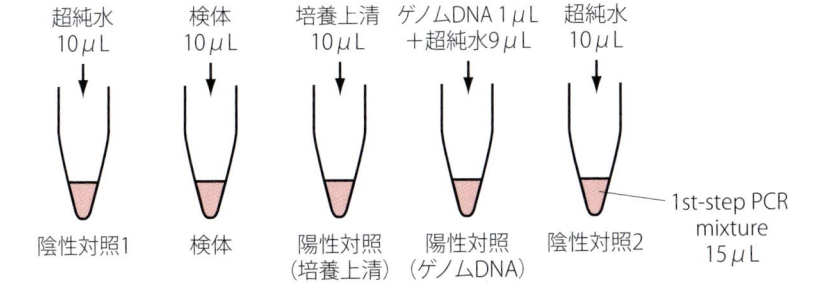

図5　陰性対照，検体，陽性対照の調製順
左から順に調製する

（超純水10 μL → 陰性対照1／検体10 μL → 検体／培養上清10 μL → 陽性対照（培養上清）／ゲノムDNA 1 μL＋超純水9 μL → 陽性対照（ゲノムDNA）／超純水10 μL → 陰性対照2／1st-step PCR mixture 15 μL）

▶ 3) 1st-step PCR

❾ サーマルサイクラーに❽のチューブをセットし，以下のプログラムを実行する

【PCR program】

Stage1：95℃ 30秒（1サイクル）

Stage2：95℃ 50秒 → 55℃ 1分 → 72℃ 2分（30サイクル）

Stage3：72℃ 5分 （1サイクル）

Stage4：4℃（保存）

❿ Stage4で温度が4℃まで下がったことを確認してチューブを取り出す

▶ 4) 2nd-step PCR mixtureの調製[g]

⓫ 2nd-stepプライマー，10×PCR Buffer Ⅱ，25 mM MgCl$_2$，10×dNTP Mixをまず混合，撹拌し，軽く遠心後，下記のように2nd-step PCR mixtureを1サンプル分余分に調製する

【2nd-step PCR mixture】

超純水	14.68 μL
10×PCR Buffer Ⅱ	2.5 μL
25 mM MgCl$_2$	2 μL
10×dNTP（2 mM each）	2.5 μL
2nd-step primer（sense）	0.1 μL
2nd-step primer（anti-sense）	0.1 μL
AmpliTaq DNA polymerase	0.125 μL
Total	22 μL

⓬ 0.5 mL PCRチューブに⓫で調製した2nd-step PCR mixtureを22 μLずつ分注する

▶ 5) 検体（1回目 PCR 産物）

⓭ ⓬のチューブに1st-step PCR産物を3 μLずつ加える[h]．加える順番は，❹～❼の順とする[i]

⓮ 撹拌後，軽く遠心する

▶ 6) 2nd-step PCR

⓯ サーマルサイクラーに⓮のチューブをセットし，1st-step PCRと同じプログラムを実行する

⓰ 温度が4℃まで下がったことを確認してチューブを取り出す

[g] クリーンベンチ内で手袋をして作業する．

[h] 2nd-stepの検体（1st-step PCR産物）量（3 μL）を，1st-stepの検体量（10 μL）と比べて減らしているのは，非特異的なPCR産物の生成を回避するため．

[i] **重要** 検体の調製の最初（❹）と最後（❼）に陰性対照の調製を行い，試薬・器具等が汚染されていないことの確認を行う．

▶ 7) 電気泳動

❶ 2nd-step PCR 産物に 10 × Loading Buffer を 3 μL ずつ加え，撹拌後，軽く遠心する

❷ 泳動槽に TAE Buffer を入れ，2％アガロースゲルをセットする

❸ DNA サイズマーカー 2 μL をアガロースゲルにアプライする

❹ 2nd-step PCR サンプルを 10 μL ずつアプライする

❺ 100V で，マーカーがゲルの3分の2の位置に達するまで泳動する（約25分）

❻ 泳動したゲルを，エチジウムブロマイド⃝ʲ 溶液中で30分間染色する

ʲ 変異原性があるので，取り扱いには注意すること．

❼ ゲルを3分間，水洗する

❽ トランスイルミネーター上でバンドの有無を観察後，写真撮影を行う

▶ 8) 判定

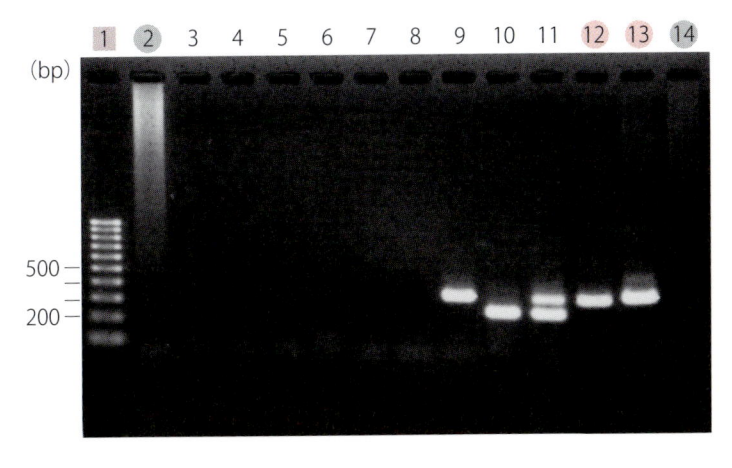

❾ 陰性対照1，陰性対照2にバンドがないこと，陽性対照（培養上清），陽性対照（ゲノムDNA）において，200～450 bp の PCR 産物（バンド）があることを確認する⃝ᵏ

ᵏ 検体のレーンの 200～450 bp にバンドがあれば，陽性である（図6）．

図6　PCR法の結果の例

1 マーカー
2 陰性対照1
3 Sample 1（陰性）
4 Sample 2（陰性）
5 Sample 3（陰性）
6 Sample 4（陰性）
7 Sample 5（陰性）
8 Sample 6（陰性）
9 Sample 7（陽性）
10 Sample 8（陽性）
11 Sample 9（陽性）
12 陽性対照
13 陽性対照（M. pirum）
14 陰性対照2

PCRによる検出法 トラブルシューティング

⚠ サンプル（培養上清）に沈殿がある

原因 ❶検体がマイコプラズマ以外にもコンタミネーションしている．
❷細胞が混入している．

原因の究明と対処法
軽く遠心をし，上清を回収し検体とする．

⚠ 陰性対照にバンドが出た，全サンプルに同じバンドが出た

原因 ❶サンプル調製時におけるコンタミネーション．
❷試薬のコンタミネーション．
❸ピペッターの汚染．

原因の究明と対処法
操作者からのマイコプラズマの混入を防ぐために，操作はクリーンベンチ内で手袋をして行う．また，ピペッターからの汚染を防ぐため，フィルター付きのチップを使い，できれば，1st-step mixture，2nd-step mixture調製のピペッターと検体調製用のピペッターを分けた方がよい．

⚠ 陽性対照にバンドが出ない

原因 ❶陽性対照の失活．
❷Taqの失活．
❸プライマーの分解．
❹1st・2ndのプライマーを入れ間違えた．
❺電極の＋－を逆に泳動した．
❻泳動時に流し切った．

原因の究明と対処法
原因のどれにあたるかを検討，対応する．

⚠ バンドがスメアーになった

原因 1回目のPCRの量が多すぎた．

原因の究明と対処法
1回目のPCR産物の量を間違えないようにする．

⚠ 電気泳動でマーカーも含めて全バンドが乱れる

原因 ❶ゲルが完全に固まっていない．
❷ゲルの濃度が適切でない．

原因の究明と対処法

原因のどれにあたるかを検討, 対応する.

3 マイコプラズマの除去

マイコプラズマに汚染された細胞からマイコプラズマを除去することは可能な場合もあるが, 除去できたことの確認に時間がかかること, 除去できない場合があること, 他の細胞へ汚染する可能性が高いことなどを考慮すると, 細胞バンク等から再入手可能な細胞の場合は, マイコプラズマ汚染のない細胞を再入手した方がよい.

ここでは, 市販の除去試薬を用いた除去の一例を紹介する.

準備するもの

- マイコプラズマに汚染された細胞
- 除去試薬…MC-210 (DSファーマバイオメディカル社, #81101-2)
  MC-210は細菌類のDNAジャイレース (細菌のDNAの複製に欠かせない酵素) の阻害剤で, 真核生物の同様な酵素 (DNAトポイソメラーゼⅡ) は阻害しない.
- 継代培養に必要な試薬, 器具

プロトコール

❶ 継代培養時の培地にMC-210を0.5μg/mLになるように添加する

❷ 必要であれば, 継代培養, 培地交換をしながら1週間培養する[a]. その際は, MC-210を0.5μg/mLになるように添加する

❸ 1週間後, MC-210を除き[b], 2〜3回継代を行い, マイコプラズマ検査を行い, 汚染の有無を確認する[c]. MC-210を除いて1週間以上経過した時点で凍結しておく

❹ 1カ月ごとにマイコプラズマ検査を行い, 3カ月まで陰性であれば, 一応, 除去できたとする

[a] 細胞に余裕があれば, MC-210を1週間処理用, 2週間処理用を準備してもよい. また, 細胞の増殖がよく, 処理後1週間で継代ができれば, 一部は, MC-210を除いて培養し, 一部は, MC-210をさらに1週間処理をしてもよい. MC-210を加えての培養は2週間程度とする. 長期間の添加は, 細胞に染色体異常を引き起こすなどの影響が出る場合がある.

[b] マイコプラズマが除去できない場合は, 他の細胞への汚染の可能性もあるので, 早期に廃棄する.

[c] MC-210に耐性のマイコプラズマが残存している可能性がある.

4 マイコプラズマ汚染の予防

細胞をマイコプラズマの汚染から守るためには, マイコプラズマの性質を知ること, 細胞の汚染の有無を確認することが重要である. 以下の点は十分認識しておきたい.

- マイコプラズマは0.22μmのフィルターを通過する
- マイコプラズマはある程度の乾燥にも耐えうる
- 培養者が汚染源になりうる (ヒトの口腔内に潜んでいる)

ONE POINT　汚染を予防するためのポイント

1) 培養前，培養後に，安全キャビネット内と前面のガラスの内側，外側をアルコール綿で拭き取る．前面ガラスは，培養者の口腔内のマイコプラズマにより汚染されている可能性があり，前面ガラスは，ガラス面の上下のために頻繁に触れる場所である．
2) 非汚染細胞から培養をする．培養している細胞について，微生物を含めた汚染の状況を把握し，非汚染細胞，未検査細胞，汚染細胞の順に培養する．
3) 培地は，細胞ごとに準備し，他の細胞と共有しない．
4) 共有試薬等を使用する場合は，同じピペットで何回も取らず，一度のみとする（汚染細胞に加えたときに飛沫がピペットに付着する）．
5) 培地の除去に吸引は使わない．培地等の廃棄は，ベンチ内のビーカー等に回収する．
6) 培養操作時に培地等をこぼした場合は，ただちに拭き取る．汚染培地は，アルコール綿で拭き取り，手指の消毒のためのオスバンガーゼでは拭き取らない．
7) インキュベーターに培養容器を入れる際は，側面，底面（指が触ったところ）をオスバンガーゼ，アルコール綿で拭いてから入れる．
8) インキュベーターの棚も同様に拭いてから入れる．
9) インキュベーター内は，上から非汚染細胞，未検査細胞，汚染細胞の順にすると誤って培地等をこぼした場合に汚染を防ぐことができる．

　培地，試薬の調製の際に，何らかの要因（おしゃべり，くしゃみ，せき等）でマイコプラズマが混入した場合，$0.22\mu m$のフィルターではマイコプラズマは除去されず，培地が汚染源となる．

　クリーンベンチ，安全キャビネット内で，汚染細胞の培地をこぼした後，アルコール綿ですぐに拭き取らないと，培地は乾燥してもマイコプラズマが生きている場合があり，培養者の指等に付着し，汚染が広がる．また，汚染細胞の培地を吸引した後，吸引チューブをそのままにしておくと，そこから汚染が広がる可能性がある．

　上記の3点に注意して細胞の培養をするだけでも汚染の可能性を軽減できる．実際，筆者は，20年以上，汚染細胞と非汚染細胞を同じ安全キャビネット，インキュベーターで培養しているが，非汚染細胞へマイコプラズマを汚染させた事例はない．

　古い文献ではあるが，マイコプラズマの汚染経路についての文献[6]を参照することをすすめる．

参考文献

1) 小原有弘，他：組織培養研究，26：159-163，2007
2) 山本孝史：マイコプラズマとその実験法（尾形　学/監），pp309-313，近代出版，1988
3) Yoshida, T. et al.：Bull. Jap. Fed. Culture Collections, 4：9-15, 1988
4) Yoshida, T. et al.：IFO Res. Comm., 13：52-58, 1987
5) Harasawa, R. et al.：Res. Microbiol., 144：489-493, 1993
6) McGarrity, G. J.：In Vitro., 12：643-648, 1976
7) 『細胞培養なるほどQ&A』（許　南浩/編），羊土社，2004
8) 『改訂培養細胞実験ハンドブック』（黒木登志夫/監，許　南浩，中村幸夫/編），羊土社，2009

4章 細胞の標準化

3 細胞誤認検査方法
―ヒト細胞，マウス細胞

吉野佳織，中村幸夫

特徴

【ヒト細胞の個別識別検査】
・4塩基配列の繰り返し回数を検出する遺伝子多型解析
・世界の細胞バンク共通で使用されている

【マウス細胞の系統識別検査】
・マイクロサテライトの多型検出検査
・系統情報を得ることができる
・細胞の取り違えが判明することもある

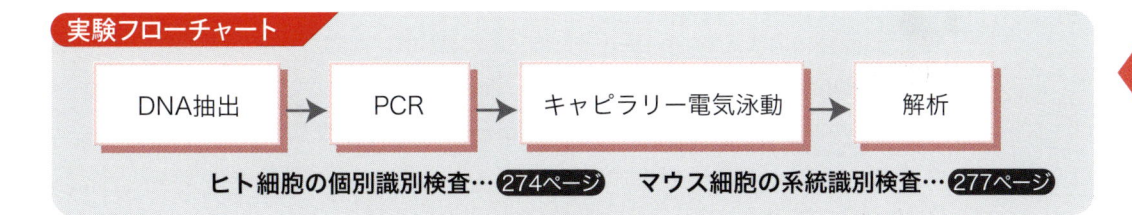

実験フローチャート

DNA抽出 → PCR → キャピラリー電気泳動 → 解析

ヒト細胞の個別識別検査…274ページ　　マウス細胞の系統識別検査…277ページ

●はじめに

　4章-1で紹介しているように，自分が使用している細胞を誤認していないかどうかは常に気を使うべき事象である．特に，実験結果をまとめて論文発表などをする際には，再確認が必要となる場合がある．事実，いくつかの学術雑誌（Cancer Research等）では，論文の投稿時に細胞誤認等をしっかりと検証していることを要求し始めた．本節で紹介するヒト細胞の誤認検査（識別検査）は，最近では，iPS細胞を樹立した際に，樹立したiPS細胞株が真にオリジナルの細胞由来であるか否かの検証にも利用されている．特に，疾患特異的iPS細胞に関しては，真に該当疾患者由来の細胞であることがきわめて重要であり，当該検査は必須とも言える．

　検査の基本原理は，**マイクロサテライトの遺伝子多型**〔実際には，**short tandem repeat (STR)** の繰り返し数の多型〕を利用したものである．1カ所のバリエーション（アリル種類）が5～6種類あるようなマイクロサテライト領域を複数組み合わせることで，人間（細胞）を識別できる．8カ所のマイクロサテライト遺伝子多型を組み合わせることで，世界に現存するすべてのヒト細胞株を確実に識別可能である．

　マウス細胞に関しては近交系マウス由来の細胞株が多く，同じ近交系マウス由来の細胞同士を識別することは不可能ではあるが，系統間での誤認（系統に関する誤認）がないかどうかを検証する方法を紹介する．

1 ヒト細胞の個別識別検査

　4塩基のshort tandem repeat（例：AGAT AGAT AGAT…）で繰り返し回数に多型性があるものを用いる．実際に解析すると1つのローカスで父方由来と母方由来の2つのピークが出る．専用のキットを使用し，プレミックスのプライマーを用いて9つのマーカー（8つのSTRマーカーと1つの性識別マーカー）を1チューブでPCRすることができる．

　理研細胞バンクではすべてのヒト細胞株（培養を行わない細胞を除く）についてSTR検査済みのものを提供している[1]．STRの検査キットとしてPowerPlex1.2が世界の細胞バンク共通で使用されている．今後は16ローカスのキットに移行する予定である．データはDSMZのサイト（http://www.dsmz.de/）等で既存の細胞と比較することができる．論文でも使用した細胞のSTR検査結果が必要とされてきている．

　理研細胞バンクでも当方で購入した細胞に限り，受託検査を始めた．

準備するもの

- ヒト細胞…およそ6 cm dish 1枚分（2×10^6個）程度
- DNA抽出キット…DNeasy Blood & Tissue Kit（キアゲン社）など
- STR Typingキット…PowerPlex 1.2 System（プロメガ社）
- AmpliTaq Gold DNA polymerase…ライフテクノロジーズ社
- Hi-Di formamide…ライフテクノロジーズ社
  ホルムアミドは高品質のものを使用する．少量ずつ凍結保存し，劣化に注意する．
- サーマルサイクラー…96-well GeneAmp PCR system 9700（ライフテクノロジーズ社）など
  STR Typingキットのプロトコールに掲載されている機種のうちどれかを使う．
- ジェネティックアナライザ…ABI PRISM 310 Genetic Analyzer（ライフテクノロジーズ社）など
- 解析ソフトウェア…下記プロトコール参照

プロトコール

❶ 細胞からゲノムDNAを抽出し，濃度を測定する[a]

❷ 以下のPCR反応溶液を調製する[b]

10 × Buffer（キット添付）	2.5 μL
10 × Primer Pair Mix（キット添付）	2.5 μL
AmpliTap Gold DNA polymerase	0.45 μL（2.25U）
ゲノムDNA	1 ng

脱イオン水で25.0 μLにフィルアップ

[a] **重要** ゲノムDNAが溶けにくい場合があるので濃度測定，希釈の際は十分に撹拌する．

[b] ごく微量のコンタミネーションでも検出されてしまうので，手袋を頻繁に交換したり，エアロゾルバリアーチップを使用するなど十分に注意する．ネガティブコントロール（テンプレートなし）のサンプルも用意する．

❸以下の反応条件でPCRを行う[c][d]

Ramp Speed：9600

95℃　　11分

96℃　　1分

↓

ramp	100%	94℃	30秒	
ramp	29%	60℃	30秒	10サイクル
ramp	23%	70℃	45秒	

↓

ramp	100%	90℃[e]	30秒	
ramp	29%	60℃	30秒	20サイクル
ramp	23%	70℃	45秒	

↓

60℃　　30分

4℃　　保存

❹以下の組成の泳動サンプルを調製する．アレリックラダーサンプルも同様に調製する[f]

（1サンプルあたりの液量）

Hi-Di formamide	24.5μL
内部サイズスタンダードCXR（キット添付）	0.5μL
PCR増幅サンプル	1.0μL

❺サンプルを95℃で3分間加熱後，氷上で3分間冷却する

❻ABI PRISM 310 Genetic Analyzerにてキャピラリー電気泳動を行う[g]

❼PowerTyper 1.2 Macroソフトウェア（プロメガ社）にて解析を行う[h][i][j][k]

❽判定を行う

[c] サーマルサイクラーは，96-well GeneAmp PCR system 9700を使用．機種により設定が多少異なる．プロメガ社のプロトコールでは9600，2400，Model480が使用可．

[d] PCR増幅後のサンプルをすぐに使用しない場合は，遮光し凍結保存する．

[e] PCRにおけるdenature（二本鎖DNAを一本鎖DNAにするステップ）の温度には94℃が用いられることが多いが，短いPCR産物（二本鎖DNA断片）がある程度増幅された後には，短い二本鎖DNA断片のdenatureは90℃程度でも起こるので，必ずしも94℃まで上昇させる必要はない．そして，denatureの温度を下げることは，DNAポリメラーゼの活性を維持することやPCR増幅全体にかかる時間を短縮できるなどのメリットがある．

[f] 重要 アレリックラダーのピーク位置をもとにサンプルのピーク位置が決定されるので毎回必ず泳動する．泳動中に微妙な条件の変化があるとピーク位置が変動する可能性があるので，アレリックラダーサンプルは10サンプルにつき1個程度泳動しておき，解析がうまくいかない場合は一番はじめ以外のアレリックラダーサンプルを外して解析してみる．

[g] 使用する機器ごとにマトリクススタンダードをあらかじめ作成しておく必要がある（キットのマニュアル参照）．

[h] PowerTyper 1.2 Macroソフトウェアを使用するにはGeneScan，GenoTyper（ともにライフテクノロジーズ社）も必要．GeneMapperID（ライフテクノロジーズ社）単独でも解析できる．

[i] 各サンプルのILS（内部サイズスタンダード）のピークが正しくサイジングされているかをまず確認する．解析結果例を表1，図1に示した．

[j] シグナルの強さは各色の一番高いピークで300〜2,000 rfu程度になるようDNA量や泳動時のインジェクション時間を調整している．

[k] 4塩基の繰り返しにあてはまらない長さの場合もある．このソフトウェアの場合，OL（off-ladder）alleleとして検出される．

○DSMZの解析ページにデータを入力すると，さまざまな細胞バンクにある他の細胞株のデータと類似性を比較することができる．
http://www.dsmz.de/human_and_animal_cell_lines/main.php?contentleft_id=101

表1　データの例

ローカス	D5S818	D13S317	D7S820	D16S539	vWA	TH01	AM	TPOX	CSF1PO
データ	11,12	12, OL allele	8,17	9,10	16,18	7,7	X, X	8,12	9,10

各ローカスの数字は，繰り返し数を意味する．例えば，D5S818ローカスでは繰り返し数が11回と12回のピークが観察できたという意味である．それぞれのピークが父親および母親に由来する．D13S317ローカスでは，12回の繰り返しピークとOL（off-ladder）alleleが観察されているが，OL alleleは生データ（図1参照）を観ることで例えば14回繰り返しと15回繰り返しの間に存在するピークなどとして確認ができる．

※Amelogenin（AM）はX特異的なピークとY特異的なピークが出るため性識別マーカーとして使用している

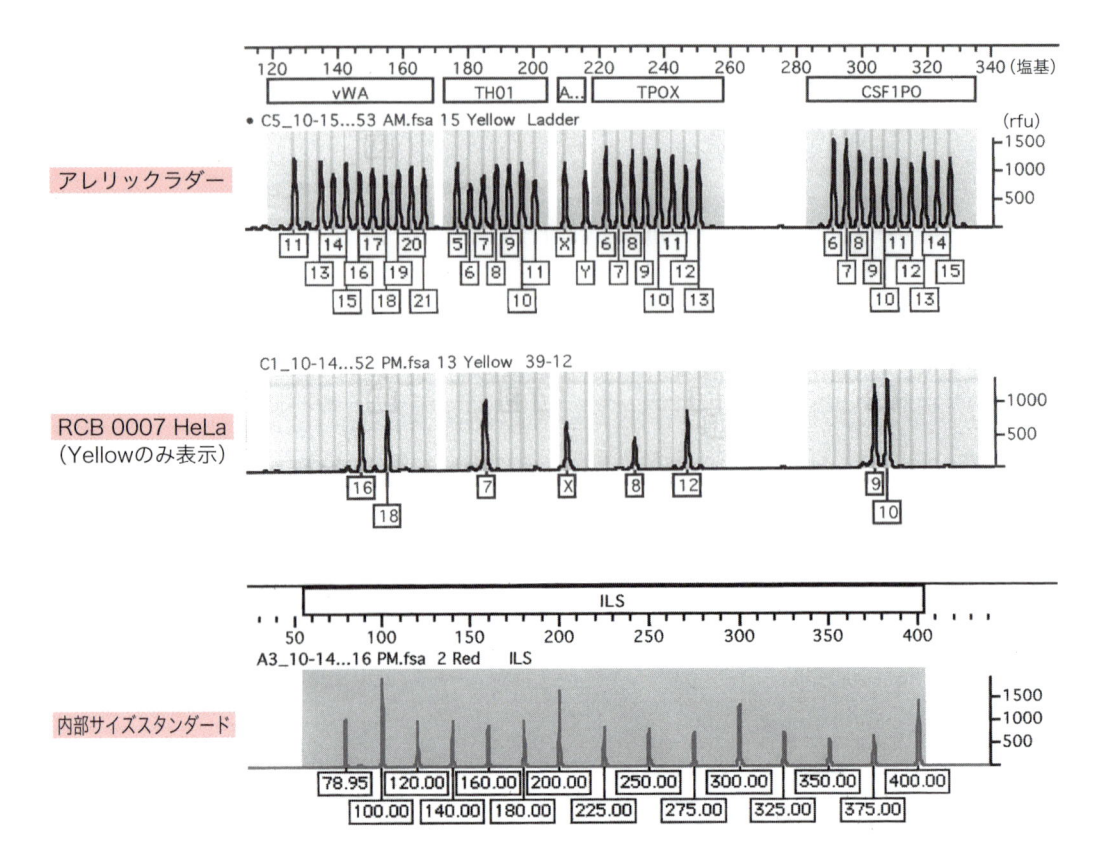

図1　STR-PCR解析結果（エレクトロフェログラム）

まずは内部サイズスタンダードが正しく検出できているかどうかを確認する．次に，アレリックラダー〔上段：各ローカスにおいて検出される可能性がある全allele（全繰り返し数パターン）を含んでいる〕のデータと，被検細胞のデータ（中段がHeLa細胞の一例）のピーク（繰り返し数）を比較し，被検細胞の各ローカスにおける繰り返し数パターンを決定する．父親由来と母親由来のallele（繰り返し数）が異なれば2本のピークが，同じならば1本のみのピークが確認できる．例えば，TH01ローカスでは1本のみのピークが確認できる（7回繰り返し）．細胞誤認検出の具体的な解析方法としては，2種類の細胞間でこの繰り返し数パターンを比較し，全ローカスで100％一致していれば，それは同じ細胞である（または同じヒト由来の細胞である）と断言して間違いない．異なる人間二人の細胞で比較した場合の一致率はだいたい60％以下となる〔一致率は正規分布を示すが，正規分布の曲線（ヤマ）の一番右端付近で60％程度ということ〕．統計学的な解析手法により，一致率が80％以上の場合には，両細胞は同じ細胞である（または同じヒト由来の細胞である）可能性がきわめて高いと判断される．例えば，HeLa細胞には亜株（培養期間が異なるとか，異なる研究機関で培養されていたなどの事情によって細胞特性が異なる亜株）が存在するが，亜株の間での一致率は必ずしも100％ではない．しかし，そのようなケースでも亜株の間では80％以上の一致率を示す．HeLa細胞以外にも亜株を有する細胞株は多数存在するが，われわれのこれまでの経験では，亜株の間では例外なく80％以上の一致率を示す

ヒト細胞の個別識別検査　トラブルシューティング

⚠ **一部のサンプルのピークが低い，あるいはデータが出ない**

原因　❶ PCR時のテンプレート量が適切でなかった．
　　　❷ 泳動時のトラブル．

原因の究明と対処法

❶ 細胞の種類によってはゲノムDNAが溶けにくく，濃度を正しく測定できていない場合がある．測定時には念入りに懸濁する．ピークが低い場合はゲノムDNAの量を5倍程度（適宜調整）に増やしてPCRからやり直してみる．

❷ ILSのデータが出ていないサンプルはキャピラリー先端の気泡等が原因で泳動されなかった可能性があるので，同じサンプルを再泳動してみる．

⚠ コンタミネーションのピークが複数のサンプルの同じ場所に出ている

原因　❶ゲノムDNAや試薬へのコンタミネーション．
❷キャピラリー内部の汚れ．
❸他の色素の蛍光漏れ．

　　原因の究明と対処法

❶ ごく微量のコンタミネーションでも検出してしまうので，PCR反応液調製時には注意が必要である．ゲノムDNAや試薬へのコンタミネーションがないか確認する．一般的なPCR実験の際のコンタミネーションのトラブルシューティングと同様に，反応系に入れているありとあらゆる試薬類を1種類ずつ地道に検定することが必要となる．コンタミネーションの原因であることがわかった試薬類はもちろん廃棄処分とする．

❷ キャピラリー内部の汚れが原因の可能性もある．キャピラリーを交換してみる．

❸ シグナルが強いとその蛍光が他の色に漏れ出ている場合がある．コンタミネーションピークと他の蛍光色素のピーク位置が一致していないか確認する．

② マウス細胞の系統識別検査

　　SSLP（Simple Sequence Length Polymorphism）法によりマイクロサテライト多型検出検査を行っている．近交系マウスのSSLPデータと比較し，細胞株のマウス系統を推定することができる．

　　われわれの研究室では6ローカス調べている．1チューブ1プライマーでPCRを行い，蛍光色素の異なる3ローカスを1セットにして泳動する．プライマーはライフテクノロジーズ社で販売しているものを使用している．理研BRC実験動物開発室のマウス個体を検体として得られたデータをもとに判別している．

準備するもの

● マウス細胞…およそ6 cm dish 1枚分（2×10^6個）程度
● DNA抽出キット…DNeasy Blood & Tissue Kit（キアゲン社）など
● True Allele PCR Premix…ライフテクノロジーズ社
　DNAポリメラーゼも含まれている．
● Mouse Mapping Primers…ライフテクノロジーズ社
　D1Mit159.1（VIC），D2Mit395.1（6-FAM），D4Mit170.1（6-FAM），D5Mit201.1（VIC），D13Mit256.1（NED），D17Mit51.1（NED）
　（蛍光色素　VIC：Green，6-FAM：Blue，NED：Yellow）

4章　3　細胞誤認検査方法

- 内部サイズスタンダード…GeneScan -500 LIZ Size Standard（ライフテクノロジーズ社）
- Hi-Di formamide…ライフテクノロジーズ社
  ホルムアミドは高品質のものを使用する．少量ずつ凍結保存し，劣化に注意する．
- サーマルサイクラー
- ジェネティックアナライザ…ABI PRISM 310 Genetic Analyzer（ライフテクノロジーズ社）など
- 解析ソフトウェア…GeneMapper（ライフテクノロジーズ社）

プロトコール

❶ 細胞からゲノムDNAを抽出し，濃度を測定する[a]

❷ 以下のPCR反応溶液を調製する[b]

1ローカスにつき1サンプル調製する（1細胞あたり6サンプル）

（1サンプルあたりの液量）

プライマー	1.0 μL
True Allele PCR Premix	9.0 μL
超純水	2.6 μL
ゲノムDNA（25 ng/μL）	2.4 μL
Total	15.0 μL

❸ 以下の反応条件でPCRを行う[c]

Ramp Speed：9600

95℃　　12分
↓
94℃　　20秒 ⎤
55℃　　20秒 ⎬ 10サイクル
72℃　　30秒 ⎦
↓
89℃　　20秒 [d] ⎤
55℃　　20秒 ⎬ 20サイクル
72℃　　30秒 ⎦
↓
72℃　　10分
4℃　　保存

❹ PCR増幅サンプルを1/10に希釈する．このとき，6ローカスのうち色素の異なる3ローカスのサンプルを1本にまとめる[e]

[a] **重要** ゲノムDNAが溶けにくい場合があるので濃度測定，希釈の際は十分に撹拌する．

[b] PCR反応溶液は以下の順序で作製している．
　① プライマーを入れ，すべてのチューブ（ウェル）に入っていることを確認する
　② Premixと超純水の混合液を分注する
　③ ゲノムDNAを加える

[c] PCR増幅後のサンプルをすぐに使用しない場合は，遮光し凍結保存する．

[d] PCRにおけるdenature（二本鎖DNAを一本鎖DNAにするステップ）の温度には94℃が用いられることが多いが，短いPCR産物（二本鎖DNA断片）がある程度増幅された後には，短い二本鎖DNA断片のdenatureは90℃程度でも起こるので，必ずしも94℃まで上昇させる必要はない．そして，denatureの温度を下げることは，DNAポリメラーゼの活性を維持することやPCR増幅全体にかかる時間を短縮できるなどのメリットがある．

[e] 希釈液例：

PCR産物1 D1Mit159.1（緑）	2 μL
PCR産物2 D2Mit395.1（青）	2 μL
PCR産物3 D13Mit256.1（黄）	2 μL
超純水	14 μL
Total	20 μL

❺以下の組成の泳動サンプルを調製する

（1サンプルあたりの液量）

Hi-Di formamide	19.5 μL
Size Standard	0.5 μL
希釈した PCR 増幅サンプル	1.0 μL

❻サンプルを 95 ℃で 3 分間加熱後，氷上で 3 分間冷却する

❼ABI PRISM 310 Genetic Analyzer にてキャピラリー電気泳動を行う[f]

❽GeneMapper ソフトウェアにて解析を行う[g]（図2）

[f] 使用する機器ごとにマトリクススタンダードをあらかじめ作成しておく必要がある．ライフテクノロジーズ社から，使用する蛍光色素セットのマトリクススタンダードキットを購入する．

[g] 各サンプルの ILS（内部サイズスタンダード）のピークが正しくサイジングされているかをまず確認する．

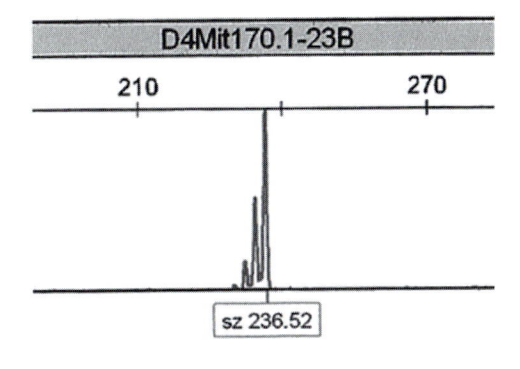

図2　スタッターピークの一例

2塩基の繰り返し配列（哺乳類で最も多い2塩基の繰り返し配列はCAリピートである）を標的にしてPCRで遺伝子増幅を行った場合，実際の大きさよりも2塩基，4塩基，6塩基（2塩基の倍数）分小さい大きさの産物が観察される．これはPCRの条件をどのように調整しても不可避な現象であることがわかっておりスタッターピークという．一番右の一番大きいPCR産物の長さを実際の長さと判断する．なお，継代数の多い培養細胞を解析した場合には，一番高いピークの右側にも小さいピークが観察されることがあるが，そのような場合には，一番高いピークを実際の長さと判断する

❾マウスのデータ（下記）をもとに判定を行う[h]

[h] 通常は約20系統のマウスコントロールデータと比較を行っている．電子メール（cellqa@brc.riken.jp）にて問い合わせていただければ，当該データを提供します．

マウスコントロール

Locus	D13 Mit256.1	D17 Mit51.1	D1 Mit159.1	D2 Mit395.1	D4 Mit170.1	D5 Mit201.1
C57BL/6	100	157	203	130	226	99
BALB/c	88	155	142	135	243	95
C3H	78	140	185	124	236	93

解析結果（Size値）

	D13 Mit256.1	D17 Mit51.1	D1 Mit159.1	D2 Mit395.1	D4 Mit170.1	D5 Mit201.1
細胞株A	100	157	203	130	226	99

細胞株Aの場合はC57BL/6に一致している．

マウス細胞の系統識別検査 トラブルシューティング

⚠ 目的のピーク以外にもピークが出る

原因
❶他の色素の蛍光が漏れている．
❷非特異的なピークが出る．

原因の究明と対処法

❶同一泳動サンプル中の他と同一位置にピークが出ていたら蛍光の漏れを疑ってみる．シグナルが強すぎて漏れる場合は泳動サンプル量を減らす．あるマーカーのシグナルがすべてのサンプルで強い場合はPCR時のプライマー量を減らす．

❷今回使用しているプライマーではみられないが，プライマーによっては特定の位置に毎回非特異的なピークが出るものもあった．

⚠ ピークが高く，ピークの先端が二股に分かれている

原因 サンプル量が多すぎる．

原因の究明と対処法

ピークが検出限界より高いとピークの先端が太くなったり，さらに高い場合には二股に分かれる．泳動サンプル量を減らす，またはPCR時のプライマー量を減らす．

参考文献
1) Yoshino, K. & Iimura, E.：Hum. Cell, 19：43-48, 2006

5章 細胞培養研究に関連する規則

1 細胞培養研究に関連する法令・指針等

片山 敦

　細胞培養研究は，理化学研究所筑波研究所バイオリソースセンター（BRC）における各種生物遺伝資源の収集，検査および品質管理等において，動植物およびそれらの細胞材料，さらには由来するDNA等の遺伝子材料および微生物材料等の取り扱いに関し必要不可欠な技術基盤であり，公的バンクとして，BRCの基本方針（信頼性，継続性，先導性）を維持，推進していくための礎となっている．

　細胞培養研究の実施に際し，細胞を用いた研究手法や取り扱う生物材料によって，関連する法令，指針等はさまざまである．例えばヒト由来の試料を扱う場合（図1）には，ヒトを対象とする医学研究の倫理的原則（「ヘルシンキ宣言」1964年世界医師会総会採択）等に示された倫理規範を踏まえ「臨床研究に関する倫理指針」を，また遺伝子組換え実験を伴う場合には「遺伝子組換え生物等の使用等の規制による生物の多様性の確保に関する法律」に従って研究を行う，さらに動物実験を伴う場合には「研究機関等における動物実験等の実施に関する基本指針」を遵守する必要があるなど，細胞培養研究というカテゴリーの中では多くの法令および指針がかかわってくることになる（1章-2も参照）．

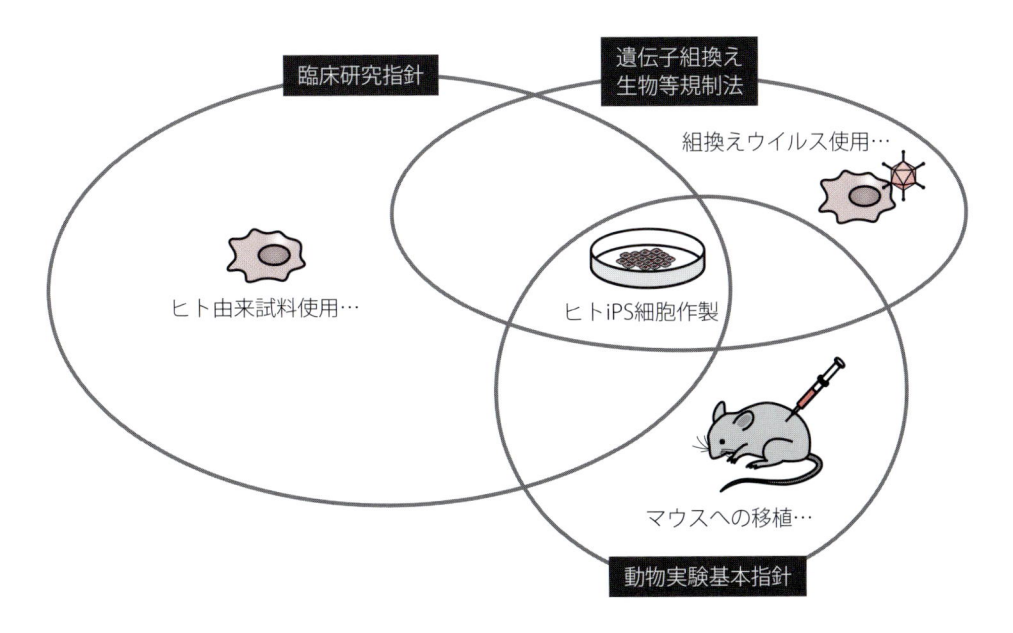

図1　ヒトiPS細胞作製・培養に係る法令・指針等（例）
臨床研究指針が該当するヒト由来試料（体細胞）を用い，遺伝子組換えウイルスの導入によりヒトiPS細胞を作製後，テラトーマ発生の確認をマウスにより行う場合の例

❶ 臨床研究に関する倫理指針（臨床指針）

　細胞を扱う場合，まず考えなければならないのが，ヒトの細胞等を取り扱う場合に問題となる倫理的観点ならびに科学的観点からのルールである．臨床指針においては，被験者（試料提供者）の尊厳，人権を守るために必要な手続き，機関の長ならびに研究責任者の責務，倫理審査委員会，インフォームド・コンセントおよび試料の取り扱い等について定められている．

　BRCの場合は，収集あるいは寄託を受ける試料が，共同研究機関や他機関において採取された試料および他機関の研究者が臨床指針に従って入手した試料等であるため，ほとんどの試料が臨床指針に該当する．なお，学術的な価値が定まり，研究実績として十分に認められ，研究用に広く一般に利用され，かつ，一般に入手可能な組織，細胞，体液および排泄物等ならびにこれらから抽出したDNA等（以下本

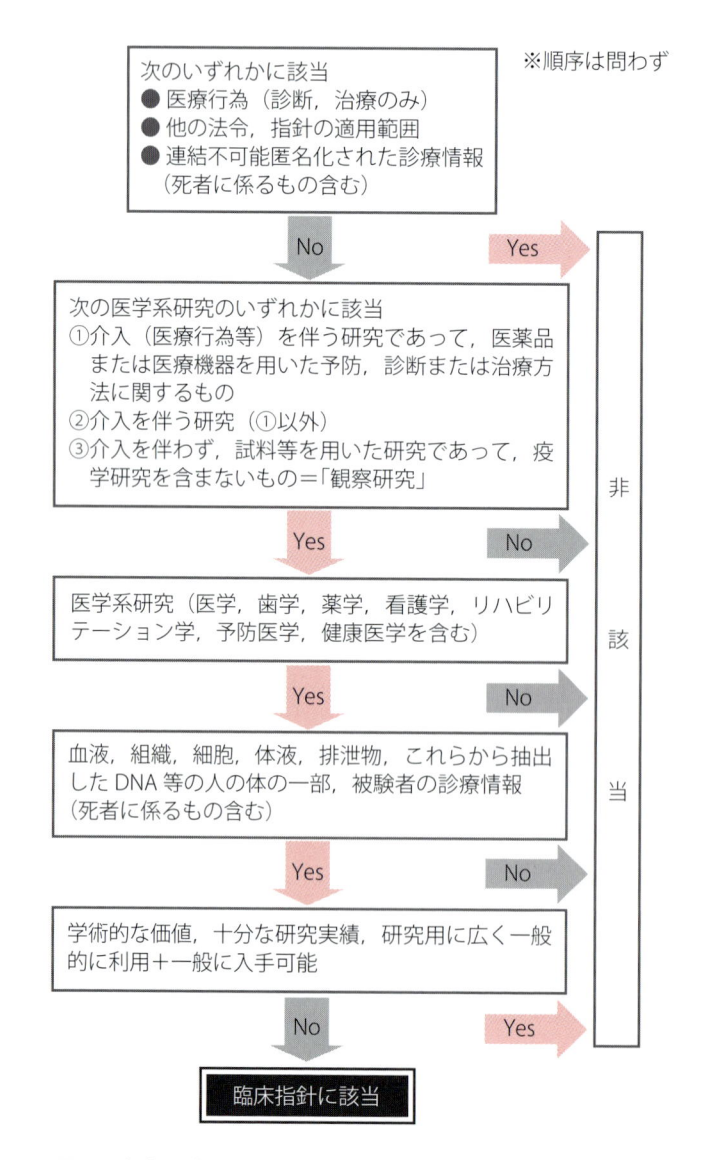

図2　臨床研究に関するフローチャート

章においては「バンク提供試料等」という）に該当する試料については適用除外とされている．すなわち，BRCから入手した試料については基本的には臨床指針の適用外となる．

ただし，臨床指針のなかで，個人情報の保護としての「**連結不可能匿名化**」について留意しなければならないのは，例えばA病院において採取された試料を番号あるいは記号化し，B研究所に提供した場合，B研究所においては対応表がない（個人情報はない）が，A病院に試料と個人を結びつける対応表が存在する限りは「連結不可能匿名化試料」には該当しないという点である．

取り扱う試料が，現臨床指針に該当するかどうかの判断については，図2を参考にしていただきたい．

臨床研究を行うにあたり最初に研究計画の立案が必要になるが，計画を統括する者が研究責任者となり，研究の意義，目的，方法，**インフォームド・コンセント**に関する説明事項および同意文書等臨床指針に定める項目をベースとした研究計画書を作成する（BRCの場合は先に述べたとおり，他機関における研究計画書，インフォームド・コンセント説明事項，同意文書等を入手）．

機関の長は，その研究計画が臨床指針に適合しているか否かについて，倫理審査委員会に審査を行わせ，その結果を受け，当該研究計画の承認等の判断を下すことになる．

臨床指針は適用されないと考えられる場合であっても，被験者の**個人情報に配慮**する必要がある場合，あるいは判断し難い場合には，まずは臨床指針の対象となると考え，適切な対応（倫理審査委員会による確認）をとることが望ましい[1]．

❷ ヒトゲノム・遺伝子解析研究に関する倫理指針（ゲノム指針）

2000年6月にヒトゲノムのドラフト配列が明らかになり，遺伝子の多型解析を行い，疾患に関係する遺伝因子を解明する研究が盛んに行われるようになった．これと前後し，試料を提供する人，あるいはその血縁者の遺伝的素因を調べるうえで，個人情報の保護の観点から，倫理的，社会的な問題をクリアするため，2001年3月に「ヒトゲノム・遺伝子解析研究に関する倫理指針」が施行された．臨床指針と同様に「バンク提供試料等」については適用除外とされているが，ゲノム指針に該当するものに限らず，非常にまれな疾患等の場合，試料自体は連結不可能匿名化されていても関係者に特定されるという可能性があるため，倫理審査委員会に審査を依頼するなど，「連結不可能匿名化」という定義だけでなく，個人の保護の観点から慎重な対応が必要となるケースもある．

ヒトゲノム・解析研究に限らないが，本研究を実施する場合には，疾患等に関係するゲノムの解析という研究の面において，試料提供者本人のみならず，その血縁者等に対しても不利益を与える可能性も考慮し，「個人等の保護」に関し検討しておく必要がある．

【倫理審査委員会で論点となる事項】
・被験者等への説明および同意（インフォームド・コンセント）
・個人情報保護の方法（提供試料の取り扱い含む）
・カウンセリング体制の必要性など

提供された「試料」に関し，現ゲノム指針においては，同意の内容に準じて次のA〜C群に区分され，それらを使用するにあたって必要な手続きが異なってくる点にも注意が必要である（図3）[2]．

○ **A群試料等**：試料等の提供時に，ヒトゲノム・遺伝子解析研究における利用を含む同意が与えられている試料等

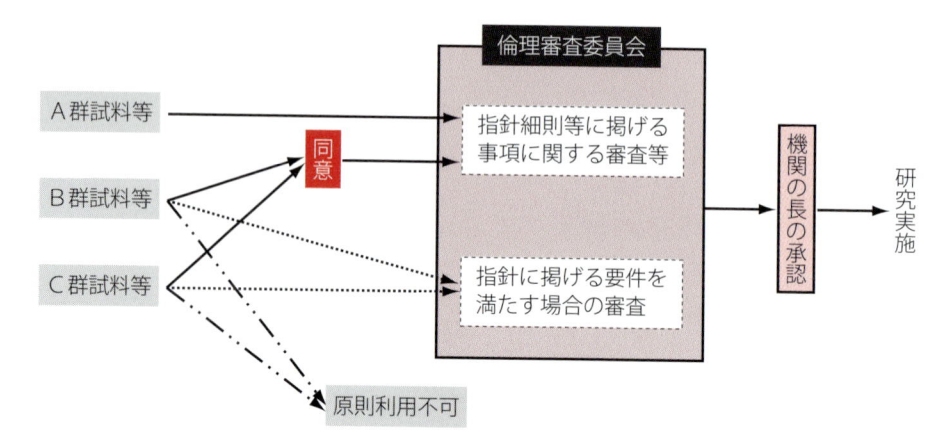

図3 試料提供時の同意内容による研究実施までの手続き※

旧指針施行（平成13年4月1日）前に提供された試料等を用いて実施中のヒトゲノム・遺伝子解析研究に関してはゲノム指針適用外となるが，個人情報保護に関する法律に基づく措置ならびにゲノム指針の主旨を鑑み，適切な研究管理を実施する必要がある．

※「ヒトゲノム・遺伝子解析研究に関する倫理指針」については，2011年12月現在，改正（見直し）のための作業が文部科学省で行われており，A～C群の分け方に関し臨床指針等との整合性，わかりやすさ等の観点から見直しの方向で検討されている．また，試料が連結可能匿名化されており，研究機関が対応表を有している場合と有していない場合の手続きの違い等も明確化されると考えられる

○ **B群試料等**：試料等の提供時に，ヒトゲノム・遺伝子解析研究における利用が明示されていない研究についての同意のみが与えられている試料等

○ **C群試料等**：試料等の提供時に，研究に利用することの同意が与えられていない試料等

（ヒトゲノム・遺伝子解析研究に関する倫理指針抜粋）

❸ ヒトES細胞の使用に関する指針（ES使用指針）

2001年9月，多能性を有し，将来的に医療などへの応用が期待されるヒトES細胞の取り扱いに関し，「ヒトES細胞の樹立及び使用に関する指針」が施行され，何度かの改正を経て，現在「ヒトES細胞の使用に関する指針」ならびに「ヒトES細胞の樹立及び分配に関する指針」として生命倫理上の観点から遵守すべき基本的な事項を定めている．なお，「ヒトES細胞の樹立及び分配に関する指針」を受けて，BRCがわが国唯一の分配機関となっている．ヒトES細胞の分配を受ける手続きについては，5章-2❷を参照いただきたい．

ヒトES細胞の使用に関する現在の手続きは，**図4**に示すように，**使用計画作成→倫理審査委員会審査→文部科学省への届出→同省受理→機関の長の承認**（計画変更の場合は倫理審査委員会の審査を経て機関の長が承認後，文部科学省へ届出）となり，旧指針における手続きに比べると緩和されてきている．しかしながら，倫理的，科学的妥当性の確認については旧指針以上に機関の倫理審査委員会による審査に重点が置かれるようになっていると考えられる．

ヒトES細胞に係る指針が2001年に制定された際，ヒトES細胞等からの生殖細胞の作製は禁止されていたが，2009年の科学技術・学術審議会 生命倫理・安全部会において，生殖細胞に起因する不妊症や先

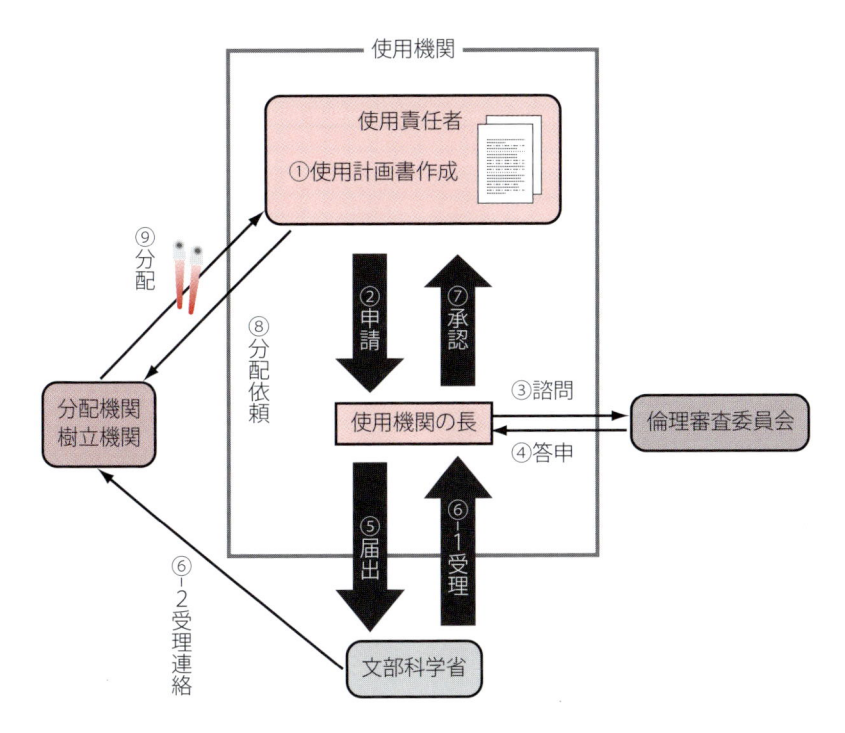

図4　ヒトES細胞使用計画開始までの手順

天性の疾患・症候群の原因解明等に有用であり，生殖細胞の作製について容認することが適当であると結論づけられた．これを受け，作製した生殖細胞を用いたヒト胚の作製は当面禁止という措置がとられ，2010年5月に本指針として公布，施行された．2011年12月現在，日本国内のヒトES細胞樹立時，すなわち胚の提供を受けた時点では，生殖細胞の作製は禁止されているため，生殖細胞を作製することについての同意を得ていないことから，京都大学再生医科学研究所で樹立されたKhES-1～5などのヒトES細胞から生殖細胞を作製することは原則できないことになる．

なお，ヒトES細胞に関する指針本文，手引き，届出その他詳細については，「文部科学省ライフサイエンスの広場 生命倫理・安全に対する取組」のウェブサイトに掲載されている[3)4)]．

❹ ヒトiPS細胞またはヒト組織幹細胞からの生殖細胞の作製を行う研究に関する指針（生殖細胞作製指針）

ヒトiPS細胞およびヒト組織幹細胞からの生殖細胞の作製ならびにヒトES細胞からの生殖細胞の作製に係る文部科学省への届出など必要な手続きは，ヒトES細胞の使用に係る手続きをほとんど踏襲している．

ポイントとなるのは**生殖細胞作製研究の要件**である．ヒトiPS細胞等の由来となる細胞を提供される際に，国内で提供を受ける場合には，図5に示すように生殖細胞を作製することについてのインフォームド・コンセントを書面により受けていることが要件となる．この場合において，包括的な研究利用に対するインフォームド・コンセントだけでは要件を

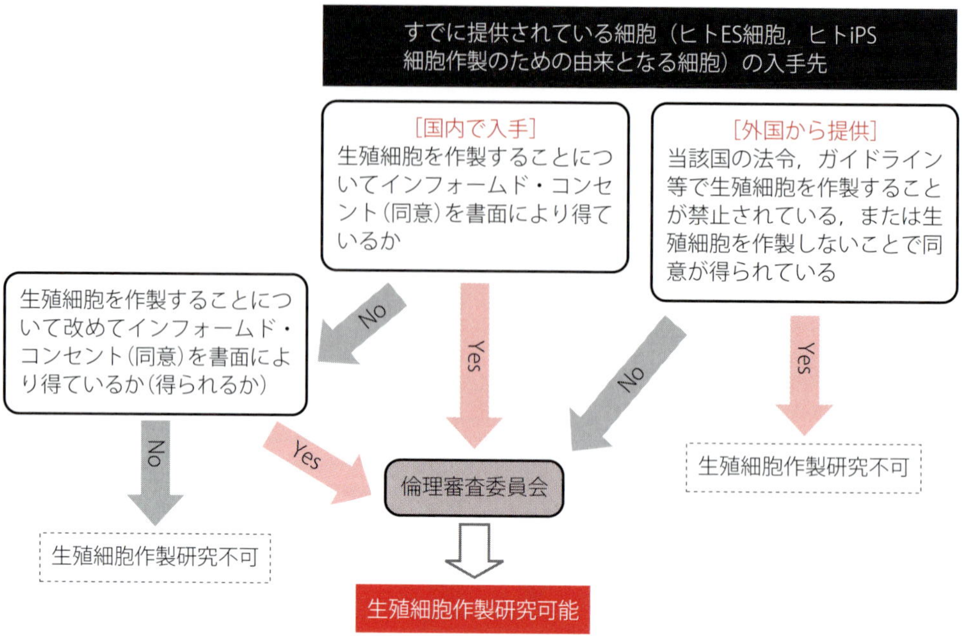

図5 生殖細胞作製についてのインフォームド・コンセントに係るフローチャート

満たさないと考えられる．一方で外国から提供を受ける場合には，当該外国における法令またはガイドライン等のなかで，生殖細胞の作製を行わないこととされていない（生殖細胞作製が禁止されていない）こと，ならびに生殖細胞を作製しないことに関する同意が得られていないということが生殖細胞の作製が可能となる要件であるため，国内の場合よりも緩和されていると考えられる．いずれの場合においても，倫理審査委員会において，生殖細胞作製指針に適合しているか否かを検討する必要がある[5]．

⑤ 遺伝子組換え生物等の使用等の規制による生物の多様性の確保に関する法律（遺伝子組換え生物等規制法）

細胞培養研究においても，例えばiPS細胞作製や遺伝子組換え生物等規制法で定義される「生物」に組換え細胞がかかわる場合などは同法の規制を受ける場合がある．

法令および省令等詳細については，『目的別で選べるタンパク質発現プロトコール』（羊土社）の4章において，申請例も含め，詳しく掲載されておりそちらを参照いただきたい．細胞培養研究にかかわってくるポイントを1点あげるならば，図6に例として示すように，動植物培養細胞（ES細胞を含む）は同法においては「生物」とは定義されていないことから，組換え技術により異種生物の遺伝子が導入されていたとしても遺伝子組換え生物には該当しない，すなわち法令適用外となる．しかしながら，当該細胞を同法でいうところの「生物」が保有（移植，細胞融合等）する場合には，その生物自体が法律の規制を受けることを理解しておく必要がある．なお，ウイルス等を用いて遺伝子を導入された細胞については，ウイルス等が同法の宿主に該当することは言うまでもないが，当該作製細胞についても，宿主で

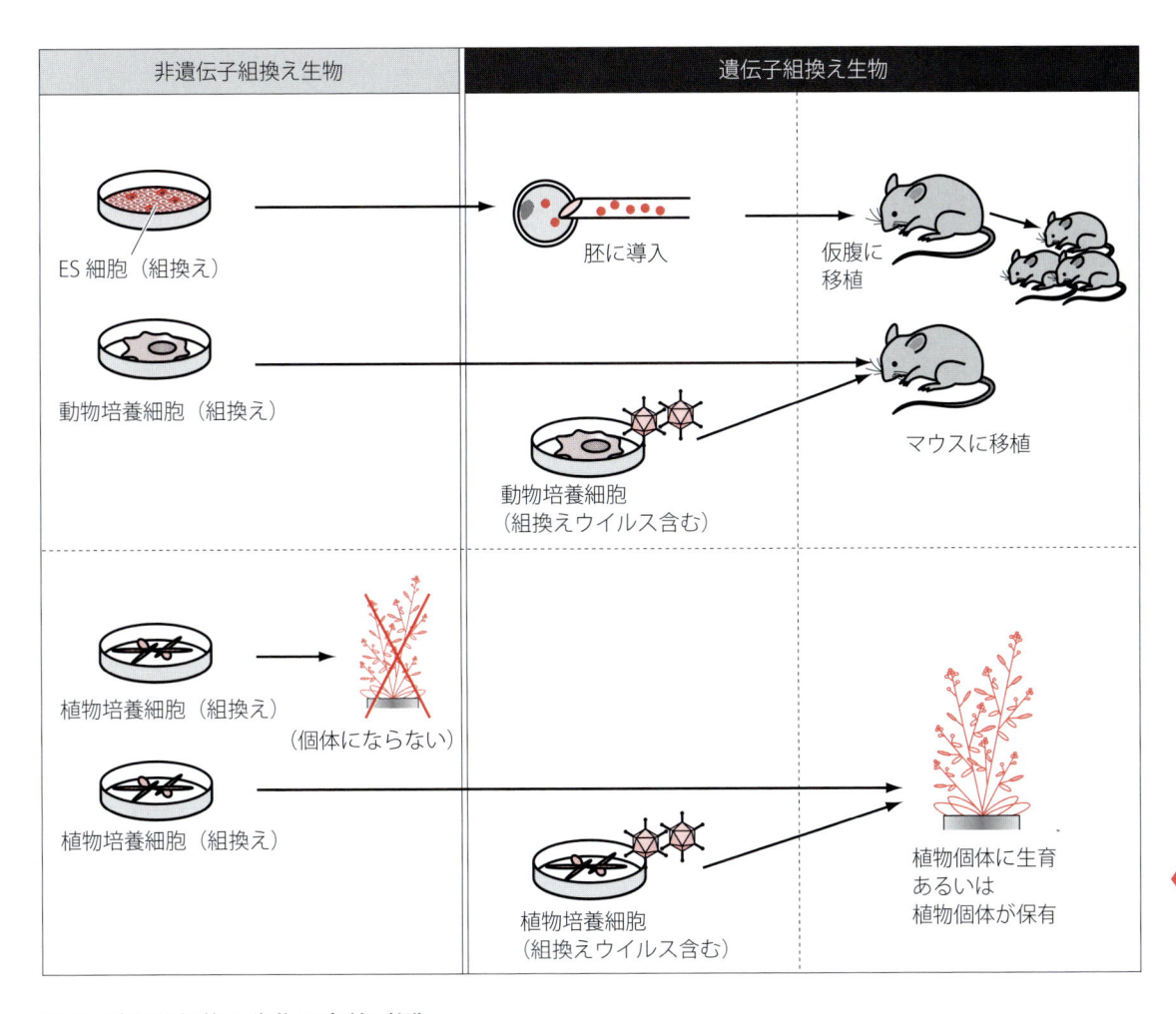

図6 遺伝子組換え生物の定義（例）

あるウイルス等が含まれないと確認がとれるまでは，宿主を保有する細胞として同法の適用を受けることになる．例えばiPS細胞を作製する際のウイルス使用や異種生物のDNAが導入されたES細胞を胚に導入した等の場合については，法令区分に応じた適切な**拡散防止措置**をとる必要があるため，この点は十分に注意が必要である．

また，遺伝子組換え生物の譲渡，輸出に関しては，**情報の提供**，**輸出の通告等**が法令で定められており，これについても厳守する必要がある．

⑥ 研究機関等における動物実験等の実施に関する基本指針（基本指針）

2005年6月に改正された「動物の愛護及び管理に関する法律の一部を改正する法律」（動愛法）に基づき，動物実験に関してもこれまで規定されていた実験動物に対する苦痛軽減（**Refinement**）に加え，代替法の利用（**Replacement**）ならびに使用動物数の低減（**Reduction**）に関する規定が盛り込まれ，動物実験等に関しての**3R**を踏まえたうえで研究活動を行うことが重要となった．このような動物実験等に係る基本的な動物愛護の観点，科学的な観点から「研究機関等における動物実験等の実施に関

法令等	ガイドライン
動物の愛護及び管理に関する法律 （環境省） 　　動物を科学上の利用に供する場合の方法，事後措置等→3R 　　↓ 実験動物の飼養及び保管並びに苦痛の軽減に関する基準 （環境省告示） 　　3R＋適正な飼養・保管	研究機関等における動物実験等の実施に関する基本指針 （文部科学省） 　　↓ 自主管理〈体制等〉 ●動物実験委員会（研究機関等の長の諮問機関）の設置（動物実験計画の法令，基本指針等及び機関内規程への適合性審査） ●機関内規程（動物実験施設の管理方法，動物実験等の具体的な実施方法等に関する規程）の策定 ●科学的合理性（方法，目的，飼育施設等）の確保 ●教育訓練（動物実験実施者，飼育者等）の実施 ●基本指針への適合性に関する自己点検・評価，外部の者による検証 ●情報公開（機関内規程，自己点検結果等）

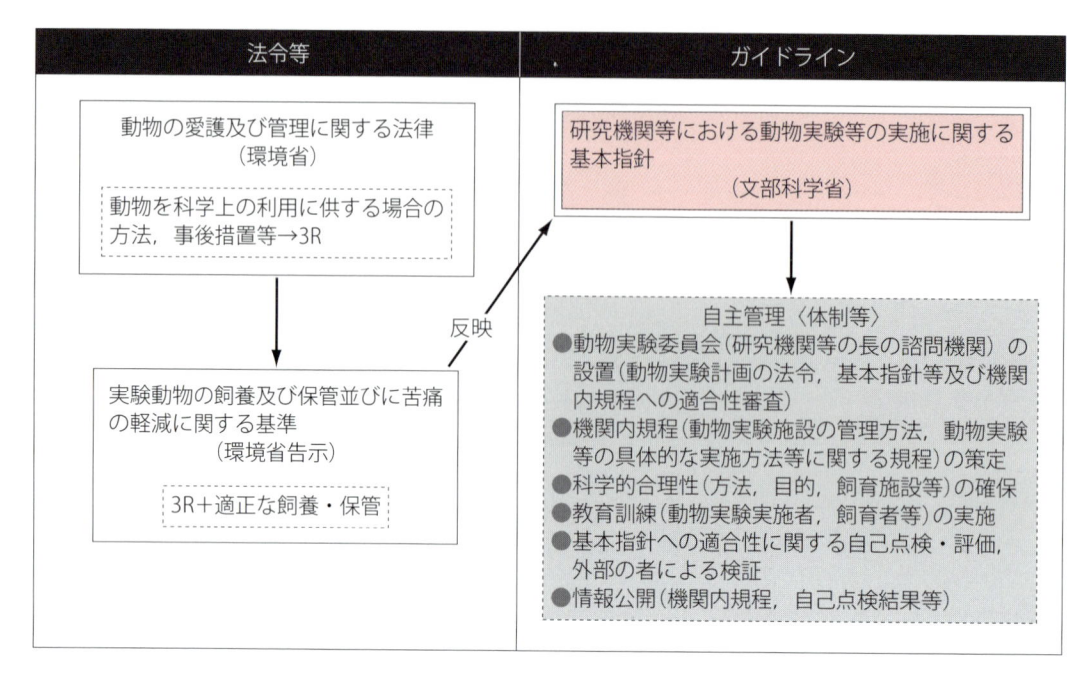

（法令等→ガイドラインへ「反映」）

図7　動物実験にかかわる基本指針等の位置づけ

する基本指針」として動物実験等を適切に実施するためのガイドラインが文部科学省により策定されている．

また，同様の観点から，実験動物の飼育方法等や管理体制を適切に行うために「実験動物の飼養及び保管並びに苦痛の軽減に関する基準」（飼養保管基準）が環境省により定められており，研究機関等において動物実験を実施する場合には，動愛法，基本指針ならびに飼養保管基準等関連する規則を理解したうえで，それらを遵守し，適切な管理を実施していくことが必要である（図7）．

なお，基本指針において「実験動物」とは，哺乳類，鳥類および爬虫類と定義されているが，それ以外の実験に利用する動物についても，研究機関等の長や動物実験委員会が法律等の主旨を鑑み，必要に応じて基本指針等に準じた形で管理，運用していくケースも考えられる．

参考URL
1）http://www.jmacct.med.or.jp/pediatric/iryo/pdf/Lecture_sato090227.pdf
2）http://www.lifescience.mext.go.jp/files/pdf/42_134.pdf
3）http://www.lifescience.mext.go.jp/bioethics/hito_es.html
4）http://www.lifescience.mext.go.jp/files/pdf/n592_E11.pdf
5）http://www.lifescience.mext.go.jp/files/pdf/n603_i01.pdf

5章 細胞培養研究に関連する規則

2 申請の具体例

片山 敦

5章-1で説明した細胞培養研究に関連する主な法令，指針等を受け，BRCが，これらを適正に遵守していくための組織，手続き等をさまざまな内規（規程・細則等）として制定している．本節ではこの内規の概要ならびに必要な手続き等について具体例をあげてある．

なお，生殖細胞作製・使用研究については，実施例がなく，また手続き的にはヒトES細胞使用研究の流れとほぼ同じになると考えられるため，本節での説明は省略する．

① 臨床研究（ヒト由来試料使用研究）/ヒトゲノム・遺伝子解析研究

BRCリソースであるヒトの培養細胞（ヒトiPS細胞，間葉系幹細胞および臍帯血幹細胞等含む）については，細胞の寄託，提供等に伴いこれらヒト由来試料の取り扱いが生じる．このため，理化学研究所全所規程である「人を対象とする研究に関する倫理規程」に基づく諸手続をとっている．内容は組織体制・責務，具体的な申請等の手続き，教育訓練など，当該研究にかかわる指針を遵守するために必要な項目としており，この規程の手続きに係る具体的な事項をあげた細則および研究内容（該当指針ごと）に応じた申請書記載事項ならびに研究倫理委員会等の設置細則を別に定めている．

●ヒト由来試料

本規程は「必要な事項を定めることにより，人間の尊厳と人権が尊重され，人を対象とする研究が適正に実施されることを目的とする」としており，血液，組織，細胞，体液，排泄物等およびこれらから抽出した核酸などのヒト由来試料ならびにヒト由来情報の取り扱いについては本規程の適用を受ける．ただし，指針に準拠し，「バンク提供試料等」については適用外としている．

●研究計画書項目

BRCにおいては，リソース提供事業という特殊性から，提供先機関においてゲノム解析研究を実施する可能性も考慮し，研究計画書に記載すべき項目は基本的にゲノム指針で求められる項目を網羅している（図1）．

●提供依頼手続き

BRCから試料（細胞等）の提供を受ける手続きについては本書「付録」ならびに参考URL 1を参照していただきたい．

```
研究課題名
研究実施責任者

I. 研究に関する倫理的側面
1. （試料等）提供者を選ぶ方針，考え方または基準
2. 研究意義および研究目的
3. 研究方法
4. 研究期間
5. 予測される成果
6. 予測される試料等提供者に対する危険・不利益
7. 個人識別情報を含む情報の保護の方法
8. 共同研究機関
9. 採取しようとする試料等の種類，とそれぞれの量
10. インフォームド・コンセントのための手続きおよび
    方法について
  10-1. 説明者の氏名
  10-2. 説明者に対する説明項目
    ①説明に当たる者の資格
    ②代諾について
    ③具体的な手順
    ④研究協力の任意性と撤回の自由
    ⑤研究協力を要請する理由
    ⑥研究実施責任者の氏名および職名
    ⑦予測される研究結果と被験者の危険・不利益
    ⑧研究計画，方法の開示
    ⑨試料および診療情報の匿名化
    ⑩試料，診療情報，遺伝情報の他の研究機関への提供
    ⑪研究結果の開示
    ⑫知的財産権，研究成果の公表
    ⑬試料，診療情報の保管と廃棄
    ⑭細胞・遺伝子・組織バンクへの寄託
    ⑮試料提供の対価
    ⑯遺伝カウンセリングの実施
    ⑰研究資金の調達方法
    ⑱問合せ，苦情等の窓口（連絡先）
  10-3. インフォームド・コンセントの同意書および説明文書
  10-4. 代諾の必要性と代諾者の選定に関する基本的な考え方
  10-5. 研究実施前提供試料等を使用する場合の同意の
        有無．同意を得ている場合はその内容，提供時
        期，本指針への適合性．同意がないか不十分な
        場合は研究対象として用いる必要性
```

```
10-6. 国内外の公的または民間の研究機関または大学
      に対する試料等提供に関する事項
  ①提供の必要性
  ②提供先の機関名
  ③提供元において行われる匿名化の方法
  ④匿名化しない場合はその理由および個人識別情報
    を含む情報の保護の方法
  ⑤試料等を提供した機関において，提供した試料等
    の遺伝子解析研究を行う場合には，その旨
  ⑥反復，継続して提供する場合には，その旨
11. 国内外の民間の研究実施機関に対する遺伝子解析研
    究の一部の作業や研究用資材の作製を委託する場合
    に関する事項
  ①提供の必要性
  ②提供先の機関名
  ③提供元において行われる匿名化の方法
  ④提供先における責任者の氏名，責任体制および予
    定する契約の内容
12. 研究期間内または研究終了後の試料等の保存に関す
    る事項（保存方法・必要性）
13. ヒト細胞・遺伝子・組織バンクへの試料等の寄託に
    関する事項（機関名・匿名化の方法・責任者の氏名）
14. 試料等の廃棄に関する事項（廃棄方法・匿名化の方法）
15. 試料等提供者への遺伝カウンセリングの必要性およ
    びその体制に関する事項
16. 研究資金の調達方法

II. 事業計画等
1. 平成N年度の事業計画
2. 平成N+1年度以降の年次計画
3. キーワード
4. 研究施設/設備の概要
5. 安全性確保のための措置
  5-1. 試料等の安全性確保
  5-2. 従事者の安全性確保
6. 本研究の特色・独創性
7. 基礎となる研究成果・現在の研究状況
8. 関連する研究課題について，研究費申請/採択の状況
9. 国内外の研究状況
10. その他必要な事項
```

図1　研究計画書記載項目（例）[※]

[※]「ヒトゲノム・遺伝子解析研究に関する倫理指針」については，2011年12月現在，改正（見直し）のための作業が文部科学省を中心に行われており，研究計画書に記載すべき項目についても一部見直しの方向で検討されている

❷ ヒトES細胞使用研究

現時点でのBRCにおけるヒトES細胞の取り扱いには，使用機関ならびに分配機関としての取り扱いがある．

分配機関としての手続きについては省略することとし，使用機関としての具体的な手続きについて以下に述べる．

● 使用計画書等

ヒトES細胞研究を始めようとする責任者（使用責任者）は，研究計画を立案することになるが，基本的には文部科学省の手引きなどを参考に，使用計画届出書，使用計画書などを作成し，まずは研究所長（機関の長）宛に申請手続きを行うことになる．

● 倫理的研修・技術的研修

　使用責任者ならびに計画に参加する研究者の倫理的研修については，申請時には受講済みである必要があることから，機関内または他機関等で開催される倫理面に関する教育研修については早めに受講しておくと手続きにかかる時間が短縮される．なお，技術的研修については，ヒトまたは霊長類のES細胞またはiPS細胞の取り扱い実績がある場合には技術的研修についての記載は必要とされないが，マウスのES細胞またはiPS細胞などヒト，霊長類以外の取り扱い実績しかない場合には技術的研修も必要となる．計画書作成時点で未受講の場合，研修計画を添付することでも代えられる．ただし，研究計画におけるヒトES細胞の取り扱いは，当該技術的研修受講後となる．

　BRCでは，外部機関のヒトES細胞使用責任者および研究者を対象とした「ヒトES細胞の取扱いに関する技術研修」および「ヒトiPS細胞技術講習会」を定期的に開催しており，前述の技術的研修として認められるためご活用いただきたい[1]．

● 研究倫理委員会・届出

　申請を受けた研究所長は，研究倫理委員会（理化学研究所における委員会名称）に諮問し，了承を得た後に，当該委員会議事録のほか，国が定めた様式，ヒトES細胞使用に係る機関内規程，委員会規則等を付し国への届出を行う．新規使用計画の場合は，届出受理の連絡を受けた後，研究所長が使用計画を承認する．また計画変更の場合は，委員会の了承を受け，機関の長が計画変更を承認後，国へ届出（30日以内）を行うというのが手続きの流れとなるが，5章-1でも述べたように，倫理審査委員会での審査が指針の要件に沿って審査，確認を受けているか否か，また届出資料に不備等がないか，形式的な確認が国の専門委員会（「科学技術・学術審議会 生命倫理・安全部会 特定胚及びヒトES細胞等研究専門委員会」）事務局（生命倫理・安全対策室）によって事前に行われる．

● 指針への適合性

　BRCでは，指針への適合性および要件等に漏れがないかを確認するために，図2に示す「ヒトES使用指針適合性確認票」というチェックリストを作成し，事前に委員に確認し，適合性の確認ならびにコメント等を取りまとめ，研究倫理委員会においては，各項目の適合性の再確認およびコメント等があった項目についての審議を行うことにより，効率的な委員会運営を図っている．

● 提供依頼手続き

　BRCからヒトES細胞の提供を受ける場合の手続き詳細については，参考URL 2を参照いただきたいが，大まかな流れは次のとおりとなる．

　①ヒトES細胞使用計画（BRCから提供を受ける旨含む）受理 → ②機関の長の承認 → ③BRCへの提供依頼（倫理審査委員会の承認書写し，文部科学省受理書等の写し，機関の長が使用計画の実施を了承したことを示す書類の写し，提供依頼書，分配依頼書，締結依頼書）→ ④内容確認，同意書締結 → ⑤発送予定日連絡 → ⑥発送

　なお，BRCから提供を受ける場合であっても，樹立機関との間で使用同意書等による手続きが必要となる[3]．

ヒトES使用指針適合性確認票

使用計画の名称				受付No		
				申請年月日	平成　年　月　日	
使用機関名	独立行政法人理化学研究所 筑波研究所			使用機関長名		
				使用責任者名		

指針			項目	適合性	申請書	内容
第5条	1項 (第一種樹立)	1号	研究の目的が基礎的研究であること	適否	ページ	該当する部分の説明 【コメント】
		2号	科学的合理性及び必要性を有すること			【コメント】
	2項 (第二種樹立)	1号	研究の目的が特定胚の取扱いに関する指針に規定する基礎的研究であること			【コメント】
		2号	科学的合理性及び必要性を有すること			【コメント】
	3, 4項		使用に供されるヒトES細胞の樹立の条件			【コメント】
第6条			人又は動物の胎内への移植，個体の生成，ヒト胚・ヒト胎児への導入，生殖細胞を作成した場合，当該生殖細胞からのヒト胚の作成 (行ってはならない行為)			【コメント】
第7条			ヒトES細胞の分配又は譲渡について			【コメント】
第8条	1項	1号	施設の要件			

						【コメント】
			人員及び技術的能力			【コメント】
		2号	遵守すべき技術的及び倫理的な事項に関する規則が定められていること			【コメント】
		3号	技術的能力及び倫理的な認識を向上させるための教育研修計画が定められていること			【コメント】
	2項		記録の保管			【コメント】
第9条 (使用機関の長)	1項	1号	使用計画の妥当性の確認			【コメント】
		2号	進行状況及び結果の把握，留意事項，改善事項等の指示			【コメント】
		3号	使用を監督すること			【コメント】
		4号	使用機関において指針を周知徹底し，遵守させる			【コメント】
		5号	教育研修計画を策定し，これに基づく教育研修を実施する			【コメント】

第10条 (使用責任者)	1項	1号	使用計画の科学的妥当性及び倫理的妥当性について検討する			【コメント】
		3号	ヒトES細胞の使用を総括し，及び研究者に対し必要な指示をする			【コメント】
		6号	使用計画を総括するに当たって必要となる措置を講ずる			【コメント】
	2項		倫理的な認識並びに専門的な知識及び技術的能力を有し業務を的確に実施できる者			【コメント】
第11条 (倫理委員会)	1項	1号	指針に即し，その科学的妥当性及び倫理的妥当性について総合的に審査する			【コメント】
第12条 (使用の手続き)	2項	1号	使用計画の名称			
		2号	使用機関の名称及びその所在地並びに使用機関の長の氏名			
		3号	使用責任者の氏名，略歴，研究業績，教育研修の受講歴及び使用計画において果たす役割			【コメント】
		4号	研究者(使用責任者を除く)の氏名，略歴，研究業績，教育研修の受講歴及び使用計画において果たす役割			【コメント】
		5号	使用の目的及びその必要性			【コメント】
		6号	使用の方法及び期間			

						【コメント】
		7号	使用に供されるヒトES細胞の入手先及びヒトES細胞株の名称			【コメント】
		8号	使用計画終了後のヒトES細胞の取扱い			【コメント】
		9号	使用機関の基準に関する説明			
		10号	使用に供されるヒトES細胞が海外から提供される場合における当該ヒトES細胞の樹立及び譲受けの条件に関する説明			【コメント】
		11号	その他必要な事項			【コメント】
その他						【コメント】
			研究期間 (延長，削除)			
			実験室 (追加，変更，削除)			
			使用細胞株 (追加，削除)			

図2　ヒトES使用指針適合性確認票

❸ 遺伝子組換え実験

『目的別で選べるタンパク質発現プロトコール』（羊土社）の4章において，申請の具体例が掲載されているが，BRCにおいてもほぼ同様の計画書により，実験責任者が研究所長宛に申請を行う．研究所長は，遺伝子組換え実験安全委員会に諮問し，審議結果を受けて実験を承認（あるいは非承認）という手続きをとっている．

●実験計画書記載項目

供与核酸，宿主およびベクターに関する様式項目については，図3の記載例に示すように，それぞれの法令分類，実験分類を記載し，宿主ごとの供与核酸の組み合わせにより拡散防止措置の区分を定めている．

●核酸供与体 / Donor organisms

核酸供与体No. Donor organism No.	核酸供与体[11] Scientific name of the donor organism	供与核酸[12] Name of the donor nucleic acid (or the like)	同定・未同定の別 Specify if it is an identified or unidentified nucleic acid	法令分類[13] Legal classification	実験分類[14] Experiment classification	備考[15] Remarks	状態[10] status
1	霊長類－ヒト	○○抗原遺伝子 ○○プロモーター	同定	動物	Class1		
2	オワンクラゲ科－オワンクラゲ	グリーンフルオレセント蛋白質遺伝子	同定	動物	Class1		
3	エンテロバクテリア科－大腸菌	neo耐性遺伝子 lacZ遺伝子	同定	別表 第2-1-(1)	Class1		
4	レトロウイルス科－○○ウイルス	env遺伝子，gag遺伝子，pol遺伝子，LTR領域	同定	別表 第2-2-(2)-イ	Class2		

●宿主等 / Recipient organisms and the like

宿主[16] Recipient organism	ベクター[17] Vector	宿主の法令分類[13] Legal classification of the recipient organism	宿主の実験分類[14] Experiment class of the recipient organism	保有（接種）動植物・培養細胞等[18] Animal/plant, cultured cell or the like to be inoculated	核酸供与体No.[19] Donor organism No.	実施場所No.[20] Experiment Locations No	第5条に関する根拠[21] Experiment type	拡散防止措置の区分[22] Containment level	備考[23] Remarks	状態[10] status
B1(EK1) 大腸菌K12株	pBluescript (pUC19由来)	別表2-1-(1)	Class1	○○培養細胞※	1-3	1, 2	第5条1-ハ	P1		
マウス（遺伝子組換え細胞を保有する動物）	なし	動物	Class1	※で作成した培養細胞をマウスに移植	1-3	3, 4	第5条3-ハ	P1A		
マウス（仮親）－組換えマウス受精卵	なし	動物	Class1	※※で調整しマウス受精卵に導入後，マウスに移植	1-3	5	第5条3-ハ	P1A		
○△ウイルス○型（欠損株）	p○○-△△	別表 2-2-(2)-イ	Class2	ヒト培養細胞株（○○）	1-4	6	第5条1-イ	P2		

図3　遺伝子組換え実験計画書記載例

● 研究計画

BRCで実施している個別の研究計画や他の研究機関および大学等とBRC事業にかかわる研究計画が異なる点は、リソース事業という特殊性から、動植物個体、受精卵、種子、微生物など取り扱う遺伝子組換え生物である宿主ならびに供与核酸が多種に及ぶため、個々の寄託、譲渡などに迅速に対応できるようバイオリソース事業用として枠（実験材料の種類）の広い研究計画申請により許可を受けている点である．

細胞培養研究においては「培養細胞」が遺伝子組換え生物等規制法から外れる場合が多いが、培養によりウイルスを産生する細胞株の維持培養、組換え細胞株の樹立や開発研究などにおける遺伝子組換え生物としての取り扱い、または提供等において宿主（大腸菌等）に導入する段階があるなど、組換えDNAを取り扱う以上、いずれかの段階で遺伝子組換え生物等規制法の適用を受ける場合が多い．

● 拡散防止措置

5章-1⑤でも述べたように、実験の各過程がそれぞれどのレベルの拡散防止措置をとる必要があるかを計画段階で把握しておく必要がある．例えばレトロウイルス（クラス2）を利用し作製したiPS細胞の場合、

① 組換えレトロウイルスの調製、細胞への導入段階はP2レベル
② 作製したiPS細胞の増殖培養、分化誘導させる段階は、ウイルスが消失していなければP2レベル
③ ウイルスが消失し、かつiPS細胞の染色体に導入されたウイルス由来のウイルス粒子が生成しないことが確認できた場合は法令対象外
④ その法令対象外のiPS細胞あるいは由来の分裂能を有する細胞（ウイルス由来の遺伝子が1つでも残る場合）をマウスに移植した場合、マウスに移植した時点でマウスが組換え培養細胞を保有していることになるためP1A

といったように、研究計画全体を把握したうえでの研究計画立案が重要となる．

なお、拡散防止措置に係る施設等要件の確認は、図4の確認表により行っている．

● 情報提供

法令では実験計画、安全委員会等については言及しておらず（大臣確認実験を除いては）、適切な拡散防止措置（施設、運用、表示等）をとることに重点が置かれているが、もう1点ポイントとして、譲渡に係る情報提供等（図5）については法令で明確に

○○○に関する研究（整理番号：△△△）

建物名	階	実験室名	A.C	S.C	手洗	逃亡防止(A)	ふん尿等回収設備(A)	法令表示	立入措置	法令との適合性	拡散防止措置レベル
バイオリソース棟	2	A室	○	―	○	―	―	○	○	適	P1
バイオリソース棟	5	B室	○	○	○	―	―	○	○	適	P2
バイオリソース棟	5	C室	○	―	○	○	○	○	○	適	P1A

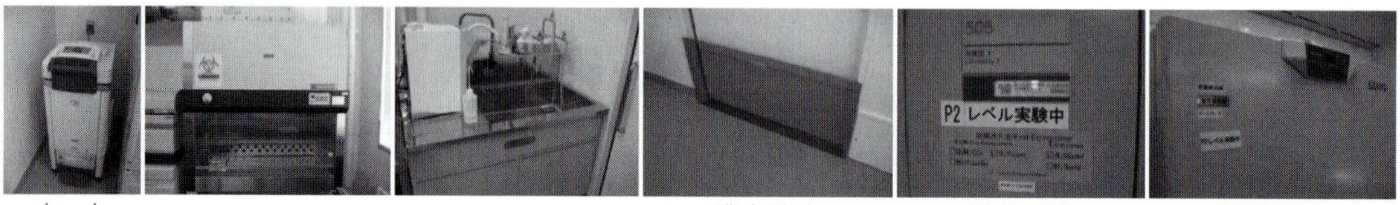

オートクレーブ　安全キャビネット　手洗い流し　逃亡防止（ネズミ返し）　法令表示（入口）　法令表示（フリーザー）

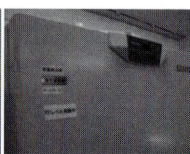

図4　遺伝子組換え実験施設拡散防止措置要件確認表

遺伝子組換え生物等の使用等の規制による生物の多様性の確保に関する法律
施行規則第三十三条第二項に基づく情報提供

平成　　年　　月　　日（譲渡・提供・委託）予定の遺伝子組換え生物等について，遺伝子組換え生物等の使用等の規制による生物の多様性の確保に関する法律施行規則第三十三条第二項に基づき，下記の情報を提供します．

項目		内容
イ	遺伝子組換え生物等の第二種使用等をしている旨	今回，（譲渡・提供・委託）する遺伝子組換え生物等について，理研では第二種使用等を行っています． 法に基づく第二種使用等の拡散防止措置を執って使用等を行ってください． 執るべき拡散防止措置のレベル： □P1（A・P）　　□P2（A・P）　　□P3（A・P） □大臣確認実験
ロ	遺伝子組換え生物等の宿主又は親生物の名称	
	遺伝子組換え技術により得られた核酸又はその複製物の名称	
ニ	譲渡者の氏名及び住所	〒 所属： 実験責任者氏名： 担当者氏名： TEL： FAX： e-mail：
	備考（上記の他に譲受者等に有益と思われる情報）	

※ハ　第16条第1号，第2号及び第4号に係る記載は該当しないため省略

図5　情報提供文書様式例

定められているため，厳守する必要がある．国内ならびに海外への遺伝子組換え生物の譲渡，輸出等いずれの場合も法令に定められた項目について，記載漏れのないよう正確な情報提供あるいは通告等が求められており，特に注意が必要である．

❹ 動物実験

細胞培養研究を含むバイオリソース事業においては，多くの場合，実験動物を用いる研究および事業内容が含まれてくる．実験動物からの組織等採取，細胞移植，遺伝子操作した動物の作製および飼育など，関係法令，指針に定義される哺乳類，鳥類および爬虫類（BRCはマウス等哺乳類のみ該当）につい

ては，実験責任者が毎年動物実験計画を立案し，研究所長に申請する．研究所長は諮問機関である動物実験審査委員会に審査を依頼し，その答申を受け，実験計画の承認等を行っている．

● **動物実験計画承認申請書**

動物実験計画承認申請書には，研究課題名，目的，必要性，代替法の検討状況，実験概要，施設，使用予定動物等について詳細を記載することになるが，特に3R，すなわち苦痛軽減（Refinement）として実験操作ごとの苦痛度分類およびその分類に応じた麻酔方法，代替法（Replacement）の検討を踏まえた動物実験の必要性，ならびに使用動物数の低減（Reduction）として使用予定数の算出根拠等についての審査を動物実験審査委員会で重点的に行い，科学的，倫理的な側面から実験実施が妥当か否かの審査を実施している．なお，研究課題数が多い事業所では難しい面もあるが，BRCでは原則として申請者（実験責任者）が計画内容について説明を行い，質疑応答の後，審査を実施している．

● **実施結果報告**

研究所長の承認を受け，実験を実施した結果・経過等については報告が必要となる．動物実験審査委員会では前年度分の動物実験計画についての報告を各実験責任者から受け，計画どおりに実施したか，使用動物数は適正であったか，異状はなかったか，苦痛の軽減等動物福祉に配慮した点等について，また，各飼育施設の責任者からは，飼育状況，飼育施設の状況，動物愛護，福祉に関連する点等についての報告に関し，定期的な施設の点検結果（飼育施設等すべての動物施設の点検）を含め，基本指針等に適合していたか等についての審査（点検）を実施する．

● **自己点検・評価・検証**

基本指針制定により対応が必要となった事項に，機関の長の責務として「自己点検・評価及び検証」がある．これは動物実験実施の透明性の確保を目的として，定期的に基本指針への適合性に関し，自ら点検，評価を実施し，その結果については外部の者による検証を実施することに努めなければならないとされている．

BRCでは，図6に示す事項について動物実験審査委員会が前述の計画の審査および各報告内容等を踏まえて点検を実施し，その結果を受け，研究所長が評価を行っている．なお，検証については外部機関あるいは外部委員等による実施が必要になると考えられる．

外部検証の組織としては，国立大学法人動物実験施設協議会（国動協）・公私立大学実験動物施設協議会（公私動協）による相互検証，（財）ヒューマンサイエンス振興財団などが検証を行っている．

理化学研究所においては，動物実験検証委員会の設置に関する規則を制定したうえで，外部委員による検証を予定している．

自己点検・評価事項

筑波動物実験審査委員会

1．動物実験に係る実験計画の審査及び実施状況（別紙1）

項目	内容	適否	指摘事項・意見等
1）審査状況	機関の長は，動物実験審査委員会の審査を経て動物実験計画の承認等を行っているか	適 否	
2）実施状況	①機関の長は，動物実験の実施状況の確認及び必要な改善の指示等を行っているか	適 否	
	②3Rを踏まえ，適正な動物実験が実施されているか	適 否	

2．動物実験に係る施設の審査及び管理状況（別紙2）

項目	内容	適否	指摘事項・意見等
1）審査状況	機関の長は，動物実験審査委員会の審査を経て飼養保管施設の承認等を行っているか	適 否	
2）管理状況	機関の長は，飼養保管施設の管理状況の確認及び必要な改善の指示等を行っているか	適 否	

3．教育訓練実施状況（別紙3）

項目	内容	適否	指摘事項・意見等
1）実施状況	機関の長は，動物実験従事者・飼育技術者等に対する教育訓練を適切に実施しているか	適 否	

4．動物実験従事者／飼育技術者登録状況（別紙4）

項目	内容	適否	指摘事項・意見等
1）登録状況	機関の長は，動物実験従事者・飼育技術者の登録等を適切に実施しているか	適 否	

5．動物実験審査委員会委員（別紙5）

項目	内容	適否	指摘事項・意見等
1）委員構成	委員には以下の者が含まれているか ○動物実験等に関して優れた識見を有する者 ○実験動物に関して優れた識見を有する者 ○その他学識経験を有する者	適 否	
2）役割	①委員会は，動物実験計画の審査を実施し，その結果を機関の長に報告しているか	適 否	
	②委員会は，動物実験計画の実施結果等について，機関の長より報告を受け，必要に応じ助言等を行っているか	適 否	

図6　動物実験実施状況等自己点検・評価事項

❺ まとめ

　以上，細胞培養研究に係る法令，指針に基づく申請手続き等に関し，ポイントとなる部分を中心に概要を説明した．記載以外にも，微生物，毒物・劇物・向精神薬・麻薬などの化学物質，高圧ガス（液体窒素等），放射性物質など，研究内容によっては多くの法令等がかかわってくることになる．

　しかしながら，BRCから提供する生物材料のほとんどは，「臨床研究に関する倫理指針」および「ヒトゲノム・遺伝子解析研究に関する指針」等において「学術的な価値が定まり，研究実績として十分に認められ…」に該当する，いわゆる「バンク提供試料」として，ユーザーはこれら指針の適用を受けることなく，かつMTAなどにより適正に取り扱うことの同意を前提に使用することが可能な生物資源としての位置づけとしている．

　なお，法令や指針などは，定期的に見直し等による改正が行われるため，関連学会や国の説明会における情報も入手しながら，適切な対応をとっていく必要がある．BRCにおいても，法令等を受けた所内の規程，細則などの改正や，各計画書等の記載項目の見直しを行いながら，研究者自らが，より適正な手続き，実験管理をとっていくことが細胞培養研究を含めたすべての研究活動の信頼性，透明性を担保していくものであると考える．

参考URL
1） http://www.brc.riken.jp/lab/cell/
2） http://www.brc.riken.jp/lab/cell/hes/dist.shtml#1
3） http://www.shigen.nig.ac.jp/escell/human/top.jsp

付録 理研BRCからのリソースの入手方法

西條 薫

　理化学研究所バイオリソースセンター（理研BRC）は，ライフサイエンス研究に不可欠な生物実験材料（バイオリソース）を収集し，厳重な管理の下，実験の再現性を保証するバイオリソースを整備・保存し，国内外の研究者等に提供している．提供しているバイオリソースは，マウスを中心とした実験動物，シロイヌナズナを中心とした実験植物，ヒトや動物の細胞材料，微生物・動物・ヒト由来のDNA等の遺伝子材料，微生物材料等である．

　細胞材料の入手方法を例に記載するが，その他のバイオリソースについては，下記のホームページをご参照のこと．

● 理研バイオリソースセンター
　http://www.brc.riken.go.jp/
　＊実験動物開発室（マウスを中心とした実験動物）
　　http://www.brc.riken.go.jp/lab/animal/
　＊実験植物開発室（シロイヌナズナを中心とした実験植物）
　　http://www.brc.riken.go.jp/lab/epd/
　＊細胞材料開発室（ヒトや動物の細胞材料）
　　http://www.brc.riken.go.jp/lab/cell/
　＊遺伝子材料開発室（微生物・動物・ヒト由来のDNA等の遺伝子材料）
　　http://dna.brc.riken.jp/ja/
　＊微生物材料開発室（微生物材料）
　　http://www.jcm.riken.jp/JCM/JCM_Home_J.shtml

❶ 細胞材料の入手方法 (http://www.brc.riken.go.jp/lab/cell/distribution/cell_order.shtml)

　理研BRC細胞材料開発室からリソースを入手するにあたっては，ホームページ・カタログからリソース情報を検索ください．その後，必要書類を作成し，ご送付ください．ホームページから必要書類の作成もできますが，必ずご送付ください．通常は，必要書類が水曜日午後5時までに届けば，翌週火曜日に宅配便発送いたします．手数料は，リソースとは別に請求書を郵送いたしますので，指定の口座に振込をお願いいたします．参考：http://www.brc.riken.jp/inf/distribute/teikyou.shtml

1 必ず準備する書類

　書類のひな形や書き方の詳細は上記ホームページを参照．

＊提供依頼書
　リソースを依頼するための依頼書
＊提供同意書
　リソースの利用を促進し，権利・義務の関係を明確化させていただくため，当センターと提供依頼者との間であらかじめ生物遺伝資源提供同意書（MTA）を締結していただく必要があります．リソースの寄託の際に，寄託者の権利を守るための固有の条件がMTAの条項として付加される場合があります．この付加条件

は，リソースの提供にあたって利用者に課せられることになり，MTAに記載され，遵守していただくことになります．提供にあたって事前に提供依頼者が寄託者から提供承諾を得ることが条件として付加されているリソースの提供については「提供承諾書」を用いて寄託者から承諾を得ることが必要です．

【第一種生物遺伝資源提供同意書】
　非営利機関における非営利学術研究目的へのバイオリソースの提供

【第二種生物遺伝資源提供同意書】
　以下に該当するバイオリソースの提供
　・営利機関
　・非営利機関と営利機関との共同研究
　・非営利機関による営利機関からの委託研究
　・非営利機関による営利を目的とした研究開発（特許等の取得を目的とした研究）

2 必要に応じて準備する書類

＊提供承諾書（寄託者の承諾が必要な場合）
＊組換え提供確認書（遺伝子組換え生物に該当する場合）
＊提供同意書締結依頼書（使用機関の倫理委員会の承認が必要な場合）
＊所属機関倫理委員会の「承認書」の写し（使用機関の倫理委員会の承認が必要な場合）
＊文部科学大臣の確認書の写し（ヒトES細胞の場合）

3 提供手数料について

提供手数料は，バイオリソースを提供するにあたりかかる費用（梱包費や送料など，提供依頼を受けてから発生する費用．参考：http://www.brc.riken.go.jp/inf/distribute/kakaku.shtml#cell）

4 ホームページでの検索方法

提供可能な細胞材料は，以下のようにホームページから検索できます．

● 1）細胞材料開発室のホームページにアクセス
　http://www.brc.riken.jp/lab/cell/

● 2）リソースを検索する場合は，左のメニューの「細胞材料検索」をクリック

● 3）キーワードによる検索
①キーワードを入力する

＊すべての細胞材料が検索対象

例：「iPS」と入力した場合

②さらに条件を絞り込む場合は間にスペースを入れてキーワードを追加する

例：「iPS human」と入力した場合

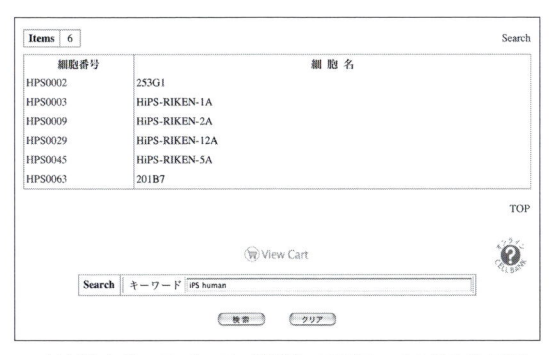

Items	6	Search
細胞番号	細胞名	
HPS0002	253G1	
HPS0003	HiPS-RIKEN-1A	
HPS0009	HiPS-RIKEN-2A	
HPS0029	HiPS-RIKEN-12A	
HPS0045	HiPS-RIKEN-5A	
HPS0063	201B7	

＊はじめから，スペース（半角）で区切っての検索も可能
＊各細胞の詳細情報（右記③参照）において「特性（日）」に含まれる単語であれば，日本語での検索も可能

例：「iPS human 4因子」と入力した場合

Items	4	Search
細胞番号	細胞名	
HPS0003	HiPS-RIKEN-1A	
HPS0009	HiPS-RIKEN-2A	
HPS0045	HiPS-RIKEN-5A	
HPS0063	201B7	

③「細胞番号」をクリックすると詳細情報が表示される

HPS0063 : 201B7	
特性(英)	Not available.
特性(日)	ヒト人工多能性幹（iPS）細胞株。レトロウイルスベクターにより4因子（Oct3/4, Sox2, Klf4, c-Myc）を導入。以前の提供番号はHPS0001。
動物種	human

❷ 入手可能なリソース

理研BRC細胞材料開発室から入手可能なリソースの詳細については，1章-1を参照ください．

●**ヒトおよび動物由来の培養細胞株（RCB）**
ヒト（がん細胞，線維芽細胞）を含む哺乳類，鳥類，両生類，魚類，昆虫類の細胞，およびハイブリドーマ

●**ヒトES細胞（HES）**
ヒトの胚性幹細胞

●**動物ES細胞および生殖細胞由来の多能性幹細胞（AES）**
ヒトを除く動物の胚性幹細胞，生殖細胞由来の多能性幹細胞

●**動物iPS細胞（APS）**
ヒトを除く動物の人工多能性幹細胞

●**ヒトiPS細胞（HPS）**
正常および疾患特異的の人工多能性幹細胞

●**研究用ヒト臍帯血幹細胞**
有核細胞（HCB），単核細胞フィコール試料（CBF），CD34陽性細胞（C34），新鮮臍帯血（FCB）

●**研究用ヒト間葉系幹細胞（HMS）**

●**日本人由来不死化細胞株（HEV）**
健常人，患者由来（乳癌，子宮癌）のヒトB細胞

●**園田・田島コレクション細胞（HSC）**
世界のさまざまな人種民族に由来する不死化B細胞株

●**後藤コレクション細胞（GMC）**
早老症（Werner症候群）患者に由来する不死化B細胞株および初代培養線維芽細胞

③ 発表論文について

理研BRC細胞材料開発室より入手した細胞を用いて成果を論文発表される場合，必ず当室および文部科学省ナショナルバイオリソースプロジェクトへの謝辞をAcknowledgement欄やMaterials & Methods欄に記載し，研究成果（論文）を刊行された場合は，その情報を当室までお知らせください．論文のAcknowledgement欄やMaterials & Methods欄中には次のように記載してください．"○○○（リソース名）was provided by the RIKEN BRC through the National BioResource Project of the MEXT, Japan."または，「○○○（リソース名）は，文部科学省ナショナルバイオリソースプロジェクトの支援に基づき，理研BRC細胞材料開発室から提供を受けたものである．」

④ 受託品質検査

理研BRC細胞材料開発室では，理研BRCから提供した細胞，および，理研BRCへの寄託を前提とした細胞を対象に，品質検査等を行っています．

1 理研BRCから提供した細胞

注：前述のように細胞材料の提供に際しては，別途提供手数料が必要です．

●1）検証書の発行

理研BRCから提供した細胞に関して，雑誌社からの要求により理研BRCが発行する検証書を利用者が必要となった場合，提供した日付および提供前に当該細胞について実施した検査内容を示す検証書を，利用者の依頼に応じて「無料」で発行いたします．

【申込方法】
・件名に「品質検査サービス」とご記載のうえ，メール（cellbank@brc.riken.jp）にてお申し込みください．

●2）受託検査および検証書の発行

理研BRCから提供した細胞に関して，雑誌社からの要求により利用者が再検証することが必要となった場合には，利用者からの依頼に応じて利用者の「実費負担」（右表）により，理研BRCが検査を引き受け，検査後に検証書を発行いたします．

検査内容	試料	検査依頼書	必要実費（税込み）
マイコプラズマ検査	細胞の培養上清* 10 mL	C-0201	19,000円
ヒト細胞の細胞誤認検査（Short Tandem Repeat多型解析）	細胞のDNA（30 ng/μLを50μL程度）または細胞ペレット（60 mm dish 1〜2枚程度）	C-0202	18,000円

なお，他の細胞バンクから入手した細胞の場合は，当該バンクが責任をもって品質管理すべきものであるため，検査はお引き受けできません．

*抗生物質を含まない培地で少なくとも3週間以上継代した細胞で，継代後または培地交換後3日以上経った培養上清をお願いいたします．

【申込方法】

・上記表の検査依頼書をダウンロードし（http://www.brc.riken.go.jp/lab/cell/quality/inspection.shtml），メール（cellbank@brc.riken.jp）に添付（pdf）いただくか，FAX，郵送にてお送りください．

・当室から検体の送付方法，送付日を連絡（メールまたは郵送）いたします．

・検体が届いてから検査後，検査結果書，請求書を発送いたします（検査結果書発行までに，マイコプラズマ検査は3週間程度，ヒト細胞の細胞誤認検査は2週間程度を要します）．

2 理研BRCへの寄託を前提とした細胞

研究者が自ら樹立した細胞を,「無条件または限定的な条件の下で,理研BRCが広く一般の研究者へも提供すること」を前提に寄託がなされる場合,理研BRCは「無料」でその細胞の検査を引き受け,検査証書を発行いたします.

【お問い合わせ先】cellbank@brc.riken.jp

⑤ 寄託・譲渡について

細胞バンク事業に限らず,リソース事業は研究者の皆様からの研究資源の寄託・譲渡によって成立しています.お手元に寄託・譲渡可能な細胞材料がある場合には,ぜひとも寄託または譲渡していただきたく,よろしくお願い申し上げます.ご不明な点等ございましたら,どうぞお気軽にメール(cellkitaku@brc.riken.jp)をください.

索 引

数　字

0.25％トリプシン ……………… 90
0.3％トリパンブルー … 111, 113
1分子イメージング ……… 43, 44
2％ EDTA（53 mM EDTA）… 90
2-メルカプトエタノール …… 85
3R ………………………… 287, 296
3T3細胞 ………………………… 21
10T1/2 ……………………… 174, 175
129系統 ………………………… 62

欧　文

A～E

Anchorage-dependent …… 149
B95-8細胞 …………………… 179
bFGF …………………………… 68
B-LCL ………………………… 48
B-LCLの樹立 ……………… 176
B-LCLの染色体検査 ……… 49
BS ……………………………… 80
BSE …………………………… 83
Burker-Turk計算盤 ………… 116
Bリンパ芽球様細胞株 …… 48
C57BL/6N系統 ……………… 60
CD34陽性細胞 ………… 169, 170
CHIR99021（GSK-3β阻害剤）
 …………………………………… 196
c-Myc …………………………… 69
CNV …………………………… 47
CS ……………………………… 80
CTK …………………………… 202
DAP213 ……………………… 131
Dex ………………… 171, 173, 175

DNA検出法 ………………… 260
EBV ……………………… 48, 176
EBV産生細胞 ……………… 180
EBV力価測定 ……………… 180
Epiblast ……………………… 68
EpiSC ………………………… 68
EPO … 167, 169, 170, 171, 174
Epstein-Barr virus ………… 176
Epstein-Barrウイルス …… 48
ERK ………………………… 196
ES細胞 ………………… 66, 67, 70
ES細胞株 …………………… 22

F～I

FBS …………………… 80, 82
FCS …………………………… 80
FGF-2 ………………………… 202
fibroblast-like ……………… 149
Ficoll ………………………… 177
floxマウス …………………… 61
FMD …………………………… 83
Gamborg's B5培地 ………… 243
GSK3 ………………………… 196
Hanks液 ……………………… 89
HeLa細胞 …………………… 20
HS ……………………………… 80
Human Genome Diversity
 Project ……………………… 50
ICM …………………………… 191
IGF-Ⅱ ………… 167, 169, 174
IL-3 ……………… 167, 169, 173
IMDM ………………………… 170
International HapMap Project
 …………………………………… 50
International Histocompatibility
 Working Group ………… 50

International Knockout Mouse
 Consortium：IKMC ……… 59
International Mouse Strain
 Resource（IMSR）………… 59
iPS細胞
 …… 23, 66, 69, 70, 129, 130, 210
ITES …………………………… 86
ITS …………………………… 86

K～O

KaPPA-View4 ……………… 74
Klf4 …………………………… 69
KNOCKOUT serum
 replacement（KSR）…… 187
LIF ……………………… 67, 187
L-グルタミン ……………… 78
MACS ……………………… 170
MEDEP ……………………… 171
MEDMC …………………… 171
MEF ……………… 188, 200, 229
MEM ………………………… 76
Mifepristone ……………… 169
mitomycin C処理 ………… 214
Mouse Embryonic Fibroblast
 …………………………………… 229
mTeSR1 …………………… 207
NBS …………………………… 80
Nested-PCR法 …………… 265
Oct3/4 ………………………… 69
OP9 …………………… 174, 175

P～S

PBS（+）……………………… 88
PBS（-）………………… 88, 108
PCR法 ……………………… 260
PD0325901（MEK阻害剤）… 196

PDL ··································· 147	遺伝子解析 ··························· 31	カルス ································ 242
PLAT-E ···························· 219	遺伝子欠損マウス ················· 57	カルス培養 ··························· 71
RAFL cDNA ························ 73	遺伝子ターゲティング ············ 57	カルスピペット ··················· 244
RnR ····································· 74	遺伝子多型 ······················ 54, 273	がん幹細胞様細胞集団 ··········· 43
SCF ········ 167, 169, 170, 171, 174	遺伝子発現解析 ······················ 53	環境ストレス応答 ·················· 72
SCID マウス ······················· 157	インキュベーター ················ 107	幹細胞 ·································· 21
short tandem repeat ··········· 273	インスリン ···························· 85	がん細胞株 ····················· 26, 30
SNL フィーダー細胞 ············ 213	インターロイキン 3 ············· 173	がん細胞株の三次元 (3D) 培養 ··· 42
SNP ······························· 47, 54	インフォームド・コンセント	感染を予防 ··························· 99
SNP 解析 ····························· 50	·································· 37, 283	緩速予備冷却結法 ················ 248
SnRK2 ································· 72	ウイルス感染 ······················ 254	乾熱滅菌 ························ 96, 98
Sox2 ··································· 69	ウイルスの消毒 ····················· 99	緩慢冷却法 ··················· 121, 129
SSLP（Simple Sequence Length	ウシ海綿状脳症 ····················· 83	間葉系幹細胞 ·················· 28, 30
Polymorphism）··········· 277	ウシの血清 ························· 258	技術研修 ···························· 257
StemSpan H3000 ················ 170	エコトロピック・レセプター ··· 217	基礎培地 ······························ 76
	エタノール ···························· 98	寄託 ····································· 37
T〜V	エタノールアミン ·················· 86	基本指針 ···························· 288
T87 ····································· 71	エピソーマル・プラスミド ··· 222	キメラマウス ························ 57
T87 細胞株 ························· 252	エピソーマル・プラスミドベクター	急速冷却法 ··················· 121, 129
TATAI ························ 111, 113	·· 212	教育研修 ···························· 291
The Wellcome Trust ············ 51	エリシター ···························· 73	胸水・腹水培養法 ················ 159
units/mL ···························· 87	エリスロポエチン ················ 171	近交系マウス ························ 60
VEGF ················ 167, 169, 174	エレクトロポレーション ··· 223, 224	クラス ································· 95
Vero 細胞 ······················ 25, 260	オーキシン ························· 242	クリーンベンチ ····················· 95
	オートクレーブ ············ 96, 97, 98	クリーンベンチ・安全キャビネット
和 文	オートクレーブ滅菌 ·············· 92	··· 96
	オスバン ······················ 98, 107	グルタマックス ····················· 78
ア行		グルタミンの失活 ················ 103
アグロバクテリウム ·············· 73	**カ行**	クローニング ······················ 256
亜セレン酸ナトリウム ··········· 86	解剖用具 ···························· 230	クローン化 ··························· 20
アルギン酸ゲル ··················· 248	火炎滅菌 ······························ 97	クロスコンタミネーション ····· 94
安全キャビネット ·················· 95	拡散防止措置 ················ 287, 293	計算盤 ································ 112
イーグル（アール）系 ··········· 78	活性炭処理血清 ····················· 80	計測機器 ···························· 118
維持培養 ···························· 101	ガラス化 ······················ 129, 249	継代のタイミング ················ 106
一塩基多型 ····················· 47, 54	ガラス化法 ························· 130	継代培養 ······················ 18, 101

血液細胞……………………166	細胞誤認………… 24, 254, 273	初代培養細胞………………229
血球計算盤……………111, 113	細胞誤認検査………………273	初代培養法…………………149
結晶化………………………129	細胞材料の品質………………23	シリコ栓……………………243
血清……………………………80	細胞集団倍加数……………147	シロイヌナズナ…… 71, 243, 252
血清の保存・融解……………84	細胞数の計測………………111	真菌汚染……………………253
ゲノムインキュベーター……46	細胞特性の安定性……………33	神経幹細胞……………………30
ゲノムの安定性………………32	細胞特性の均一性…………256	人工多能性幹細胞…23, 28, 210
ゲノムの多様性………………47	細胞の継代…………………102	スクレーパーによる選択……164
ケミカリー・ディファインド培地	細胞の不死化…………………19	ステムセルファクター……171
……………………………77	細胞培養の歴史………………18	ステンレスふるい…………244
研究計画書…………………289	細胞剥離液…………………122	スポイト……………………119
懸濁培養……………… 71, 242	細胞分化の可逆性……………22	正常組織由来不死化細胞……40
抗凝固剤……………………177	細胞分散培養法… 149, 150, 155	生殖細胞作製研究の要件……285
恒常性…………………………55	細胞分離に用いる酵素……155	生存率の計算………………116
抗生物質………………… 84, 151	細胞密度……………………106	赤血球前駆細胞株 … 166, 171, 173
口蹄疫…………………………83	酸性タイロード……………191	ゼラチン……………………200
個人情報の保護………………38	自己点検・評価及び検証……296	セルストレーナー…………236
個人等の保護………………283	自己複製能……………… 52, 210	線維芽細胞……………… 26, 229
個体差…………………………47	支持細胞……………………198	前駆細胞………………………55
コピー数多型…………………47	指針……………………………35	全ゲノム連鎖解析……………50
コラゲナーゼ溶液……………91	施設等要件…………………294	染色体………………………195
コンタミネーション…94, 99, 106	実験用の培養………………101	染色体異常…………………205
コンディショナルノックアウト … 61	自動計測器…………………118	増殖曲線……………………106
コンフルエント………… 106, 108	自動細胞数計測機器………117	組織片培養法…… 149, 152, 153

サ行

細菌汚染……………………253	樹立方法……………………149	**タ行**
サイクロスポリンA溶液……180	馴化培地……………………207	
再生医療………………23, 53, 66	使用機関……………………290	体細胞…………………………52
臍帯血………………… 27, 166	情報提供……………………295	体性幹細胞……………… 22, 52
サイトカイニン……………242	情報の提供…………………287	タタイ……………………111, 113
サイトカイン・増殖因子………87	初期化…………………… 23, 210	多能性………………………210
細胞外基質……………………87	初期化因子…………………212	多能性幹細胞………………130
細胞株…………………………19	除去試薬……………………271	タバコBY-2……………… 71, 248
細胞株の3D培養………………43	植物細胞………………………71	ダブリングタイム…………106
	植物のメタボローム解析……73	多分化能…………………52, 210
	植物ホルモン………………242	知的財産権……………………37

◆編者プロフィール

中村幸夫（なかむら　ゆきお）

1986年新潟大学医学部卒業．'86〜'89年信州大学医学部第二内科医師．'89〜'90年自治医科大学血液科臨床助手．'90〜'94年理化学研究所研究員．'94〜2002年筑波大学基礎医学系講師．この間，1998〜2000年 Walter and Eliza Hall Institute（オーストラリア・メルボルン市）研究員．'02〜'03年理化学研究所バイオリソースセンター細胞運命研究チーム・チームリーダー．'03年から理化学研究所バイオリソースセンター細胞材料開発室・室長．座右の銘「自分の立っている所を深く掘れ．そこからきっと泉が湧き出る．」

実験医学別冊

目的別で選べる細胞培養プロトコール
培養操作に磨きをかける！基本の細胞株・ES・iPS細胞の知っておくべき性質から品質検査まで

2012年3月20日　第1刷発行	編　集	中村幸夫
2017年5月20日　第3刷発行	協　力	理化学研究所バイオリソースセンター
	発行人	一戸裕子
	発行所	株式会社羊　土　社
		〒101-0052
		東京都千代田区神田小川町2-5-1
		TEL　　 03（5282）1211
		FAX　　 03（5282）1212
		E-mail　eigyo@yodosha.co.jp
		URL　　www.yodosha.co.jp/
Printed in Japan	装　幀	野崎一人
ISBN978-4-7581-0183-7	印刷所	株式会社平河工業社

本書の複写にかかる複製，上映，譲渡，公衆送信（送信可能化を含む）の各権利は（株）羊土社が管理の委託を受けています．
本書を無断で複製する行為（コピー，スキャン，デジタルデータ化など）は，著作権法上での限られた例外（「私的使用のための複製」など）を除き禁じられています．研究活動，診療を含み業務上使用する目的で上記の行為を行うことは大学，病院，企業などにおける内部的な利用であっても，私的使用には該当せず，違法です．また私的使用のためであっても，代行業者等の第三者に依頼して上記の行為を行うことは違法となります．

JCOPY ＜（社）出版者著作権管理機構　委託出版物＞
本書の無断複写は著作権法上での例外を除き禁じられています．複写される場合は，そのつど事前に，（社）出版者著作権管理機構（TEL 03-3513-6969，FAX 03-3513-6979，e-mail：info@jcopy.or.jp）の許諾を得てください．

「目的別で選べる 細胞培養プロトコール」広告 INDEX

㈱医学生物学研究所・・・・・・・・・・・・・・・後付 17
エッペンドルフ㈱・・・・・・・・・・・・・・・・・後付 27
クラボウ・・・・・・・・・・・・・・・・・・・・・・・・後付 5
コーニングインターナショナル㈱・・・・後付 19
サーモフィッシャーサイエンティフィック㈱
・・・・・・・・・・・・・・・・・・・・・・・・後付 25, 26
三洋貿易㈱・・・・・・・・・・・・・・・・・・・後付 3, 4
十慈フィールド㈱・・・・・・・・・・・・・・後付 1, 2
㈱スクラム・・・・・・・・・・・・・・・・・・・・後付 18
ストレックス㈱・・・・・・・・・・・・・・・・・・後付 8

タカラバイオ㈱・・・・・・・・・・・・・・・・・後付 20
㈱トーホー・・・・・・・・・・・・・・・・・・・・・後付 9
㈱ビジコムジャパン・・・・・・・・・・・・・・後付 7
メルク㈱・・・・・・・・・・・・・・・・・・・・・・後付 24
ライフテクノロジーズジャパン㈱
・・・・・・・・・・・・・・・・・・・・後付 21, 22, 23
和光純薬工業㈱・・・・・・・・・・・・・・・・・後付 6
ワトソン㈱・・・・・・・・・・・・・・・・・・・・後付 10

（五十音順）

広告資料請求サービス

【PLEASE COPY】

▼広告製品の詳しい資料をご希望の方は、この用紙をコピーしFAXでご請求下さい。

	会社名	製品名	要望事項
①			
②			
③			
④			
⑤			

お名前（フリガナ）　　　　　　　　　TEL.　　　　　　　FAX.
　　　　　　　　　　　　　　　　　　E-mailアドレス
勤務先名　　　　　　　　　　　　　　所属
所在地（〒　　　　　　）

ご専門の研究内容をわかりやすくご記入下さい

FAX：03 (3230) 2479　　E-mail：adinfo@aeplan.co.jp　　HP：http://www.aeplan.co.jp/
広告取扱　エー・イー企画

「実験医学」別冊
目的別で選べる
細胞培養プロトコール

**愛される製品
信頼される技術**

BRAND BIOLABO

空間ニーズに技術が生きてます
十慈フィールドのクリーンベンチラインナップから用途に合わせてお選びください

クリーンベンチ

〈NS-シリーズ〉

**BIO-LABO
クリーンベンチ**
NS-8BS〜18BSまで5タイプ
NS-10BW〜18BWまで4タイプ

ご好評の"BLシリーズ"の高性能・操作性はそのままにコストパフォーマンスを追求しました

CO_2インキュベーター
マルチガスインキュベーター

〈BL-シリーズ〉

**BIO-LABO
インキュベーター**

〈40ℓタイプ〉
BL-42CD
BL-42MD
〈160ℓタイプ〉
BL-162D
BL-1620D
〈320ℓタイプ〉
BL-322D
BL-3220D

十慈フィールド株式会社
http://www.juji-field.co.jp

本社／東京都港区西新橋2丁目23番1号 第三東洋海事ビル8F
TEL 03-5401-3035(代) FAX 03-5401-3020
E-mail:info@juji-field.co.jp

愛される製品 信頼される技術

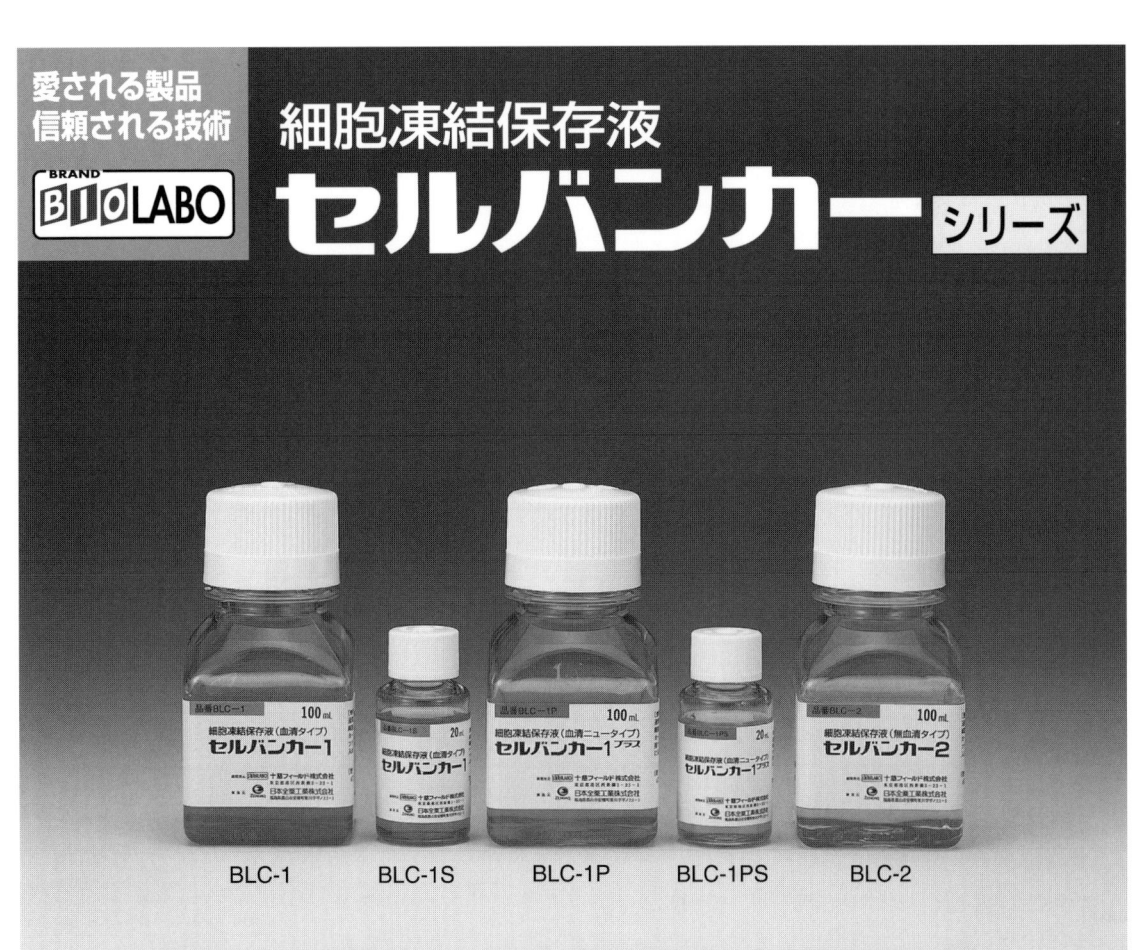

BIOLABO

細胞凍結保存液
セルバンカー シリーズ

BLC-1　　BLC-1S　　BLC-1P　　BLC-1PS　　BLC-2

製品名	製品番号	包装単位	消費期限	備考
セルバンカー1	BLC-1	100mL	3年	血清タイプ
	BLC-1S	20mL×4本		
セルバンカー1プラス	BLC-1P	100mL		血清ニュータイプ
	BLC-1PS	20mL×4本		
セルバンカー2	BLC-2	100mL		無血清タイプ

特長
- 試薬の調整及びプログラムフリーザーが不要ですので、細胞の保存が短時間で、安価にできます。
- 細胞を長期間凍結保存できますので、凍結操作を頻繁に行う必要がありません。
- ディープフリーザーで急速に凍結保存できます。
- 融解後の生存率が良好です。

※カタログ及びサンプルを用意しておりますので下記までご連絡ください。

総発売元

BIOLABO　十慈フィールド株式会社

本　社／〒105-0003　東京都港区西新橋2-23-1　第三東洋海事ビル8F
TEL 03-5401-3035(代)　FAX 03-5401-3020
URL.http://www.juji-field.co.jp　E-mail:info@juji-field.co.jp

製造元

ZENOAQ　日本全薬工業株式会社

ZENOAQ（ゼノアック）は日本全薬工業の企業ブランドです。
URL : www.zenoaq.jp

三洋貿易のバイオセンシング ソリューションズ

マルチウェル細胞代謝評価ユニット センサー・ディッシュ・リーダーSDR®

光学式原理によるセンサー・ディッシュ・リーダー（SDR）は、各種マルチウェルプレート上で細胞代謝、酸素活性プロセスでの酸素/pHのオンラインモニタリングが可能です。

特長
- オンラインモニタリング可能。
- インキュベーターでの設置が可能。
- SDRユニットは最大10台まで増設可能。
- 校正不要（キャリブレーション・フリー）。
- γ線滅菌済。（HydroDish HD 24/OxoDish® OD 24）
- 接着細胞への使用も可能です。
- 温度補正は内部温度センサーで自動補正されます。

SDRユニット

マイクロ酸素/pHセンサー

光学式原理によるマイクロセンサーは、様々な小容量反応チャンバー中に設置でき、微量サンプル容量での細胞代謝、酸素活性プロセスでの酸素/pHのオンラインモニタリングが可能です。
※生体組織中のダイレクト酸素/pH計測も可能です。

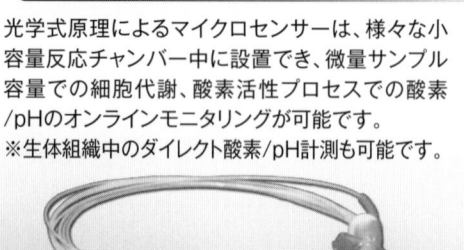

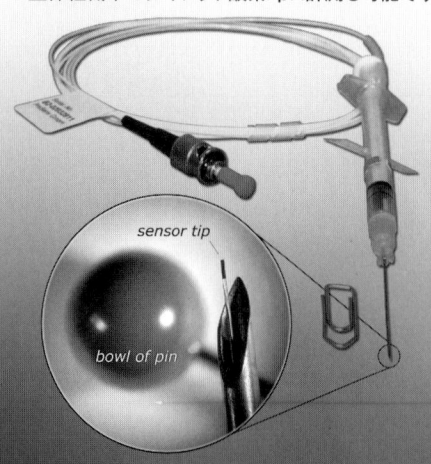

sensor tip
bowl of pin

バイオプロセス非接触酸素/pH/CO_2 モニタリングシステム

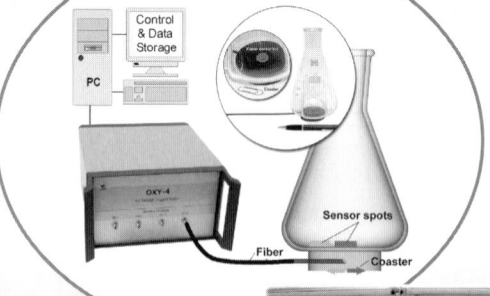

Control & Data Storage
PC
Sensor spots
Fiber
Coaster

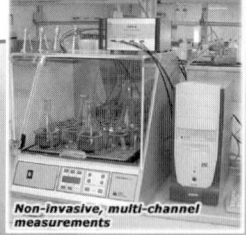

Non-invasive, multi-channel measurements

この酸素測定ユニットは、酸素濃度によって蛍光発光寿命が変化する金属錯体のチップを蛍光プローブとして培養容器底部（内部）に添付し、培養容器の外から溶存酸素量を蛍光消失時間として測定することが可能です。
またフラスコ内部に添付する蛍光プローブはオートクレーブが可能であり、細胞毒性がないことも実証されています。
気/液体サンプルの測定および、ppb（1億分の1）レベルから%オーダーの酸素モニタリングが可能です。

アプリケーション

- 細胞培養モニタリング
  OxoDish®は、酸素濃度の変化を検知することによりセル成長をモニタリングできます。哺乳類細胞の低酸素消費変化さえも容易にモニタリングすることができます。
- 受精卵細胞呼吸モニタリング
- エンザイム・スクリーニング
- ドラッグ・スクリーニング
- ホモジニアス・アッセイ
- 毒性評価モニタリング
- 酵素反応モニタリング
- 浮遊細胞培養モニタリング
- ミトコンドリア酸素活性モニタリング
- 哺乳類細胞培養モニタリング
- 低酸素培養モニタリング

Take the mouse out of your cell culture

Corning® Synthemax® Surface

CORNING

生物由来成分不要♪

フィーダー細胞・コーティングなしで幹細胞を未分化のまま培養できます。

幹細胞を未分化のまま培養するためには、フィーダー細胞や細胞外基質のコーティングが広く用いられますが、これらを不要にする画期的な培養表面です。Corning® Synthemax® Surfaceはプラスチックの表面にペプチドを含む特殊な合成基質をコートすることで、幹細胞培養に適した生育環境をつくります。合成培地を用いて培養した際に、特に幹細胞が接着・分化できる均一な表面です。

Feeder-free フィーダー細胞やマトリックス・コーティングの代替となります。
Xeno-free 異種由来の物質を一切含みません。
Ready to Use 前処理不要で、開封後すぐに使用できます。

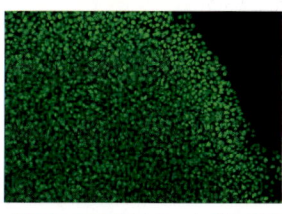

Oct4 immunostaining of H7 hESCs demonstrates the cells remain undifferentiated after 10 serial passages on Corning® Synthemax®-T Surface multiple well plates.

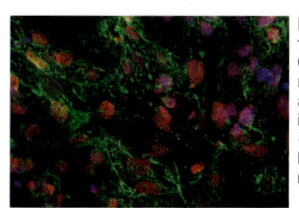

H7 hESCs differentiated to cardiomyocytes on Corning® Synthemax®-T Surface multiple well plates, as demonstrated by immunostaining of α-actinin (green, actin filaments), Nkx2.5(red, cardiac-specific marker) and DAPI(blue, nucleus).

＊製品は全て研究用のため、ヒト、動物の診断あるいは治療用としては承認されておりません。研究用以外の目的には使用しないでください。
CORNING®、Synthemax®、シンセマックス™はCorning Incorporatedの登録商標または商標です。

コーニングインターナショナル株式会社 ライフサイエンス事業部
〒107-0052 東京都港区赤坂1-11-44 赤坂インターシティ6階
TEL: 03-3586-1996(代)　FAX: 03-3586-1291
URL: www.corning.com/lifesciences
E-mail: CLSJP@corning.com

英国 reinnervate 社

多孔性三次元培養プラットホーム

alvetex

20% OFF !!
発売記念キャンペーン実施中！
2012年3月末日まで

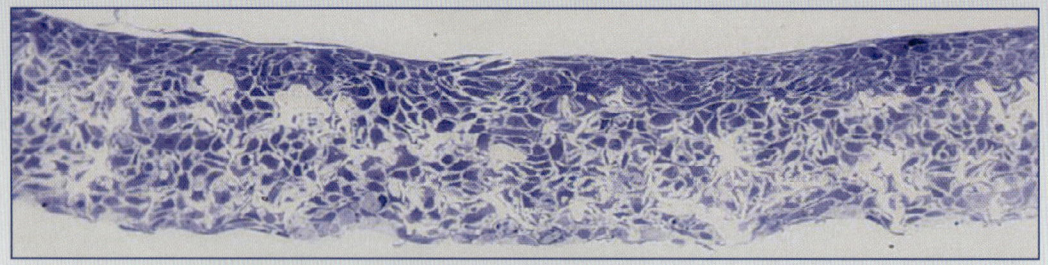

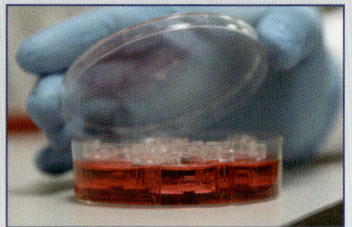

alvetex® を用いた三次元培養がもたらすメリット

三次元培養は生体内と似た環境
- ★ 細胞が本来の形状をとれる
- ★ 細胞同士が立体的に接触できる
- ★ 細胞が立体的な構造を構成する

→

細胞は生体内と相関する反応を示す
- ★ 肝細胞を用いた薬剤評価
- ★ 多層化した皮膚モデル
- ★ 幹細胞の分化誘導

alvetex® を用いたヒト肝細胞 HepG2 の三次元培養例

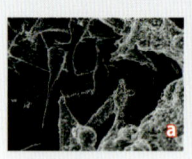

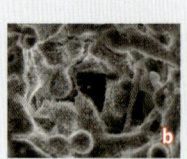

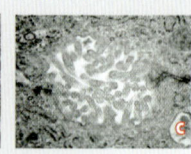

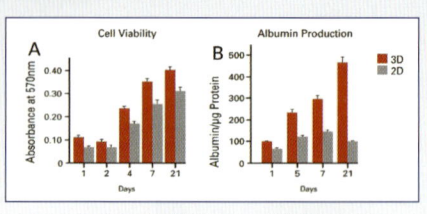

二次元培養 (a) と三次元培養 (b) の SEM 画像と三次元培養の TEM 画像 (c)。三次元培養では胆細管に似た構造が見られる。
三次元培養された HepG2 は二次元培養に比べて良好な Viability とアルブミン産生を示した。

Bokhari, M., Carnachan, R., Cameron, N.R., Przyborski, S.A. (2007). Culture of HepG2 liver cells on three dimensionalpolystyrene scaffolds enhances cell structure and function during toxicological challenge. Journal of Anatomy, 211, 567-76.

輸入元　株式会社 スクラム

東日本営業部　〒130-0021 東京都墨田区緑1-8-9 A&Yビル
　　　　　　　Tel. (03)5625-9711　　Fax. (03)3634-6333
西日本営業部　〒532-0003 大阪市淀川区宮原5-1-3 新大阪生島ビル102
　　　　　　　Tel. (06)6394-1300　　Fax. (06)6394-8851

E-mail webmaster@scrum-net.co.jp　　Internet www.scrum-net.co.jp

研究用

DNAVEC Corporation　MBL

標的細胞の染色体を傷つけない核初期化ベクター

サイトチューン
CytoTune™-iPS

染色体に傷を付けない　　**誘導因子を残さない**

いろいろな細胞に遺伝子導入できる

センダイウイルスの最大の特長はRNAをゲノムとし、レトロウイルスと異なりRNAのまま細胞質に留まり、そこで複製・転写・翻訳が行われることです。細胞核内に遺伝情報が入り宿主のDNA配列の中に組み込まれないため、染色体に傷を付けることがありません。レトロウイルスベクターを用いたことによる発がんの好ましくない形質転換を考慮する必要がありません。比較的DNAが組み込まれにくいベクターであるアデノウイルスやアデノ随伴ウイルス（AAV）、プラスミドを用いても、DNAを用いる限りこの危険性が伴います。本製品はセンダイウイルスの特長を利用してデザインされた、全く新しいタイプの核初期化ベクターです。

CytoTune™-iPSを使用したiPS細胞樹立の流れ

Day-2	Day0	Day6	Day14〜	Day60〜
細胞準備	感染	フィーダー上に重層	iPSコロニー出現	ベクターフリーiPSコロニー取得

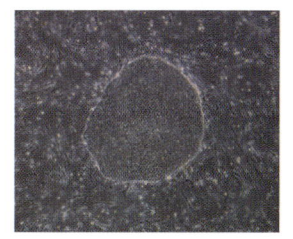

- 1回の感染で効率よくiPS細胞を誘導
- 血球、線維芽細胞、皮膚等からの誘導実績
- 自然消失するベクターデザイン

iPS細胞からベクターの脱落を確認するには

- 方法1　免疫染色による確認　→　anti-Sendai Virus*をご使用ください。
- 方法2　PCRによる確認　→　Transgene/SeV検出用プライマーセット*をご使用ください。

*CytoTune™-iPS関連製品

CytoTune™-iPSの内容：　CytoTune™-iPSは、山中4因子（Oct3/4, Sox2, Klf4, c-Myc）を搭載した4種類のSeVベクターからなります。
DV-0301-1を使用する場合、ヒト線維芽細胞株BJ細胞 $1×10^6$ に対して3回の実験が可能です。
DV-0302を使用する場合、ヒト線維芽細胞株BJ細胞 $1×10^6$ に対して1回の実験が可能です。

ライセンス：　本製品の使用は、研究目的のみに限られます。商業化のための材料調製や臨床診断に使用することはできません。
本製品を基礎研究目的以外に使用することを希望する場合は、ディナベック株式会社までお問合わせください。

カルタヘナ該当：　本製品はカルタヘナ該当品です。ご購入前に各機関における機関内承認が必要になります。

価格、詳細情報はウェブをご覧ください

● 研究用試薬ウェブサイト
https://ruo.mbl.co.jp/

研究用試薬トップページ → 製品カタログ → 再生医療 → CytoTune™-iPS

販売元・お問合わせ先

MBL 株式会社 医学生物学研究所
https://ruo.mbl.co.jp/

◎総合受託サービス担当
〒460-0008　名古屋市中区栄四丁目5番3号　KDX名古屋栄ビル10階
TEL：(052) 238-1904　FAX：(052) 238-1441
E-mail：jutaku@mbl.co.jp

羊土社のオススメ書籍

実験医学別冊
マウス表現型解析スタンダード
系統の選択、飼育環境、臓器・疾患別解析のフローチャートと実験例

伊川正人, 高橋 智, 若菜茂晴／編

ゲノム編集が普及し誰もが手軽につくれるようになった遺伝子改変マウス. 迅速な表現型解析が勝負を決める時代に, あらゆるケースに対応できる実験解説書が登場！ 表現型を見逃さないフローチャートもご活用ください！

- 定価(本体6,800円＋税)
- B5判
- 351頁
- ISBN 978-4-7581-0198-1

実験医学別冊
エピジェネティクス実験スタンダード
もう悩まない！ ゲノム機能制御の読み解き方

牛島俊和, 眞貝洋一, 塩見春彦／編

遺伝子みるならエピもみよう！ DNA修飾, ヒストン修飾, ncRNA, クロマチン構造解析で結果を出せるプロトコール集. 目的に応じた手法の選び方から, 解析の幅を広げる応用例までを網羅した決定版.

- 定価(本体7,400円＋税)
- B5判
- 398頁
- ISBN 978-4-7581-0199-8

実験医学別冊
ES・iPS細胞実験スタンダード
再生・創薬・疾患研究のプロトコールと臨床応用の必須知識

中辻憲夫／監, 末盛博文／編

世界に発信し続ける有名ラボが執筆陣に名を連ねた本書は, いままさに現場で使われている具体的なノウハウを集約. 判別法やコツに加え, 臨床応用へ向けての必須知識も網羅し, 再生・創薬など「使う」時代の新定番です

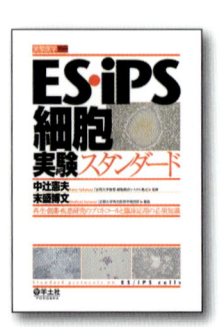

- 定価(本体7,400円＋税)
- B5判
- 358頁
- ISBN 978-4-7581-0189-9

実験医学別冊
次世代シークエンス解析スタンダード
NGSのポテンシャルを活かしきるWET&DRY

二階堂 愛／編

エピゲノム研究はもとより, 医療現場から非モデル生物, 生物資源まで各分野の「NGSの現場」が詰まった1冊. コツや条件検討方法などWET実験のポイントが, データ解析の具体的なコマンド例が, わかる！

- 定価(本体5,500円＋税)
- B5判
- 404頁
- ISBN 978-4-7581-0191-2

発行 羊土社 YODOSHA
〒101-0052 東京都千代田区神田小川町2-5-1　TEL 03(5282)1211　FAX 03(5282)1212
E-mail：eigyo@yodosha.co.jp
URL：www.yodosha.co.jp/

ご注文は最寄りの書店, または小社営業部まで

羊土社のオススメ書籍

実験医学別冊 NGSアプリケーション
今すぐ始める！メタゲノム解析実験プロトコール
ヒト常在細菌叢から環境メタゲノムまで サンプル調製と解析のコツ

服部正平／編

試料の採取・保存法は？ コンタミを防ぐコツは？ データ解析のポイントは？ 腸内，口腔，皮膚，環境など多様な微生物叢を対象に広がる「メタゲノム解析」．その実践に必要なすべてのノウハウを1冊に凝縮しました．

- 定価（本体8,200円＋税）
- A4変型判
- 231頁
- ISBN 978-4-7581-0197-4

実験医学別冊 NGSアプリケーション
RNA-Seq実験ハンドブック
発現解析からncRNA、シングルセルまであらゆる局面を網羅！

鈴木 穣／編

次世代シークエンサーの最注目手法に特化し，研究の戦略，プロトコール，落とし穴を解説した待望の実験書が登場！発現量はもちろん，翻訳解析など発展的手法，各分野の応用例まで，広く深く紹介します．

- 定価（本体7,900円＋税）
- A4変型判
- 282頁
- ISBN 978-4-7581-0194-3

実験医学別冊
論文だけではわからない ゲノム編集 成功の秘訣 Q&A
TALEN、CRISPR/Cas9の極意

山本 卓／編

あらゆるラボへ普及の進む，革新的な実験技術「ゲノム編集」初のQ&A集です．実験室で誰もが出会う疑問やトラブルを，各分野のエキスパートたちが丁寧に解説します．論文だけではわからない成功の秘訣を大公開！！

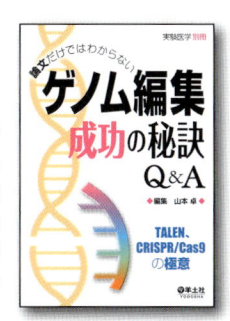

- 定価（本体5,400円＋税）
- B5判
- 269頁
- ISBN 978-4-7581-0193-6

よくわかるゲノム医学 改訂第2版
ヒトゲノムの基本から個別化医療まで

服部成介, 水島-菅野純子／著, 菅野純夫／監

ゲノム創薬・バイオ医薬品などが当たり前になりつつある時代に知っておくべき知識を凝縮．これからの医療従事者に必要な内容が効率よく学べる．次世代シークエンサーやゲノム編集技術による新たな潮流も加筆．

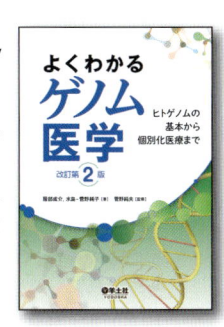

- 定価（本体3,700円＋税）
- B5判
- 230頁
- ISBN 978-4-7581-2066-1

発行 羊土社 YODOSHA
〒101-0052 東京都千代田区神田小川町2-5-1　TEL 03(5282)1211　FAX 03(5282)1212
E-mail：eigyo@yodosha.co.jp
URL：www.yodosha.co.jp/

ご注文は最寄りの書店，または小社営業部まで

実験医学別冊 最強のステップUPシリーズ

新版 フローサイトメトリー
もっと幅広く使いこなせる！

マルチカラー解析も、ソーティングも、もう悩まない！

中内啓光／監　清田 純／編
■定価（本体6,200円＋税）　■B5判　■326頁　■ISBN 978-4-7581-0196-7

初めてでもできる！
超解像イメージング
STED、PALM、STORM、SIM、顕微鏡システムの選定から撮影のコツと撮像例まで

岡田康志／編
■定価（本体7,600円＋税）　■B5判　■308頁　■ISBN 978-4-7581-0195-0

miRNA研究からがん診断まで応用∞！
エクソソーム解析マスターレッスン
研究戦略とプロトコールが本と動画でよくわかる

落谷孝広／編
■定価（本体4,900円＋税）　■B5判　■86頁＋DVD　■ISBN 978-4-7581-0192-9

今すぐ始めるゲノム編集
TALEN＆CRISPR/Cas9の必須知識と実験プロトコール

山本 卓／編
■定価（本体4,900円＋税）　■B5判　■207頁　■ISBN 978-4-7581-0190-5

原理からよくわかる
リアルタイムPCR完全実験ガイド
北條浩彦／編
■定価（本体4,400円＋税）　■B5判　■233頁　■ISBN 978-4-7581-0187-5

見つける、量る、可視化する！
質量分析実験ガイド
ライフサイエンス・医学研究で役立つ機器選択、
サンプル調製、分析プロトコールのポイント

杉浦悠毅, 末松 誠／編
■定価（本体5,700円＋税）　■B5判　■239頁　■ISBN 978-4-7581-0186-8

in vivo イメージング実験プロトコール
原理と導入のポイントから2光子顕微鏡の応用まで

石井 優／編
■定価（本体6,200円＋税）　■B5判　■251頁　■ISBN 978-4-7581-0185-1

発行　羊土社 YODOSHA
〒101-0052　東京都千代田区神田小川町2-5-1　TEL 03(5282)1211　FAX 03(5282)1212
E-mail：eigyo@yodosha.co.jp
URL：www.yodosha.co.jp/

ご注文は最寄りの書店、または小社営業部まで

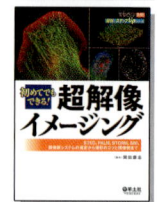

無敵のバイオテクニカルシリーズ

改訂 細胞培養入門ノート

井出利憲，田原栄俊／著

培養のスペシャリストが操作の基本とコツを伝授！

- 第1日：無菌操作の基本を身につけよう！
- 第2日：継代の方法と細胞数の計測法を身につけよう！
- 第3日：細胞を正確にまく技術を身につけよう！
- 第4日：マルチウェルプレートの扱いとクローニングの方法を学ぼう！
- 第5日：増殖曲線の作成と応用実習にチャレンジしよう！

＋事前講義（細胞培養の基礎知識），特別実習（共通試薬の作製など）

初版から大幅に写真を追加！
手技の解説がさらにわかりやすくなりました！

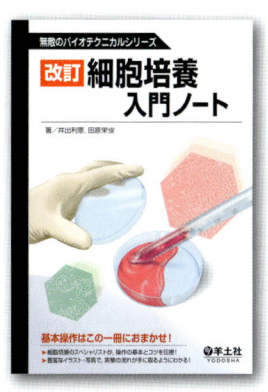

定価(本体4,200円+税)　A4判
171頁　ISBN978-4-89706-929-6

シリーズ好評既刊

改訂第3版 遺伝子工学実験ノート
田村隆明／編

上 DNA実験の基本をマスターする
＜大腸菌の培養法やサブクローニング，PCRなど＞
232頁　定価(本体3,800円+税)　ISBN978-4-89706-927-2

下 遺伝子の発現・機能を解析する
＜RNAの抽出法やリアルタイムPCR，RNAiなど＞
216頁　定価(本体3,900円+税)　ISBN978-4-89706-928-9

改訂第3版 顕微鏡の使い方ノート
野島 博／編　247頁　定価(本体 5,700円+税)
ISBN978-4-89706-930-2

マウス・ラット実験ノート
中釜 斉，北田一博，庫本高志／編　169頁
定価(本体3,900円+税)　ISBN978-4-89706-926-5

RNA実験ノート
稲田利文，塩見春彦／編

上 RNAの基本的な取り扱いから解析手法まで
188頁　定価(本体 4,300円+税)　ISBN978-4-89706-924-1

下 小分子RNAの解析からRNAiへの応用まで
134頁　定価(本体 4,200円+税)　ISBN978-4-89706-925-8

改訂第4版 タンパク質実験ノート

上 タンパク質をとり出そう（抽出・精製・発現編）
岡田雅人，宮崎 香／編
215頁　定価(本体 4,000円+税)　ISBN978-4-89706-943-2

下 タンパク質をしらべよう（機能解析編）
岡田雅人，三木裕明，宮崎 香／編
222頁　定価(本体 4,000円+税)　ISBN978-4-89706-944-9

改訂第3版 バイオ実験の進めかた
佐々木博己／編　200頁　定価(本体 4,200円+税)
ISBN978-4-89706-923-4

バイオ研究がぐんぐん進む コンピュータ活用ガイド
門川俊明／企画編集　美宅成樹／編集協力　157頁
定価(本体 3,200円+税)　ISBN978-4-89706-922-7

改訂 PCR実験ノート
谷口武利／編　179頁　定価(本体 3,300円+税)
ISBN978-4-89706-921-0

イラストでみる 超基本バイオ実験ノート
田村隆明／著　187頁　定価(本体 3,600円+税)
ISBN978-4-89706-920-3

発行　**羊土社 YODOSHA**
〒101-0052　東京都千代田区神田小川町2-5-1　TEL 03(5282)1211　FAX 03(5282)1212
E-mail：eigyo@yodosha.co.jp
URL：www.yodosha.co.jp

ご注文は最寄りの書店，または小社営業部まで

羊土社の英語関連書籍

ライフサイエンス英語表現使い分け辞典 第2版

河本 健, 大武 博／編　ライフサイエンス辞書プロジェクト／監
- 定価（本体6,900円＋税）　■ B6判　■ 1215頁　■ ISBN 978-4-7581-0847-8

ライフサイエンス英語動詞使い分け辞典

動詞の類語がわかればアクセプトされる論文が書ける！

河本 健, 大武 博／著　ライフサイエンス辞書プロジェクト／監
- 定価（本体5,600円＋税）　■ B6判　■ 733頁　■ ISBN 978-4-7581-0843-0

ライフサイエンス組み合わせ英単語

類語・関連語が一目でわかる

河本 健, 大武 博／著　ライフサイエンス辞書プロジェクト／監
- 定価（本体4,200円＋税）　■ B6判　■ 360頁　■ ISBN 978-4-7581-0841-6

ライフサイエンス論文を書くための英作文＆用例500

河本 健, 大武 博／著　ライフサイエンス辞書プロジェクト／監
- 定価（本体3,800円＋税）　■ B5判　■ 229頁　■ ISBN 978-4-7581-0838-6

ライフサイエンス文例で身につける英単語・熟語

河本 健, 大武 博／著
ライフサイエンス辞書プロジェクト／監　Dan Savage／英文校閲・ナレーター
- 定価（本体3,500円＋税）　■ B6変型判　■ 302頁　■ ISBN 978-4-7581-0837-9

ライフサイエンス論文作成のための英文法

河本 健／編　ライフサイエンス辞書プロジェクト／監
- 定価（本体3,800円＋税）　■ B6判　■ 294頁　■ ISBN 978-4-7581-0836-2

ライフサイエンス英語類語使い分け辞典

河本 健／編　ライフサイエンス辞書プロジェクト／監
- 定価（本体4,800円＋税）　■ B6判　■ 510頁　■ ISBN 978-4-7581-0801-0

発行　羊土社 YODOSHA
〒101-0052　東京都千代田区神田小川町2-5-1　TEL 03(5282)1211　FAX 03(5282)1212
E-mail：eigyo@yodosha.co.jp
URL：www.yodosha.co.jp/

ご注文は最寄りの書店，または小社営業部まで

実験医学

生命を科学する 明日の医療を切り拓く

便利な**WEB版購読プラン**実施中！

医学・生命科学の最前線がここにある！
研究に役立つ確かな情報をお届けします

定期購読のご案内

【月刊】毎月1日発行　B5判
定価（本体2,000円＋税）

【増刊】年8冊発行　B5判
定価（本体5,400円＋税）

定期購読の**4**つのメリット

1 注目の研究分野を幅広く網羅！
年間を通じて多彩なトピックを厳選してご紹介します

2 お買い忘れの心配がありません！
最新刊を発行次第いち早くお手元にお届けします

3 送料がかかりません！
国内送料は弊社が負担いたします

4 WEB版でいつでもお手元に
WEB版の購読プランでは，ブラウザから
いつでも実験医学をご覧頂けます！

年間定期購読料　送料サービス

海外からのご購読は送料実費となります

通常号（月刊）
定価（本体24,000円＋税）

通常号（月刊）＋増刊
定価（本体67,200円＋税）

WEB版購読プラン　詳しくは実験医学onlineへ

通常号（月刊）＋ WEB版※
定価（本体28,800円＋税）

通常号（月刊）＋増刊＋ WEB版※
定価（本体72,000円＋税）

※WEB版は通常号のみのサービスとなります

お申し込みは最寄りの書店，または小社営業部まで！

発行　**羊土社**
TEL　03（5282）1211
FAX　03（5282）1212
MAIL　eigyo@yodosha.co.jp
WEB　www.yodosha.co.jp/　▶▶ 右上の「雑誌定期購読」ボタンをクリック！

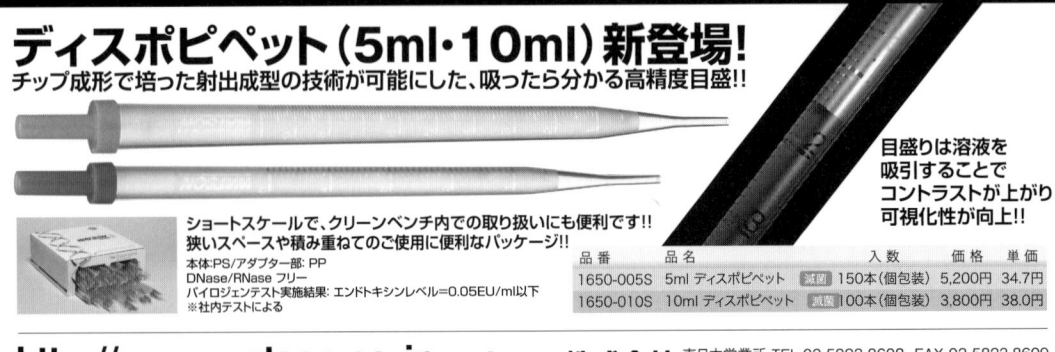

Kühner キューナー シェーカー

一体型インキュベーター シェーカー

温度	室温マイナス15℃～80℃（最低10℃）
CO_2	0～20%
湿度	～85%r.h.（25℃～55℃）

ダイレクトドライブ ▶ ベルトレス ▶ メンテナンスフリー

回転直径が変えられます（12.5, 25, 50mm）
マイクロプレートから5リットルフラスコまでのアクセサリー

ラブサーム LT-X
CO_2消費量：約1/4リットル/日

2台重ね

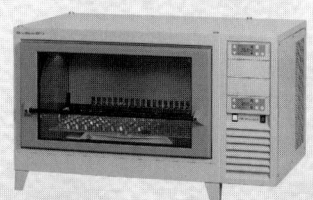

クリモシェーカー ISF-1-X
CO_2消費量：約1/3リットル/日

3台重ね

クリモシェーカー ISF-4-X
CO_2消費量：約1リットル/日

フラスコ用クランプ
（特注品もあります）

試験管、遠心チューブホルダー

マイクロプレート用トレー

ディープウェルプレート用
カバークランプ+サンドイッチカバー

日本総代理店
株式会社 TOHO

〒132-0025　東京都江戸川区松江1-1-13
TEL.03-3654-6611　FAX.03-3654-0294
E-mail：sales@j-toho-kk.co.jp
URL　：www.j-toho-kk.co.jp

ストレックス株式会社

培養細胞伸展システム
体内により近い環境下での培養が可能

今すぐ細胞へのメカニカルストレスをお試しください！

生体内の細胞は、常に様々な機械的刺激を受けています。しかし通常の培養条件（静的培養）ではこのような刺激は存在しません。
ストレックス社の培養細胞伸展システムは細胞に伸縮・圧縮刺激を加えながら培養することで生体内に近い環境を与えるため、静的培養とは異なる細胞の変化・応答が観察できます。

顕微鏡下で観察できる装置等多数ご用意しております！

極薄膜シリコンチャンバー上に細胞を播種

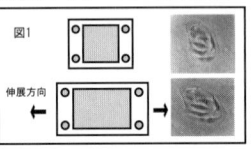

図1：血管内皮細胞への伸展刺激負荷時の画像

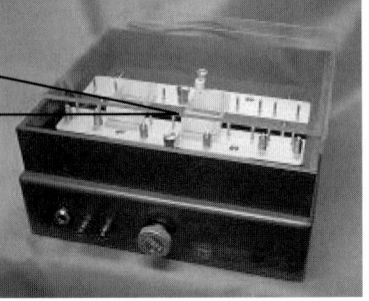

生化学用培養細胞伸展装置STB-140

伸展後2時間の血管内皮細胞

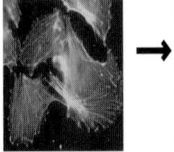

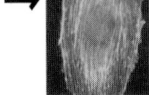

1Hz,20%の伸展刺激後、細胞骨格が再編成

★培養細胞への物理的刺激装置各種製作致します！

ポータブルプログラムディープフリーザー

ヒト・動物のIVF（エンブリオ・卵母細胞・精子等の凍結）幹細胞・臍帯血の凍結等

高性能小型プログラムディープフリーザー新発売！

NEW

PROGRAM DEEP FREEZER PDF-150

- 液体窒素・凍結剤不要
- 卓上型軽量小型設計、クリーンルーム内使用可（Cell Processing Center対応）
- フリージングプレートの取替可能
- パソコンでのデータ管理機能
- ■フリージングプレート
  ※目的やサンプルに合わせて取替可能
  ・クライオバイアル（2ml×55本）用プレート（処理量0.5ml）
  ・クライオバイアル（2ml×55本）用プレート（処理量1ml）
  ・クライオバイアル＆0.25mlストロー用プレート

仕様	PDF-150	PDF-200
到達温度	-80℃	-100℃
外形寸法	W320×D222×H430mm	W320×D222×H530mm

■全ての装置でデモンストレーション・貸出可能です。その他ご希望システムの提案・設計も承ります。詳しくは下記までお問合せください。

ストレックス株式会社　大阪市中央区南船場2-7-14大阪写真会館4階　TEL 06-6271-9373
E-Mail：info@strex.co.jp　WEB：www.strex.co.jp

2D&3D 細胞作製サービス
-cell models, cell based assay and production cells-

遺伝子導入細胞作製

遺伝子の発現 / ノックダウンが困難な細胞に関しても作製が可能です。

ウィルス感染法 *1 により、ご希望の細胞 *2 にご希望の遺伝子を導入したヒトおよびその他動物細胞の作製を承ります。
①SIRION BIOTECH 社独自の技術とノウハウを用いた配列デザイン ②プロモーターの最適化 ③shRNA バリデーションプラットフォーム RNAiONE™を含む配列バリデーションプラットフォーム ④独自のウィルス関連技術とノウハウ
を利用し、短期間で高発現 / 高効率ノックダウンを実現するバリデーション済み *3 細胞プールまたは細胞株を樹立できます。
TET-inducible cell など発現制御可能な細胞の作製も可能です。

*1: ウィルスはアデノウィルス、レンチウィルスから用途にあわせて選択可能です。
*2: Primary cell、cell line のどちらでも承ります。また、ご希望のセルの探索・供給から承ることも可能です。
*3: バリデーションの内容およびマイルストンごとの達成基準または保証の詳細に関しましてはお問い合わせください。

組換えウィルス / ウィルスベクター作製

ご希望の遺伝子をノックダウン / 発現するアデノウィルス、アデノ随伴ウィルス (AAV)、レンチウィルス *4 の作製を短期間で *5 作製可能です。
SIRION BIOTECH 社独自の技術を使用した miRNA を発現 / 阻害するアデノウィルスの作製も承ります。
High titer ウィルスの作製も可能です。
標的組織に合わせたプロモータの選択や発現制御遺伝子の組み込みも可能です。

ウィルスベクターのノックダウン効率または発現量を保証致します：

shRNA ノックダウン：mRNA レベルで 80%、85% または 90% 以上のノックダウン効率を保証致します *6

*4: AAV はウィルスベクターの作製のみとなります。
*5: クローニング開始から最短 4 週間（アデノウィルス）、3 か月（AAV）、6 週間（レンチウィルス）でウィルス作製（AAV ではベクターの作製）が可能です。
*6: 保証効率はお客様にご選択頂いた値となります。また、お客様からご提供頂いた配列の場合は保証内容が異なります。詳しくはお問い合わせください。

Pre-made アデノウィルス

ノックダウン、過剰発現遺伝子や不死化、iPS 関連遺伝子を組み込んだ pre-made ウィルスのご提供も可能です。
ご提供可能なウィルスの種類に関しましてはお問い合わせください。

Transduction Enhancer Reagent (AdenoBOOST™)

アデノウィルスを用いた遺伝子発現を 20 倍〜 50 倍向上させることが可能です。
ウィルス感染法による遺伝子発現が困難であった細胞での発現確率や in vivo での遺伝子導入効率の向上も可能です。

不死化細胞作製

Primary Cell 類似の特性を持つ不死化細胞の作製を承ります。

SIRION BIOTECH 社独自の技術とノウハウを活かし、ご希望の細胞に合わせた不死化戦略を取ることにより、成長率、morphology や代謝活性への影響を抑えて不死化することが可能です。
TET-inducible など、conditional immortalization セルの作製も可能です。

Scafold Free 3 次元細胞 &Co-culture model 作製

生体内細胞類似の機能を持つ Scafold Free3 次元細胞の作製を承ります。

InSphero 社独自の技術を利用して作製した 3 次元細胞は、サイズの均一性に優れており、薬剤の分布や薬剤への反応性において生体内に近い値を示します。
遺伝子導入や不死化などを行った 3 次元細胞モデルの作製も可能です。
より生体内での環境に似せた、2 種類以上の細胞から構成される co-culture model の作製も承ります。

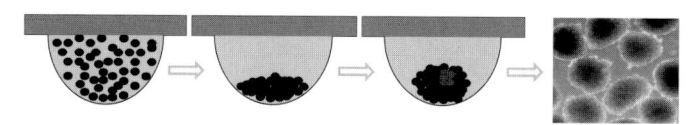

- 日本国内のお問い合わせは -

株式会社ビジコムジャパン　　e-mail: sales@bizcomjapan.co.jp　URL: www.bizcomjapan.com
品川オフィス：　〒108-0047　東京都港区高輪３−１２−４ベローチェ高輪103　TEL. 03-6277-3233 FAX. 03-6277-3265

▲Wako

D-MEM、E-MEM、RPMI-1640 等汎用商品を品揃え!

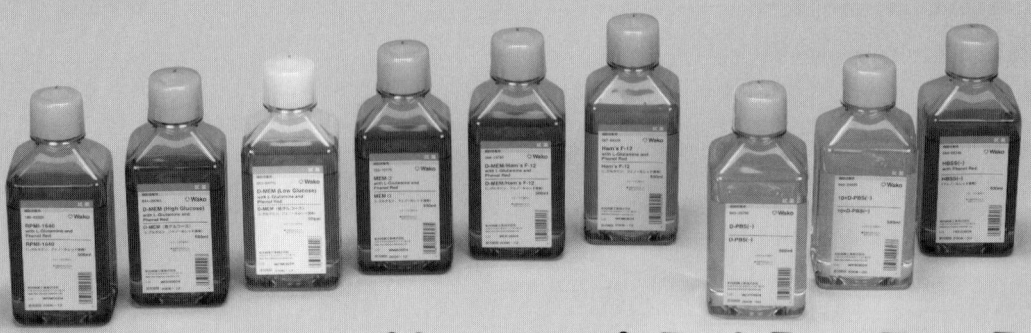

細胞培養用 液体培地

液体培地
【品質試験】マイコプラズマ試験、エンドトキシン試験、無菌試験、細胞増殖能試験 適合

品　　名	L-グルタミン	フェノールレッド	ピルビン酸	HEPES	コード No.	容　量
D-MEM (High Glucose)		●			044-29765	500ml
	●	●	●		043-30085	500ml
	●	●		●	048-30275	500ml
		●			045-30285	500ml
		●		●	042-32015	500ml
					040-30095	500ml
D-MEM (Low Glucose)	●	●	●		041-29775	500ml
E-MEM	●	●			051-07615	500ml
G-MEM	●	●			078-05525	500ml
MEM α	●	●	●		135-15175	500ml
RPMI-1640	●	●			189-02025	500ml
	●	●			187-02021	1L
	●	●		●	189-02145	500ml
	●				186-02155	500ml
	●	●	●	●	187-02705	500ml
		●			183-02165	500ml
Ham's F-12	●	●			087-08335	500ml
Ham's F-12K (Kaighn's Modification)	●	●			080-08565	500ml
D-MEM／Ham's F-12		●			048-29785	500ml
	●	●			042-30555	500ml
	●	●			045-30665	500ml
		●	●	●	042-30795	500ml

平衡塩溶液
【品質試験】マイコプラズマ試験、エンドトキシン試験、無菌試験 適合

品　　名	コード No.	容　量
HBSS(−) with Phenol Red	084-08345	500ml
HBSS(＋) without Phenol Red	084-08965	500ml
D-PBS(−)※	045-29795	500ml
10×D-PBS(−)※	048-29805	500ml
PBS(−)※	166-23555	500ml

※ D-PBS(−) は KCl を含んでいますが、PBS(−) は KCl を含んでいません。

組成、その他の製品については、こちらをご覧下さい

http://wako-chem.co.jp/siyaku/product/life/saibou/index.htm

和光純薬工業株式会社

本　　社：〒540-8605 大阪市中央区道修町三丁目1番2号
東京支店：〒103-0023 東京都中央区日本橋本町四丁目5番13号
営 業 所：北海道・東北・筑波・東海・中国・九州

問い合わせ先
フリーダイヤル：0120-052-099　フリーファックス：0120-052-806
URL：http://www.wako-chem.co.jp
E-mail：labchem-tec@wako-chem.co.jp

私たちはプロフェッショナルです。

KURABO 研究用試薬

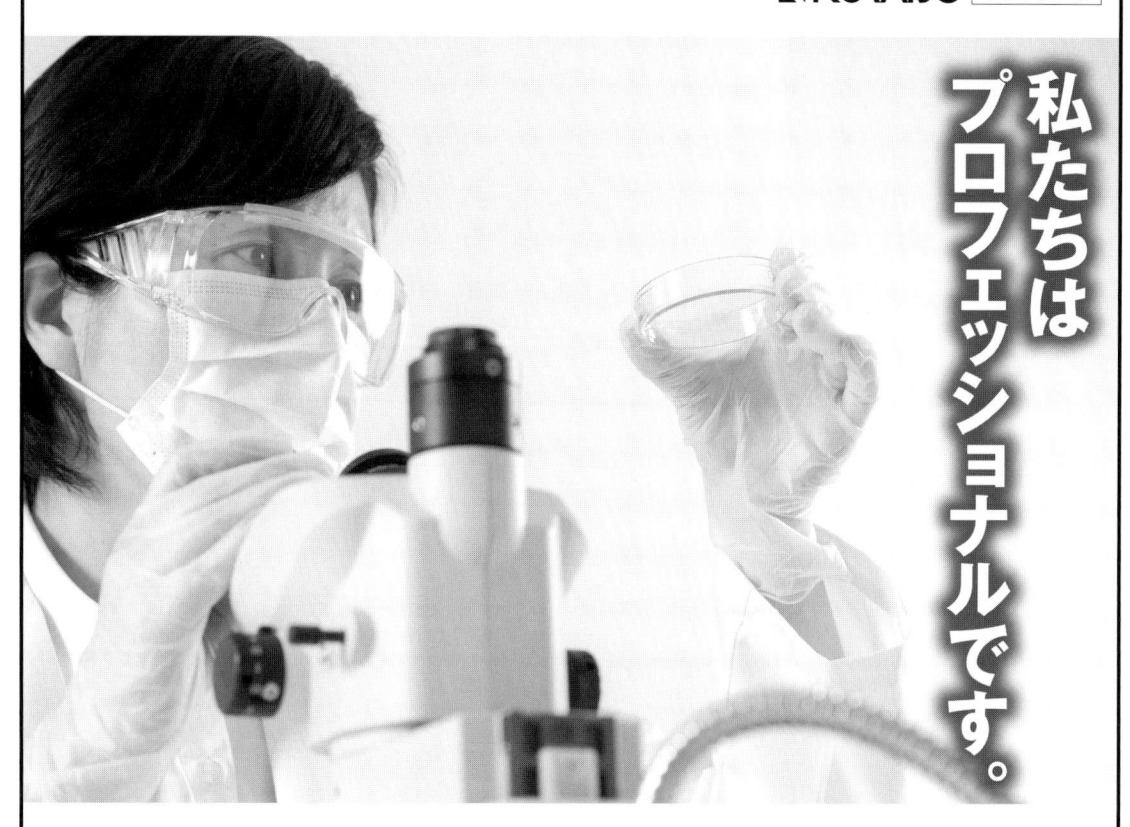

正常ヒト細胞培養関連製品

正常ヒト細胞製品の国内販売パイオニアとしてクラボウは
お客様のご要望にお応えした、高品質・多種類の細胞・培地製品と
技術担当者によるサポートをご提供しています。

LIFELINE CELL TECHNOLOGY

5つの特長
- ロット毎に、2度の国内試験を実施し、品質管理基準を満たしたロットのみをご提供
- 長期試験用にホールドシステムを採用 同一ロットでの継続試験をサポート
- 各細胞に最適化した培地も合わせてご用意
- 国内在庫による短納期対応
- 技術担当者によるサポート体制を完備

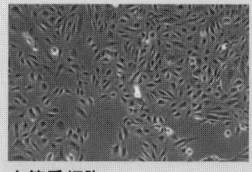

血管系細胞
血管内皮細胞／微小血管内皮細胞
血管平滑筋細胞

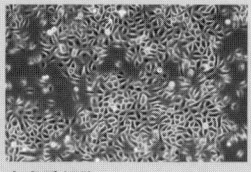

皮膚系細胞
皮膚繊維芽細胞／表皮メラニン細胞
表皮角化細胞

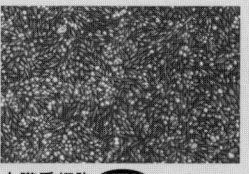

内臓系細胞 NEW
前立腺上皮細胞／気管支上皮細胞
腎上皮細胞

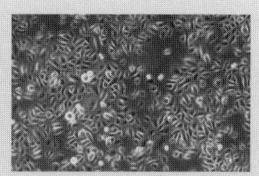

その他
角膜上皮細胞／間葉系幹細胞 NEW
血液細胞 NEW

その他、ご要望の細胞があれば、お問合せ下さい！

クラボウ　バイオメディカル部　バイオ試薬課
大阪本社：〒541-8581　大阪市中央区久太郎町2-4-31　　　　　　　　　TEL06-6266-5010　FAX06-6266-5011
東京支店：〒103-0023　東京都中央区日本橋本町2-7-1　NOF日本橋本町ビル2F　TEL03-3639-7077　FAX03-3639-6998
URL：http://www.kurabo.co.jp/bio/

グルコースバイオセンサー
乳酸バイオセンサー
グルタミン酸バイオセンサー

CITSensバイオは、細胞培養中のグルコース、グルタミン酸と乳酸濃度をオンライン測定できる唯一のシステムです。
これらのバイオセンサーは市販のディスポプラスチック培養容器に取り付けることができ、リアルタイムでプロセスデータを直接取得できます。この方法は、細胞培養系からサンプルを採取する際の汚染のリスクが軽減し、更に分析時のコストを削減できます。

CITSens バイオセンサー特長

- グルコース、乳酸、グルタミン酸の費用対効果の高いオンライン細胞培養モニタリング
- CITSens電極による非侵襲的かつリアルタイム計測
- 安定した培養条件、長期安定性
- データのリアルタイム表示
- 無線データ伝送
- 汚染リスクの低減

CITSensバイオセンサーは、データ送信ユニット（CITSens BIO Beamer）に接続されます。測定データはデータ受信ユニット（ZOMOFI®）に送信されRS232またはLAN経由でPCへ転送されます。

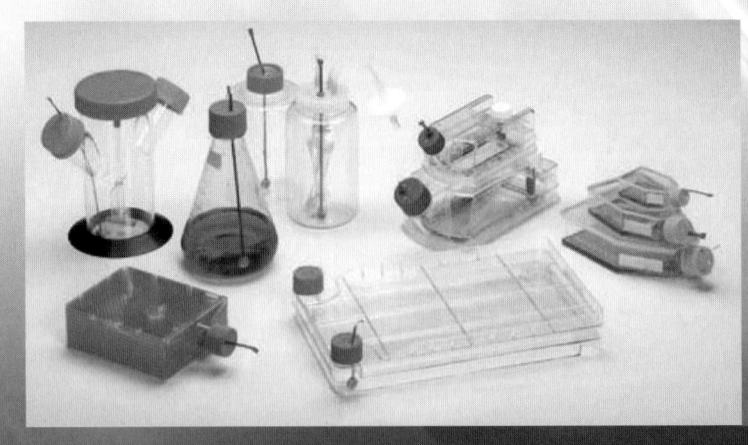

CITSens BIO グルコース、乳酸、及びグルタミン酸センサーは、固定化酵素で電極表面にコーティングされています。
これらのCITSensバイオセンサーは、ディスポ培養容器の種類に関係なく、ローラーボトル、三角フラスコ、セルスタック、バイオバッグのような全ての標準的な使い捨てプラスチック培養容器に対応しています。
CITSensバイオセンサーは、各使い捨て培養容器のオリジナルキャップに組み込まれ、個別包装（γ線滅菌済）状態でお客様へお届け致します。

三洋貿易株式会社

科学機器事業部
〒101-0054 東京都千代田区神田錦町2丁目11番地 三洋安田ビル8F
TEL 03-3518-1187 FAX 03-3518-1237
URL://www.sanyo-si.com/ e-mail:info-si@sanyo-trading.co.jp

三洋貿易のバイオセンシング ソリューションズ

マルチウェル細胞代謝評価ユニット センサー・ディッシュ・リーダー SDR®

光学式原理によるセンサー・ディッシュ・リーダー（SDR）は、各種マルチウェルプレート上で細胞代謝、酸素活性プロセスでの酸素/pHのオンラインモニタリングが可能です。

特長
- オンラインモニタリング可能。
- インキュベーターでの設置が可能。
- SDRユニットは最大10台まで増設可能。
- 校正不要（キャリブレーション・フリー）。
- γ線滅菌済。(HydroDish HD 24/OxoDish* OD 24)
- 接着細胞への使用も可能です。
- 温度補正は内部温度センサーで自動補正されます。

SDRユニット

マイクロ酸素/pHセンサー

光学式原理によるマイクロセンサーは、様々な小容量反応チャンバー中に設置でき、微量サンプル容量での細胞代謝、酸素活性プロセスでの酸素/pHのオンラインモニタリングが可能です。
※生体組織中のダイレクト酸素/pH計測も可能です。

sensor tip
bowl of pin

バイオプロセス非接触酸素/pH/CO_2 モニタリングシステム

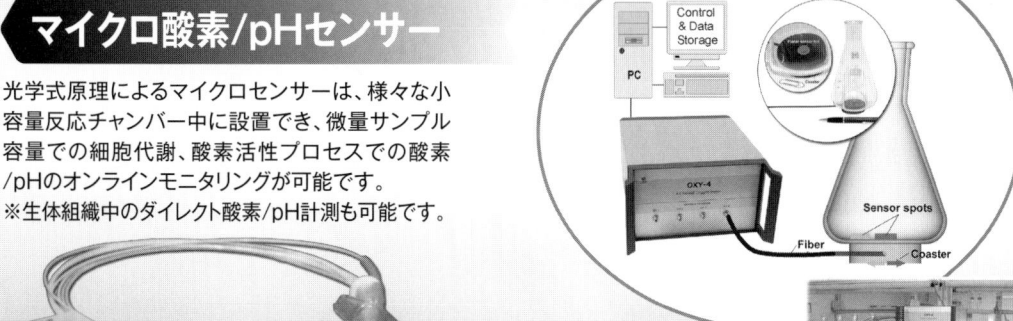

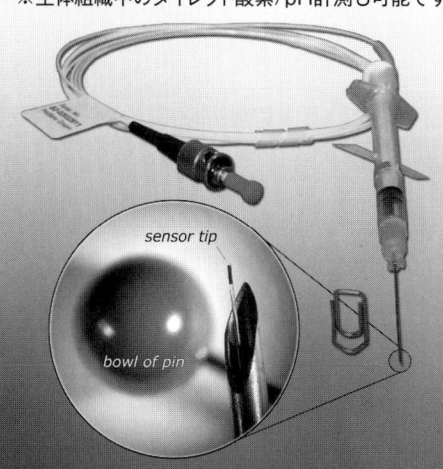

この酸素測定ユニットは、酸素濃度によって蛍光発光寿命が変化する金属錯体のチップを蛍光プローブとして培養容器底部（内部）に添付し、培養容器の外から溶存酸素量を蛍光消失時間として測定することが可能です。

Non-invasive, multi-channel measurements

またフラスコ内部に添付する蛍光プローブはオートクレーブが可能であり、細胞毒性がないことも実証されています。
気/液体サンプルの測定および、ppb（1億分の1）レベルから%オーダーの酸素モニタリングが可能です。

アプリケーション

- 細胞培養モニタリング
  OxoDish*は、酸素濃度の変化を検知することによりセル成長をモニタリングできます。哺乳類細胞の低酸素消費変化さえも容易にモニタリングすることができます。
- 受精卵細胞呼吸モニタリング
- エンザイム・スクリーニング
- ドラッグ・スクリーニング
- ホモジニアス・アッセイ
- 毒性評価モニタリング
- 酵素反応モニタリング
- 浮遊細胞培養モニタリング
- ミトコンドリア酸素活性モニタリング
- 哺乳類細胞培養モニタリング
- 低酸素培養モニタリング

愛される製品
信頼される技術

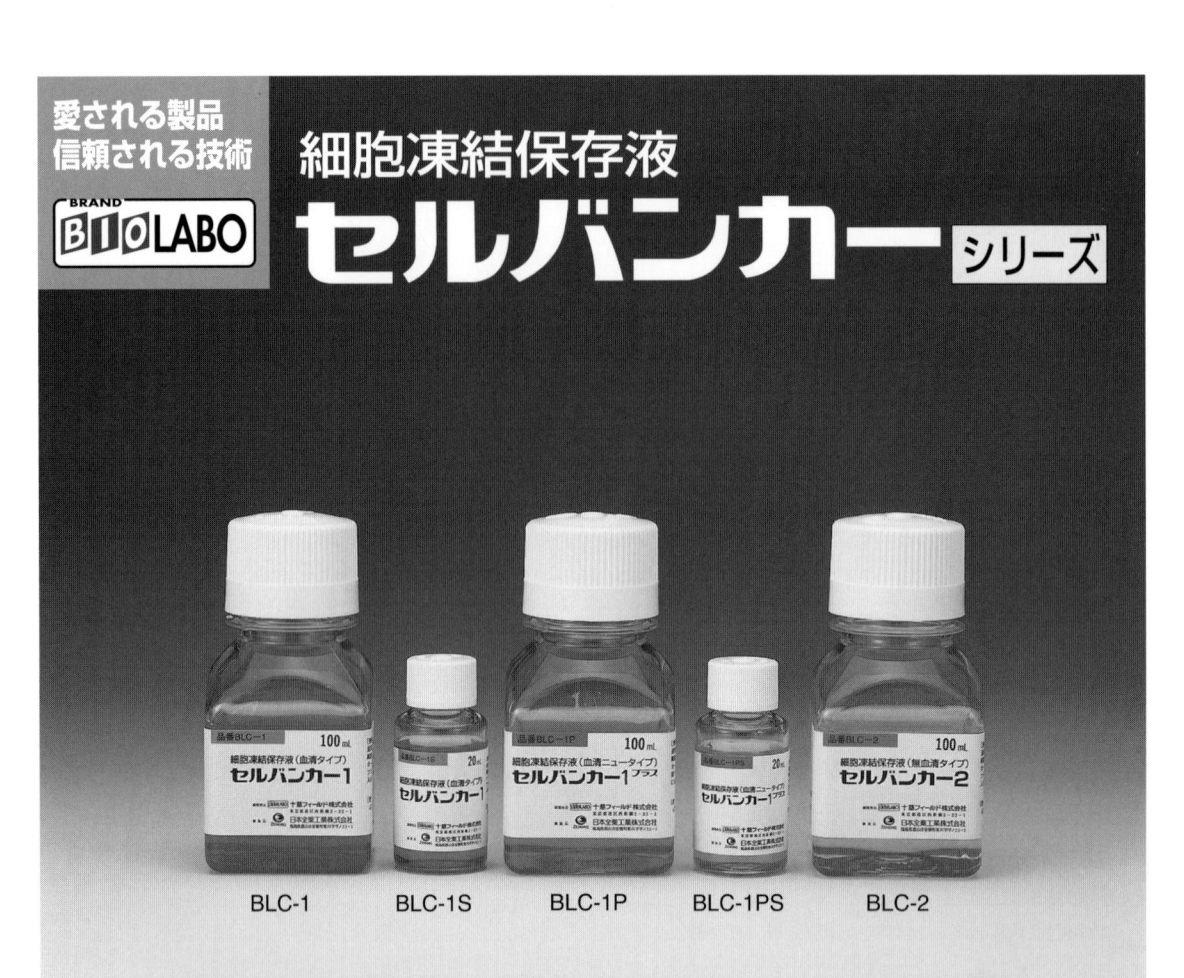

BRAND BIOLABO

細胞凍結保存液
セルバンカーシリーズ

| BLC-1 | BLC-1S | BLC-1P | BLC-1PS | BLC-2 |

製品名	製品番号	包装単位	消費期限	備考
セルバンカー1	BLC-1	100mL	3年	血清タイプ
	BLC-1S	20mL×4本		
セルバンカー1プラス	BLC-1P	100mL		血清ニュータイプ
	BLC-1PS	20mL×4本		
セルバンカー2	BLC-2	100mL		無血清タイプ

特長

- 試薬の調整及びプログラムフリーザーが不要ですので、細胞の保存が短時間で、安価にできます。
- 細胞を長期間凍結保存できますので、凍結操作を頻繁に行う必要がありません。
- ディープフリーザーで急速に凍結保存できます。
- 融解後の生存率が良好です。

※カタログ及びサンプルを用意しておりますので下記までご連絡ください。

総発売元

BIOLABO 十慈フィールド株式会社

本　社／〒105-0003　東京都港区西新橋2-23-1　第三東洋海事ビル8F
　　　　TEL 03-5401-3035(代)　FAX 03-5401-3020
URL.http://www.juji-field.co.jp　E-mail:info@juji-field.co.jp

製造元

ZENOAQ 日本全薬工業株式会社

ZENOAQ(ゼノアック)は日本全薬工業の企業ブランドです。
URL：www.zenoaq.jp

TaKaRa

より生体内環境に近い三次元細胞培養用容器
alvetex®シリーズ

三次元培養ではプレートを用いた二次元培養とは異なり、
- ●細胞が生体内に近い形状と構造をとることができます。
- ●細胞同士が隣接する細胞と立体的に接触し、シグナル伝達が行われます。

★肝細胞の毒性アッセイ、表皮細胞のバリアアッセイ、幹細胞の分化アッセイ研究などに使用可能

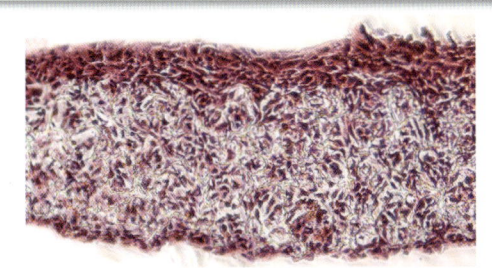

H&E染色した皮膚ケラチノサイトパラフィン切片の明視野顕微鏡写真

alvetex®インサート中のディスク
200 μm厚のポリスチレン製ディスクの中に35～40 μmの空洞が無数にあります。この多孔を利用して、細胞は生体内に近い増殖を行います。

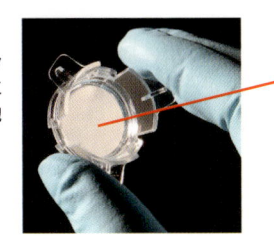

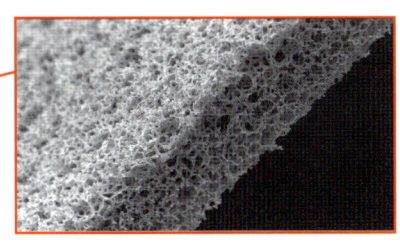

本製品は、reinnervate社の製品です。

〈製品一覧〉

製品名	備考	容量	製品コード
alvetex® 12 well plate	12ウェルプレートタイプ。1ウェルにつき、1個のディスクとクリップから成り、クリップで底面にディスクを押さえつけている。主に1～2日おきに培地交換が必要な短期的(7～10日)な培養実験に適している。	1 plate	AVP002
		5 plates	RL002
alvetex® 6 well inserts (6ウェルプレート用インサート)	6ウェル、12ウェルプレート、ペトリディッシュに使用可能。底面から浮かせてセットできるので、長期培養(1～3週間)に適している。	3 inserts	AVP004-3
		6 inserts	RL004
		12 inserts	RL005
alvetex® 12 well inserts (12ウェルプレート用インサート)		3 inserts	AVP005-3
		12 inserts	RL007
alvetex® well insert holder and perti-dish	インサート用フォルダーおよび専用ペトリディッシュ	1 セット	AVP015
		10 セット	RL009

※詳しくは弊社ウェブサイトをご覧ください。

販売元 **タカラバイオ株式会社**
東日本販売課 TEL 03-3271-8553 FAX 03-3271-7282
西日本販売課 TEL 077-543-7297 FAX 077-543-7293
Website http://www.takara-bio.co.jp

TaKaRaテクニカルサポートライン
製品の技術的なご質問にお応えします。
TEL 077-543-6116 FAX 077-543-1977

MN001C

ワークフローでみる
ライフテクノロジーズの細胞培養製品

細胞培養

細胞株・初代細胞

細胞 + 培地 + 血清 + 抗生物質 & サプリメント

細胞
- 哺乳類培養細胞
  - 293 ・CHO
- 昆虫細胞
  - SF9 ・SF21
  - Drosophila
- 初代細胞
  - Neurons
  - Hepatocytes
  - Corneal Epithelial cells
  - Keratynocytes

培地
- 基本培地
  - DMEM ・RPMI
- 特殊培地
  - 293
  - StemPro® hESC SFM
  - Neurobasal
  - Sf-900 III SFM

血清
- ウシ胎児血清（FBS）
- 非動化 FBS
- ウルトラ low-IgG FBS
- チャコール処理済み FBS
- 新生仔ウシ血清
- ウシ血清
- ウマ血清

抗生物質 & サプリメント
- サプリメント
  - GlutaMax™-I ・アルブマックス
  - L-グルタミン ・vitamins
  - 脂肪酸濃縮液
- 成長因子 & サイトカイン
  - LIF ・FGF ・他 300 製品以上
- 抗生物質
  - ペニシリン-ストレプトマイシン
  - カナマイシン・ジェネティシン®
  - Zeocin™

幹細胞

体細胞のリプログラミング（iPS 用） → 細胞の選択、

細胞 + リプログラミング + 培地 & サプリメント

細胞
- 初代細胞
  - ヒト成人皮膚線維芽細胞
  - ヒト成人皮膚ケラチノサイト
- 通常培養用培地、血清、サプリメント
  - D-MEM ・FBS ・HMGS
  - F-12 ・EpiLife ・HKGS
  - RPMI ・Keratinocyte SFM など

リプログラミング
- Lentiviral Reprogramming System
  - iPSC Lentivirus-Oct4 ・Sox2
  - Klf4 ・Nanog ・Oct4-GFP Reporter
  - c-Myc ・Lin28 ・CMV-GFP Reporter
- Neon™ Transfection System
  （エレクトロポレーション）

培地 & サプリメント
- iPS/ES 細胞用培地
  - KnockOut® Serum Replacement（血清代替物）
  - KnockOut® D-MEM（専用培地）
  - KnockOut® Serum Replacement Xeno Free（血清代替物、異種動物由来生物不含）
  - ESC/iPSC Media Kit など
  - StemPro® hESC SFM
- iPS 細胞の選択
  - Alkaline Phosphatase Live Stain

Gibco®は2012年に創業50周年を迎えます。

1962 年、農場でのウマ血清製造からスタートした Gibco® も、今年で 50 周年という大きな節目を迎えます。
この半世紀、Gibco® は細胞培養研究の発展とともに歩み、おかげさまで業界のリーディングブランドとして成長することができました。
Gibco® は今後もライフテクノロジーズのブランドの１つとして、皆さまに高品質で確かな製品を提供し続け、日本の再生医療、iPS/ES 細胞研究の発展にも大きく貢献したいと思います。

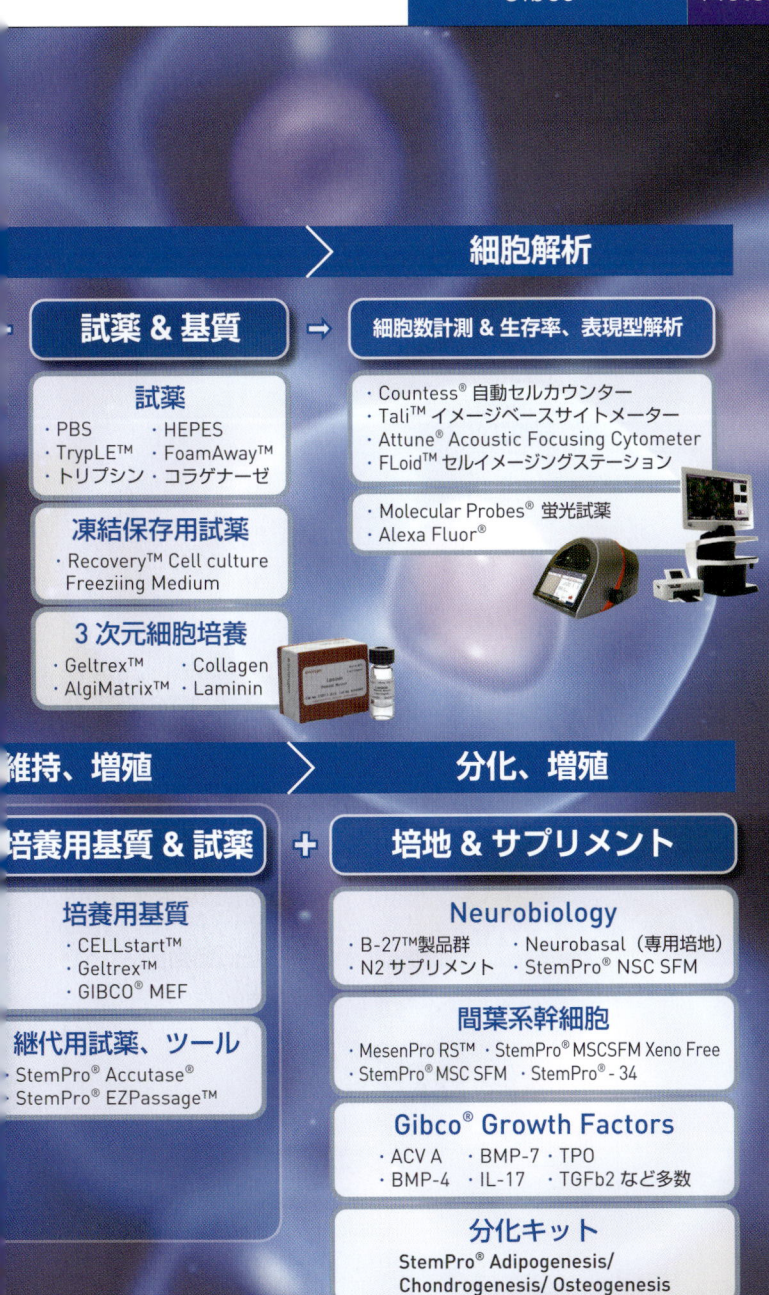

| Gibco® | Molecular Probes® | Invitrogen™ |

細胞解析

試薬 & 基質 → 細胞数計測 & 生存率、表現型解析

試薬
- PBS
- HEPES
- TrypLE™
- FoamAway™
- トリプシン
- コラゲナーゼ

凍結保存用試薬
- Recovery™ Cell culture Freeziing Medium

3次元細胞培養
- Geltrex™
- Collagen
- AlgiMatrix™
- Laminin

細胞数計測 & 生存率、表現型解析
- Countess® 自動セルカウンター
- Tali™ イメージベースサイトメーター
- Attune® Acoustic Focusing Cytometer
- FLoid™ セルイメージングステーション
- Molecular Probes® 蛍光試薬
- Alexa Fluor®

維持、増殖 / 分化、増殖

培養用基質 & 試薬 + 培地 & サプリメント

培養用基質
- CELLstart™
- Geltrex™
- GIBCO® MEF

継代用試薬、ツール
- StemPro® Accutase®
- StemPro® EZPassage™

Neurobiology
- B-27™製品群
- Neurobasal（専用培地）
- N2 サプリメント
- StemPro® NSC SFM

間葉系幹細胞
- MesenPro RS™
- StemPro® MSCSFM Xeno Free
- StemPro® MSC SFM
- StemPro® - 34

Gibco® Growth Factors
- ACV A
- BMP-7
- TPO
- BMP-4
- IL-17
- TGFb2 など多数

分化キット
StemPro® Adipogenesis/ Chondrogenesis/ Osteogenesis

製品の詳細は http://www.lifetech.com をご覧ください。

研究用にのみ使用できます。診断目的およびその手続き上での使用は出来ません。
記載の社名および製品名は、弊社または各社の商標または登録商標です。
©2012 Life Technologies Japan Ltd,. All rights reserved. Printed in Japan.

次の発見へ；成功を約束するシステム

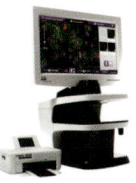

FLoid™ セルイメージングステーション
簡単操作と高品質で細胞の蛍光イメージングの世界を身近にしました。

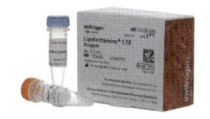

Lipofectamine™ LTX （& Plus Reagent）
プラスミド専用の遺伝子導入試薬で、細胞への毒性を最大限に抑え、高い発現量を実現します。

KnockOut™ Serum Replacement （SR）
ESC/iPSC 培養用のゴールドスタンダード組成 です。

KnockOut™ SR XenoFree CTS™
ヒト ESC/iPSC 培養のために開発された初の xeno-free（異種成分不含）サプリメントです。

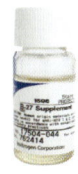

B-27™サプリメント
神経細胞の低密度、高密度培養において短期、長期の両条件での培養をサポートします。

ライフテクノロジーズジャパン株式会社
本社：〒108-0023　東京都港区芝浦 4-2-8
TEL：03-6832-9300　FAX：03-6832-9580

life technologies™

マウスES細胞培養の
ゴールドスタンダード
ESGRO® mLIF Supplement

データの信頼性は一貫した性能の最適化済み添加剤から！

ESGRO mLIF Supplement
ならびに関連製品の詳細はこちらから
www.millipore.com/jpesgro

マウス多能性幹細胞用
無血清フィーダレス培地の定番
ESGRO Complete™ Plus Clonal Grade Medium
も好評発売中！

メルク株式会社

メルクミリポア事業本部 バイオサイエンス事業部
〒153-8927 東京都目黒区下目黒1-8-1 アルコタワー5F
製品の最新情報はこちら

メルク製品 www.merck4bio.jp
お問合せ▶ On-Line:www.merck-chemicals.jp/jpts Tel: 0120-189-390 Fax: 0120-189-350
ミリポア製品 www.millipore.com/nihon
お問合せ▶ On-Line:www.millipore.com/jpts Tel: 0120-633-358 Fax: 03-5434-4859

Merck Millipore is a division of **MERCK**

ESGRO,ESGRO Complete は Merck KGaA が所有する登録商標および商標です。

Thermo SCIENTIFIC

HyClone Products

HyClone製品はISO9001認可施設において、cGMPガイドラインに従って製造しています。また、予め規定した厳格な製造手順・品質検査方法により徹底した品質管理を行っています。

HyClone動物細胞培養用製品

HyClone液体培地
- 米国薬局方に準拠した原料と注射用水を使用し製造
- 0.1 μmフィルターろ過済み
- DMEM、MEM、RPMI1640、IMDMなどを幅広くラインアップ

HyClone無血清培地
- 血清を添加せずに、細胞の培養が可能
- 血清成分が含まれないため、組換えタンパク質などの精製が容易
- CHO細胞、ハイブリドーマ細胞、HEK293細胞、昆虫細胞用無血清培地などをラインアップ

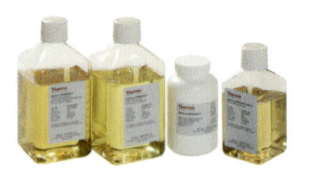

HyCloneウシ胎児血清
- 低エンドトキシン (10 EU/mL or 25 EU/mL以下)・低ヘモグロビン (10 mg/dL or 25 mg/dL以下) を保証
- 0.1 μmフィルターによるろ過滅菌を3回実施
- 研究や医薬品製造など様々な用途に適した製品をラインアップ

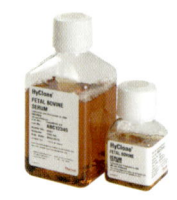

HyQTase細胞解離用試薬
- トリプシンに比べ、細胞分離操作時の細胞へのダメージを低減でき、生存率・増殖能が向上
- 分離酵素の中和操作 (血清/酵素阻害剤) が不要
- 哺乳類由来成分や微生物由来成分を含みません
- 製品コード：SV30030.01、容量：100 mL

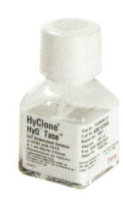

● www.thermoscientific.jp/bid/hyclone
HyClone動物細胞培養用製品の詳細はWEBページでご覧いただけます

掲載されている製品は研究用もしくは医薬品製造用原料の製品であり、診断・治療等の目的では使用することはできません。掲載内容は予告無く変更される場合がありますのであらかじめご了承ください。掲載している会社名、製品名は各社の商標および登録商標です。

サーモフィッシャーサイエンティフィック株式会社
バイオサイエンス事業本部

■ 価格・納期・注文のお問い合わせ　TEL 03-5826-1655　FAX 03-5826-1650
　 E-mail: sales.bid.jp@thermofisher.com
■ テクニカルサポート　TEL 03-5826-1659
　 E-mail: info.bid.jp@thermofisher.com

ArrayScan
VTI HCS Reader

Thermo SCIENTIFIC

細胞イメージアナライザーを用いると、培養プレートやスライド上の細胞からイメージを取得し、細胞形態情報や標識した蛍光情報などを定量化することができます。この技術は多くの有用な情報を研究者に提供することから、High Content Screening (HCS) または High Content Analysis (HCA) とよばれる最新の細胞解析技術です。

- メンテナンスフリーで低電力のLED光源採用
- Cellomics iQリアルタイムアナリシス機能による全自動高速イメージ取得＆解析
- 付着系細胞、浮遊系細胞、組織切片などあらゆるサンプルタイプに対応

ハイエンド細胞イメージアナライザー

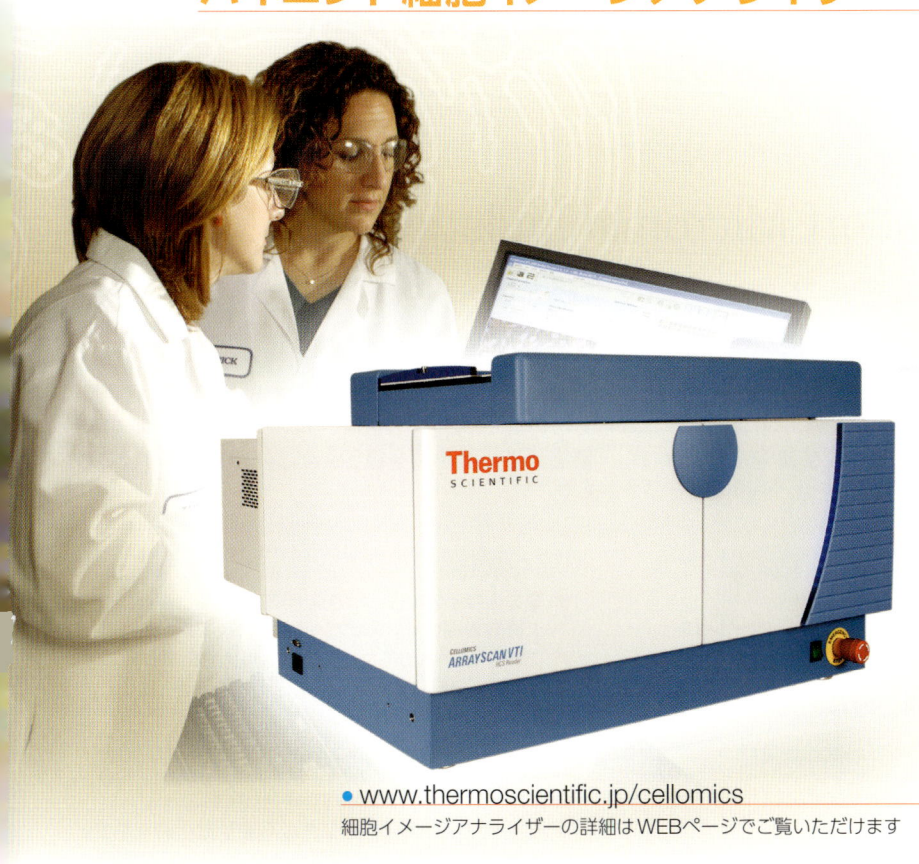

● www.thermoscientific.jp/cellomics
細胞イメージアナライザーの詳細はWEBページでご覧いただけます

未分化能解析

ES細胞の培養に関するマウスES細胞コロニーの未分化能測定

A

B

C

フィーダー細胞上に培養したマウスES細胞コロニーの未分化細胞維持を測定しました。核をHoechst、それぞれのコロニーに含まれる未分化細胞を未分化マーカーであるOct4で染色、さらに細胞増殖をpH3で染色して、コロニー内細胞の未分化細胞の維持と増殖率を求めました。

A：フィーダー細胞とコロニーを細胞形態から見分け、フィーダー細胞のみを除きました。コロニーとしてセグメントした領域の核数を数えることでコロニー内の総細胞数をカウントしました。

B：コロニーとしてセグメントされた領域内のOct4で染色された細胞数を数えることで、未分化細胞率を求めました。

C：同様にコロニーセグメント内のpH3で染色された細胞数を数えることで、細胞増殖率を求めました。

掲載されている製品は研究用機器です。試験研究目的以外に使用しないでください。掲載内容は予告無く変更される場合がありますのであらかじめご了承ください。掲載している会社名、製品名は各社の商標および登録商標です。

サーモフィッシャーサイエンティフィック株式会社
バイオサイエンス事業本部

■価格・納期・注文のお問い合わせ　TEL 03-5826-1655　FAX 03-5826-1650
E-mail: sales.bid.jp@thermofisher.com

■テクニカルサポート　TEL 03-5826-1659
E-mail: info.bid.jp@thermofisher.com

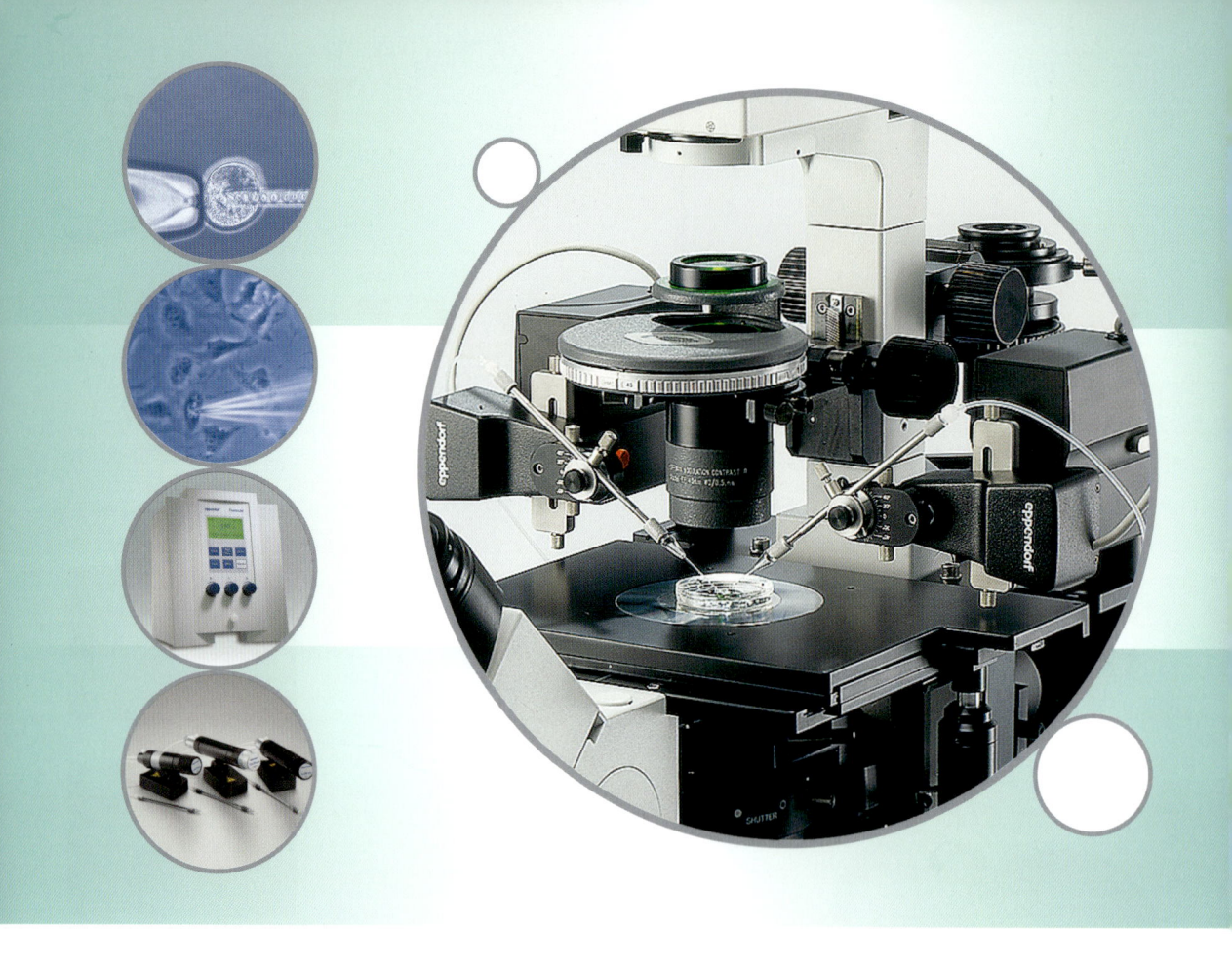

Eppendorf Micromanipulation System

エッペンドルフ マイクロマニピュレーションシステム

エッペンドルフは 20 年間にわたり細胞工学分野に特化した独自のシステムを開発し、最先端の研究を担ってきました。革新的な電動マニピュレーターシステムを組み合わせることで複雑な細胞工学アプリケーションに対して柔軟に対応することができ、電動システムならではの高い再現性と正確性は、より優れた実験結果をもたらします。再生工学や発生工学だけではなく、顕微鏡下で微小片を扱う様々な分野で応用することができるため、幅広い研究分野をカバーすることができます。

トランスファーマン NK2

- 浮遊細胞のマイクロマニピュレーション
  - ICSI / IMSI / PGD 等の発生工学アプリケーション
  - 核のトランスファー
  - ES 細胞や DNA のインジェクション
  - 顕微鏡下での微小片やシングルセルのピックアップ

インジェクトマン NI2

- 付着細胞へのマイクロインジェクション
  - 培養細胞
  - ゼブラフィッシュ / メダカ等の魚類胚
  - アフリカツメガエルの胚
  - 線虫へのインジェクション

フェムトジェット

- 電動のマイクロインジェクターであるため、再現性と正確性の高いインジェクションが可能になります。
- フェムトリットルからマイクロリットルに対応します。
- コンプレッサー内蔵で、外部圧力を必要としません。

セルトラム Air / Oil / vario

- セルトラム Air：浮遊細胞を保持します。
- セルトラム Oil, vario：サンプル溶液や微小器官をキャピラリー内に吸引し、細胞へインジェクションします。
- シングルセルリアルタイム PCR の用途で、セルピックアップに使用します。

eppendorf

エッペンドルフ株式会社　101-0031　東京都千代田区東神田 2-4-5
HP: www.eppendorf.com/jp　E-mail: info@eppendorf.jp　Tel: 03-5825-2361　Fax: 03-5825-2365